高等学校电子信息类"十三五"规划教材

应用型网络与信息安全工程技术人才培养系列教材

ASP.NET 开发与应用实践

(卓越工程师计划)

主编　王海春

参编　赵　军　盛志伟

西安电子科技大学出版社

内 容 简 介

本书系统介绍了利用 Visual Studio.NET 2010 开发 Web 应用程序的基本知识，并通过大量案例给出了网站开发设计的相关方法，使读者可以借此进入 Web 的开发和建设领域。

全书共 12 章，涵盖了 Web 2.0 和 ASP.NET 的全部相关基础知识，主要包括 C#基础、服务器控件的使用、数据库连接技术、网站安全技术、AJAX 技术和 Web Service 技术。本书通过大量案例，重点讲述了如何设计和开发一个安全、高效的网络系统。

全书重点突出，结合实战，精选案例，通俗易懂。本书可作为高等院校相关专业的教材和专业技术人员的学习参考书。

图书在版编目（CIP）数据

ASP.NET 开发与应用实践/王海春主编. — 西安：西安电子科技大学出版社，2016.1

高等学校电子信息类“十三五”规划教材

ISBN 978-7-5606-3970-3

Ⅰ. ① A… Ⅱ. ① 王… Ⅲ. ①网页制作工具—程序设计—高等学校—教材 Ⅳ. ①TP393.092

中国版本图书馆 CIP 数据核字（2016）第 000332 号

策划编辑 李惠萍

责任编辑 马武装 董柏娴

出版发行 西安电子科技大学出版社（西安市太白南路 2 号）

电　话 （029）88242885 88201467 邮　编 710071

网　址 //www.xduph.com 电子邮箱 xdupfxb001@163.com

经　销 新华书店

印刷单位 陕西天意印务有限责任公司

版　次 2016 年 1 月第 1 版 2016 年 1 月第 1 次印刷

开　本 787 毫米×1092 毫米 1/16 印 张 22

字　数 517 千字

印　数 1～3000 册

定　价 38.00 元

ISBN 978-7-5606-3970-3/TP

XDUP 4262001-1

序

进入 21 世纪以来，信息技术迅速改变着人们传统的生产和生活方式，社会的信息化已经成为当今世界发展不可逆转的趋势和潮流。信息作为一种重要的战略资源，与物资、能源、人力一起已被视为现代社会生产力的主要因素。目前，世界各国围绕着信息获取、利用和控制的国际竞争日趋激烈，网络与信息安全问题已成为一个世纪性、全球性的课题。党的十八大报告明确指出，要“高度关注海洋、太空、网络空间安全”。党的十八届三中全会决定设立国家安全委员会，成立中央网络安全和信息化领导小组，并把网络与信息安全列入国家发展的最高战略方向之一。这为包含网络空间安全在内的非传统安全领域问题的有效治理提供了重要的体制机制保障，是我国国家安全体制机制的一个重大创新性举措，彰显了我国政府治国理政的战略新思维和“大安全观”。

人才资源是确保我国网络与信息安全第一位的资源，信息安全人才培养是国家信息安全保障体系建设的基础和必备条件。随着我国信息化和信息安全产业的快速发展，社会对信息安全人才的需求不断增加。2015 年 6 月 11 日，国务院学位委员会和教育部联合发出“学位[2015]11 号”通知，决定在“工学”门类下增设“网络空间安全”一级学科，代码为“0839”，授予工学学位。这是国家推进专业化教育，在信息安全领域掌握自主权、抢占先机的重要举措。

新中国成立以来，我国高等工科院校一直是培养各类高级应用型专门人才的主力。培养网络与信息安全高级应用型专门人才也是高等院校责无旁贷的责任。目前，许多高等院校和科研院所已经开办了信息安全专业或开设了相关课程。作为国家首批 61 所“卓越工程师教育培养计划”试点院校之一，成都信息工程大学以《国家中长期教育改革和发展规划纲要（2010—2020 年）》、《国家中长期人才发展规划纲要（2010—2020 年）》、《卓越工程师教育培养计划通用标准》为指导，以专业建设和工程技术为主线，始终贯彻“面向工业界、面向未来、面向世界”的工程教育理念，按照“育人为本、崇尚应用”、“一切为了学生”的教学教育理念和“夯实基础、强化实践、注重创新、突出特色”的人才培养思路，遵循“行业指导、校企合作、分类实施、形式多样”的原则，实施了一系列教育教学改革。令人欣喜的是，该校信息安全工程学院与西安电子科技大学出版社近期联合组织了一系列网络与信息安全专业教育教学改革的研讨活动，共同研讨培养应用型高级网络与信息安全工程技术人才的教育教学方法和课程体系，并在总结近年来该校信息安全专业实施“卓越工程师教育培养计划”教育教学改革成果和经验的基础上，组织编写了“应用型高级网络与信息安全工程技术人才培养系列教材”。本套教材总结了该校信息安全专业教育教学改革成果和经验，相关课程有配套的课程过程化考核系统，是培养应用型网络与信息安全工程技术人才的一套比较完整、实用的教材，相信可以对我国高等院校网络与信息安全专业的建设起到很好的促进作用。该套教材为中国电子教育学会高教分会推荐教材。

信息安全是相对的，信息安全领域的对抗永无止境。国家对信息安全人才的需求是长期的、旺盛的。衷心希望本套教材在培养我国合格的应用型网络与信息安全工程技术人才的过程中取得成功并不断完善，为我国信息安全事业做出自己的贡献。

高等学校电子信息类“十三五”规划教材

应用型网络与信息安全工程技术人才培养系列教材

名誉主编（中国密码学会常务理事）

何大可

2015年9月

中国电子教育学会高教分会推荐

高等学校电子信息类“十三五”规划教材
应用型网络与信息安全工程技术人才培养系列教材
编审专家委员会名单

前　言

ASP.NET 是网络时代微软公司.NET 平台下重要的编程语言，也是目前流行的网络编程语言。全球很多著名网站，如微软网站(www.microsoft.com)、戴尔网站(www.dell.com)、当当网站(www.dangdang.com)等，都是采用 ASP.NET 开发的。ASP.NET 比其他 Web 开发语言，具有相对简单、通俗易懂、学习难度相对较低的优点。

本书采用案例教学法编写，书中案例丰富，每个知识点均提供了大量相关案例以降低学生学习的难度，多数章节后面安排了典型案例，并提供了大量实验指导书和习题。

本书作者长期坚守科研和教学一线、拥有丰富的软件项目开发经验，在编写过程中，坚持“在做中学”的教育理念。为方便学生边学习边实践，书中汇集了数十年的 ASP.NET 程序项目案例，若学生能掌握好这些案例，即可满足实际岗位工作的需要。

针对国内信息安全专业的发展需要，本书在相关章节中引入了开发和建设安全网站方面的内容，以提高学生在信息安全网络方面的理论水平，并增强其在安全网络方面的实践动手能力。

全书共 12 章。第 1 章 Web 开发技术概述，简要介绍了 Web 的基本概念和 Web 开发的相关技术问题。第 2 章 Visual Studio 集成环境的配置，讲述了 ASP.NET 的基础知识、Visual Studio 2010 环境的构建。第 3 章 C# 语法，主要介绍 C# 语法基础。这三章的知识为读者学习 ASP.NET 编程奠定了坚实的基础。第 4 章 Web 服务器控件，采用相关案例详细讲解了 ASP.NET 的各类控件、各个对象。第 5 章 ASP.NET 内置对象，重点讲述了三个主要的服务器变量及相关事件知识，并介绍了 ASP.NET 网络编程的常用功能，只有掌握这些知识，学生才能顺利进入网络编程的技术领域。第 6 章数据库操作，介绍了 .NET 接入数据库的基本方法和多个对象。第 7 章数据绑定控件，讲解了 ASP.NET 的数据库操作、数据库控件的应用等知识。第 8 章网站安全技术，针对目前网络安全方面存在的问题，从四个方面讲述了开发安全的网络系统的原理和方法。第 9 章母版页技术，通过案例讲解了提高网页开发效率的母版页技术。第10章AJAX技术,介绍了AJAX的主要技术特征和其在提高网页体验方面的局部刷新技术。第11章Web Service技术，以VS 2010为基础，介绍了Web Service技术的原理和开发案例。第12章综合应用实例，主要介绍学生信息管理系统的实际开发案例，并提供了全部界面图和全部代码程序，为学生正式进入Web开发行业提供了一个可供模仿的真实用例。

本书具有如下特点:

(1) 采用案例教学，提供了丰富的开发实例。

(2) 实验和典型案例相结合，方便学生在“做”中学习。

(3) 通俗易懂。本书在写作过程中，充分考虑到各层次的读者水平，以浅显的语言描述了相对深奥的计算机专业知识，语言通俗易懂，适合各层次学生和专业人士选用。

(4) 配套齐全。本书作者提供网络考核软件(开发网站)，包括理论考核和上机编程考核的自动评分程序，方便学生自我测评；还提供多种配套资料，全方位满足各高校教师备课的需要，选用本书可以减轻教师的备课和出题工作量。有需要的老师可与作者联系。作者邮箱：Whc700@163.com。

本书第1、2、8、9、10、11、12章由王海春编写，第3、4、5章由赵军编写，第6、7章由盛志伟编写。

由于作者水平有限，书中难免存在不妥和疏漏之处，我们真诚期待专家及读者的批评指正。

编　者

2015年9月于

目　录

第 1 章　Web 开发技术概述

本章要点：

- Web 开发技术
- ASP.NET 简介
- .NET Framework 框架
- .NET 开发环境的建立

1.1　Web 开发技术

1. Web 开发技术的定义

Web 就是一种超文本信息系统。Web 的一个主要概念就是超文本链接，它使得文本不再像一本书一样是固定的、线性的，而是可以从一个位置跳到另外的位置。用户可以从中获取更多的信息，可以从一个主题转到别的主题上。想要了解某一个主题的内容只要在这个主题上点一下，就可以跳转到包含这一主题的文档上。正是因为具有这种多链接性，我们才把它称为 Web。

在以往传统的客户端/服务器架构(C/S)中，无法为大量的并发用户提供实时的交易处理响应。而 Web 的浏览器/服务器(B/S)这种先进的架构使得许多中小型企业可以在开放系统上构建性价比非常高的业务系统，并且实现稳定、可靠、高效、大容量的业务处理。快速灵活的 Web 应用，正符合了人们对信息时效性和数据共享的要求。

传统的客户端/服务器架构(C/S)的信息系统，一般由交换机组成局域网。软件开发方面，服务器上要开发专用的服务器软件，客户机上要开发专用的客户机软件。C/S 结构的信息系统如图 1-1 所示。

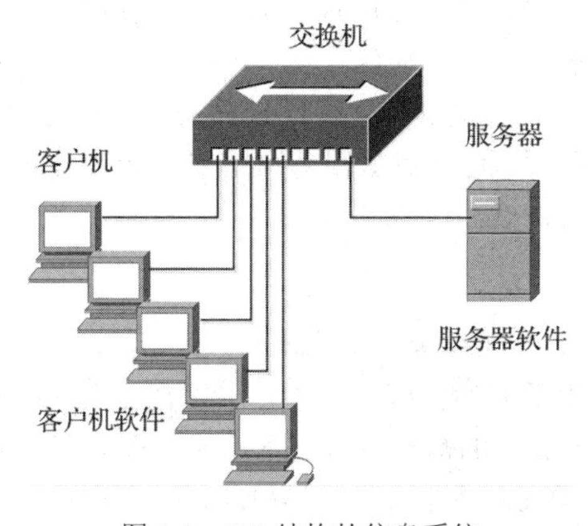

图 1-1　C/S 结构的信息系统

浏览器/服务器架构(B/S)的信息系统，一般由交换机/路由器组成广域网。软件开发方面，服务器上要开发专用的 Web 服务器软件，客户机一般不用开发客户机软件，只需在客户机上安装有通用的浏览器软件，就可使客户机支持远程 Web 页面的访问。简单来说，Web 服务就是一种远程访问的标准，它的优点首先是支持远程访问。B/S 结构的信息系统如图 1-2 所示。

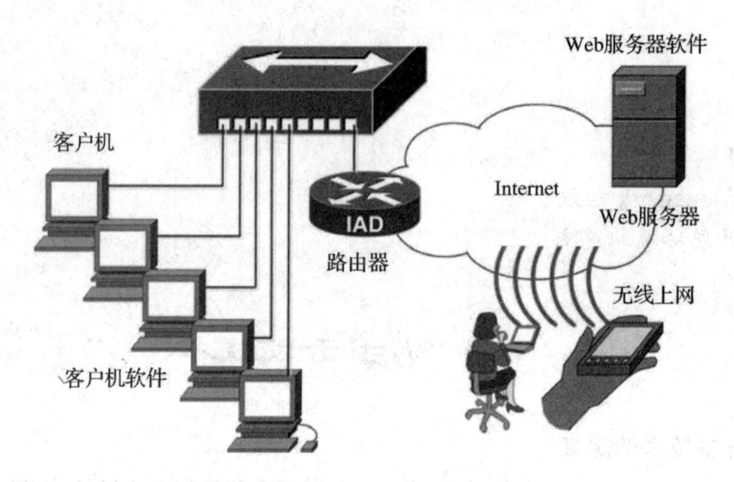

图 1-2 B/S 结构的信息系统

2. 目前主流的 Web 开发软件

Web 应用开发的主流技术，主要分为三个流派，分别是 JSP、ASP.NET、PHP，当然还有其他一些非主流的开发软件。为了让 Web 开发产品更加贴近用户需求，增强用户的体验，一些支持 Web 前端开发的软件，如 HTML、CSS/DIV、PS、Flash 等也很实用。

3. 主流 Web 开发软件的主要优点

JSP 的优点为：第一次执行时编译，以后再执行时就用缓存的代码。JSP 开发框架比较好，系统安全性、稳定性也是三个主流开发技术里面最高的。其缺点是：如果程序写得不好，系统很容易出问题，且大多数 JSP 开发的网站都存在访问速度较慢的缺点。

ASP.NET 主要用在微软平台，在 UNIX 上需要用第三方软件支持，跨平台能力较弱。使用 .NET 开发 Web 应用程序，优点是用户界面友好，使用控件开发速度快，支持数据库操作。其缺点是编好的程序不容易跨平台。

PHP 的优点是：跨平台，开发快速，代码精简易维护，开源免费。PHP5 开始支持调用 java 类，也支持多种数据库，这一点从很多网站都由 PHP 来开发就可以看得出来。目前暂时还没有发现它有太大的缺点。

4. Web 开发的特点

1) Web 的图形化和易于导航(navigate)的优点

Web 非常流行的一个很重要的原因就在于它可以在一页上同时显示色彩丰富的图形和文本。在 Web 之前，Internet 上的信息只有文本形式。Web 具有将图形、音频、视频信息集合于一体的特性。同时，Web 是非常易于导航的，只需要从一个链接跳到另一个链接，就可以在各页、各站点之间进行浏览了。

2) Web 的平台无关性

无论用户的系统平台是什么，都可以通过 Internet 访问 WWW。浏览 WWW 对用户的系统平台没有什么限制。无论从 Windows 平台、UNIX 平台、Macintosh 还是别的什么平台，我们都可以访问 WWW。对 WWW 的访问是通过一种叫做浏览器(Browser)的软件实现的，如 Netscape 的 Navigator、NCSA 的 Mosaic、Microsoft 的 Explorer 等。

3) Web 组成的分布式

Web 的所有信息都是分布式地放在不同站点上的，只需要在浏览器中指明这个站点就可以了，这就使得在物理上并不一定在一个站点的信息在逻辑上一体化，从用户来看这些信息是一体的。

4) Web 的动态性

Web 是动态的，由于各 Web 站点的信息包含站点本身的信息，信息的提供者可以经常对站点上的信息进行更新，如某个协议的发展状况、公司的广告等。一般各信息站点都尽量保证信息的时间性，所以 Web 站点上的信息是动态的、经常更新的。这一点是由信息的提供者保证的。

Web 的动态特性还表现在 Web 的交互性上。Web 的交互性首先表现在它的超链接上，用户的浏览顺序和所到站点完全由他自己决定。另外，通过 FORM 的形式可以从服务器方获得动态的信息，用户通过填写 FORM 可以向服务器提交请求，服务器可以根据用户的请求返回相应信息。

1.2　ASP.NET 简介

1. ASP.NET 的概念

ASP.NET 是微软公司于 2000 年 6 月发布的网络编程语言。它是微软公司继 VB、VC、ASP 之后推出的在新一代编程环境 Microsoft.NET 集成框架之下的编程语言。正如 VC++ 是 C 语言的新版本一样，ASP.NET 是 ASP 更新换代的最新网络编程语言。

2. ASP.NET 的发展

1996 年 ASP 1.0 的诞生使 Web 编程变得更加容易，结束了网站编程繁琐的历史； 1998 年微软公司发布了 ASP 2.0, 使 ASP 的功能进一步增强；2000 年诞生了效率更高、性能更稳定的 ASP 3.0。第一个版本的 ASP.NET 在 2002 年 1 月亮相。ASP.NET 不是 ASP 的简单升级，而是新一代的网络编程语言。ASP.NET 从诞生到今天，已经发展到 4.0 版。

3. ASP.NET 的优点

由于 ASP.NET 是一个高度集成的开发环境，具有新手上手快、开发周期短、开发的系统维护成本低、系统升级较容易等特点，成为深受人们欢迎的网络编程利器。

ASP.NET 采用 C#、VB 这样的模块化程序语言作为脚本语言，这些语言在执行时，采用一次编译多次执行的方式，其运行效率较高。

ASP.NET 引入了多种控件，程序员在编写 ASP.NET 页面和应用程序时，许多功能只要轻点鼠标或将控件拖入界面中即可实现，使一些复杂的网站功能的实现变得较为简单。

4. ASP.NET 程序组成

ASP.NET 程序结构中包含两种主要语言：VB.NET 和 C#，它们都是 .NET 支持的开发语言。VB 是学生广为喜爱的一种简单易学的编程语言。C# 是 .NET 的标准开发语言，是微软公司专门针对 .NET 推出的具有较强功能的编程语言。表 1-1 是 ASP.NET 的一些主要文件。

表 1-1　ASP.NET 的一些文件类型

文件扩展名	含　义
aspx	默认的 ASP.NET 页面文件扩展名
master	默认的 ASP.NET 模板文件扩展名
config	默认的 ASP.NET 配置文件扩展名
skin	默认的 ASP.NET 皮肤文件扩展名
sitemap	默认的 ASP.NET 站点地图文件扩展名

1.3　.NET Framework 框架

采用 ASP.NET 编写的程序，必须运行在 .NET Framework 框架上。计算机运行 ASP.NET 程序的条件之一就是：该计算机上安装了 .NET Framework 框架，而且要注意不同版本的升级。

1.3.1　.NET Framework 的构成

.NET Framework 是.NET 的核心，是开发 .NET 应用程序、运行 .NET Framework 应用程序的前提条件。.NET Framework 由两部分组成：框架类库和公共语言运行库(CLR)，如图 1-3 所示。

图 1-3　.NET 框架结构

1.3.2　.NET Framework 公共语言运行库

公共语言运行库的主要功能是为用 .NET 编程语言编写的代码(称为托管代码)提供运

行环境。它提供了内存管理、线程管理、代码执行、代码安全验证、编译等系统服务。它是一个类似于虚拟机的软件平台，屏蔽了底层硬件和各种操作系统的差异，使 .NET 应用程序可运行于各种平台之上。.NET 应用程序的运行步骤如下：

(1) 用 .NET 编程语言编写 .NET 应用程序；

(2) 使用编译器(比如 C# 编译器)将源代码编译为 Microsoft 中间语言(MSIL)；

(3) 在执行时，公共语言运行库的实时(JIT)编译器将 MSIL 编译为本机代码；

(4) 执行当前的本机代码。

1.3.3 .NET 常用命名空间

框架类库提供了一套庞大的面向对象的可重用类型集合，它提供了对系统功能的访问，是建立 .NET 应用程序、组件和控件的基础。利用框架类库可以高效开发多种应用程序，包括 Web 应用程序、Windows 应用程序和 Web 服务。

框架类库用命名空间进行逻辑分组，如表 1-2 所示是一些常见的命名空间。

表 1-2　常见的命名空间

命名空间	说　明
System	包含用于定义常用值、引用数 iii、i#及程序、接口、属性和处理异常的基础类和基类
System.Text	包含用于文本处理的类，实现了不同编码方式操作文本
System.IO	操作 I/O 流，提供了处理文件、目录和内存流的读/写与遍历操作等
System.Collections	包含定义各种对象集合(如列表、队列、位数组、哈希表和字典)的接口和类
System.Collections.Generic	包含定义泛型集合的接口和类
System.Data	包含利用 ADO.NET 访问和处理数据的类
System.Web	提供支持浏览器/服务器通信的类和接口
System.Web.UI	包含以可视化形式出现在 Web 应用程序中的控件和页类
System.Web.UI.WebControls	包含创建 Web 服务器控件的类
System.Web. Services	包含创建 Web 服务的类
System.Security	提供 CLR 安全系统基础结构，用以支持加密、安全策略、安全原则、权限设置和证书等服务
System.Xml	提供对 XML 数据进行访问和处理的类
System.Linq	包含支持使用语言集成查询(LINQ)的类和接口

1.4 .NET 开发环境的建立

.NET 开发环境的建立，需要有开发平台，需要安装相应版本的 Visual Studio(VS)集成开发软件，如 Visual Studio 2010 或 Visual Studio 2012。

1. Web 开发平台的选择

用户使用的多个 Windows 版本，例如：Windows XP、Windows 7(Win7)、Windows 8(Win8)、Windows Server 等，都可以作为基于 .NET 程序的 Web 开发平台。

2. 安装 Visual Studio 集成开发软件

在 Web 开发平台上，直接安装 Visual Studio 2010 或 Visual Studio 2012，就在开发平台上建立起了一个集成开发环境，这个集成环境自动安装 .NET Framework，不必再单独安装。调试软件时，Visual Studio 2010 或 Visual Studio 2012 自带一个虚拟服务器，可以直接模拟运行用户开发的 Web 程序。待 Web 程序完全调试好了，再将 Web 程序发布到真正的 Web 服务器上运行，非常方便。

安装 Visual Studio 2010 或 Visual Studio 2012 时，系统还会自动安装一个学习版的 SQL Server 数据库，用户在开发平台上不需要再安装另外的数据库系统。

3. 建立本机 Web 站点

调试软件时，Visual Studio 2010 或 Visual Studio 2012 自带了一个虚拟服务器，可以直接模拟运行用户开发的 Web 程序。但这个程序有可能在真实的 Web 服务器上运行不了，因此，可以在本机上建立一个本机 Web 站点(Localhost)，再将 Web 程序发布到这个本机 Web 服务器上运行，如果成功了，再将 Web 程序发布到真正的 Web 服务器上运行，开发效率会更高。ASP.NET 主要是用来开发基于互联网应用的网页程序，无论是 ASP.NET 还是 PHP、JSP，要想在互联网上运行，必须安装一个服务器平台，与 ASP.NET 相配套的服务器平台是微软的 IIS。在用户的本机上，安装 IIS，相当于在本机上建立了一个模拟的 Web 站点(Localhost)。

本机上建立了一个模拟的 Web 站点的要求如图 1-4 所示。本地网络地址为 localhost。

在 Windows Server 服务器上，建立一个真正的 Web 站点的要求如图 1-5 所示。

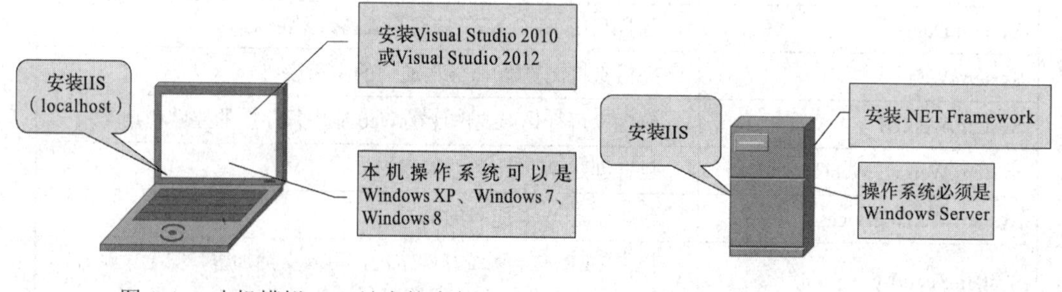

图 1-4 本机模拟 Web 站点的建立　　图 1-5 一个实际 Web 站点的建立

典型案例 1 IIS 的安装与配置

一、案例功能说明

本章典型案例，主要是实现一个本机 Web 站点的配置过程，以方便在本机调试开发的 Web 程序。学习在本机安装和配置 IIS，主要是让学生了解 .NET 程序开发中环境配置的基本实现方法，提高学生对 Web 站点的感性认识。

二、案例要求

(1) 在本机中安装 IIS。

(2) 在本机中配置 Web 站点。

三、操作和实现步骤

1. Win7 下 IIS 的安装

(1) 进入“Win7 的控制面板”→程序→程序和功能→选择左侧的“打开或关闭 Windows 功能”，如图 1-6 所示。

(2) 现在出现了安装 Windows 功能的选项菜单，注意选择的项目，我们需要手动选择需要的功能，下面这张图片把需要安装的服务都已经选择了，大家可以按照图片勾选功能，如图 1-7 所示。

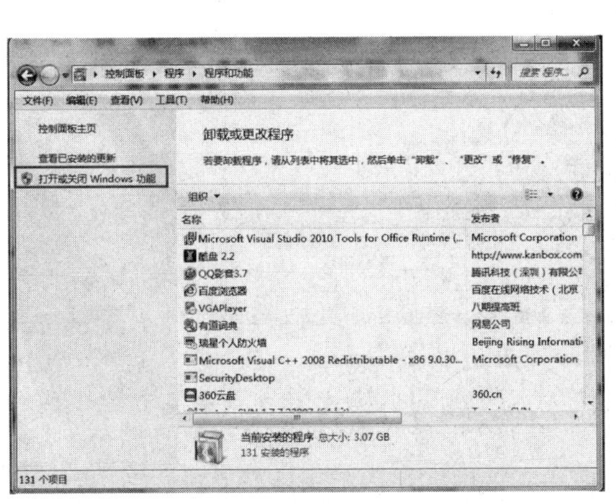

图 1-6　打开或关闭 Windows 功能菜单

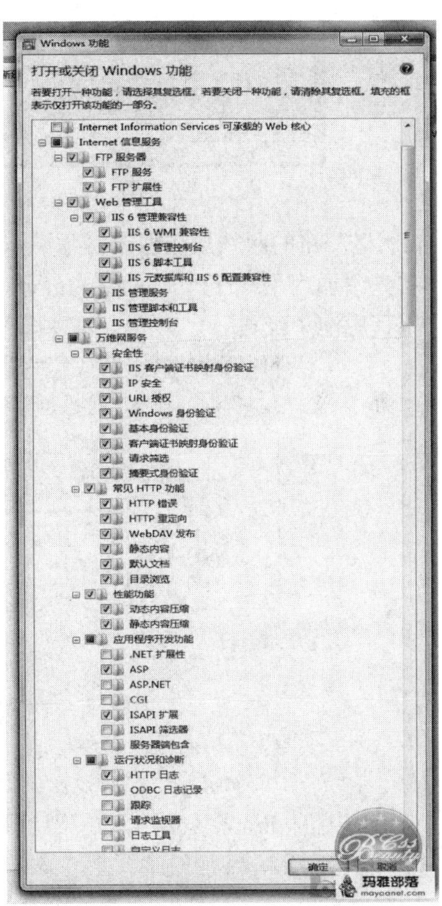

1-7　安装 Windows 功能的选项菜单

2. 配置 IIS (通过部署 ASP.NET 网站过程讲解)

安装完成后，再次进入控制面板，选择管理工具，双击 Internet(IIS)管理器选项，进入 IIS 设置。或者通过“计算机”右击→管理→服务和应用程序→Internet 信息服务(IIS)管理器，进入 IIS 设置，如图 1-8 所示。

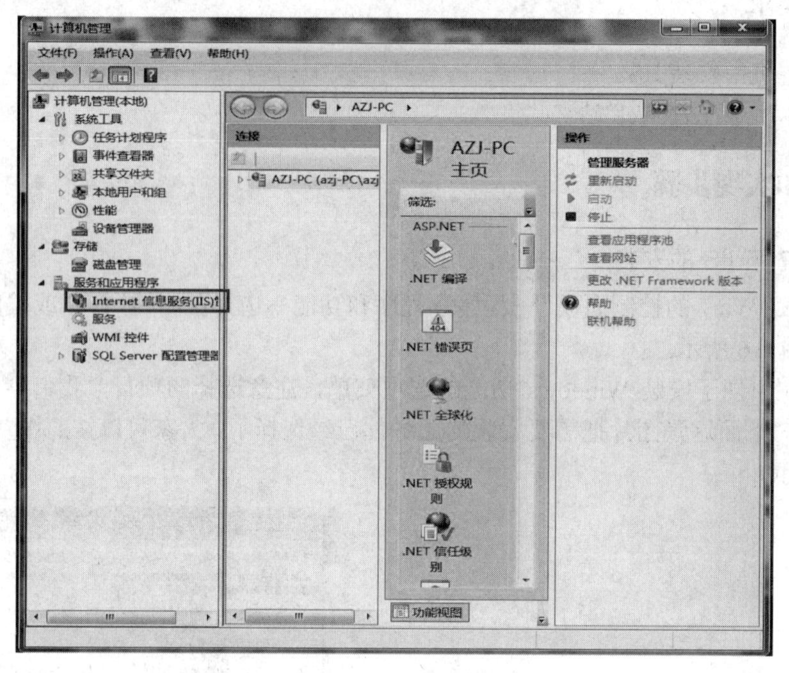

图 1-8　进入 IIS 设置菜单

(1) 将发布的网站放在固定磁盘中，这里放在 D 盘中。

首先添加应用程序池，注意 .Framework 框架要和发布的网站使用的框架对应，还要注意应用程序池“经典”、“集成”两种模式，如图 1-9 所示。

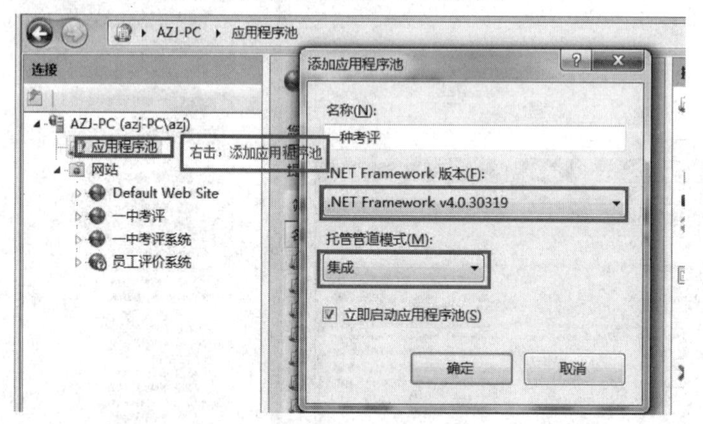

图 1-9　设置“经典”、“集成”两种模式菜单

这里使用的 .Framework 4.0 框架应用的模式为“集成”模式。

(2) 右击网站→添加网站。

填写网站名称，名称保证见名知意就好。物理路径为“发布的网站”存放路径，选择配置文件存放的上一级。IP 地址可以为自己的 IP 地址 (这里是为了让局域网内所有人访问)，端口号默认为 80，如果此端口目前没人使用，可使用此端口，否则更改一下端口，如图 1-10 所示。

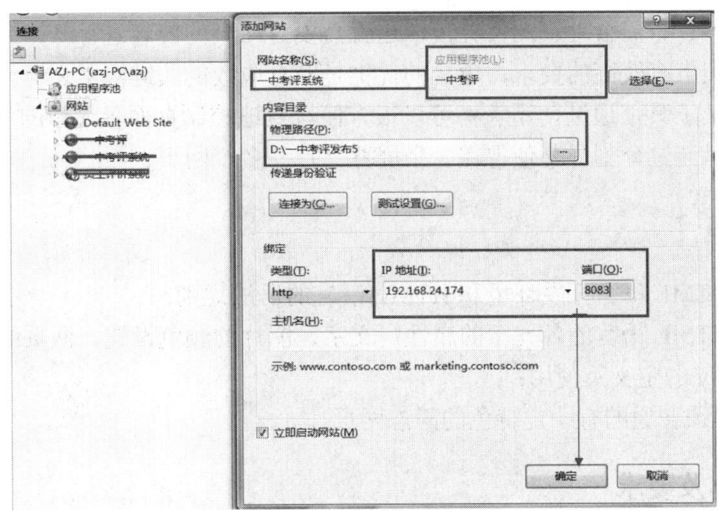

图 1-10 设置“发布的网站”存放路径

(3) 通过点击“默认文档”，设置默认网站登录的默认页，如图 1-11 所示。

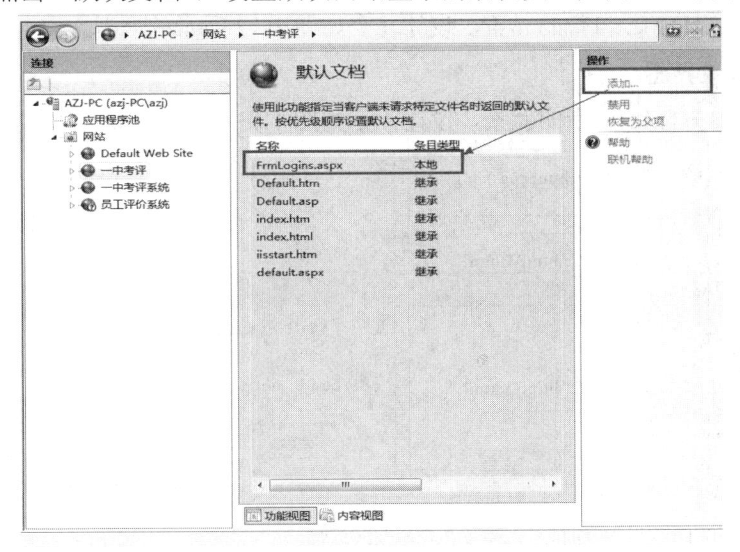

图 1-11 设置“默认文档”

如此，经过上面几步，就基本完成了一个网站的发布工作。

四、作业要求

(1) 请学生按照上述操作步骤，安装 IIS，以便对 IIS 有一个初步的感性认识。

(2) 请学生以上述操作步骤为参照，制作一个个人本地 Web，并将本人的照片和文字说明发布在这个 Web 上，以便熟练掌握 IIS 的初步知识。

上机实训 1 HTML 语言静态网页设计

如果说一个网站是一座大厦，那么构成网站的每个栏目就是构成大厦的房间，而构建每个房间的砖瓦就应是每一张网页了！网页与一般文档类似，它们都要求字体清晰、格式正确、排列整齐、布局合理、图文并茂，这就需要对网页的内容进行修饰。

网页在排版上有较高的要求，版排的优劣是网页成败的关键因素之一。而 div 是实现页面排版的有效工具，通过使用表格可以很方便有效地控制页面各元素的位置。与表格类似的框架则可以通过分割屏幕使得在一个屏幕上打开多个网页。

一、实验目的

(1) 熟悉 HTML 语言开发环境和 HTML 语言的语法规则；
(2) 熟悉 HTML 语言的各元素的属性，文字、图片的颜色设置，网页的表格及对齐；
(3) 掌握 div 的定义及使用；
(4) 能够设计普通的有一定特色的静态网页。

二、实验内容及要求

1. 设计框架

本实验利用 HTML 自带的元素，设计一个如图 1-12 所示的框架。

2. 设计登录界面

本实验利用 HTML 自带的元素，设计一个如图 1-13 所示的登录界面。

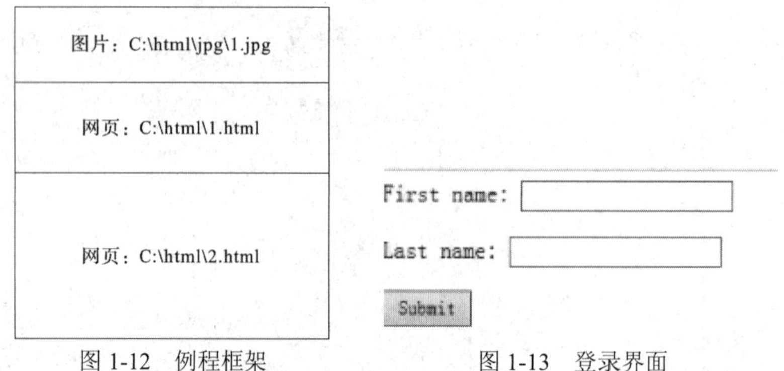

图 1-12 例程框架　　图 1-13 登录界面

3. 设计表格

本实验利用 HTML 自带的元素，设计一个如图 1-14 所示的表格。

Month	Savings
January	$100
SUN	$50

图 1-14 例程表格

三、实验仪器、设备及材料

PC 机一台，安装 Windows 7、VS2010 或 VS2012、SQL Server 2000 软件。

四、实验步骤

1. 设计框架(index.html)

```
<frameset rows = "___________" …>
  <frame src = "______" …>
  <frame _____________________________>
  <frame _____________________________>
</frameset>
```

2. 设计登录界面

```
<body ___________________>--背景图片
  <form action = "______" …>
    用户名：
    <input type = "________"…>
    …
  </from>--注意下端对齐
</body>
```

3. 设计表格

```
…
<table …>
  <tr …>
    <td …>
    <Marquee …>…</Marquee>
    </td>
    <td …>
      <table>…</table>--注意有表头
    </td>
  </tr>
  …    --第二行
</table>
…
```

五、实验报告要求

(1) 每个实验完成后，学生应认真填写实验报告(可以是电子版)并上交任课教师批改；

(2) 电子版实验报告的文件名为：班级 + 学号 + 姓名 + 实验 N + 实验名称；

(3) 电子版实验报告要求用 Office 2003 编辑；

(4) 实验报告基本形式：

① 实验题目。

② 实验目的。
③ 实验内容。
④ 实验要求。
⑤ 实验结论、心得体会。
⑥ 程序主要算法或源代码。

六、参考程序

1. 横向列表显示

```
<html>
<frameset rows = "20%, 50%, 30%">
<frame src = "a1.html">
<frame src = "b1.html">
<frame src = "c1.html">
</frameset>
</html>
```

2. 纵向列表显示

```
<html>
<frameset cols = "20%, 50%, 30%">
<frame src = "a1.html">
<frame src = "b1.html">
<frame src = "c1.html">
</frameset>
</html>
```

3. 登录界面程序

```
<html>
<form action = "a.asp" method = "get">
  <p>First name: <input type = "text" name = "fname" /></p>
  <p>Last name: <input type = "text" name = "lname" /></p>

  <input type = "submit" value = "Submit" />
</form>

</body>
</html>
```

4. 表格程序

```
<html>
<body>
```

```
<table border = "1">
  <tr>
    <th>Month</th>
    <th>Savings</th>
  </tr>
  <tr>
    <td>January</td>
    <td>$100</td>
  </tr>
  <tr>
    <td>SUN</td>
    <td>$50</td>
  </tr>
</table>
</body>
</html>
```

习　题　1

一、判断题(判断如下的叙述是否正确，正确的打√，错误的打×)

1．Web 就是一种超文本信息系统，Web 的一个主要的概念就是超文本链接。(　　)

2．C/S 结构网络和 B/S 结构网络都可远程访问服务器上的信息。(　　)

3．Web 站点的信息主要是以纯文本形式传输的。(　　)

4．ASP.NET 是 ASP 的一种可用于 Web 开发的网络编程语言。(　　)

5．传统的客户端/服务器架构(C/S)的信息系统软件开发，服务器上和客户机上都要编写相关软件。(　　)

6．浏览器/服务器架构(B/S)的信息系统软件开发，服务器上和客户机上都要编写相关软件。(　　)

7．Web 应用开发的主流技术，主要的分为三个流派，分别是 Java、.NET、PHP。(　　)

8. 采用 .NET 技术开发的代码，必须在安装了.NET Framework 的机器上才能运行。(　　)

9．ASP.NET 新的设置不需要启动本地的管理员工具。(　　)

10．所有与操作文件系统有关的类都位于命名空间中。(　　)

二、简述题(请简要回答下列问题)

1. 什么是超文本文件?

2. 什么是超级链接?

3. Web 应用开发主要是开发什么内容?

4. 建立本机 Web 主要应安装什么软件?

5. 什么是命名空间?

6. 默认的 ASP.NET 网页文件的扩展名是什么?

7. ASP.NET 的优点有哪些?

8. 要安装 Visual Studio 2010 或 Visual Studio 2012，数据库的安装状态是什么?

9. 安装 Visual Studio 2010 或 Visual Studio 2012 集成环境与安装 .NET Framework 是什么关系?

10. 什么是 Localhost?

第 2 章　Visual Studio 集成环境的配置

本章要点：

- Visual Studio 2010 的安装
- Visual Studio 2010 的集成环境与应用
- 基于集成环境开发 Web 应用程序

2.1　Visual Studio 2010 的安装

Visual Studio 2010 的安装步骤如下：

(1) 将安装光盘放入光驱，单击 setup.exe 文件，会自动弹出一个安装对话框，如图 2-1 所示，再单击对话框中的“安装 Microsoft Visual Studio 2010”。

图 2-1　安装 VS 界面

(2) 弹出 Visual Studio 2010 选择安装功能对话框，选择自定义安装，如图 2-2 所示。

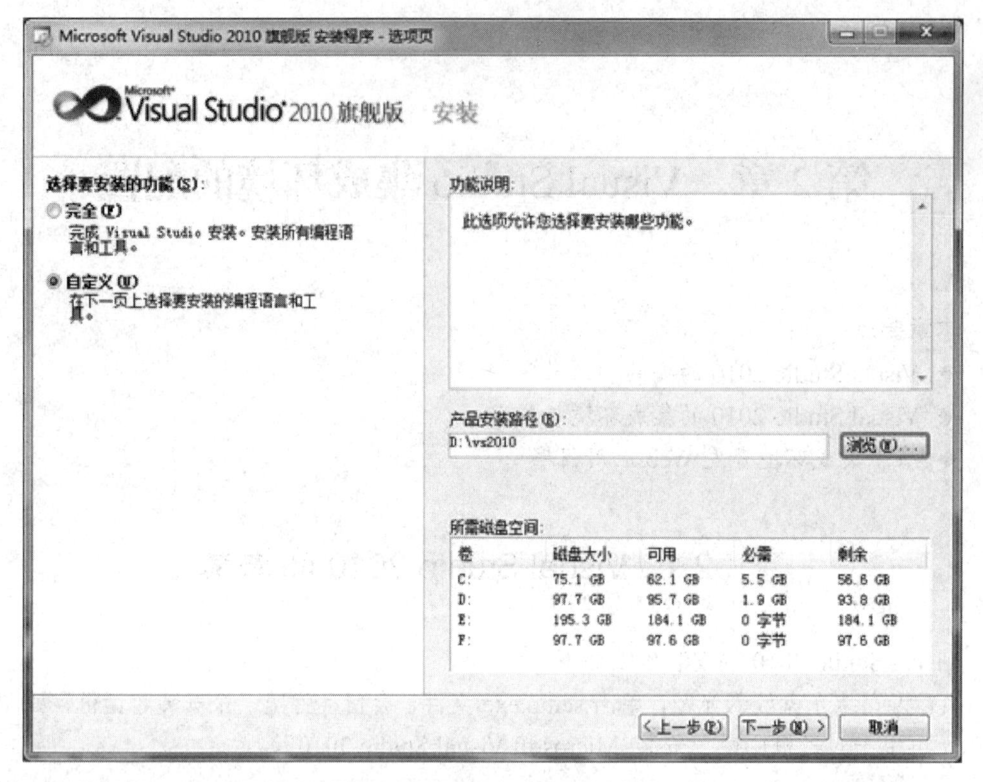

图 2-2　安装功能选择对话框

(3) 弹出 Visual Studio 2010 要加载的功能对话框，选择 Visual C#，如图 2-3 所示。

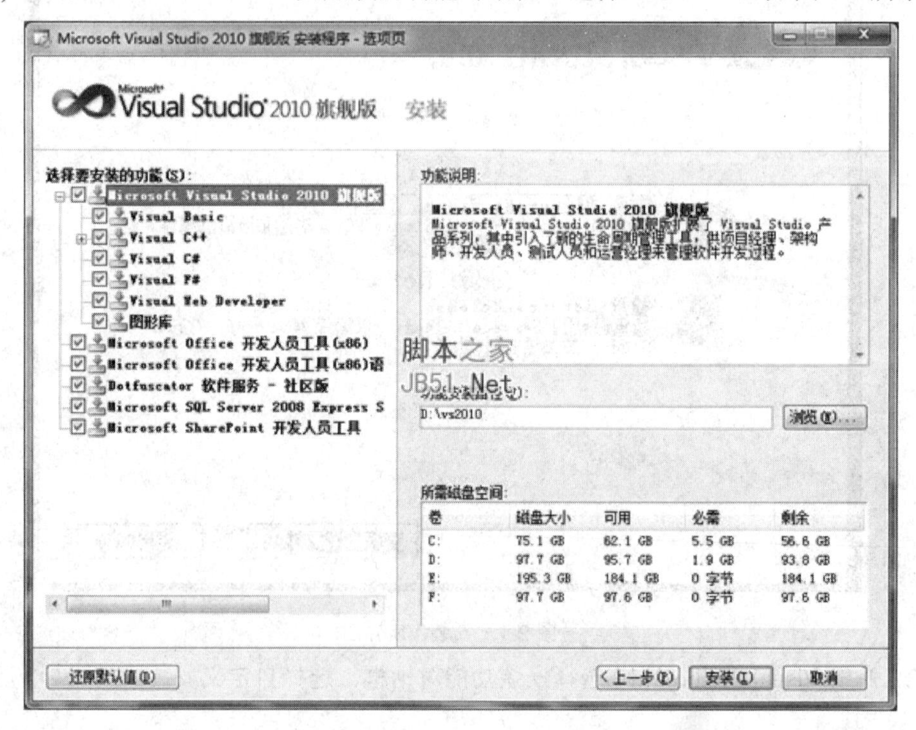

图 2-3　安装要加载功能的对话框

(4) 弹出 Visual Studio 2010 安装成功对话框，表示安装完成，如图 2-4 所示。

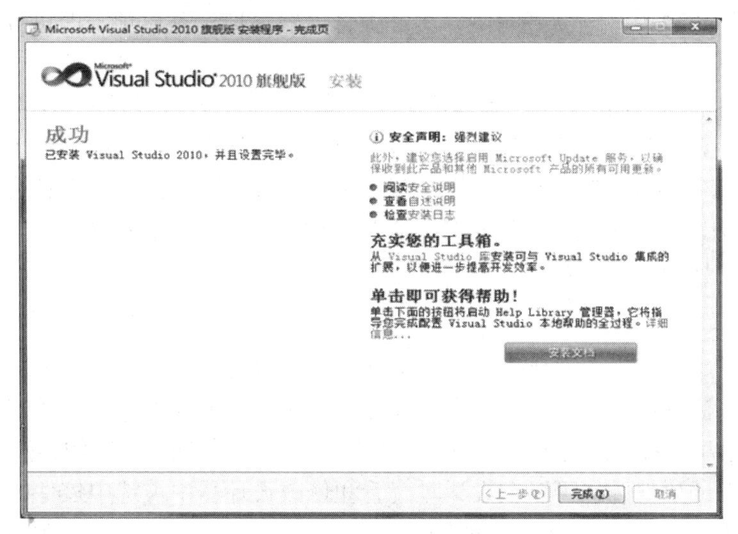

图 2-4　安装成功对话框

2.2　Visual Studio 2010 的集成环境与应用

为了提高开发效率，熟悉 Visual Studio.NET 集成开发环境是非常重要的。要善于充分利用 Visual Studio.NET 集成开发环境实现高效、快捷地开发 Web 应用程序。

1. 集成环境主要窗口

如图 2-5 所示是集成开发环境的主窗口。

集成开发环境通常由菜单栏、工具栏，以及停靠或自动隐藏在左侧、右侧、底部和编辑器空间中的各种工具窗口组成。工具栏和多个窗口可以随着进行调整或关闭。

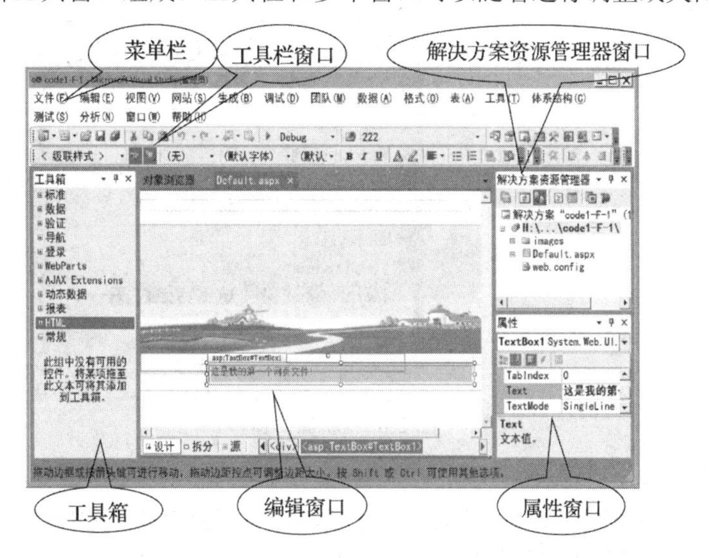

图 2-5　VS 集成开发环境主窗口

2. 解决方案资源管理器窗口

在“视图”菜单中，选择“解决方案资源管理器窗口”菜单项，即可打开解决方案资源管理器窗口。

解决方案可以是不同的项目，具体可用文件夹体现。项目可以是网站，可以是 Windows 窗口应用程序，可以是类库等。解决方案将多个项目组织在一起形成一个工作文件夹，允许在一个 Visual Studio.NET 实例中分别操作这些项目中的文件，而不必运行多个 Visual Studio.NET 实例，这对于大型项目的开发非常有用，同时也可以把同一配置应用到不同的项目上，从而简化操作。

3. 属性窗口

在编辑窗口中，点击右键选择“属性”菜单项，即可打开属性窗口。

属性窗口是活动窗口，主要用于显示和配置各个控件的属性。控件的属性可以从窗口中直接配置，也可在程序运行时用指令动态配置。在“属性”窗口中可以编辑和查看文件、项目和解决方案的属性，也可以在设计时查看和修改设计器中被选中控件的属性和事件。在 “属性”窗口的上部是一个下拉列表框，列表框中列出当前可用的对象。通过选中某个对象，可以在“属性”窗口的下部显示其属性列表。

在属性列表的上部有一个工具栏，其上有四个按钮，分别是：

(1) “按分类顺序”：该按钮按类别列出选定对象的所有属性及属性值；

(2) “按字母顺序”：该按钮按字母顺序列出选定对象的所有属性及属性值；

(3) “属性”：该按钮显示对象的属性；

(4) “事件”：该按钮显示对象的事件。

在“属性”窗口的最下部是说明窗，用于显示所选属性的属性类型和简短说明。

在“属性”窗口中，除了可以显示和编辑属性以外，还可以为 Web 页面和控件添加事件。添加事件的方法为：先选中控件；然后在“属性”窗口中单击“事件”按钮；最后在事件列表中选择相应事件，并输入事件处理过程的名字，或者直接双击事件的名字，如图 2-6 所示。

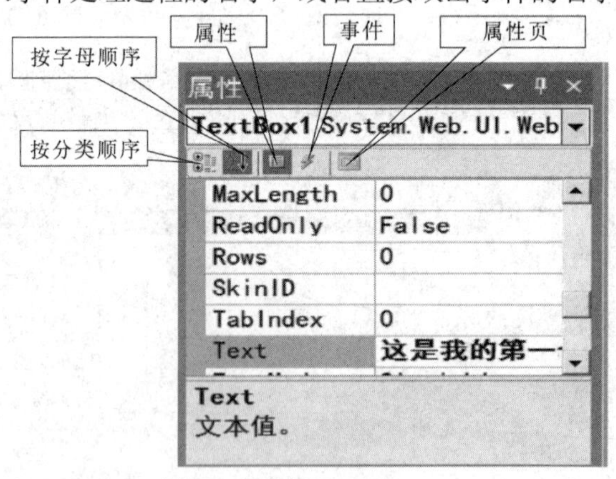

图 2-6 “属性”窗口

4. 工具箱窗口

在“视图”菜单中，选择“工具箱”菜单项，即可打开工具箱窗口。

工具箱中包含了各类的可用控件，用户可在应用程序中方便快捷地使用这些控件。工具箱中的控件按照功能分类组织。在图 2-7 所示的工具箱中，把控件分成了 8 个组。

“标准”选项卡：提供 Web 服务器控件；

“数据”选项卡：提供数据源控件和数据绑定控件；

“验证”选项卡：提供数据验证控件；

“导航”选项卡：提供网站导航控件；

“登录”选项卡：提供登录控件；

“WebParts”选项卡：提供 Web 部件；

“AJAX Extensions”选项卡：提供 AJAX 控件；

“HTML”选项卡：提供 HTML 服务器控件。

图 2-7　工具箱

5. 设计器窗口

打开一个页面文件后，可直接进入设计器窗口。设计器提供了三种视图方式，分别是设计视图、源视图、拆分视图。三种视图提供了以可视化方式和 HTML 代码方式进行页面部局和调整。

1) 设计视图

点击左下角的“设计”按钮可进入设计视图。其以视图方式进行 ASP.NET Web 页面外观的设计。可以把设计器看作绘画的画布，通过用鼠标拖曳的方式可在 Web 页面上添加新项、调整已有项的位置和大小等。设计视图如图 2-8 所示。

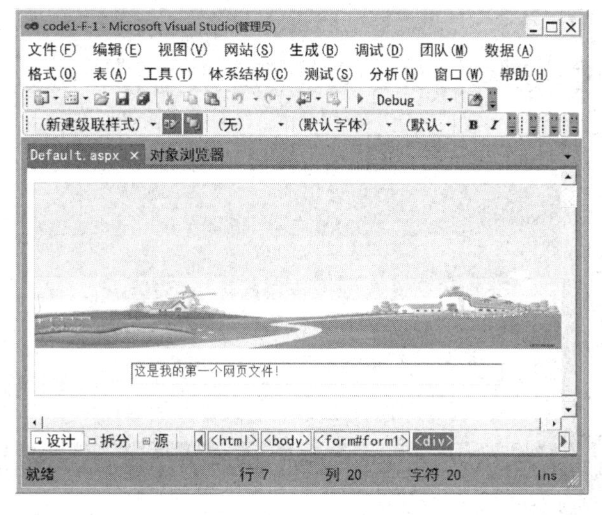

图 2-8　设计视图

2) 源视图

点击左下角的“源”按钮可进入源视图。源视图中，可以 HTML 形式进行 ASP.NET Web 页面外观的设计。源视图如图 2-9 所示。

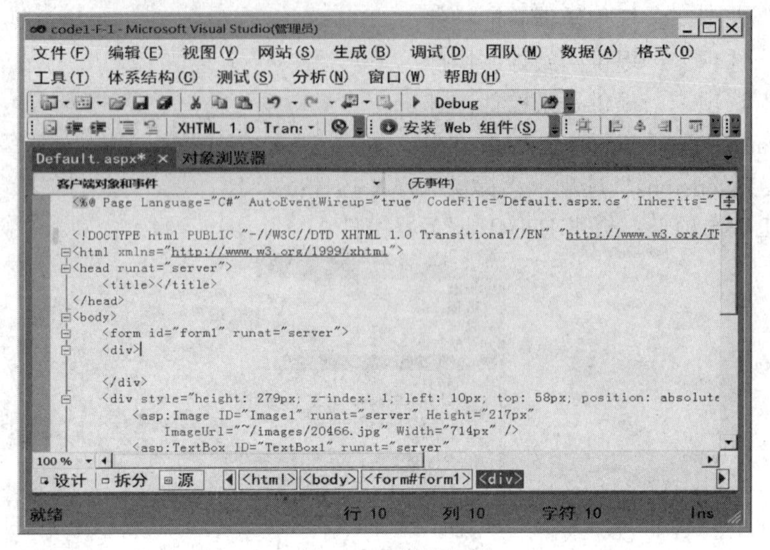

图 2-9　源视图

6. 代码编辑窗口

代码编程辑器主要用于编写源程序代码。这里主要是C# 代码。进入代码编辑窗口主要有两种方法：

(1) 在“解决方案资源管理器”中，双击源代码文件打开代码编辑器窗口；

(2) 在设计器中，右键单击，在快捷菜单中选择“查看代码”，打开代码编辑器窗口。代码编辑器窗口如图 2-10 所示。

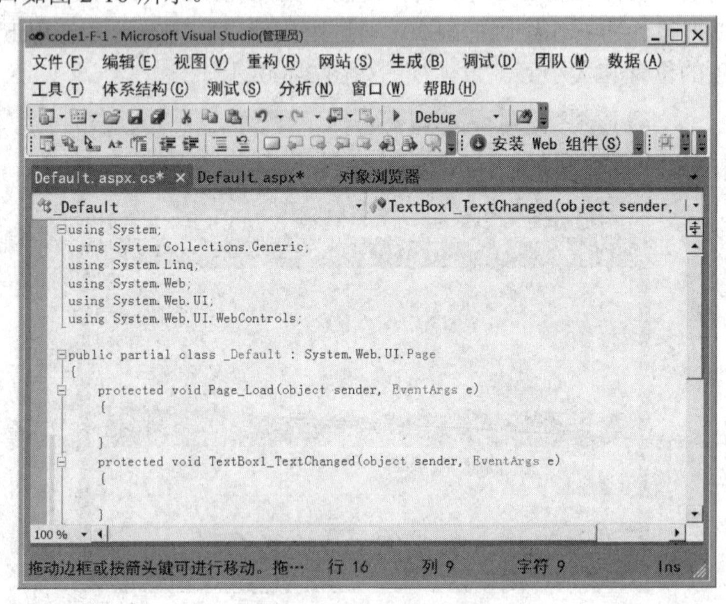

图 2-10　代码编辑器窗口

2.3　基于集成环境开发 Web 应用程序

1. 建立 Web 网站

1) 建立网站工程文件夹

建立一个工程文件夹 code2-F-1，在文件夹中再建立一个下级文件夹 Images，在其中装入一个图片文件 sinabloge.gif。

2) 建立网站网页模板

启动 VS，在“文件”菜单中选择“新建”，再选择“网站”，如图 2-11 所示。

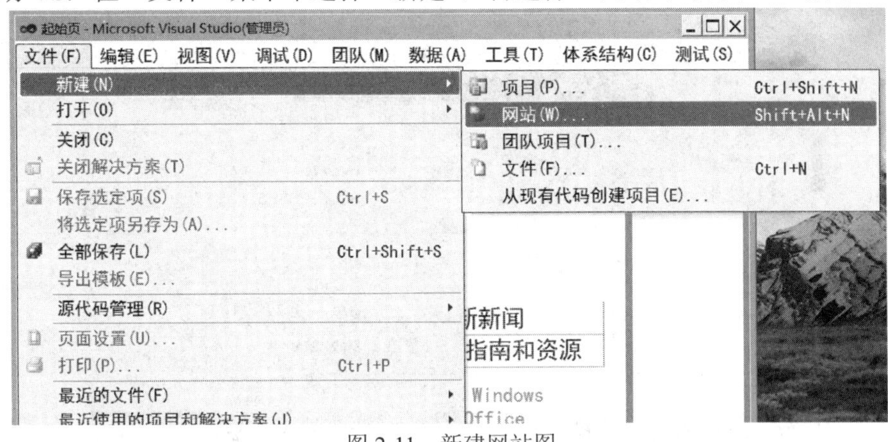

图 2-11　新建网站图

3) 选择网站相关参数

如图 2-12 所示，选择“空网站”，再选择文件“系统”，然后选择文件路径，如图 2-12 所示。

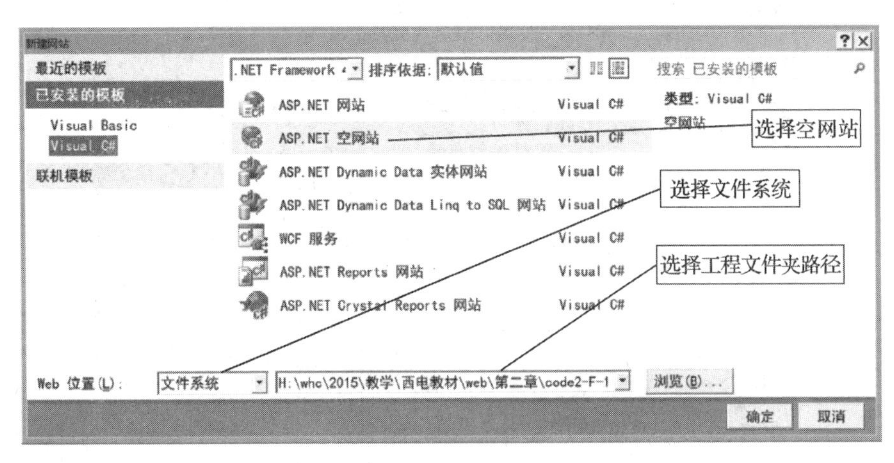

图 2-12　新建网站图

2. 建立 Web 网页

(1) 选中站点，点击右键选择“添加新项”，确认后，在对话框中选择“Web”窗体，如图 2-13 和图 2-14 所示。

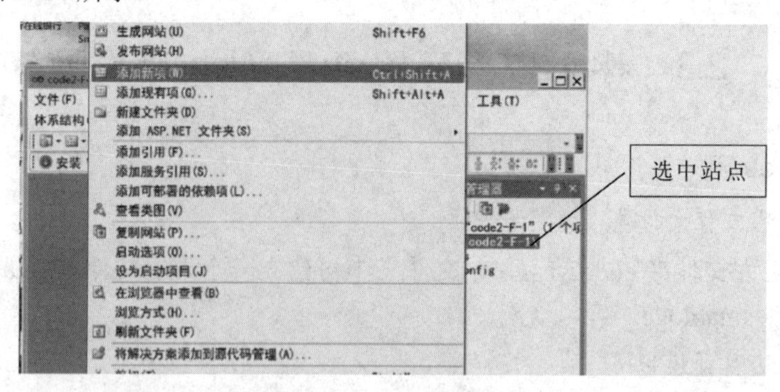

图 2-13　新建网站图

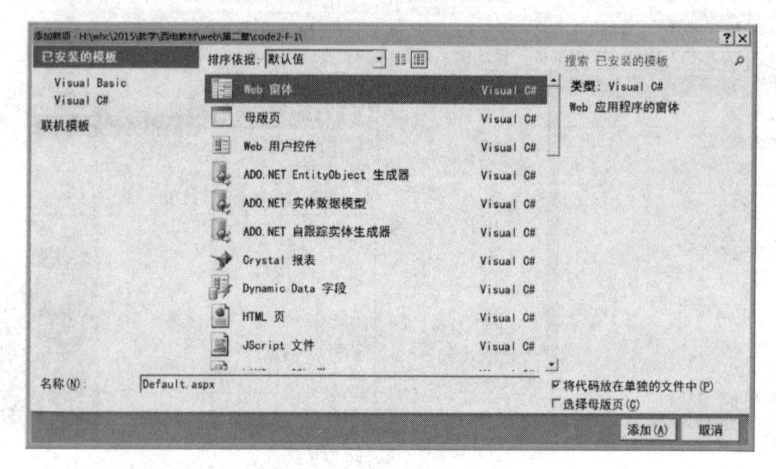

图 2-14　选择 Web 窗体

(2) 新添加的 Web 窗体默认名为“Default.aspx”，如图 2-15 所示。

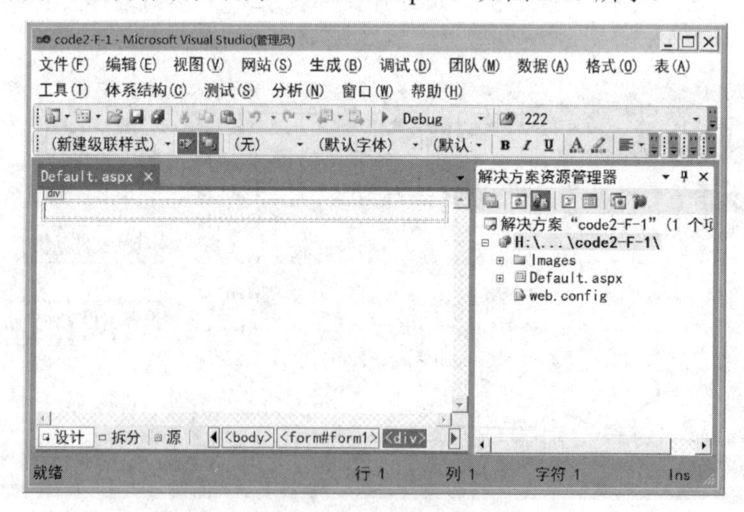

图 2-15　新添加的 Web 窗体文件

3. 在 Web 网页上添加控件

(1) 打开工具箱，找出按钮类“Button”，双击“Button”，在程序编辑区中添加了一个按钮控件“Button1”。在“格式”菜单中选择“位置”菜单项，弹出“定位”对话框，在“定位样式”中选中“相对”，拖动该按钮控件到指定位置。

(2) 打开工具箱，找出文本框类 “TextBox”，双击“TextBox”，在程序编辑区中添加了一个文本框控件“TextBox1”。在“格式”菜单中选择“位置”菜单项，弹出“定位”对话框，在“定位样式”中选中“相对”，拖动该文本框控件到指定位置，如图 2-16 所示。

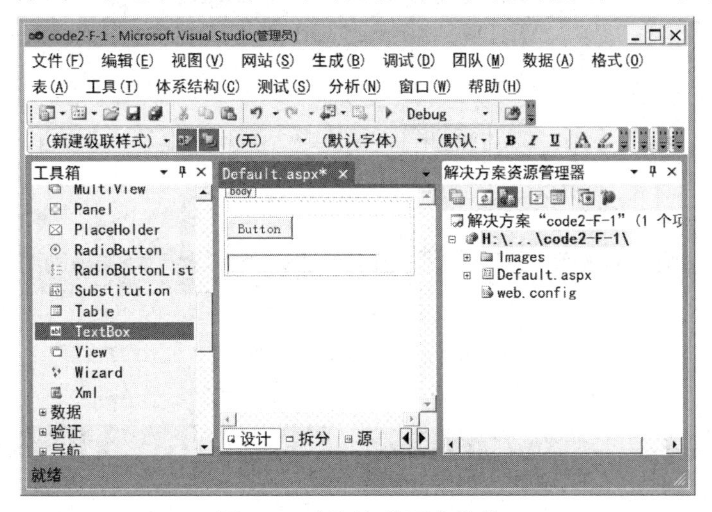

图 2-16　新添加的两个控件

4. 在 Web 网页上编辑程序代码

双击图中的按钮控件“button1”，打开程序编辑窗口，在指定位置写入一条指令：“TextBox1.Text = "这是一个简单程序！";”，如图 2-17 所示。

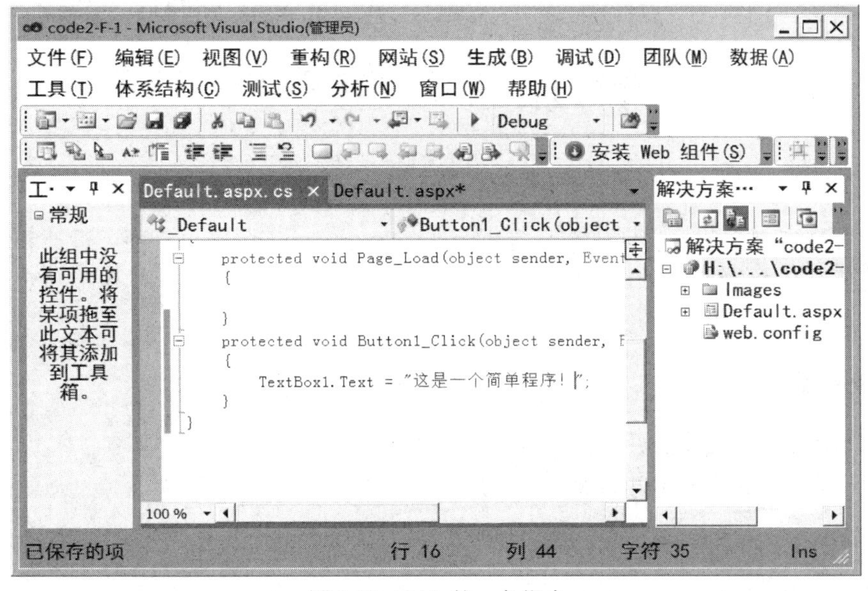

图 2-17　写入的一条指令

5. 在 Web 网页上运行程序

(1) 点击保存文件按键，保存页面文件；

(2) 点击启动调试按键，运行页面程序，如图 2-18 所示。

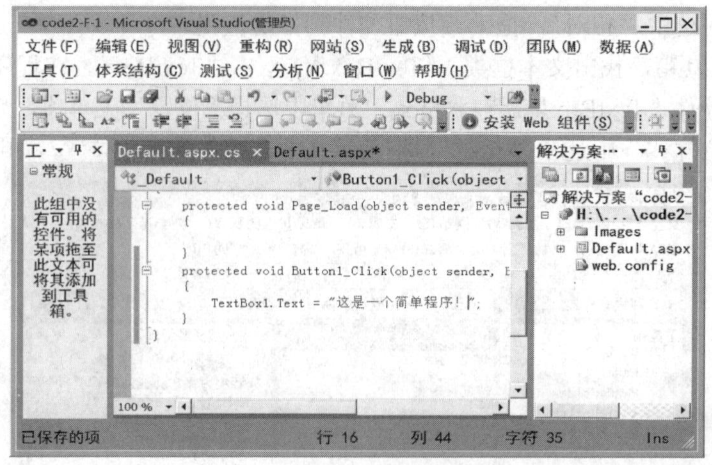

图 2-18　保存和运行程序

(3) 点击启动调试按键后，运行的页面程序效果图如图 2-19 所示；

(4) 在图中点击“Button”按键，程序运行的结果如图 2-20 所示。

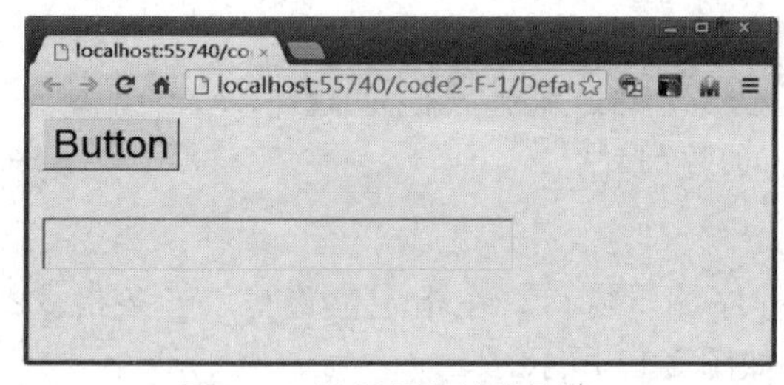

图 2-19　运行程序的效果图

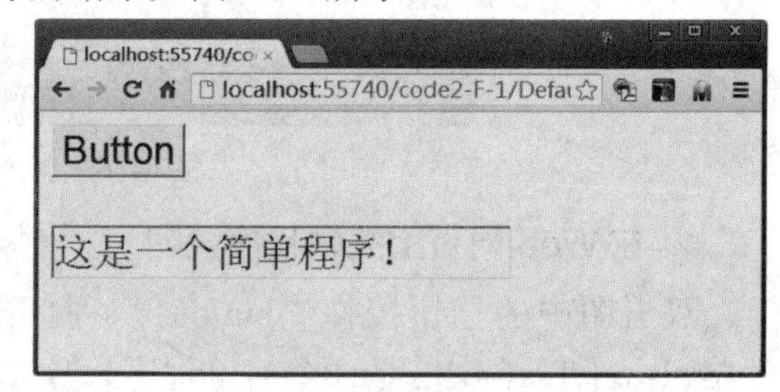

图 2-20　按动按钮控件后程序运行的效果图

典型案例 2　简单页面的设计与实现

一、案例功能说明

本章典型案例主要是实现一个具有显示图片和文字功能的简单页面。设计和实现这个页面，主要是让学生了解 .NET 程序开发中页面的基本实现方法，让学生提前对页面开发与设计有一个感性认识。

二、案例要求

(1) 利用图片框控件在页面中显示一幅图片。

(2) 应用文本框控件在页面中显示一段文字。

三、操作和实现步骤

(1) 建立一个工程文件夹 code1-F-1，在文件夹中再建立一个下级文件夹 Images，在其中装入一个图片文件 20446.jpg。

(2) 启动 VS，选择新建网站，选择建立空网站，添加一个名为 Default.asps 的页面，如图 2-21 所示。

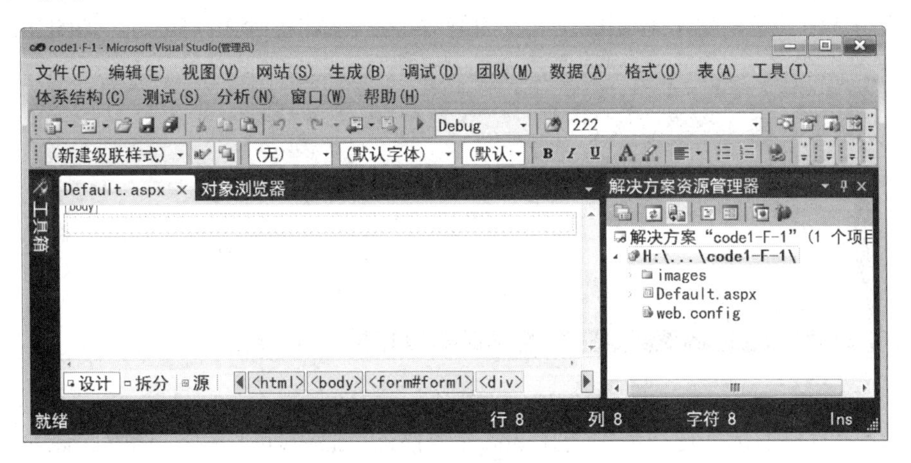

图 2-21　建立的一个空网站

(3) 分别查看“设计”视图和“源视图”，可看见自动生成的 HTML 源代码。在“解决方案资源管理器窗口”中显示了工程项目中的全部文件夹和全部程序文件。

(4) 单击“设计”按钮切换到“设计”视图。

(5) 从工具箱的 HTML 选项卡中选择 Div 控件，并把它拖曳到 Web 页面上，生成一个层，如图 2-22 和图 2-23 所示。

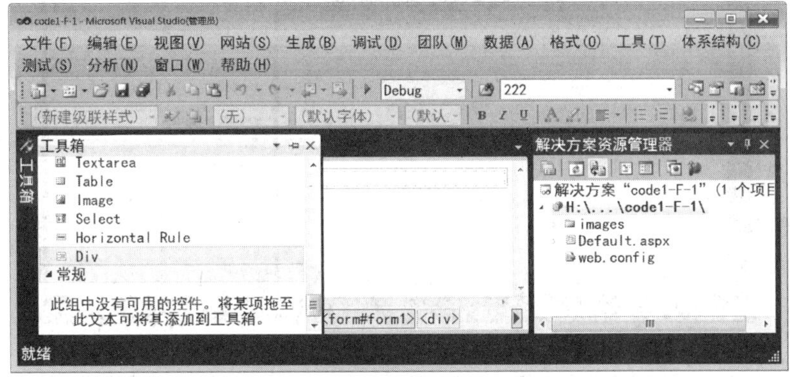

图 2-22　工具箱中的 Div

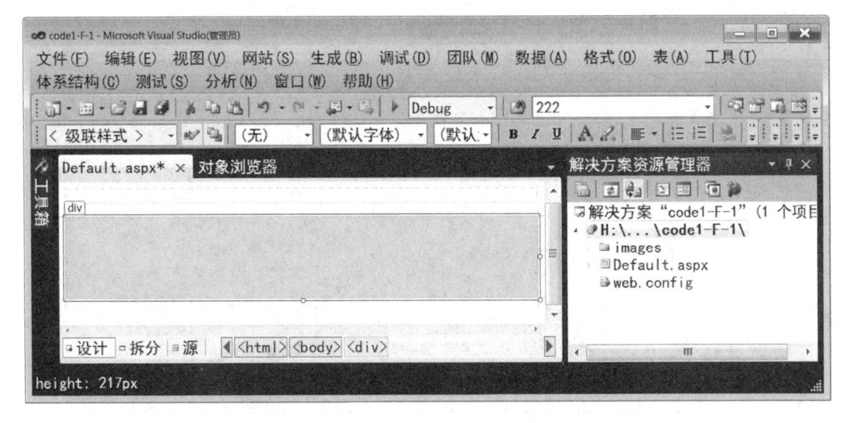

图 2-23　新建立的一个 Div 层

(6) 选中层，在“格式”菜单中选择“位置”菜单项，弹出“定位”对话框，在“定已位样式”中选中“绝对”，使该层的位置变为绝对定位。拖该层到指定位置，如图 2-24 所示。

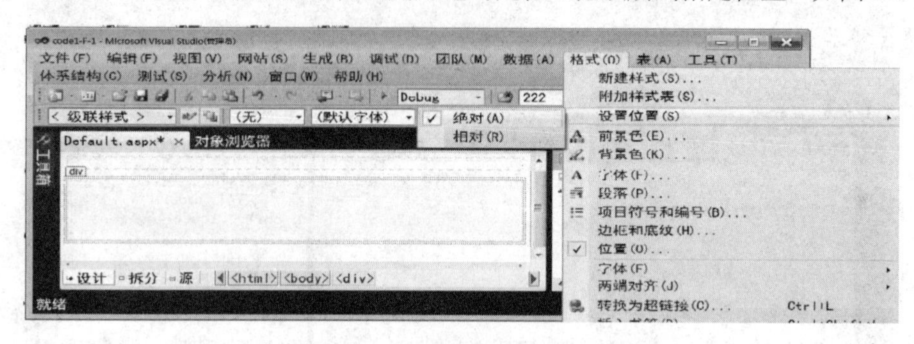

图 2-24　绝对定位一个 Div 层

(7) 从工具箱的标准选项卡中选择 Image 控件，并把它拖到层中。选中 Image，拖动其方框线，以加大控件大小，使其宽度与 Div 相同，高度占 Div 的 4/5。

(8) 选中 Image 控件，点击右键选择“属性”窗口，为 ImageUrl 属性指定一幅图片，如图 2-25 和图 2-26 所示。

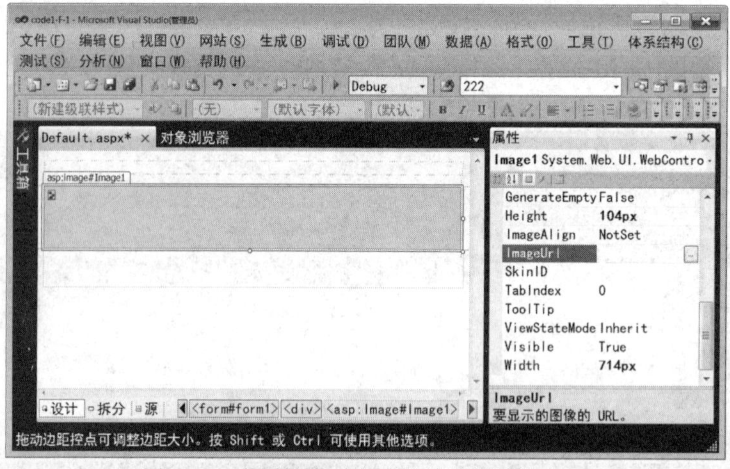

图 2-25　在属性窗口中为控件选择图片来源

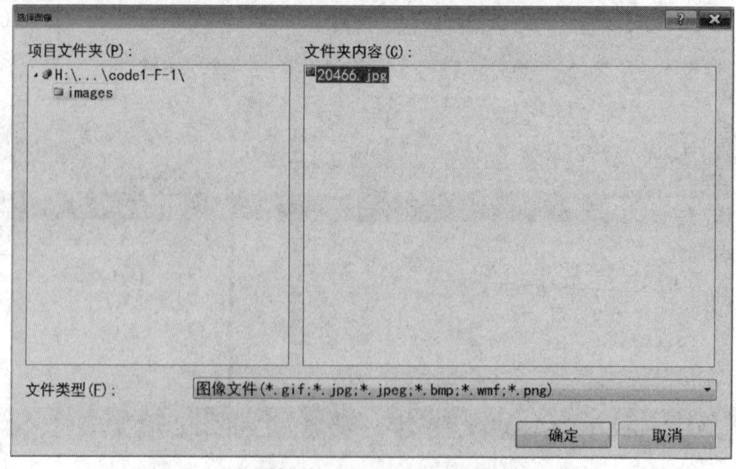

图 2-26　在属性窗口的对话栏中选择图片文件

(9) 选中 Div 的空白处，从工具箱的标准选项卡中选择 TextBox 控件，并把它拖到层中。选中 TextBox 控件，在“格式”菜单中选择“位置”菜单项，弹出“定位”对话框，在“定位样式”中选中“相对”，拖动该控件到指定位置，如图 2-27 所示。

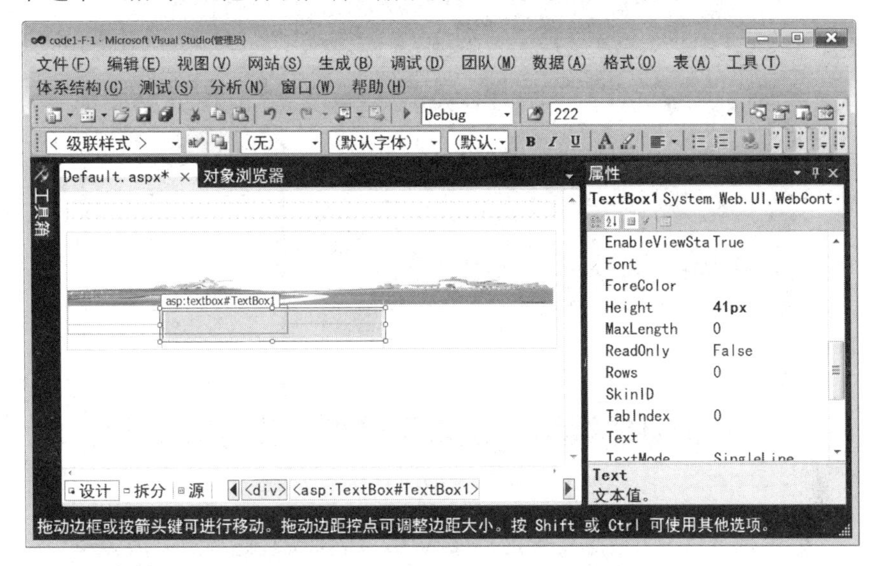

图 2-27　控件 TextBox1 相对定位

(10) 选中 TextBox1 控件，点击右键选择“属性”窗口，在其 Text 属性处输入一段文字：“这是我的第一个网页文件”，如图 2-28 所示。

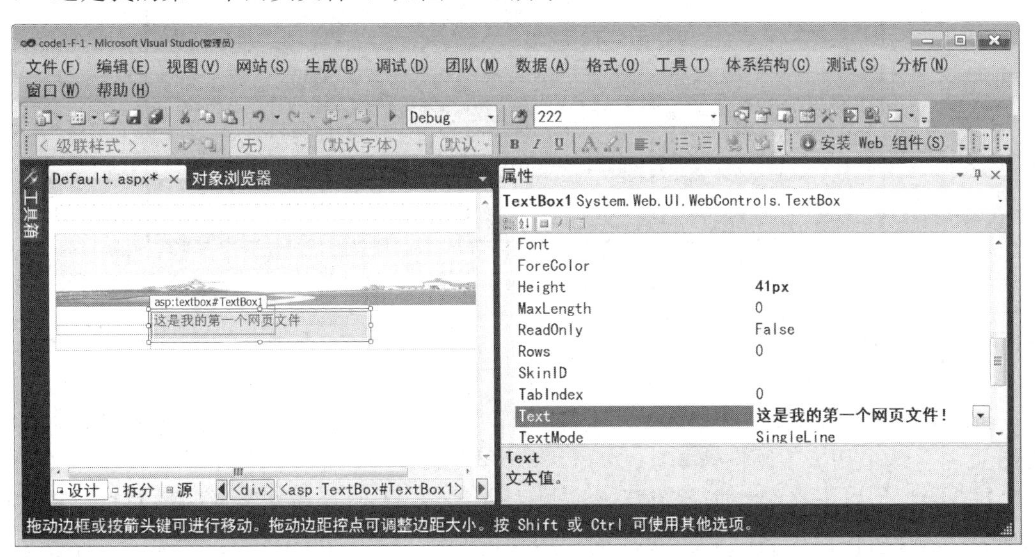

图 2-28　控件 TextBox1 的 Text 属性值

(11) 点击保存文件按键，保存页面文件。

(12) 点击启动调试按键，运行页面程序，如图 2-29 所示。

(13) 启动调试后，VS 调用默认的浏览器，在屏幕显示出程序网页的实际效果，如图 2-30 所示。

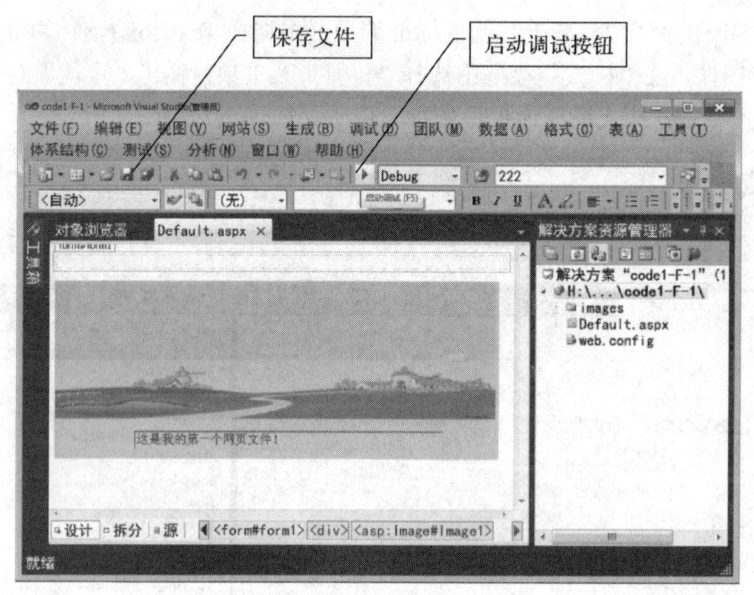

图 2-29　启动调试程序

图 2-30　默认浏览器显示的网页效果图

四、作业要求

(1) 请学生按照上述操作步骤，制作一个完全相同的网页，以便对用 VS 软件设计制作 Web 页面有一个初步的感性认识。

(2) 请学生以上述操作步骤为参照，制作一个有个人照片和文字说明的网页，以便熟练掌握用 VS 软件设计制作 Web 页面的初步知识。

习　题　2

一、判断题(判断如下的叙述是否正确，正确的打 √，错误的打×)

1. Visual Studio 2010 的安装，可选择自定义安装。(　　)

2. Visual Studio 2010 加载的功能对话框只能选择 Visual C#。(　　)
3. 工具栏和多个窗口可以随着进行调整和关闭。(　　)
4. “解决方案资源管理器窗口”菜单项在“视图”菜单中。(　　)
5. 在编辑窗口中，点击右键选择“属性”菜单项，即可打开属性窗口。(　　)
6. 在控件的属性窗口才能配置各个控件的属性。(　　)

二、简述题(请简要回答下列问题)

1. 什么是“解决方案资源管理器窗口”？
2. 如何打开和关闭“解决方案资源管理器窗口”？
3. 控件的属性如何配置?
4. 如何打开属性窗口?
5. 在 VS 集成环境中查看的 HTML 源和程序代码有什么区别?
6. 在设计视图区中拖动添加控件与在源区中用 HTML 代码添加控件有什么区别?

第 3 章 C# 语法

本章要点：

- ◆ C# 语言的基本语法
- ◆ C# 语言中的各种数据类型
- ◆ C# 语言中数据类型的相互转换
- ◆ C# 程序控制结构设计
- ◆ C# 语言中类的设计及对象的使用
- ◆ C# 语言中类的继承实现

3.1 C# 概述

3.1.1 C# 简介

C# (读做“C sharp”)是微软公司在 2000 年 7 月发布的一种全新且简单、安全、面向对象的程序设计语言，是专门为 .NET 的应用而开发的语言。它吸收了 C++、Visual Basic、Delphi、Java 等语言的优点，体现了当今最新的程序设计技术的功能和精华。C# 继承了 C 语言的语法风格，同时又继承了 C++ 的面向对象特性。不同的是，C#的对象模型已经面向 Internet 进行了重新设计，使用的是 .NET 框架的类库；C# 不再提供对指针类型的支持，使得程序不能随便访问内存地址空间，从而更加健壮；C# 不再支持多重继承，避免了以往类层次结构中由于多重继承带来的可怕后果。.NET 框架为 C# 提供了一个强大的、易用的、逻辑结构一致的程序设计环境；同时，公共语言运行时(Common Language Runtime)为 C# 程序语言提供了一个托管的运行时环境，使程序比以往更加稳定、安全。

3.1.2 C# 的特点

C# 语言是一种现代、面向对象的语言，它简化了 C++ 语言在类、命名空间、方法重载和异常处理等方面的操作，摒弃了 C++ 的复杂性，更易使用，更少出错。它使用组件编程，和 VB 一样容易使用。C#语法和 C++、JAVA 语法非常相似，如果读者用过 C++ 和 JAVA，学习 C# 语言应是比较轻松的。

用 C#语言编写的源程序，必须用 C# 语言编译器将 C# 源程序编译为中间语言(MicroSoft Intermediate Language，MSIL)代码，形成扩展名为 .exe 或 .dll 的文件。中间语言代码不是 CPU 可执行的机器码，在程序运行时，必须由通用语言运行环境(Common Language Runtime，CLR)中的即时编译器(JUST IN Time，JIT)将中间语言代码翻译为 CPU

可执行的机器码，由 CPU 执行。CLR 为 C# 语言中间语言代码运行提供了一种运行时环境，C#语言的 CLR 和 JAVA 语言的虚拟机类似。这种执行方法使运行速度变慢，但带来其他一些好处，主要有：

(1) 通用语言规范(Common Language Specification，CLS)。.NET 系统包括 C#、C++、VB、J# 语言，它们都遵守通用语言规范。任何遵守通用语言规范的语言源程序，都可编译为相同的中间语言代码，由 CLR 负责执行。只要为其他操作系统编制相应的 CLR，中间语言代码也可在其他系统中运行。

(2) 自动内存管理。CLR 内建垃圾收集器，当变量实例的生命周期结束时，垃圾收集器负责收回不被使用的实例占用的内存空间。不必像 C 和 C++ 语言，用语句在堆中建立的实例，必须用语句释放实例占用的内存空间。也就是说，CLR 具有自动内存管理功能。

(3) 交叉语言处理。由于任何遵守通用语言规范的语言源程序都可编译为相同的中间语言代码，所以不同语言设计的组件可以互相通用，可以从其他语言定义的类派生出本语言的新类。由于中间语言代码由 CLR 负责执行，因此异常处理方法是一致的，这在调试一种语言调用另一种语言的子程序时显得特别方便。

(4) 增加安全。C# 语言不支持指针，一切对内存的访问都必须通过对象的引用变量来实现，只允许访问内存中允许访问的部分，这就防止了病毒程序使用非法指针访问私有成员，也避免了指针的误操作产生的错误。CLR 执行中间语言代码前要对中间语言代码的安全性、完整性进行验证，防止病毒对中间语言代码的修改。

(5) 版本支持。系统中的组件或动态连接库可能要升级，由于这些组件或动态连接库都要在注册表中注册，由此可能带来一系列问题，例如，安装新程序时自动安装新组件替换旧组件，有可能使某些必须使用旧组件才可以运行的程序使用新组件运行不了。在 .NET 中这些组件或动态连接库不必在注册表中注册，每个程序都可以使用自带的组件或动态连接库，只要把这些组件或动态连接库放到运行程序所在文件夹的子文件夹 bin 中，运行程序就自动使用在 bin 文件夹中的组件或动态连接库。由于不需要在注册表中注册，软件的安装也变得容易了，一般将运行程序及库文件拷贝到指定文件夹中就可以了。

(6) 完全面向对象。不像 C++ 语言，既支持面向过程程序设计，又支持面向对象程序设计，C#语言是完全面向对象的，在 C# 中不再存在全局函数、全区变量，所有的函数、变量和常量都必须定义在类中，避免了命名冲突。C# 语言不支持多重继承。

3.1.3　C#语法规则

1. 语句

C# 的每条语句都用一个分号来结束，为了程序的可读性和易维护性，建议一行一条语句，C# 编译器自动过滤回车符之类的空白字符。

2. 代码块

C# 是一个块结构的编程语言，代码块使用“{”和“}”来界定，代码块中可以包含任意条语句，也可以不包含语句。

3. 大小写

C# 代码严格区分大小写，这与其他许多编程语言是不同的，否则将会引起编译出错。

4. 注释

在 C# 中，可以使用两种方式来注释代码：单行注释和多行注释。单行注释使用“//”来标记注释，其后可以编写任何内容，但一次只能注释一行语句，使用多行注释时，C# 以“/*”标记注释的起始位置，以“*/”标记注释结束。

5. 变量的命名

变量名的第一个字符必须是字母、下划线(_)或 @；其后的字符可以是字母、下划线、数字等。

不能使用 C# 中的关键字作为变量名，如 using、namespace 等，因为这些关键字对于 C#编译器而言有特定的含义。

3.1.4　C# 程序编写步骤

1. 打开开发工具

打开开发工具 Visual Studio 2010，如图 3-1 所示。

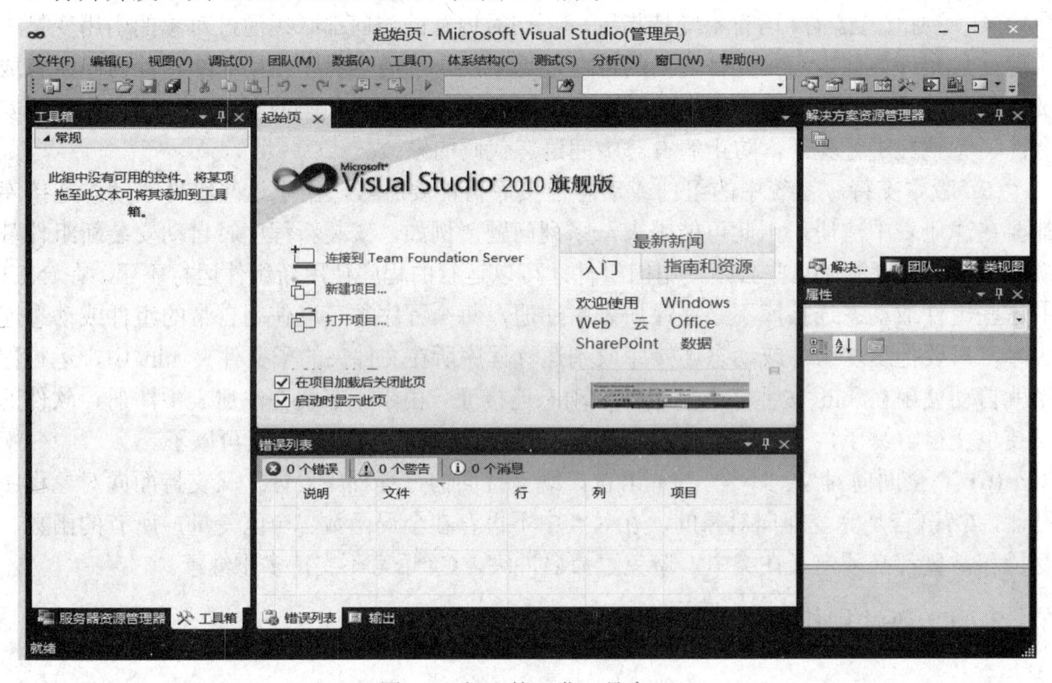

图 3-1　打开的开发工具窗口

2. 创建项目

在菜单项中，依次点击文件→新建→项目，如图 3-2 所示。

3. 选择模板

在左侧的模板列表中选择“Visual C#”，在中间的项目类型中选择“控制台应用程序”，在下方“名称”一栏输入想要保存项目的名称“ConsoleApplication1”，在“位置”一栏输入(选择)要保存项目文件的文件夹的名称“C:\Users\ashley\Desktop\c# 程序编写步骤\”，如图 3-3 所示。

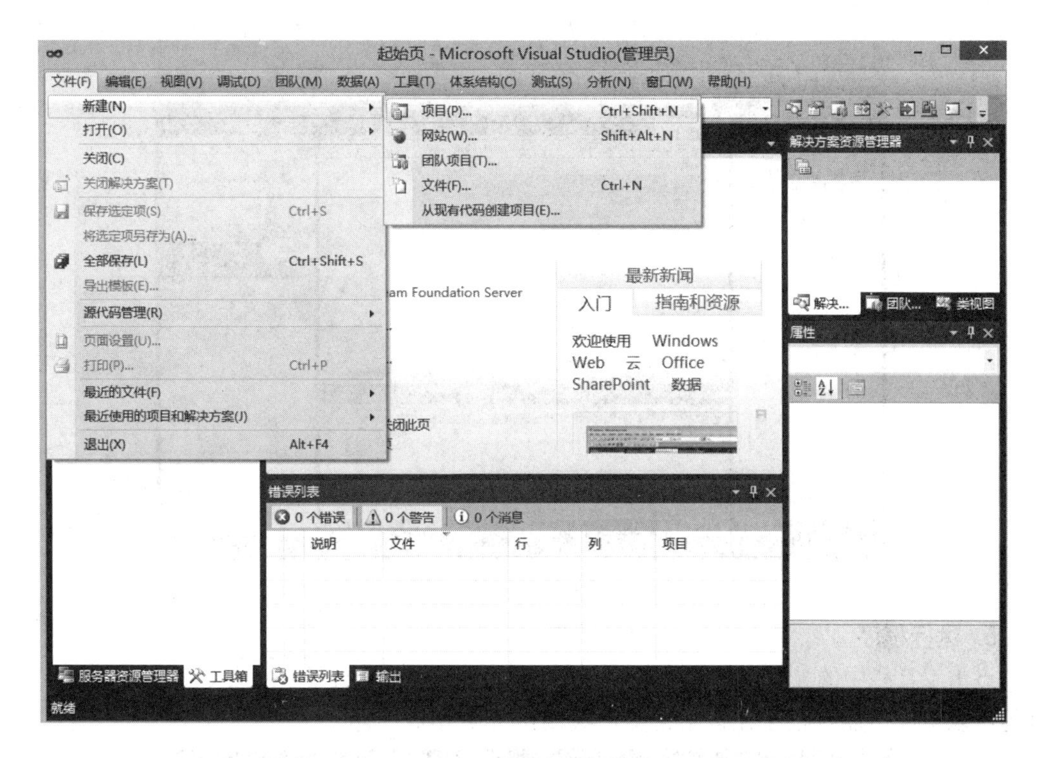

图 3-2　选择新建项目

图 3-3　创建项目

4. 编写程序

如图 3-4 所示，在主程序 Main 方法中输入相应的编程代码，如 Console.Write("欢迎使用 C# 语言!");

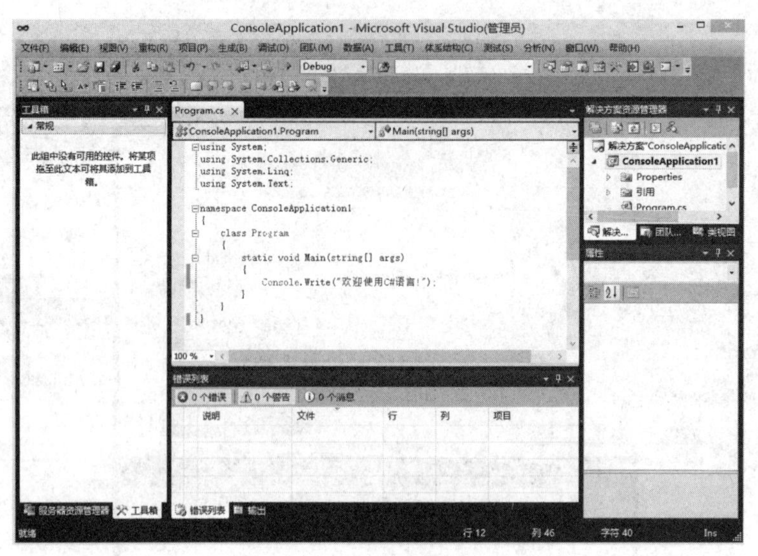

图 3-4 编写程序

5. 运行程序

点击工具栏中的按钮，运行程序，就可以看到程序运行结果(可加入 Console.ReadKey(); 语句，以保证控制台程序在按下键盘后关闭)，如图 3-5 所示。

图 3-5 程序运行结果

3.2 C# 语言的数据类型

C# 语言中有两种数据类型：值类型(value type)和引用类型(reference type)。值类型的变量直接包含它们的数据，而引用类型的变量存储对它们的数据的引用，后者称为对象。对于引用类型，两个变量可能引用同一个对象，因此对一个变量的操作可能影响另一个变量所引用的对象。对于值类型，每个变量都有它们自己的数据副本(除 ref 和 out 参数变量外)，因此对一个变量的操作不可能影响另一个变量。

3.2.1 值类型

值类型直接存储它的数据内容，包括简单类型、结构类型和枚举类型三种。

1. 简单数据类型

简单数据类型主要包括整数类型、浮点类型、小数类型、布尔类型和字符类型。各种类型的长度及取值范围参见表 3-1。

表 3-1　简单数据类型

保留字	System 命名空间中的名字	字节数	取 值 范 围
sbyte	System.Sbyte	1	－128～127
byte	System.Byte	1	0～255
short	System.Int16	2	－32 768～32 767
ushort	System.UInt16	2	0～65 535
int	System.Int32	4	－2 147 483 648～2 147 483 647
uint	System.UInt32	4	0～4 292 967 295
long	System.Int64	8	－9 223 372 036 854 775 808～9 223 372 036 854 775 808
ulong	System.UInt64	8	0～18 446 744 073 709 551 615
char	System.Char	2	0～65 535
float	System.Single	4	3.4E－38～3.4E＋38
double	System.Double	8	1.7E－308～1.7E＋308
bool	System.Boolean		(true, false)
decimal	System.Decimal	16	正负 1.0×10^{-28}～7.9 × 1028 之间

1) 整数类型

C# 语言支持 8 种整数类型：sbyte、byte、short、ushort、int、uint、long 和 ulong。例如：

```
short age = 18;
long id = 1923891;
```

2) 浮点数

C# 语言支持两种浮点类型：float 和 double。例如：

```
float r = 4.89;
double price = 12.8;
```

3) 小数类型(decimal 类型)

decimal 类型是适合财务和货币计算的 128 位数据类型。同浮点类型相比，decimal 类型具有更高的精度和更小的范围。当给 decimal 类型的变量赋值时，使用 m 后缀来表明它是一个 decimal 类型。例如：

```
decimal salary = 2100.98m;
```

4) 布尔类型

布尔类型表示布尔逻辑量。在 C# 中，布尔逻辑量只有 true 和 false 两个值。例如：

```
bool flag = true;
bool flag = (20>50);
```

5) 字符类型

字符类型采用 Unicode 字符集，它允许用单个编码方案表示世界上使用的所有字符。

例如：

```
char c = 'c';
```

此外，也可以通过十六进制转义符(前缀“\x”加十六进制数字)或 Unicode 转义符(前缀“\u”加十六进制数字)给字符变量赋值。例如：

```
char c = '\x0067';
char c = '\u0067';
```

2. 结构类型

结构类型是一种值类型，主要用于创建小型的对象以节省内存。定义一个 Point 结构的代码如下：

```
public  struct Point
{
    public   int   X;
    public   int   Y;
}
```

3. 枚举类型

枚举类型是由一组特定常量构成的一组数据结构，是值类型的一种特殊形式，当需要一个由指定常量集合组成的数据类型时，使用枚举类型。枚举声明可以显式地声明 byte、sbyte、short、ushort、int、uint、long 或 ulong 类型作为对应的基础类型。没有显式地声明基础类型的枚举声明意味着所对应的基础类型是 int。例如：

```
enum Week   : long  //基础类型为 long 型
{Monday, Tuesday, Wednesday, Thursday, Friday, Saturday, Sunday}
```

在默认情况下，第一个枚举数的值为 0，后面每个枚举数的值依次递增 1，但也可以改变这种默认的情况，强制让枚举的成员值从 1 或者其他任意值开始。枚举的成员不能相同，但成员值可以相同。

```
enum Week   : int
{
    Monday = 5,         //元素值为 5
    Tuesday,            //元素值为 6
    Wednesday,          //元素值为 7
    Thursday = 1,       //元素值为 1
    Friday,             //元素值为 2
    Saturday,           //元素值为 3
    Sunday = 5         //元素值为 5
}
```

3.2.2　引用类型

引用类型所存储的实际数据是当前引用值的地址，因此引用类型数据的值会随着所指向的值的不同而变化，同一个数据也可以有多个引用。

C# 中引用的数据类型有四种：类类型(class)、数组类型(array)、接口类型(interface)和委托类型(delegate)。这四种类型将在后面的内容中讲到。

3.2.3　装箱和拆箱

由于 C# 中所有的数据类型都是由基类 System.Object 继承而来的，所以值类型和引用类型的值可以通过显式(或隐式)操作相互转换，这种转换过程就是装箱(boxing)和拆箱(unboxing)过程。

1. 装箱转换

装箱转换是指将一个值类型隐式地转换成一个 object 类型，或者把这个值类型转换成一个被该值类型应用的接口类型。把一个值类型的值装箱，也就是创建一个 object 实例并将这个值复制给这个 object。例如：

```
int i = 10;
object obj = i;
```

图 3-6 表示装箱的过程。

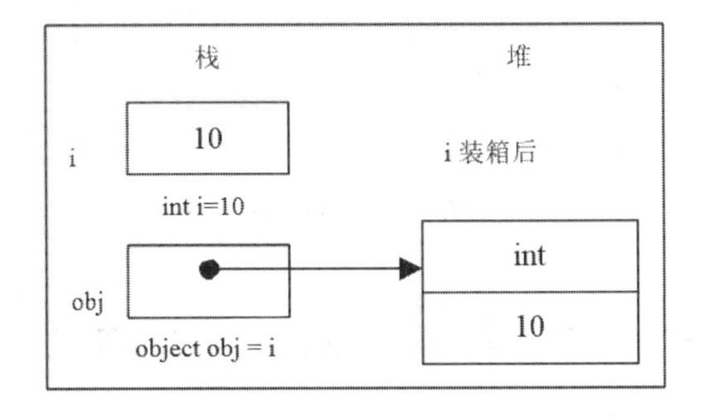

图 3-6　装箱过程

下面的程序演示装箱过程中值的复制。

```
int i = 10;
object obj = i; //对象类型
if (obj is int)
{
    Console.Write("The value of i is boxing! ");
}
i = 20; //改变 i 的值
Console.WriteLine("int: i = {0}", i);
Console.WriteLine("object: obj = {0}", obj);
```

输出结果为

```
The value of i is boxing!
int: i = 20;
object: obj = 10;
```

这就证明了被装箱的类型的值是作为一个拷贝赋给对象的。

2. 拆箱转换

和装箱转换正好相反，拆箱转换是指将一个对象类型显式地转换成一个值类型，或是将一个接口类型显式地转换成一个执行该接口的值类型。

拆箱的过程分为两步：首先检查这个对象实例，看它是否为给定的值类型的装箱值；然后把这个实例的值拷贝给值类型的变量。例如：

```
int i = 10;
object obj = i;
int j = (int)obj;
```

图3-7所示为拆箱的过程。

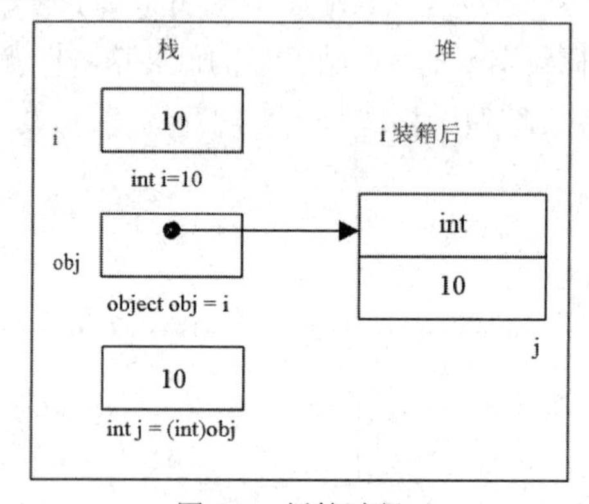

图3-7　拆箱过程

3.3　常量、变量和运算符

3.3.1　常量

常量就是其值固定不变的量，从数据类型角度来看，常量的类型可以是任何一种值类型或引用类型。

一个常量的声明就是声明程序中要用到的常量的名称和它的值和变量一样。我们可以同时声明一个或多个给定类型的常量，常量声明的格式如下：

常量修饰符 const 数据类型 常量名 = 常量值;

其中，常量修饰符可以是new、public、protected、internal、private或protected internal。常量的数据类型必须是以下类型之一：sbyte、byte、short、ushort、int、uint、long、ulong、char、float、double、decimal、bool、string、枚举类型(enum-type)或引用类型(reference-type)。例如：

```
public const double X = 1.0, Y = 2.0, Z = 3.0;
```

3.3.2　变量

在使用过程中，值可以改变的量称为变量。每个变量都具有一个类型，以确定分配给变量的内存空间。

使用变量的一条重要原则是：变量必须先定义后使用。变量可以在定义时被赋值，也可以在定义时不被赋值。一个定义时被赋值的变量很好地定义了一个初始值，一个定义时不被赋值的变量没有初始值。要给一个定义时没有被赋值的变量赋值必须是在一段可执行的代码中进行。

1. 变量的命名

当需要访问存储在变量中的信息时，只需要使用变量的名称。为变量起名时要遵守 C# 语言的规定：

(1) 变量名必须以字母开头。

(2) 变量名只能由字母、数字和下划线组成，而不能包含空格、标点符号、运算符等其他符号。

(3) 变量名不能与 C# 中的关键字名称相同。

(4) 变量名不能与 C# 中的库函数名称相同。

2. 变量的类型

在 C#语言中，把变量分为七种类型，它们分别是：静态变量(static variables)、非静态变量(instance variables)、数组元素(array elements)、值参数(value parameters)、引用参数(reference parameters)、输出参数(output parameters)和局部变量(local variables)。例如下面的代码所示：

```
public static int x;    int y;
void F(int[ ] v, int a, ref int b, out int c)
{
    int i = 1;
    c = a + b++;
}
```

在上面的变量声明中，x 是静态变量，y 是非静态变量，v[0]是数组元素，a 是值参数，b 是引用参数，c 是输出参数，i 是局部变量。

3. 静态变量

带有 static 修饰符声明的变量称为静态变量。一旦静态变量所属的类被装载，直到包含该类的程序运行结束时它将一直存在。静态变量的初始值就是该变量类型的默认值。为了便于定义赋值检查，静态变量最好在定义时赋值。例如：

```
static int a = 10;
```

4. 非静态变量

不带有 static 修饰符声明的变量称为实例变量。例如：

```
int a;
```

对于类中的非静态变量而言，一旦一个类的新的实例被创建，直到该实例不再被应用从而所在空间被释放为止，该非静态变量将一直存在。同样鉴于定义赋值检查，一个类的非静态变量也应该在初始化时赋值。

5. 局部变量

局部变量是指在一个独立的程序块，一个 for 语句、switch 语句或者 using 语句中声明的变量。它只在该范围中有效，当程序运行到这一范围时，该变量即开始生效，程序离开范围时变量就失效。

与其他几种变量类型不同的是：局部变量不会自动被初始化，所以也就没有默认值。在进行赋值检查的时候，认为局部变量没有被赋值。

在局部变量的有效范围内，在定义变量之前就使用该变量是不合法的。例如：

```
for (int i = 0 ; i<10; i++)
{
    int num = a; //非法，因为局部变量 a 还没有定义
    int a;
    int b = a;    //正确
}
```

关于值参数、引用参数、输出参数及数组参数将在后面的章节中进行详细介绍。

3.4 数　　组

3.4.1 数组的概念

在进行批量处理数据的时候，我们要用到数组。数组是一组类型相同的有序数据。数组按照数组名、数据元素的类型和维数来进行描述。C# 中提供的 System.Array 类是所有数组类型的基类。

3.4.2 数组的定义

在 C#中，数组分为一维数组、多维数组(矩形数组)和数组的数组(交错数组)。

1. 一维数组

```
int[] arr = new int[5]; //长度为 5 的 int 型数组
```

2. 多维数组

```
int[, ] a2 = new int[, ] {{1, 2, 3}, {4, 5, 6}};
int[, , ] a3 = new int[10, 20, 30];
```

3. 交错数组

```
int[][] c = new int[][]{new int[]{1, 2}, new int[]{3, 4, 5}};
```

3.4.3 数组的使用

数组必须在初始化之后才可以使用。例如：

```
int[] Array = new int[3];
Array[0] = 2;
Array[1] = 3;
```

```
Array[2] = 4;
int[] Array1 = new int[3]{2, 3, 4};   //数组声明及初始化
int[] Array2 = new int[] {2, 3, 4};   //数组声明及初始化
```

3.4.4 数组的操作

通过循环的方式遍历数组中的元素，例如：

```
int[] arr = new int[5];
for (int i = 0;   i < arr.Length;   i++)
{arr[i] = i * i; }
for (int i = 0;   i < arr.Length;   i++)
{ Console.WriteLine("arr[{0}] = {1}", i, arr[i]); }
```

3.5 C# 程序控制结构

C#程序执行方式并非都是直线顺序结构，还有选择结构和循环结构。而选择结构和循环结构需要流程控制语句。流程控制语句主要有选择语句和循环语句。

3.5.1 选择结构设计

1. if 语句

if 语句是最常用的选择语句，它根据布尔表达式的值来判断是否执行后面的内嵌语句，语法形式为

```
if (布尔表达式) 嵌入语句
```

或

```
if (布尔表达式) 嵌入语句 else 嵌入语句
```

当布尔表达式的值为真时，则执行 if 后面的内嵌语句，否则程序继续执行。如果有 else 语句，则执行 else 后面的内嵌语句，否则继续执行下一条语句。

例如下面的例子用来对一个浮点数 x 进行四舍五入，结果保存到一个整数 i 中。

```
if (x – int(x) > 0.5)//int()为取整函数
{
    i = int(x)+ 1;
}
else
{
    i = int(x);
}
```

如果 if 或 else 之后的嵌套语句只包含一条执行语句，则嵌套部分的大括号可以省略。如果包含了两条以上的执行语句，对嵌套部分一定要加上大括号。

如果程序的逻辑判断关系比较复杂，通常会采用条件判断嵌套语句。if 语句可以嵌套使用，即在判断之中又有判断。

2. switch 语句

if 语句每次判断只能实现两条分支，如果要实现多种选择的功能，那么可以采用 switch 语句。switch 语句根据一个控制表达式的值选择一个内嵌语句分支来执行。语法形式为

```
switch(控制表达式)
{
  case 常量表达式: 嵌入语句
  default:
    嵌入语句
}
```

switch 语句的控制类型即其中控制表达式的数据类型可以是 sbyte、byte、short、ushort、uint、long、ulong、char、string 或枚举类型(enum-type)。每个 case 标签中的常量表达式必属于或能隐式转换成控制类型。如果有两个或两个以上 case 标签中的常量表达式值相同，编译时将会报错。switch 语句中最多只能有一个 default 标签。例如下面的代码：

```
int x = int(x/10);
int y = 0;
switch(x)
{
  case 10:   y = 4; break;
  case 9:    y = 4; break;
  case 8:    y = 3; break;
  case 7:    y = 2; break;
  case 6:    y = 1; break;
  default:   y = 0;
}
```

3.5.2 循环结构设计

循环语句可以实现一个程序模块的重复执行。它对于简化程序，更好地组织算法有着重要的意义。C#为我们提供了四种循环语句，分别适用于不同的情形。

1. while 语句

while 语句有条件地将内嵌语句执行 0 遍或若干遍。语法格式为

```
while (布尔表达式) 嵌入语句
```

它的执行顺序是：

(1) 计算布尔表达式的值。

(2) 当布尔表达式的值为真时，执行内嵌语句一遍，程序转至第(1)步。

(3) 当布尔表达式的值为假时，while 循环结束。

例如，我们定义一个方法 Find，要在数组中查询指定的元素，并返回下标。代码如下：

```
static int Find(int value, int[] array)
{
    int i = 0;
    while (array[i] ! = value)
    {
        if (++i > array.Length)
       Console.WriteLine("Can not find");
    }
    return i;
}
```

2. do-while 语句

do-while 语句与 while 语句不同的是：它首先执行嵌入语句，然后判断布尔表达式的值是否为 true。其语法形式为

do　{嵌入语句}　while(布尔表达式)

它按如下顺序执行：

(1) 执行内嵌语句一遍。

(2) 计算布尔表达式的值为 true，则回到第一步，值为 false 则终止 do 循环。

在 do-while 循环语句中同样允许用 break 语句和 continue 语句实现与 while 语句中相同的功能。

下面的代码实现了阶乘运算：

```
long y = 1;
do
{
    y * = x;
    x--;
}
while(x>0)
```

3. for 语句

for 语句是 C# 中使用频率最高的循环语句。在事先知道循环次数的情况下，使用 for 语句是比较方便的。for 语句的格式为

for (初始化;　循环控制条件;　循环控制)　　嵌入语句

其中，初始化、循环控制条件、循环控制这三项都是可选项。初始化为循环控制变量做初始化，循环控制变量可以有一个或多个(用逗号隔开)。循环控制条件也可以有一个或多个语句。循环控制按规律改变循环控制变量的值。

for 语句执行顺序如下：

(1) 按书写顺序将初始化部分(如果有的话)执行一遍，为循环控制变量赋初值。

(2) 测试循环控制条件(如果有的话)中的条件是否满足。

(3) 若没有循环控制条件项或条件满足，则执行内嵌语句一遍。按循环控制改变循环

控制变量的值，回到第二步执行。

(4) 若条件不满足，则 for 循环终止。

下面的代码同样实现了阶乘运算：

```
for (long y = 1; x>0; x--)
y * = x;
```

同样，可以用 break 和 continue 语句与循环判断复合语句中的逻辑表达式配合使用，达到控制循环的目的。例如下面的代码打印了除 7 以外的 0 到 9 的数字：

```
for (int i = 0;   i < 10;   i++)
{
    if (i = = 7) continue;
    Console.WriteLine(i);
}
```

4. foreach 语句

foreach 语句表示收集一个集合中的各元素，并针对各个元素执行内嵌语句。foreach 语句的格式为

foreach(类型 标识符 in 表达式) 嵌入语句

其中，类型和标识符用来声明循环变量，表达式对应集合，每执行一次内嵌语句，循环变量就依次取集合中的一个元素代入其中。循环变量是一个只读型局部变量，如果试图改变它的值或将它作为一个 ref 或 out 类型的参数传递，都将引发编译时错误。例如：

```
int[] list = {10, 20, 30, 40};
int sum = 0;
foreach(int m in list) sum+ = m;
```

同样，break 和 continue 可以出现在 foreach 语句中，功能不变。

3.6 类、对象和方法

3.6.1 类的概念

类是面向对象程序设计的基本构成模块。从定义上讲，类是一种数据结构，这种数据结构可能包含数据成员，函数成员以及其他的嵌套类型。其中数据成员类型有常量域和事件，函数成员类型有方法、属性、索引指示器、操作符、构造函数和析构函数。

在 C# 中，类的声明格式如下：

属性集 类修饰符 class 类名 继承方式 基类名
{ 类体 }

其中，关键字 class、类名和类体是必需项，其他项是可选项。

类的修饰符可以是以下几种之一或者是它们的组合。在类的声明中同一修饰符不允许出现多次。

(1) new：仅允许在嵌套类声明时使用，表明类中隐藏了由基类中继承而来的与基类中

同名的成员。

(2) public：表示不限制对该类的访问。

(3) protected：表示只能从所在类和所在类派生的子类进行访问。

(4) internal：只有其所在类才能访问。

(5) private：只有对包 .NET 中的应用程序或库才能访问。

(6) abstract：抽象类，不允许建立类的实例。

(7) sealed：密封类，不允许被继承。

1. 类的成员

类的成员可以分为两大类：类本身所声明的以及从基类中继承而来的。类的成员有以下类型：

(1) 成员常量：代表与类相关联的常量值。

(2) 类中的变量(字段)。

(3) 成员方法：复杂的执行类中的计算和其他操作。

(4) 属性：用于定义类中的值，并对它们进行读写。

(5) 事件：用于说明发生了什么事情。

(6) 索引指示器：允许像使用数组那样为类添加路径列表。

(7) 操作符：定义类中特有的操作。

(8) 构造函数和析构函数。

2. 静态成员和非静态成员

若将类中的某个成员声明为 static，该成员称为静态成员。类中的成员要么是静态的，要么是非静态的。一般说来，静态成员是属于类所有的，非静态成员则属于类的实例对象。下面的代码说明了静态成员和非静态成员的区别。

```
class Test
{
    int x;
    static int y;
    void F() {
        x = 1;                  //正确，等价于 this.x = 1
        y = 1;                  //正确，等价于 Test.y = 1
    }
    static void G() {
        x = 1;                  //错误，不能访问
        y = 1;                  //正确，等价于 Test.y = 1
    }

    static void Main() {
        Test t = new Test();
        t.x = 1;                //正确
```

```
        t.y = 1;                    //错误，不能在类的实例中访问静态成员
        Test.x = 1;                 //错误，不能按类访问非静态成员
        Test.y = 1;                 //正确
    }
}
```

类的非静态成员属于类的实例所有，每创建一个类的实例，都在内存中为非静态成员开辟了一块区域。而类的静态成员属于类所有，为这个类的所有实例所共享，无论这个类创建了多少个副本，一个静态成员在内存中只占有一块区域。

3. 成员常量

关键字 const 用于声明常量，后跟数据类型的声明。类的常量可以加上以下修饰符：new，public，protected，internal，private。

可以用一条语句同时声明多个常量，例如：

```
class A
{
    public const double X = 1.0, Y = 2.0, Z = 3.0;
}
```

3.6.2 对象的生成

构造函数用于执行类的实例的初始化(对象的生成)，每个类都有构造函数，即使没有声明它，编译器也会自动地为我们提供一个默认的构造函数。在生成对象的时候，系统将最先执行构造函数中的语句。实际上，任何构造函数的执行都隐式地调用了系统提供的默认的构造函数 base()。

使用构造函数需注意以下几个问题：

(1) 一个类的构造函数通常与类名相同。

(2) 构造函数不声明返回类型。

(3) 一般地，构造函数总是 public 类型的，如果是 private 类型的，表明类不能被实例化，这通常用于只含有静态成员的类。

(4) 在构造函数中不要做对类的实例进行初始化以外的事情，也不要尝试显式地调用构造函数。

有时，在对类进行实例化时，需要传递一定的数据来对其中的各种数据初始化。这时，可以使用带参数的构造函数来实现对类的不同实例的不同初始化。在带有参数的构造函数中，类在实例化时必须传递参数，否则该构造函数不被执行。下面的代码显示了如何定义构造函数以及进行对象的实例化：

```
class Vehicle//定义汽车类
{
    public int wheels;                  //公有成员：轮子个数
    protected   float weight;           //保护成员：重量
    publicVehicle(){; }
```

```
        publicVehicle(int w, float g)
        {
            wheels = w;
            weight = g;
        }
        public void Show()
        {
            Console.WriteLine("the wheel of vehicle is:{0}", wheels);
            Console.WriteLine("the weight of vehicle is:{0}", weight);
        }
    };
    class Test
    {
        public static void Main()
        {
            Vehicle v1 = new Vehicle(4, 5);
            v1.Show();
        }
    }
```

上面代码的输出为

```
the wheel of vehicle is:4
the weight of vehicle is:5
```

3.6.3　函数与方法

方法是类中用于执行计算或其他行为的成员。方法的声明格式为

方法修饰符 返回类型 方法名(形参列表) { 方法体 }

方法的修饰符可以是：new，public，protected，internal，private，static，virtual，sealed，override，abstract，extern。

1. 返回值

方法的返回值的类型可以是合法的C#的数据类型。C#在方法的执行部分通过 return 语句得到返回值。例如：

```
    class Test
    {
        public int max(int x, int y)
        {
            if(x>y)
            return x;
            else return y;
```

```
    }
    public void Main()
    {
        Console.WriteLine("the max of 6 and 8 is:{0}", max(6, 8));
    }
}
```

程序的输出是：

```
the max of 6 and 8 is:8
```

如果在 return 后不跟随任何值，方法返回值是 void 型。

2. 方法中的参数

C# 中方法的参数有以下四种类型：

- 值参数：不含任何修饰符。
- 引用型参数：以 ref 修饰符声明。
- 输出参数：以 out 修饰符声明。
- 数组型参数：以 params 修饰符声明。

1) 值参数

当利用值向方法传递参数时，编译程序给实参的值做一份拷贝，并且将此拷贝传递给该方法，被调用的方法不会修改内存中实参的值。所以使用值参数时，可以保证实际值是安全的。例如：

```
class Test
{
    static void Swap(int x, int y)
    {
        int temp = x;
        x = y;
        y = temp;
    }
    static void Main()
    {
        int i = 1, j = 2;
        Swap(i, j);
        Console.WriteLine("i = {0}, j = {1}", i, j);
    }
}
```

程序的输出是：

```
i = 1, j = 2
```

2) 引用型参数

和值参数不同的是，引用型参数并不开辟新的内存区域。当利用引用型参数向方法传递形参时，编译程序将把实际值在内存中的地址传递给方法。例如：

```
class Test
{
  static void Swap(ref int x, ref int y)
  {
    int temp = x;
    x = y;
    y = temp;
  }
  static void Main()
  {
    int i = 1, j = 2;
    Swap(ref i, ref j);
    Console.WriteLine("i = {0}, j = {1}", i, j);
  }
}
```

程序的输出是：

```
i = 2, j = 1
```

3) 输出参数

与引用型参数类似，输出型参数也不开辟新的内存区域。与引用型参数的差别在于：调用方法前无需对变量进行初始化，输出型参数用于传递方法返回的数据。out 修饰符后应跟随与形参的类型相同的类型声明，在方法返回后传递的变量被认为经过了初始化。例如：

```
int OutMultiValue(int a, out char b)
{
   b = (char)a;
   return 0;
}
```

调用方法：

```
int t = 50, r;
char m;
r = OutMultiValue(t, out m); //函数返回了两个值
```

4) 数组型参数

如果形参表中包含了数组型参数，那么它必须在参数表中位于最后。另外，参数只允许是一维数组。最后，数组型参数不能再有 ref 和 out 修饰符。例如：

```
class Test
{
   static void F(params int[] args)
```

```
    {
        Console.WriteLine("Array contains {0} elements:", args.Length);
        foreach (int i in args)
        {
            Console.Write(" {0}", i);
            Console.WriteLine();
        }
    }
    public static void Main()
    {
        int[] a = {1, 2, 3};
        F(a);
    }
}
```

程序的输出是：

```
Array contains 3 elements: 1 2 3
```

5) *静态和非静态的方法*

C#的类定义中可以包含两种方法：静态的和非静态的。使用了 static 修饰符的方法为静态方法，反之则是非静态的。

静态方法是一种特殊的成员方法，它不属于类的某一个具体的实例。非静态方法可以访问类中的任何成员，而静态方法只能访问类中的静态成员。例如：

```
class A
{
    int x;
    static int y;
    static int F()
    {
        x = 1; //错误 不允许访问
        y = 2//正确 允许访问
    }
}
```

在这个类定义中，静态方法 F()可以访问类中静态成员 y，但不能访问非静态的成员 x。这是因为，x 作为非静态成员，在类的每个实例中都占有一个存储。而静态方法是类所共享的，它无法判断出当前的 x 属于哪个类的实例。所以不知道应该到内存的哪个地址去读取当前 x 的值，而 y 是非静态成员，所有类的实例都共用一个副本，静态方法 F 就可以使用它。

3.6.4 类的继承

C# 中派生类从它的直接基类中继承成员、方法、变量、属性、事件和索引指示器。除了构造函数和析构函数，派生类隐式地继承了直接基类的所有成员。例如：

```
class Vehicle                          //定义汽车类
{
    int wheels;                        //公有成员：轮子个数
    protected float weight;            //保护成员：重量
    publicVehicle(){; }
    publicVehicle(int w, float g)
    {
        wheels = w;
        weight = g;
    }
    public void Speak()
    {
        Console.WriteLine("the w vehicle is speaking!");
    }
};
class Car:Vehicle                      //定义轿车类：从汽车类中继承
{
    int passengers;                    //私有成员：乘客数
    public Car(int w, float g, int p) : base(w, g)
    {
        wheels = w;
        weight = g;
        passengers = p;
    }
}
```

Vehicle 作为基类，体现了汽车这个实体具有的公共性质：汽车都有轮子和重量。Car 类继承了 Vehicle 的这些性质，并且添加了自身的特性，可以搭载乘客。

C# 中的继承符合下列规则：

(1) 继承是可传递的。如果 C 从 B 中派生，B 又从 A 中派生，那么 C 不仅继承了 B 中声明的成员，同样也继承了 A 中的成员。Object 类是所有类的基类。

(2) 派生类应当是对基类的扩展。派生类可以添加新的成员，但不能除去已经继承的成员的定义。

(3) 构造函数和析构函数不能被继承，除此以外的其他成员，不论对它们定义了怎样的访问方式，都能被继承。基类中成员的访问方式只能决定派生类能否访问它们。

(4) 派生类如果定义了与继承而来的成员同名的新成员，就可以覆盖已继承的成员。但这并不因为派生类删除了这些成员，只是不能再访问这些成员。

(5) 类可以定义虚方法、虚属性以及虚索引指示器。它的派生类能够重载这些成员，从而实现由类展示出多态性。

1. 覆盖

上面提到类的成员声明中可以声明与继承而来的成员同名的成员，这时我们称派生类的成员覆盖(hide)了基类的成员。这种情况下编译器不会报告错误，但会给出一个警告。对派生类的成员使用 new 关键字可以关闭这个警告。

前面汽车类的例子中，类 Car 继承了 Vehicle 的 Speak 方法。我们可以给 Car 类也声明一个 Speak 方法，覆盖 Vehicle 中的 Speak 方法。代码如下：

```
class Vehicle//定义汽车类
{
    public int wheels;                    //公有成员：轮子个数
    protected    float weight;            //保护成员：重量
    public Vehicle(){; }
    public Vehicle(int w, float g)
    {
        wheels = w;
        weight = g;
    }
    public void Speak()
    {
        Console.WriteLine("the vehicle is speaking!");
    }
};
class Car:Vehicle                         //定义轿车类
{
    int passengers;                       //私有成员：乘客数
    public Car() { }
    public Car(int w, float g, int p)
    {   wheels = w;
        weight = g;
        passengers = p;
    }
    new public void Speak()
    {
        Console.WriteLine("Di-di!");
    }
}
```

生成 Vehicle、Car 类的对象并调用方法：

```
Vehicle v = new Vehicle();
Car c = new Car();
Vehicle v1 = new Car();
```

```
v.Speak();
c.Speak();
v1.Speak();
```

程序的输出是：

```
the vehicle is speaking!
Di-di!
the vehicle is speaking!
```

2. 虚方法

当类中的方法声明前加上了 virtual 修饰符，我们即称之为虚方法，反之为非虚方法。使用了 virtual 修饰符后，不允许再有 static、abstract 或 override 修饰符。对于非虚的方法，无论被其所在类的实例调用，还是被这个类的派生类的实例调用，方法的执行方式不变。而对于虚方法，它的执行方式可以被派生类改变，这种改变是通过方法的重载来实现的。下面的代码说明了两者之间的区别：

```
class A
{
    public void F() { Console.WriteLine("A.F");  }
    public virtual void G() { Console.WriteLine("A.G");  }
}
class B: A
{
    new public void F() { Console.WriteLine("B.F");  }          //覆盖父类的方法
    public override void G() { Console.WriteLine("B.G");  }     //重载父类的方法
}
```

生成 A、B 类的对象并调用方法：

```
B b = new B();
A a = b;
a.F();
b.F();
a.G();
b.G();
```

程序的输出是：

```
A.F
B.F
B.G
B.G
```

3.6.5　委托和事件

委托是一个类型安全的对象，它指向程序中另一个以后会被调用的方法(或多个方法)。通俗地说，委托是一个可以引用方法的对象，当创建一个委托时，也就创建了一个引用方法的对象，进而就可以调用那个方法，即委托可以调用它所指的方法。

1. 定义委托类型

访问修饰符 delegate 返回类型 委托名(形参)

2. 声明委托对象

委托名 委托实例名；

3. 创建委托对象(确定与哪些方法进行绑定)

委托实例名 = new 委托名(某个类的方法)

4. 使用委托调用方法

委托实例名(实参)

委托注意事项：

(1) 委托和方法必须具有相同的参数。

(2) 委托可以调用多个方法，即一个委托对象可以维护一个可调用方法的列表而不是单独的一个方法，称为多路广播(多播)。

(3) 使用“+=”和“- =”运算实现方法的增加和减少。

```
public delegate int Call(int num1, int num2);     //第一步：定义委托类型
class SimpleMath
{
    public int Multiply(int num1, int num2)
    {
        return num1 * num2;
    }
    public int Divide(int num1, int num2)
    {
        return num1 / num2;
    }
}
class Test
{   static void Main(string[] args)
    {   Call objCall;                              //第二步：声明委托对象
        SimpleMath objMath = new SimpleMath();
        objCall = new Call(objMath.Multiply);     //第三步：创建委托对象，将方法与委托关联起来
        Call objCall1 = new Call(objMath.Divide);
        objCall + = objCall1;                      //向委托增加一个方法
        int result = objCall(7, 9); //调用委托实例，先执 objMath.Multiply，然后执行 objMath.Divide
        Console.WriteLine("结果为{0}", result);
    }
}
```

程序的输出为

    结果为 0

当发生与某个对象相关的事件时，类和结构会使用事件将这一对象通知给用户。这种通知即称为“引发事件”。引发事件的对象称为事件的源或发送者。对象引发事件的原因很多：响应对象数据的更改、长时间运行的进程完成或服务中断。例如，一个对象在使用网络资源时，如果丢失网络连接，则会引发一个事件。表示用户界面元素的对象通常会引发事件来响应用户操作，如按钮单击或菜单选择。事件的声明如下所示：

    修饰符 event 委托类型 事件名；

向类中添加事件需要使用 event 关键字，并提供委托类型和事件名称。例如：

```
public class EventSource
{
  public delegate void TestEventDelegate(object sender, System.EventArgs e);
  public event TestEventDelegate TestEvent;
  private void RaiseTestEvent() { /* ... */ }
}
```

若要引发事件，类可以调用委托，并传递所有与事件有关的参数。然后，委托调用已添加到该事件的所有处理程序。如果该事件没有任何处理程序，则该事件为空。因此在引发事件之前，事件源应确保该事件不为空以避免 NullReferenceException。例如：

```
private void RaiseTestEvent()
{
  TestEventDelegate temp = TestEvent;
  if (temp ! = null)
  {
    temp(this, new System.EventArgs());
  }
}
```

要接收某个事件的类，可以创建一个方法来接收该事件，然后向类事件自身添加该方法的一个委托。这个过程称为“订阅事件”。

首先，接收类必须具有与事件自身相同签名(如委托签名)的方法。然后，该方法(称为事件处理程序)可以采取适当的操作来响应该事件。例如：

```
public class EventReceiver
{
  public void ReceiveTestEvent(object sender, System.EventArgs e)
  {
    Console.Write("Event received from ");
    Console.WriteLine(sender.ToString());
  }
}
```

每个事件可以有多个处理程序。多个处理程序由源按顺序调用。如果一个处理程序引发异常，还未调用的处理程序则没有机会接收事件。

若要订阅事件，接收器必须创建一个与事件具有相同类型的委托，并使用事件处理程序作为委托目标。然后，接收器必须使用加法赋值运算符“+=”将该委托添加到源对象的事件中。例如：

```
public void Subscribe(EventSource source)
{
  TestEventDelegate temp = new TestEventDelegate(ReceiveTestEvent);
  source.TestEvent + = temp;
}
```

若要取消订阅事件，接收器可以使用减法赋值运算符“- =”从源对象的事件中移除事件处理程序的委托。例如：

```
public void UnSubscribe(EventSource source)
{
  TestEventDelegate temp = new TestEventDelegate(ReceiveTestEvent);
  source.TestEvent - = temp;
}
```

3.6.6　字符串操作

字符串类型是引用类型，字符串是使用 string 关键字声明的、由一个或多个字符组成的一组字符。它有两种表达方式：用双引号引起来；用@引起来。它可以把字符串中的特殊字的特殊性去掉，字符串中的所有字符均被认为是普通字符。例如：

```
string myname =  " asp.net " ;
string filepath = @ " c:\windows " ;        //  " \w " 不是转义字符
```

下面介绍几种常见的字符串操作。

1) 字符串中的字符访问(s[i])

```
string s = "ABCD";
Console.WriteLine(s[0]);                  // 输出"A";
Console.WriteLine(s.Length);              // 输出 4
```

2) 字符串转换为字符数组(ToCharArray)

```
string s = "ABCD";
char[] arr = s.ToCharArray();             // 把字符串转换为字符数组{'A', 'B', 'C', 'D'}
Console.WriteLine(arr[0]);                // 输出数组的第一个元素，输出"A"
```

3) 截取子串(Substring)

```
string s = "ABCD";
Console.WriteLine(s.Substring(1));        // 从第 2 位开始(索引从 0 开始)截取，一直到字符串结束，
                                          // 输出"BCD"
Console.WriteLine(s.Substring(1, 2));     // 从第 2 位开始截取 2 位，输出"BC"
```

4) 匹配索引(IndexOf)

```
string s = "ABCABCD";
Console.WriteLine(s.IndexOf('A'));//从字符串头部开始搜索第一个匹配字符 A 的位置，输出“0”
Console.WriteLine(s.IndexOf("BCD")); //从字符串头部开始搜索第一个匹配字符串 BCD 的位置，
                                     //输出“4”
Console.WriteLine(s.LastIndexOf('C'));   //从字符串尾部开始搜索第一个匹配字
Console.WriteLine(s.LastIndexOf("AB"));   //从字符串尾部开始搜索第一个匹配字符串 BCD 的位
                                          //置，输出“3”
Console.WriteLine(s.IndexOf('E'));   //从字符串头部开始搜索第一个匹配字符串 E 的位置，没有
                                     //匹配输出“-1”；
Console.WriteLine(s.Contains("ABCD"));   //判断字符串中是否存在另一个字符串"ABCD"，输出 true
```

5) 大小写转换(ToUpper 和 ToLower)

```
string s = "aBcD";
Console.WriteLine(s.ToLower());   // 转化为小写，输出“abcd”
Console.WriteLine(s.ToUpper());   // 转化为大写，输出“ABCD”
```

6) 截头去尾(Trim)

```
string s = "__AB__CD__";
Console.WriteLine(s.Trim('_'));         // 移除字符串中头部和尾部的 '_' 字符，输出“AB__CD”
Console.WriteLine(s.TrimStart('_'));   // 移除字符串中头部的 '_' 字符，输出“AB__CD__”
Console.WriteLine(s.TrimEnd('_'));   // 移除字符串中尾部的 '_' 字符，输出“__AB__CD”
```

7) 替换字符(串)(Replace)

```
string s = "A_B_C_D";
Console.WriteLine(s.Replace('_', '-'));   // 把字符串中的'_'字符替换为'-'，输出
"A-B-C-D"
Console.WriteLine(s.Replace("_", ""));   // 把字符串中的"_"替换为空字符串，
输出"A B C D"
```

8) 分割为字符串数组(Split)

```
string s = "AA, BB, CC, DD";
string[] arr1 = s.Split(', ');         // 以','字符对字符串进行分割，返回字符串数组
Console.WriteLine(arr1[0]);   // 输出“AA”
Console.WriteLine(arr1[1]);   // 输出“BB”
Console.WriteLine(arr1[2]);   // 输出“CC”
Console.WriteLine(arr1[3]);   // 输出“DD”
```

9) 格式化(静态方法 Format)

```
Console.WriteLine(string.Format("{0} + {1} = {2}", 1, 2, 1+2));
Console.WriteLine(string.Format("{0} / {1} = {2:0.000}", 1, 3, 1.00/3.00));
Console.WriteLine(string.Format("{0:yyyy 年 MM 月 dd 日}", DateTime.Now));
```

10) 连接成一个字符串(+运算、静态方法 Concat、静态方法 Join 和实例方法 StringBuilder.Append)

```
string s = "A, B, C, D";
string s1 = ", E, F";
string s2 = s+s1;
Console.WriteLine(s2);   //输出"A, B, C, D, E, F"
string[] arr3 = s.Split(', ');   // arr = {"A", "B", "C", "D"}
Console.WriteLine(string.Concat(arr3));   // 将一个字符串数组连接成一个字
符串，输出"ABCD"
Console.WriteLine(string.Join(", ", arr3));   // 以","作为分割符号将一个字符串
数组连接成一个字符串，输出"A, B, C, D"
StringBuilder sb = new StringBuilder();   // 声明一个字符串构造器实例
sb.Append("A");   // 使用字符串构造器连接字符串能获得更高的性能
sb.Append('B');
Console.WriteLine(sb.ToString()); // 输出"AB"
```

3.6.7 日期和时间

使用 DateTime 结构创建、表示日期和时间。使用 Now 属性可以获取系统日期。例如：

```
DateTime Birthday = new DateTime(2012, 8, 14);
DateTime today = DateTime.Now;
```

日期类型可以使用 Year、Month、Day、DayOfWeek、Hour、Minute、Second 等属性访问日期中的年份、月份、日、星期、小时、分钟和秒。例如：

```
int month = Birthday.Month;
int hour = today.Hour;
```

3.6.8 数据转换

在编程的过程中，需要对不同类型的数据进行相互转换，在 C#中提供了 5 种常用的转换方式。

1. 隐式转换

当对简单的值类型进行转换时，如果是按照 byte、short、int、long、float、double 从左到右(从短到长)进行转换的，可以直接进行转换(隐式转换)，不用做任何说明。例如：

```
int a = 10;
long b = a;
Console.Write("b 的值为："+b);
```

2. 显示转换

对值类型进行转换时，从长字节转换成短字节，直接转换时编译器会提示"无法将类型 *转换为类型*，存在一个显示转换"，这时需要进行强制转换(显示转换)。例如：

```
long a = 10;
int b = (int)a;
Console.Write("b 的值为："+b);
```

3. toString()转换

当把值类型转换成字符串类型时，可以直接调用值类型的方法 toString()进行转换。例如：

```
int a = 256;
string b = a.ToString();
Console.Write("b 的值为："+b);
```

4. parse 方法

值类型都有 parse 方法，可以将字符串转换为对应的数据类型，例如：

```
int a = 256;
string b = "256";
if (int.Parse(b) = = a)
{
  Console.Write("a 和 b 的值相等！");
}
```

5. Convert 类

Convert 类有很多转换数据类型的方法，它将继承自 Object 类型的对象转换为指定的类型。例如：

```
string t = "28.9";
double value = Convert.ToDouble(t);
```

典型案例 3　模拟银行 ATM 机操作

一、案例功能说明

本章典型案例主要是实现一个模拟银行 ATM 机操作的控制台程序。让开发者掌握 C#程序的基本语法、类型、类的设计及对象的使用等内容，加深对 C#程序编写的认识。

二、案例要求

(1) 编写 Accounter 银行账户类，具有账户和账户金额的属性，开户、存钱、取钱等方法。

(2) 通过控制台程序实现对 Accounter 类的对象属性及方法的访问。

三、操作和实现步骤

(1) 建立一个工程文件夹，命名为：模拟银行 ATM 机操作。

(2) 启动 VS2010，选择新建项目，选择建立控制台应用程序，添加一个名为 ConsoleApplication1 的项目，项目位置在模拟银行 ATM 机操作文件夹中，如图 3-8 所示。

图 3-8　新建控制台项目

(3) 项目新建成功后，打开“解决方案资源管理器”，可以看到解决方案中包括了刚才生成的控制台程序的项目，选择项目中的 Program.cs 文件，双击打开，可以看到 VS2010 已经帮我们编写了一部分程序，如图 3-9 所示。

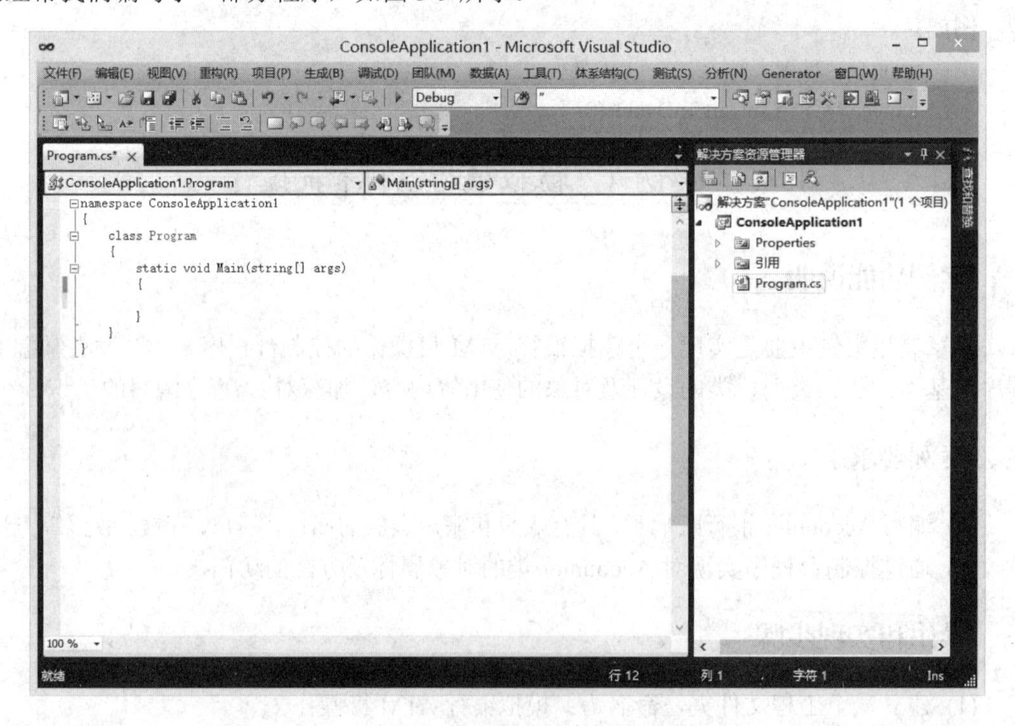

图 3-9　Program 程序代码

(4) 在“解决方案资源管理器”中选择项目，依次操作【右键】→【添加】→【新建项】。

(5) 在弹出的界面中，选择“类”，并把名称改为“Accounter.cs”，如图 3-10 所示。

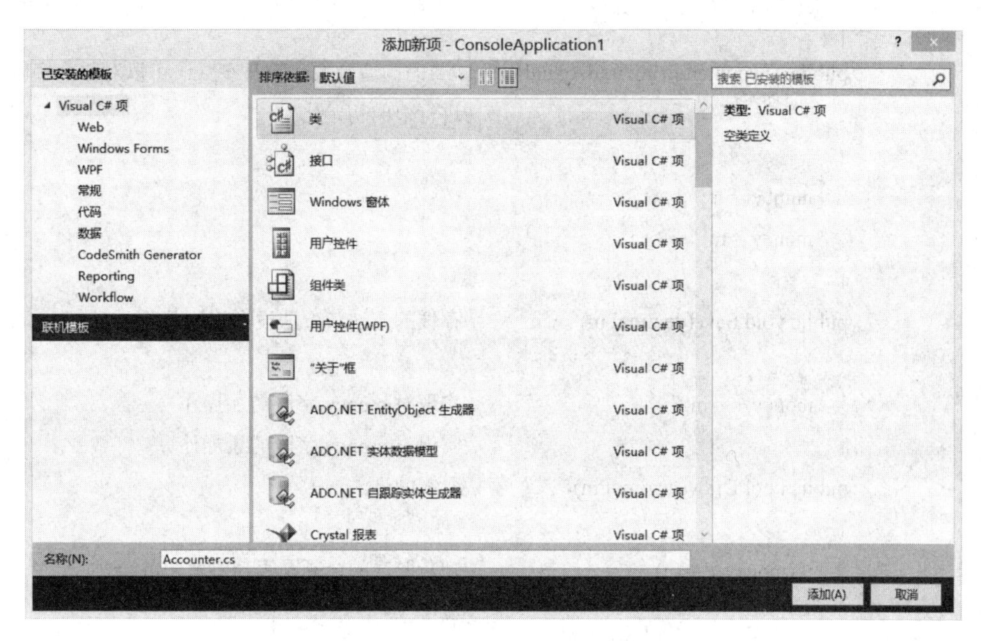

图 3-10　新建一个类

(6) 在“解决方案资源管理器”中，双击“Accounter.cs”，编写类的代码，代码如下所示。

```
using System;
using System.Collections.Generic;
using System.Linq;
using System.Text;

namespace ConsoleApplication1          //类的命名空间，在访问类时，可以使用类的
                                       //命名空间.类名的方式
{
    class Accounter//类名
    {
        private string number;         //字段成员，表示账户账号信息
        public string Number           //属性成员，对 number 字段进行了封装，用
                                       //public 修饰符表示可以对外公开访问
        {
            get { return number;  }    //获取属性值的 get 访问器
            set { number = value;  }   //设置属性值的 set 访问器
        }
        private decimal money;         //字段成员，表示账户金额信息
        public decimal Money           //属性成员，对 money 字段进行了封装
        {
            get { return money;  }
            set { money = value;  }
```

```
        }
        public Accounter(string n, decimal m)   //类的构造函数，带有参数，可以对 2 个字段成员
                                                 //进行值的初始化
        {
            number = n;
            money = m;
        }
        public void Save(decimal m)              //存钱的方法，方法没有返回值
        {
            money + = m;                         //实现对 money 字段的加操作
        }                                        //实现对 money 字段的累加计算
        public bool Draw(decimal m)              //取钱的方法
        {
            if (money > = m)                     //判断取钱的金额是否超过账户的金额
            {
                money - = m;                     //实现对 money 字段的减操作
                return true;                     //返回 true 表示操作成功
            }
            else
            {   return false;                    //返回 true 表示操作失败，余额不足
            }
        }
    }
}
```

(7) 在“解决方案资源管理器”中，双击“Program.cs”，编写 Main 方法的代码，代码如下所示。

```
static void Main(string[] args)
{
    Console.WriteLine("欢迎光临银行 ATM 机!");                    //屏幕输出欢迎信息
    Console.WriteLine("账户未创建，请先创建账户");
    Console.WriteLine("请输入你要创建的账户的账号：");
    string number = Console.ReadLine();                         //读取用户输入的账户
    Console.WriteLine("请输入你要创建的账户的初始金额：");
    decimal initmoney = decimal.Parse(Console.ReadLine());      //读取用户输入的初始金额，并进行
                                                                //类型转换
    Accounter accounter = new Accounter(number, initmoney);     //生成 Accounter 类的对象，为
                                                                //对象的 2 个字段进行初始化
    Console.WriteLine("账户创建成功！ ");
    while (true)
```

```
{
    Console.WriteLine("请选择你要的操作 1：存钱  2：取钱  3：退出"); //屏幕输出选择信
                                                                  //息，提示用户选择
    string a = Console.ReadLine();
    if (a = = "3")//用户选择了退出
    break; //break 结束 while 循环
    switch (a)
    {
        case "1"://用户选择了存钱
        Console.WriteLine("请输入你要存钱的金额：");
        decimal m1 = decimal.Parse(Console.ReadLine());
        //获取用户输入的存款金额并转换为 decimal 类型
        accounter.Save(m1);                    //调用对象的方法，进行存款
        Console.WriteLine("存钱成功，当前账户金额为：{0}", accounter.Money.ToString());
                                                  //显示账户的余额信息 break;
        case "2"://用户选择了取钱
        Console.WriteLine("请输入你要取钱的金额：");
        decimal m2 = decimal.Parse(Console.ReadLine());
        if (accounter.Draw(m2)) //调用对象的方法，进行取款
        {
            Console.WriteLine("取钱成功，当前账户金额为：{0}" ,
                          accounter.Money.ToString()); //取钱成功，显示账户的余额信息
        }
        else
        {   Console.WriteLine("取钱失败，当前账户余额不足！"); //取钱成功，显示提示信息
        }
        break;
        default: break;   //用户其他的选择不执行任何操作
    }
}
}
```

(8) 运行程序，出现程序的运行界面，如图 3-11 所示。

图 3-11　程序运行界面

(9) 按照程序屏幕的提示进行操作，可以看到程序的运行结果，如图 3-12 所示。

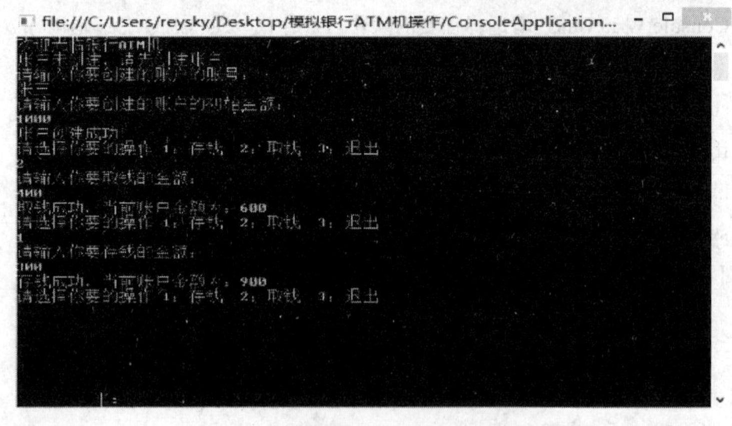

图 3-12　用户操作后的程序界面

四、作业要求

(1) 请学生按照上述操作步骤，制作一个完全相同的控制台程序，对程序进行运行及测试，学习 C#程序的基本语法和编写过程。

(2) 请学生以上述操作步骤为参照，增加 Accounter 类的查询账户信息的 Query 方法，并能够在 Program.cs 文件的 Main 函数中进行调用。

上机实训 3　C# 程序编写练习

一、实验目的

(1) 熟悉 C# 的基本语法和基本类型；
(2) 掌握 C# 中程序编写的一般方式；
(3) 掌握 C# 中类的设计和对象的使用；
(4) 能够通过控制台程序验证程序编写的正确性。

二、实验仪器、设备及材料

PC 机一台，安装 Windows XP、VS2010、SQL Server 2008 软件。

三、实验内容及要求

1. 实验内容

编写一个控制台程序，实现对学生基本信息的查询。

2. 实验分析

(1) 项目中可以编写一个 Student 类，用于对学生的基本信息进行封装，方便信息的访问。Student 类的代码可以参考如下：

```
class Student
```

```
{
    string stuname;
    public string Stuname
    {
        get { return stuname;   }
        set { stuname = value;   }
    }
    string stuno;

    public string Stuno
    {
        get { return stuno;   }
        set { stuno = value;   }
    }
    int stuage;

    public int Stuage
    {
        get { return stuage;   }
        set { stuage = value;   }
    }
    string stucollge;

    public string Stucollge
    {
        get { return stucollge;   }
        set { stucollge = value;   }
    }
    string stusex;

    public string Stusex
    {
        get { return stusex;   }
        set { stusex = value;   }
    }
}
```

(2) 在 Main 方法中创建一个 Student 对象数组，存放 5 个 Student 对象，表示学生信息的初始化。参考代码如下：

```
Student[] stus = new Student[5];
Student stu1 = new Student();
stu1.Stuno = "001";
```

```
stu1.Stuname = "张三";
stu1.Stuage = 20;
stu1.Stusex = "男";
stu1.Stucollge = "计算机学院";
stus[0] = stu1;                              //将学生对象放入数组中
//另外 4 个 Student 对象的生成及向数组的添加和上面的代码类似
```

(3) 接收用户输入的学号。主要使用到下面的代码：

```
string number = Console.ReadLine();          //读取用户输入的学号
```

(4) 通过 for 循环依次遍历 Student 数组中的元素，得到与用户输入学号相匹配的学生对象。参考代码如下：

```
for (int i = 0;   i < stus.Length;   i++)
{
   if (stus[i].Stuno = = number)
   {
   }
}
```

(5) 输出指定学生对象的信息。如下面的代码所示：

```
Console.WriteLine("待查询学生的姓名为：{0}" + stus[i].Stuname);
```

四、实验报告要求

(1) 每个实验完成后，学生应认真填写实验报告(可以是电子版)并上交任课教师批改。

(2) 电子版实验报告的文件名为：班级 + 学号 + 姓名 + 实验 N + 实验名称。

(3) 电子版实验报告要求用 Office 2003 编辑。

(4) 实验报告基本形式：

① 实验题目。

② 实验目的。

③ 实验内容。

④ 实验要求。

⑤ 实验结论、心得体会。

⑥ 程序主要算法或源代码。

习　题　3

1. C#中的数据类型分为哪两种？如何区分这两种类型？

2. 举例说明方法的四种类型参数的使用区别。

3. 编写一个程序，对输入的四个整数求出其中的最大值和最小值。

4. 试分别使用 for、while 和 do-while 语句编写程序，实现求前 n 个自然数之和。

5. 设计一个学生类，该类能够记录学生姓名、班级和学号信息，并能够输出和修改这些信息。

第 4 章　Web 服务器控件

本章要点：

- ◆ Web 服务器控件的基本概念
- ◆ 常见 Web 服务器控件的属性及方法
- ◆ 常见 Web 服务器控件的使用方式

4.1　Web 服务器控件简介

在 ASP.NET 开发中，Web 服务器控件是 ASP.NET 服务器控件的核心组成部分，也是 WebForms 编程模型的基本元素。本章将重点讲解 Web 服务器控件的使用方法与编程技巧。

Web 服务器控件在服务器端创建，且需要 runat = "server" 属性才能正常工作。开发者可以把它们看成是服务器上执行程序逻辑的组件，这个组件可能生成一定的用户界面，也可能不生成用户界面。每个服务器控件都包含一些成员对象，例如，属性、事件和方法等，以方便开发者进行调用。

4.2　WebControl 基类

在 ASP.NET 开发中，所有的 Web 服务器控件都定义在 System.Web.UI.WebControls 命名空间中，派生自 WebControl 基类。表 4-1 介绍了 WebControl 基类常用的基本属性，这些属性的大部分封装了 CSS 样式特性，开发者在使用的过程中，可以比较方便的设置控件的外观。

表 4-1　WebControl 基类常用的基本属性

属　性	描　　述
AccessKey	控件的键盘快捷键(AccessKey)。此属性指定用户在按住 Alt 键的同时可以按下的单个字母或数字
Attributes	控件上的未由公共属性定义但仍需呈现的附加属性集合。任何未由 Web 服务器控件定义的属性都添加到此集合中
BackColor	控件的背景色
BorderColor	控件的边框颜色，设置与 BackColor 属性相同
BorderStyle	控件的边框样式，可能的值包括 NotSet、None、Dotted、Dashed、Solid、Double、Groove、Ridge、Inset 与 Outset
BorderWidth	控件边框的宽度(以像素为单位)

续表

属性	描述
CssClass	分配给控件的级联样式表(CSS)类
Style	作为控件的外部标记上的 CSS 样式属性呈现的文本属性集合
Enabled	当此属性设置为 true(默认值)时使控件起作用，当此属性设置为 false 时禁用控件
EnableTheming	当此属性设置为 true(默认值)时对控件启用视图状态持久性，当此属性设置为 false 时对该控件禁用视图状态持久性
Font	为正在声明的 Web 服务器控件提供字体信息
ForeColor	控件的前景色
Height	控件的高度
Width	控件的宽度
ToolTip	当用户将鼠标指针定位在控件上方时显示的文本
TabIndex	控件的位置(按 Tab 键顺序)

4.3 标准控件

4.3.1 Label 控件

Label 控件用于在页面上显示文本，位于工具箱的标准组中。其基本语法格式为

```
<asp:Label id = "Label1"   Text = "Label Control"   runat = "server"/>
```

1. 设计时显示文本

使用 Label 控件的 Text 属性来设置在控件中要显示的内容。例如：

```
<asp:Label id = "lblMsg"   Text = "Hello ASP.NET"   runat = "server"/>
```

2. 运行时动态改变文本内容

可以通过编程方式把要显示的内容赋予 Label 控件的 Text 属性，例如：

```
lblMsg.Text = " 你好，ASP.NET " ;
```

【例 4-1】 显示当前日期。

(1) 页面设计。

① 启动 Visual Studio.NET，建立一个网站，网站名称为“G:\code\ch04\4-1”。

② 打开一个 Web 窗体，切换到“源”视图，并输入以下内容：

```
<%@ Page Language = "C#" AutoEventWireup = "true" CodeFile = "Default.aspx.cs" Inherits =
"_Default" %>

<!DOCTYPE html PUBLIC "-//W3C//DTD XHTML 1.0 Transitional//EN"
                "http://www.w3.org/ TR/xhtml1/DTD/xhtml1-transitional.dtd">
```

```
<html xmlns = "http://www.w3.org/1999/xhtml">
<head runat = "server">
  <title>例 4-1 显示当前日期</title>
</head>
<body>
  <form id = "form1" runat = "server">
  <div
    <asp:Label ID = "Label1" runat = "server"></asp:Label>
  </div>
  </form>
</body>
</html>
```

(2) 编程逻辑。

切换到代码编辑器，并输入以下代码：

```
protected void Page_Load(object sender, EventArgs e)
{
   Label1.Text = "当前日期为：" + DateTime.Now.ToLongDateString();
}
```

(3) 运行程序。

按下 Ctrl + F5 快捷键，运行 Web 应用程序，结果如图 4-1 所示。

图 4-1　例 4-1 运行结果

4.3.2　Literal 控件

Literal 控件同样用于在页面上显示文本，位于工具箱的标准组中。其基本语法格式为

```
<asp:Literal ID = "Literal1" runat = "server" text = "Literal Control"></asp:Literal>
```

Literal 控件的使用和 Label 控件的使用方式相同，但它与 Label 控件也存在不同之处：

(1) Label 控件允许用户向其内容应用样式；而 Literal 控件则不允许用户向其内容应用样式。因为 Literal 控件没有 Font-Bold、ForeColor、Height 等样式属性。

(2) 在页面输出时，Label 控件的内容显示在<span>标签里面；而 Literal 控件则更为简洁，不加任何修饰。

【例 4-2】 使用 Literal 控件显示用户的 IP 地址。

(1) 页面设计。

① 启动 Visual Studio.NET，建立一个网站。

② 向页面添加两个 Literal 控件和两个 Button 控件，切换到“源”视图，就可以看到以下内容：

```
<%@ Page Language = "C#" AutoEventWireup = "true" CodeFile = "Default.aspx.cs" Inherits =
"_Default" %>
<!DOCTYPE html PUBLIC "-//W3C//DTD XHTML 1.0 Transitional//EN"
            "http://www.w3.org/ TR/xhtml1/DTD/xhtml1-transitional.dtd">
<html xmlns = "http://www.w3.org/1999/xhtml">
<head runat = "server">
   <title>例 4-2 获取用户 IP 地址</title>
</head>
<body>
   <form id = "form1" runat = "server">
   <div>
                            获取 IP 地址
<br />
          用户 IP 地址： 
   <asp:Literal ID = "UserIP" runat = "server"></asp:Literal>
   <br />
          用户域名：   
   <asp:Literal ID = "UserDns" runat = "server"></asp:Literal>
   <br />
   <br />
             
   <asp:Button ID = "Button1" runat = "server" onclick = "Button1_Click" Text = "获取" />
 
   <asp:Button ID = "Button2" runat = "server" Text = "取消" />
   </div>
   </form>
</body>
</html>
```

(2) 编程逻辑。

① 导入命名空间“system.Net”，并为 Button1 按钮添加 Click 事件。

② Button1 的 Click 事件处理过程输入以下代码：

```
protected void Button1_Click(object sender, EventArgs e)
{
```

```
        string IP = Request.UserHostAddress;
        IPHostEntry host = Dns.GetHostByAddress(IP);
        string DNS = host.HostName.ToString();
        UserIP.Text = IP;
        UserDns.Text = DNS;
    }
```

(3) 运行程序。

按下 Ctrl + F5 快捷键，运行 Web 应用程序，结果如图 4-2 所示。

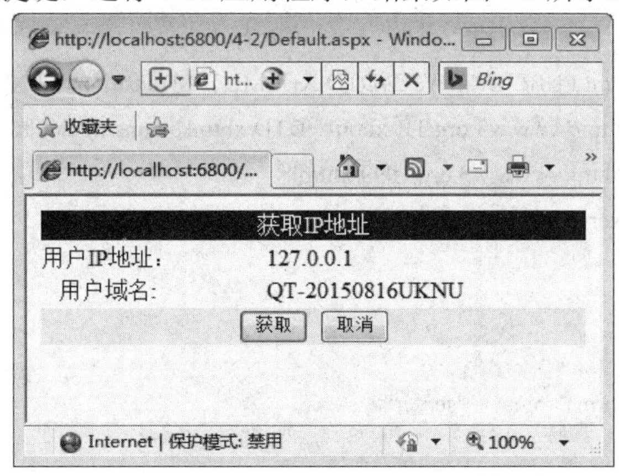

图 4-2　例 4-2 运行结果

4.3.3　Button 控件

Button 控件用于在 Web 页面上创建一个按钮，位于工具箱的标准组中。其基本语法格式为

```
<asp:Button ID = "Button1" runat = "server" Text = "Button" onclick = "Button1_Click" />
```

可以通过 Button 控件的 Text 属性来给按钮命名。Button 控件用于进行数据提交或作为命令按钮，默认情况下为进行数据提交。

1. 数据提交

按钮点击后，将网页发送至服务器。在编写程序时，需要为它的 OnClick 事件提供事件处理程序。在设计窗口中双击按钮，自动进入按钮 Click 事件处理程序编写界面。编写如下的代码：

```
protected void Button1_Click(object sender, EventArgs e)
{
    lblMsg.Text = "你好，ASP.NET"；
}
```

2. 命令按钮

当页面中的按钮比较多时，如果希望这些按钮共用一个事件处理程序，则可以通过设置 CommandName 属性来创建命令按钮，并使用共用的 Command 事件。程序中以编程方式确定要单击的 Button 控件，命令按钮使用 CommandArgument 属性向 Command 事件处理程序提供有关要执行的命令的附加信息。

【例 4-3】 简易四则运算器。

(1) 页面设计。

① 启动 Visual Studio.NET，建立一个网站。

② 为页面添加三个 TextBox，分别命名为 op1、op2、result，添加一个 Label 控件，命名为 oper1，添加四个按钮，CommandName 分别定义为 Add、Subtract、Multiply、Divide。切换到“源”视图，可以看到以下内容：

```
<%@ Page Language = "C#" AutoEventWireup = "true" CodeFile = "Default.aspx.cs" Inherits =
"_Default" %>
<!DOCTYPE html PUBLIC "-//W3C//DTD XHTML 1.0 Transitional//EN"
            "http://www.w3.org/TR/xhtml1/DTD/xhtml1-transitional.dtd">
<html xmlns = "http://www.w3.org/1999/xhtml">
<head runat = "server">
  <title></title>
</head>
<body>
  <form id = "form1" runat = "server">
  <div>
    <asp:TextBox ID = "op1" runat = "server" Width = "112px"></asp:TextBox>
    <asp:Label ID = "oper1" runat = "server" Text = "Label"></asp:Label>
    <asp:TextBox ID = "op2" runat = "server" Width = "112px"></asp:TextBox>
     = <asp:TextBox ID = "result" runat = "server" Width = "112px"></asp:TextBox>
    <br />
    <asp:Button ID = "Button1" runat = "server" CommandName = "Add"
    oncommand = "Operator_Command" Text = "+" Width = "38px" />
              <asp:Button ID = "Button2" runat = "server" CommandName = "Subtract"
    oncommand = "Operator_Command" Text = "-" Width = "38px" />
              <asp:Button ID = "Button3" runat = "server" CommandName = "Multiply"
    oncommand = "Operator_Command" Text = "*" Width = "38px" />
                <asp:Button ID = "Button4" runat = "server" CommandName = "Divide"
    oncommand = "Operator_Command" Text = "÷" Width = "38px" />
  </div>
  </form>
</body>
</html>
```

(2) 编程逻辑。

① 为四个按钮添加 Command 事件，分别处理四则运算的算法。

② 切换到代码编辑器，并为 Command 事件处理过程输入以下代码：

```
public partial class _Default : System.Web.UI.Page
{
    protected void Page_Load(object sender, EventArgs e)
    {

    }
    protected void Operator_Command(object sender, CommandEventArgs e)
    {
        double d1 = double.Parse(op1.Text);
        double d2 = double.Parse(op2.Text);
        double ans = 0;
        switch (e.CommandName)
        {   case "Add":
                ans = d1 + d2; oper1.Text = "+"; break;
            case "Subtract":
                ans = d1 - d2;   oper1.Text = "-";   break;
            case "Multiply":
                ans = d1 * d2;   oper1.Text = "*";   break;
            case "Divide":
                ans = d1 / d2;   oper1.Text = "÷";   break;
        }
        result.Text = ans.ToString();
    }
}
```

(3) 运行程序。

按下 Ctrl + F5 快捷键，运行 Web 应用程序，结果如图 4-3 所示。

图 4-3　例 4-3 运行结果

4.3.4 ImageButton 控件

ImageButton 控件与 Button 控件的功能基本相同。与 Button 控件相比，ImageButton 控件可以通过设置 ImageUrl 属性来指定在该控件中显示的图像，即生成一个图像按钮。同时，它没有 Text 属性，而是增加了一个 AlternateText 属性，该属性可以在图像按钮显示不出图像时显示该名称。控件位于工具箱的标准组中，其基本语法格式为

```
<asp:ImageButton id = "ImageButton1" Text = "主页" runat = "server"
AlternateText = "ImageButton1" ImageUrl = "images/Home.jpg"
ImageAlign = "left" OnClick = "ImageButton_Click"/>
```

ImageButton 控件使用 ImageUrl 属性指定所使用的图像。

ImageButton 控件与 Button 控件不同的地方在于 ImageButton 控件的事件处理程序。事件处理程序的第二个参数类型为 ImageClickEventArgs，而不是 EventArgs，该参数提供鼠标单击处的坐标(e.X 和 e.Y)，从而可以确定用户在图像的什么位置上单击了鼠标。

4.3.5 LinkButton 控件

LinkButton 控件与 ImageButton 控件、Button 控件的功能基本大致相同。与 ImageButton 控件和 Button 控件相比，LinkButton 控件可以在 Web 页面上创建一个超链接样式的按钮。通过设置 Text 属性或将文本放置在 LinkButton 控件的开始标记和结束标记之间，指定要在 LinkButton 控件中显示的文本。控件位于工具箱的标准组中，其基本语法格式为

```
<asp:LinkButton id = "LinkButton1" Text = "返回" OnClick = "Button_Click" runat
    = "server"/>
```

LinkButton 控件的外观与 HyperLink 控件相同，但其功能与 Button 控件相同。如果要在单击控件时链接到另一个网页，需要使用 HyperLink 控件。

4.3.6 TextBox 控件

TextBox 控件用于在 Web 页面中创建用户可输入文本的文本框，创建的文本框可以是单行文本框、多行文本框和密码输入文本框。它的常用属性如表 4-2 所示。控件位于工具箱的标准组中，其基本语法格式为

```
<asp:TextBox ID = "TextBox1"    TextMode = "MultiLine"
Columns = "50" Rows = "5" Text = "info" Wrap = "true"
AutoPostBack = "false" ReadOnly = "false"
OnTextChanged = "TextBox1_TextChanged" runat = "server"/>
```

TextMode 属性设置为 SingleLine、MultiLine 或 Password。其中，SingleLine 创建只包含一行的文本框，它可以使用 MaxLength 属性来限制控件接受的最大字符数；MultiLine 创建包含多行的文本框；Password 创建可以屏蔽用户输入的值的单行文本框，用户输入的字符将以星号(*)屏蔽，以隐藏这些信息。

与数据显示控件一样，可以在后台通过代码给它的 Text 属性赋值。

表 4-2　TextBox 控件的常用属性

属　性	描　　述
AutoCompleteType	规定 TextBox 控件的 AutoComplete 行为，默认是 None
AutoPostBack	规定当内容改变时，是否回传到服务器，默认是 false
CausesValidation	规定当 Postback 发生时，是否验证页面
Columns	文本框的显示宽度
Rows	文本框的显示高度
MaxLength	文本框所允许的最大字符数
ReadOnly	规定能否改变文本框中的文本，默认是 false
Text	文本框显示的默认文本
TextMode	规定 TextBox 的行为模式
ValidationGroup	当 Postback 发生时，被验证的控件组
Wrap	当文本框的内容到结尾时，单元格内容是否自动换行
OnTextChanged	当文本框中的文本被更改时，被执行的函数的名称

【例 4-4】 系统登录功能。

(1) 页面设计。

① 启动 Visual Studio.NET，建立一个网站。

② 为页面添加两个 TextBox 控件 TextBox1 和 TextBox2，一个 Label 控件和一个 Button 控件。切换到“源”视图，可以看到以下内容：

```
<%@ Page Language = "C#" AutoEventWireup = "true" CodeFile = "Default.aspx.cs" Inherits =
"_Default" %>
<!DOCTYPE html PUBLIC "-//W3C//DTD XHTML 1.0 Transitional//EN"
        "http://www.w3.org/TR/xhtml1/DTD/xhtml1-transitional.dtd">

<html xmlns = "http://www.w3.org/1999/xhtml">
<head id = "Head1" runat = "server">
  <title>4-4 系统登录功能</title>
</head>
<body>
  <form id = "form1" runat = "server">
  <p>
系统登录</p>
  <p>
  用户名<asp:TextBox ID = "TextBox1" runat = "server"></asp:TextBox>
  </p>
  <p>
密码  <asp:TextBox ID = "TextBox2"
    runat = "server" TextMode = "Password"></asp:TextBox>
```

```
    </p>
    <p>
      <asp:Button ID = "Button1" runat = "server" onclick = "Button1_Click" Text = "登录" />
    </p>
    <p>
  <asp:Label ID = "Label1" runat = "server"></asp:Label>
    </p>
    </form>
    </body>
  </html>
```

(2) 编程逻辑。

① 为 Button 添加 Click 事件。

② 切换到代码编辑器，并为 Click 事件处理过程输入以下代码：

```
protected void Button1_Click(object sender, EventArgs e)
{
  if (TextBox1.Text = = "user" && TextBox2.Text = = "uers")
    Label1.Text = "恭喜你已经登录成功！";
  else
    Label1.Text = "用户名或密码错误！";
}
```

(3) 运行程序。

按下 Ctrl + F5 快捷键，运行 Web 应用程序，结果如图 4-4 所示。

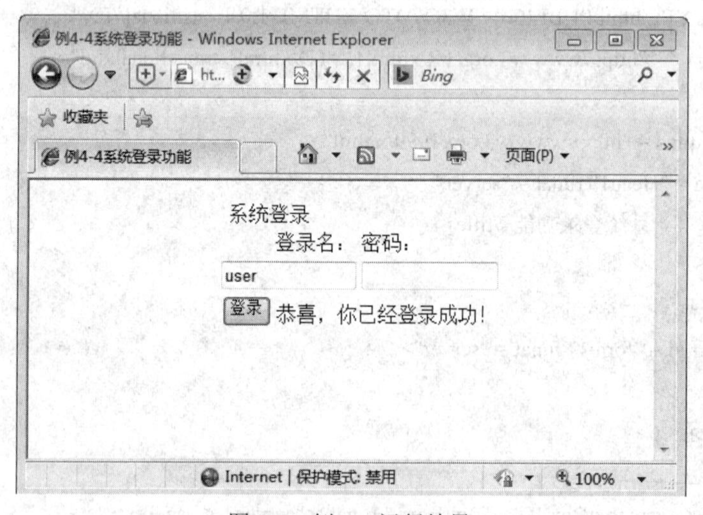

图 4-4　例 4-4 运行结果

4.3.7　CheckBox 控件

CheckBox 控件可以在 Web 页面上创建一个复选框，该复选框允许用户在 True 和 False

状态之间切换。该控件位于工具箱的标准组中，其基本语法格式为

```
<asp:CheckBox id = "CheckBox1"   AutoPostBack = "True"
Text = "是否同意"   runat = "server"
TextAlign = "Right" OnCheckedChanged = "CheckBox1_ClickedChanged" />
```

通过设置 Text 属性，可以指定要在该控件中显示的标题。还可以通过设置 TextAlign 属性指定标题显示在哪一侧。可以在后台代码里面通过 Checked 属性来判断该复选框是否被选中，若选中为 True，否则为 False。如下面的代码所示：

```
if (CheckBox1.Checked)
{
  //被选中时的处理代码
}
```

【例 4-5】 个人兴趣爱好选择。

(1) 页面设计。

① 启动 Visual Studio.NET，建立一个网站。

② 为网页添加五个复选框 A1、A2、A3、A4、A5，一个 Label 控件，一个 Button 控件。切换到“源”视图，可以看到以下内容：

```
<%@ Page Language = "C#" AutoEventWireup = "true" CodeFile = "Default.aspx.cs"
Inherits = "_Default" %>

<!DOCTYPE html PUBLIC "-//W3C//DTD XHTML 1.0 Transitional//EN"
           "http://www.w3.org/TR/xhtml1/DTD/xhtml1-transitional.dtd">

<html xmlns = "http://www.w3.org/1999/xhtml">
<head id = "Head1" runat = "server">
  <title>4-5 个人兴趣爱好选择</title>
</head>
<body>
  <form id = "form1" runat = "server">
  <p>
                   
    个人兴趣爱好选择</p>
  <p>
               
    <asp:CheckBox ID = "A1" runat = "server" Text = "游泳" />
    <asp:CheckBox ID = "A2" runat = "server" Text = "逛街" />
    <asp:CheckBox ID = "A3" runat = "server" Text = "看书" />
    <asp:CheckBox ID = "A4" runat = "server" Text = "上网" />
    <asp:CheckBox ID = "A5" runat = "server" Text = "睡觉" />
  </p>
```

```
    <p>
      <asp:Button
      ID = "Button1" runat = "server" onclick = "Button1_Click" Text = "确定" />
      <asp:Label ID = "Label1" runat = "server"></asp:Label>
    </p>
    <p>
  </p>
    </form>
    </body>
  </html>
```

(2) 编程逻辑。

① 为 Button 按钮添加 Click 事件。

② 切换到代码编辑器，并为 Click 事件处理过程输入以下代码：

```
protected void Button1_Click(object sender, EventArgs e)
  {
    if (A1.Checked||A2.Checked||A3.Checked||A4.Checked||A5.Checked)
    Label1.Text = "选择成功！";
  }
```

(3) 运行程序。

按下 Ctrl + F5 快捷键，运行 Web 应用程序，结果如图 4-5 所示。

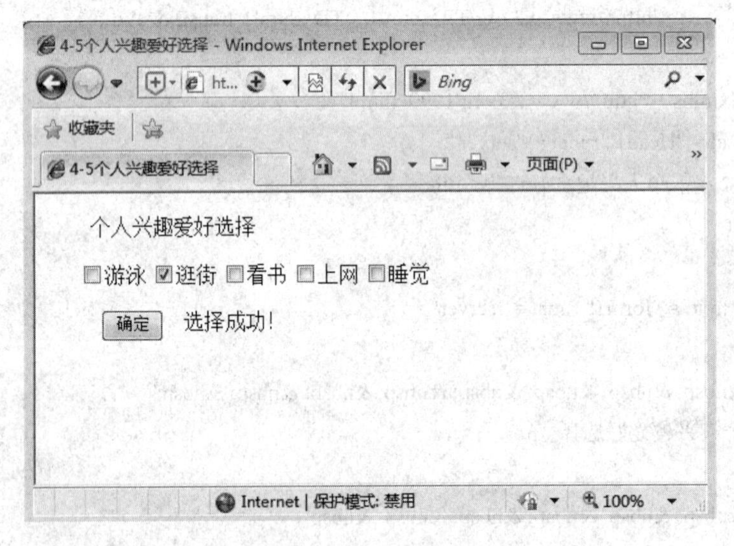

图 4-5　例 4-5 运行结果

4.3.8　RadioButton 控件

RadioButton 控件可以在 Web 页面上创建一个单选按钮。该控件位于工具箱的标准组中，其基本语法格式为

```
<asp:RadioButton id = "RadioButton1" runat = "server" AutoPostBack = "True"
Text = "男"   GroupName = "Gender"
OnCheckedChanged = "RadioButton1_ClickedChanged"   />
```

与 CheckBox 控件一样，可以通过设置它的 Text 属性来指定要在该控件中显示的标题。还可以通过设置 TextAlign 属性指定标题显示在哪一侧，属性的设置方法见 CheckBox 控件。

如果为每个 RadioButton 控件指定了相同的 GroupName，那么可以将 GroupName 相同的多个单选按钮分为一组。同一组按钮互相排斥，因此，只能够从这组按钮中选择一个条件符合的选项，如下面的代码所示：

```
<asp:RadioButton ID = "RadioButton1" GroupName = "sex" runat = "server" Text = "男" />
<asp:RadioButton ID = "RadioButton2" GroupName = "sex" runat = "server" Text = "女"/>
```

4.3.9　Image 控件

Image 控件可以在 Web 页面上显示 Web 兼容图像。该控件位于工具箱的标准组中，其基本语法格式为

```
<asp:Image id = "Image1"   ImageUrl = "images/image1.jpg"
AlternateText = "Image text"   ImageAlign = "left"   runat = "server"/>
```

在 Image 控件中，可以通过设置它的 ImageUrl 属性来指定所显示图像的路径。设置 AlternateText 属性来指定图像不可用时代替图像显示的文本；设置 ImageAlign 属性指定图像相对于 Web 窗体页上其他元素的对齐方式。Image 控件与其他大多数 ASP.NET 控件不同，Image 控件不支持任何事件。

【例 4-6】 图片变换。

(1) 页面设计。

① 启动 Visual Studio.NET，建立一个网站。

② 在网站的根目录下新建一个文件夹 images，并添加 1.jpg、2.jpg、3.jpg 三张图片。

③ 为页面添加一个 DropDownList 控件 DropDownList1，一个 Image 控件。切换到“源”视图，可以看到以下内容：

```
<%@ Page Language = "C#" AutoEventWireup = "true" CodeFile = "Default.aspx.cs" Inherits =
"_Default" %>
<!DOCTYPE html PUBLIC "-//W3C//DTD XHTML 1.0 Transitional//EN"
        "http://www.w3.org/TR/xhtml1/DTD/xhtml1-transitional.dtd">
<html xmlns = "http://www.w3.org/1999/xhtml">
<head runat = "server">
  <title>例 4-6 图片变换</title>
</head>
<body>
  <form id = "form1" runat = "server">
  <div>
      图片变幻<asp:DropDownList
```

```
        ID = "DropDownList1" runat = "server" AutoPostBack = "True"
      onselectedindexchanged = "DropDownList1_SelectedIndexChanged"
        style = "margin-left: 0px" Height = "61px" Width = "57px">
        <asp:ListItem selected = "True" Value = "1">风景 1</asp:ListItem>
        <asp:ListItem Value = "2">风景 2</asp:ListItem>
        <asp:ListItem Value = "3">风景 3 </asp:ListItem>
        </asp:DropDownList>
      <br />
  <br />
    </div>
    <asp:Image ID = "Image1" runat = "server" ImageUrl = "~/images/1.jpg" />
    </form>
  </body>
  </html>
```

(2) 编程逻辑。

① 为 DropDownList1 下拉列表框添加 SelectedindexChanged 事件。

② 切换到代码编辑器，并为 SelectedindexChanged 事件处理过程输入以下代码：

```
protected void DropDownList1_SelectedIndexChanged(object sender, EventArgs e)
{
  Image1.ImageUrl = "~/images/" +
  DropDownList1.SelectedValue.ToString() + ".jpg";
}
```

(3) 运行程序。

按下 Ctrl + F5 快捷键，运行 Web 应用程序，结果如图 4-6 所示。

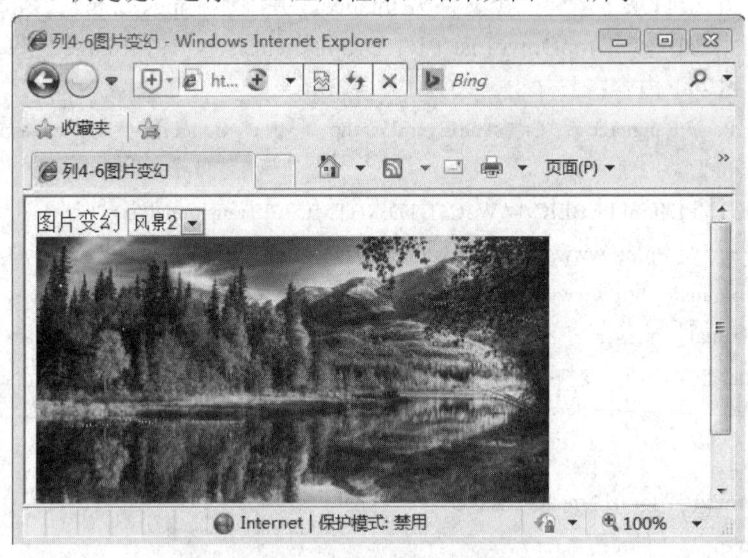

图 4-6　例 4-6 运行结果

4.3.10　HyperLink 控件

HyperLink 控件在网页上创建一个网页链接。该控件位于工具箱的标准组中，其基本语法格式为

```
<asp:HyperLink id = "hyperlink1"   ImageUrl = "Home.jpg"
NavigateUrl = "http://www.microsoft.com"
Text = "Microsoft Official Site"   Target = "_new"   runat = "server"/>
```

其中，可以使用 NavigateUrl 属性指定要链接到的页面或位置。链接既可显示为文本，也可显示为图像。若要显示文本，需要设置 Text 属性或者将文本放置在 HyperLink 控件的开始和结束标记之间；若要显示图像，则必须设置 ImageUrl 属性。如下面的代码所示：

```
<asp:HyperLink id = "hyperlink1"
ImageUrl = "images/Baidu.jpg"
NavigateUrl = "http://www.Baidu.com"   runat = "server"/>
```

如果同时设置了 Text 和 ImageUrl 属性，则 ImageUrl 属性优先。如果设置的图像不可用，将显示 Text 属性中的文本。在支持“工具提示”功能的浏览器上，将鼠标指针放在 HyperLink 控件上时将显示 Text 属性的值。

4.3.11　ImageMap 控件

ImageMap 控件可以在 Web 页面上创建一个图像，该图像可以包含许多可由用户单击的区域，这些区域称为“热点(HotSpot)”。每一个热点都可以是一个单独的超链接或者回发(PostBack)事件。 用户可以通过单击这些热点区域进行回发操作或者定向(Navigate)到某个 URL 地址。该控件位于工具箱的标准组中，其基本语法格式为

```
<asp:ImageMap id = " ImageMap1"   ImageUrl = "Images/ImageMap.jpg"   Width =
"100"   Height = "80"   AlternateText = "ImageMap"
OnClick = " ImageMap1_Click"   HotSpotMode = "PostBack"   runat = "server">
热区</asp:ImageMap>
```

在编程中，主要使用该控件的 HotSpotMode、HotSpots 属性和 Onclick 事件。

1. HotSpotMode 属性

HotSpotMode 为热点模式，它对应枚举类型 System.Web.UI.WebControls.HotSpotMode。其选项及说明如表 4-3 所示。

表 4-3　HotSpotMode 属性的选项说明

选 项	描　　述
NotSet	未设置项。虽然名为未设置，但其实默认情况下会执行定向操作，定向到用户指定的 URL 地址去
Navigate	定向操作项。定向到指定的 URL 地址去
PostBack	回发操作项。点击热点区域后，将执行后面的 Onick 事件
Inactive	无任何操作，即此时形同一张没有热点区域的普通图片

2. HotSpots 属性

该属性对应着System.Web.UI.WebControls.HotSpot对象集合。HotSpot类是一个抽象类，它有 CircleHotSpot(圆形热区)、RectangleHotSpot(矩形热区)和 PolygonHotSpot(多边形热区)这三个子类。实际应用中，都可以使用上面三种类型来定制图片的热点区域。如果需要使用到自定义的热点区域类型，该类型必须继承 HotSpot 抽象类。

3. Onclick 事件

对热点区域的点击事件经常在 HotSpotMode 为 PostBack 时用到。

【例 4-7】 图片热点。

(1) 页面设计。

① 启动 Visual Studio.NET，建立一个网站。

② 添加一个 ImageMap 控件，切换到“源”视图，可以看到以下内容：

```
<%@ Page Language = "C#" AutoEventWireup = "true" CodeFile = "Default.aspx.cs"
Inherits = "_Default" %>
<!DOCTYPE html PUBLIC "-//W3C//DTD XHTML 1.0 Transitional//EN"
        "http://www.w3.org/TR/xhtml1/DTD/xhtml1-transitional.dtd">
<html xmlns = "http://www.w3.org/1999/xhtml">
<head runat = "server">
<meta http-equiv = "Content-Type" content = "texthtml;  charset = utf-8"/>
<title>4-7 软件生命周期</title>
</head>
<body>
<form id = "form1" runat = "server">
<div>
软件生命周期:<br />
<asp:Imagemap ID = "Imagemap1" HotSpotMode = "Navigate" hight = "160" width =
"280" ImageUrl = "image\software.jpg" OnClick = "Imagemap1_click" runat = "server" >
<asp:rectanglehotspot Bottom = "160" HotSpotMode = "Navigate" NavigateUrl =
"soft1.aspx" Right = "60" Top = "100"/>
<asp:circlehotspot Radius = "40" X = "130" Y = "40" HotSpotMode = "Navigate" NavigateUrl =
"soft2.aspx"/>
<asp:polygonhotspot PostBackValue = "design" HotSpotMode = "PostBack" Coordinates = "200,
120, 240, 80, 270, 120, 240, 160"/>
<asp:polygonhotspot PostBackValue = "code" Coordinates = "200, 210, 260, 210, 240, 260, 180,
260" HotSpotMode = "PostBack" />
<asp:polygonhotspot PostBackValue = "test" Coordinates = "42, 210, 110, 210, 110, 260, 42,
260" HotSpotMode = "PostBack" />
</asp:Imagemap><br />
<asp:Label ID = "lblmsg" runat = "server" text = "label" />
```

```
</div>
</form>
</body></html>
```

(2) 编程逻辑。

① 为 Imagemap1 按钮添加 Click 事件。

② 切换到代码编辑器，并为 Click 事件处理过程输入以下代码。

```
protected void Imagemap1_click(object sender, ImageMapEventArgs e)
{
    string str = "";
    switch (e.PostBackValue)
    {
        case "design":
            str = "设计"; break ;
        case "code":
            str = "编码"; break ;
        case "test":
            str = "测试"; break ;
    }
    lblmsg.Text = "现处于" + str + "阶段";
}
```

(3) 运行程序。

按下 Ctrl + F5 快捷键，运行 Web 应用程序，结果如图 4-7 所示。

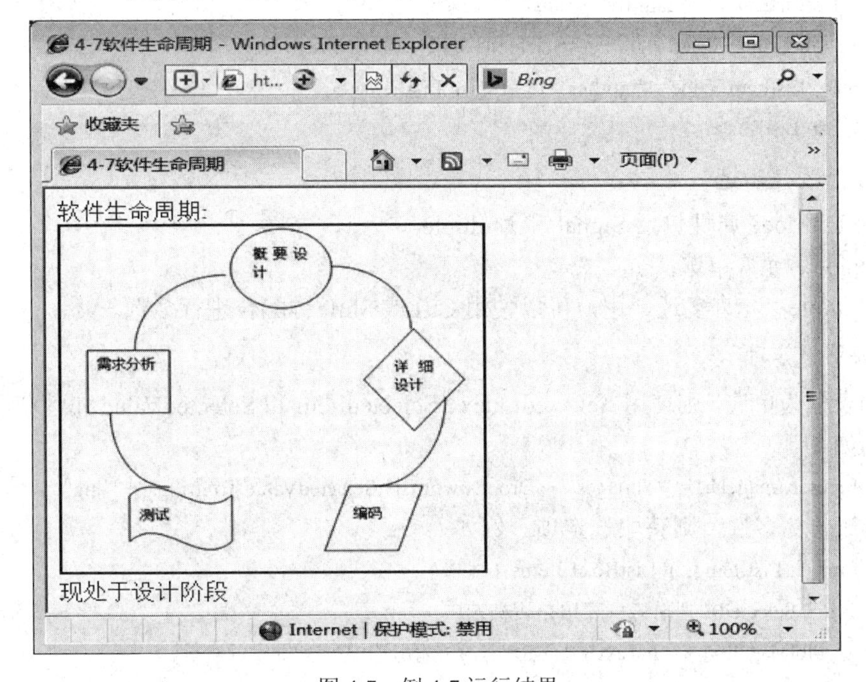

图 4-7　例 4-7 运行结果

4.4 列表控件

4.4.1 ListBox 控件

ListBox 控件显示为列表框，可以让用户从一个给定的选项列表中选择一项或多项。该控件位于工具箱的标准组中，其基本语法格式为

```
<asp:ListBox id = "ListBox1"   Rows = "8"
SelectionMode = "Single"
OnSelectedIndexChanged = "Selection_Change"   runat = "server">
   <asp:ListItem Selected = "True">listItem1</asp:ListItem>
   ……//多个 ListItem
</asp:ListBox>
```

1. 列表项

控件是列表项的一个容器。每个列表项均由 ListItem 对象所创建。

列表项的常用属性为

- Text 属性：列表项所显示的文字内容。
- Value 属性：与列表项关联的值，通常是一些能被程序处理的值。
- Selected 属性：确定列表项是否被选中。

例如，显示一个家庭成员列表，代码如下所示：

```
<asp:ListBox id = "familly"   runat = "server">
<asp:ListItem Value = "father" Selected>父亲</asp:ListItem>
<asp:ListItem Value = "mother">母亲</asp:ListItem>
</asp:ListBox>
```

2. 单选还是多选

SelectionMode 属性包括 Signal 和 Multiple。

- Single：允许单选；
- Multiple：允许多选。用户可以使用 Ctrl 或 Shift 键配合进行多选。

3. 获取选定项

若列表框为单选，则使用 SelectedIndex、SelectedItem 和 SelectedValue 属性获取用户所选项。例如：

```
Image1.ImageUrl = "~/images/" + DropDownList1.SelectedValue.ToString() + ".jpg";
```

若列表框为多选，则获取选定项。例如：

```
foreach(ListItem li in ListBox1.Items){
  if(li.Selected)//判断该列表项是否被选中
    lblMsg.Text + = li.Text + "<BR>";   } //输出选中列表项
```

4. 添加或删除列表项

控件的 Items 属性是一个集合属性，保存了列表框中的所有列表项，每个列表项均是 ListItem 对象。可以使用两种方法添加或删除列表项。

(1) 使用 Visual Studio.NET 集成开发环境的属性窗口。

(2) 使用代码动态添加或删除列表项。

5. SelectedIndexChanged 事件：当用户所选的列表项发生改变时，引发该事件。

【例 4-8】 学院选择。

(1) 页面设计。

① 启动 Visual Studio.NET，建立一个网站。

② 为网页添加 1 个 ListBox 控件 ListBox1 和 1 个 Label 控件 Label1。将 ListBox 控件的“AutoPostBack”属性设置为“True”，并增加多个列表项，切换到“源”视图，可以看到以下内容。

```
<%@ Page Language = "C#" AutoEventWireup = "true" CodeFile = "Default.aspx.cs"
Inherits = "_Default" %>

<!DOCTYPE html PUBLIC "-//W3C//DTD XHTML 1.0 Transitional//EN"
     "http://www.w3.org/TR/xhtml1/DTD/xhtml1-transitional.dtd">

<html xmlns = "http://www.w3.org/1999/xhtml">
<head runat = "server">
  <title>例 4-8  学院选择</title>
</head>
<body>
  <form id = "form1" runat = "server">
  <div>

    <asp:ListBox ID = "ListBox1" runat = "server" AutoPostBack = "True" Height = "112px"
    onselectedindexchanged = "ListBox1_SelectedIndexChanged">
    <asp:ListItem>数学学院</asp:ListItem>
    <asp:ListItem>工商学院</asp:ListItem>
    <asp:ListItem>计算机学院</asp:ListItem>
    <asp:ListItem>软件学院</asp:ListItem>
    <asp:ListItem>艺术学院</asp:ListItem>
  </asp:ListBox>
  你选择的是：<asp:Label ID = "Label1" runat = "server" Text = "Label"></asp:Label>

  </div>
```

```
    </form>
</body>
</html>
```

(2) 编程逻辑。

① 为 ListBox1 增加 SelectedIndexChanged 事件。

② 切换到代码编辑器，并为 SelectedIndexChanged 事件处理过程输入以下代码：

```
protected void ListBox1_SelectedIndexChanged(object sender, EventArgs e)
{
    Label1.Text = ListBox1.SelectedItem.Text;
}
```

(3) 运行程序。

按下 Ctrl + F5 快捷键，运行 Web 应用程序，点击下拉列表中的列表项，结果如图 4-8 所示。

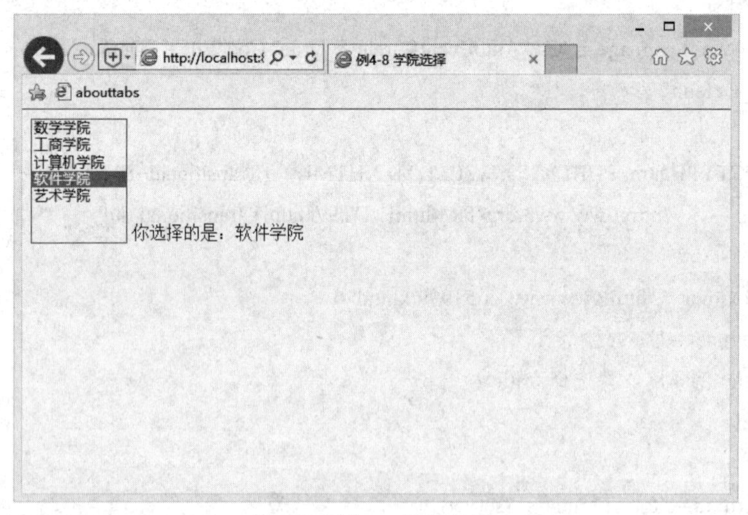

图 4-8　例 4-8 运行结果

【例 4-9】 选课系统。

(1) 页面设计。

① 启动 Visual Studio.NET，建立一个网站。

② 为网页添加两个 ListBox 控件 List1 和 List2，为 List1 增加多个列表项。两个 Button 控件 btnAdd 和 btnRemove，切换到“源”视图，可以看到以下内容。

```
<%@ Page Language = "C#" AutoEventWireup = "true" CodeFile = "Default.aspx.cs"
Inherits = "_Default" %>
<!DOCTYPE html>
<html xmlns = "http://www.w3.org/1999/xhtml">
<head id = "Head1" runat = "server">
<meta http-equiv = "Content-Type" content = "text/html;    charset = utf-8"/>
<title>列 4-9 选课系统</title>
</head>
```

```
<body>
  <form id = "form1" runat = "server">
  <div class = "listor">
    <div style = "float:left; width:12%">
    <asp:ListBox ID = "List1" runat = "server" >
      <asp:ListItem>C#.net</asp:ListItem>
      <asp:ListItem>vb.net</asp:ListItem>
      <asp:ListItem>vc++.net</asp:ListItem>
      <asp:ListItem>j#.net</asp:ListItem>
      <asp:ListItem>c++.net</asp:ListItem>
      </asp:ListBox></div>
    <div style = "float:left; width:20%; text-align:center;    height: 55px; ">
      <asp:Button ID = "btnAdd" runat = "server" Text = ">>" OnClick = "btnAdd_Click" /><br />
      <br />
      <asp:Button ID = "btnRemove" runat = "server" Text = "<<" OnClick = "btnRemove_Click"
/><br /></div>
    <div style = "float:left; width:40%; ">
    <asp:ListBox ID = "List2" runat = "server" Width = "120px">
</asp:ListBox>
    </div>
  </div>
  </form>
</body>
</html>
```

(2) 编程逻辑。

① 为两个 Button 按钮添加 Click 事件。

② 切换到代码编辑器，并为 Click 事件处理过程输入以下代码：

```
protected void btnAdd_Click(object sender, EventArgs e)
{
    if (List1.SelectedIndex ! = -1)
    {
        List2.Items.Add(List1.SelectedItem);
        List1.Items.Remove(List1.SelectedItem);
        List2.ClearSelection();
    }
}
protected void btnRemove_Click(object sender, EventArgs e)
{
    if (List2.SelectedIndex ! = -1)
```

```
        {
            List1.Items.Add(List2.SelectedItem);
            List2.Items.Remove(List2.SelectedItem);
            List1.ClearSelection();
        }
    }
```

(3) 运行程序。

按下 Ctrl + F5 快捷键，运行 Web 应用程序，结果如图 4-9 所示。

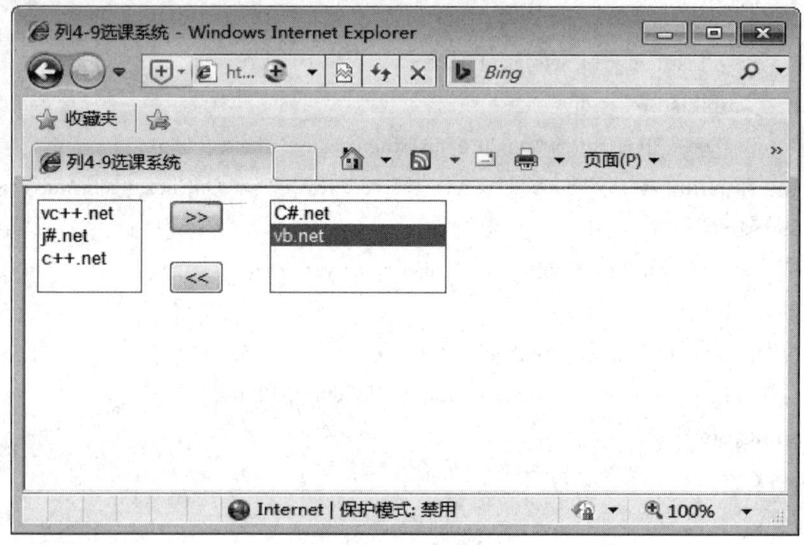

图 4-9 例 4-9 运行结果

4.4.2 DropDownList 控件

DropDownList 控件显示为下拉列表框，用户可以从列表框中选择一项。其基本语法格式为

```
<asp:DropDownList id = "DropDownList1"   AutoPostBack = "True"
 OnSelectedIndexChanged = "DropDownList1_Changed"     runat = "server">
  <asp:ListItem Selected = "True">Item 1</asp:ListItem>
  <asp:ListItem Value = "2">Item 2</asp:ListItem>
…
</asp:DropDownList>
```

控件的属性、方法和事件与 ListBox 控件均一样，所不同的是，DropDownList 控件只允许单选不允许多选。

【例 4-10】 飞机航班查询。

(1) 页面设计。

① 启动 Visual Studio.NET，建立一个网站。

② 添加一个 DropDownList 控件 DropDownList1 和一个 Label 控件 Label1，切换到“源”

视图，可以看到以下内容。

```
<%@ Page Language = "C#" AutoEventWireup = "true" CodeFile = "Default.aspx.cs" Inherits =
"_Default" %>
<!DOCTYPE html PUBLIC "-//W3C//DTD XHTML 1.0 Transitional//EN"
        "http://www.w3.org/TR/xhtml1/DTD/xhtml1-transitional.dtd">
<html xmlns = "http://www.w3.org/1999/xhtml">
<head id = "Head1" runat = "server">
    <title>4-10 飞机航班查询</title>
</head>
<body>
    <form id = "form1" runat = "server">
    <div>

航空选择 
        <asp:DropDownList ID = "DropDownList1" runat = "server"
          AutoPostBack = "True"
          onselectedindexchanged = "DropDownList1_SelectedIndexChanged">
            <asp:ListItem Value = "7:00">国航 110</asp:ListItem>
            <asp:ListItem Value = "8:00">民航 120</asp:ListItem>
            <asp:ListItem Value = "9:00">民航 130</asp:ListItem>
        </asp:DropDownList>
        <br />
        <br />
        时间显示：
        <asp:Label ID = "Label1" runat = "server"></asp:Label>
        <br />
    </div>
    </form>
</body>
</html>
```

(2) 逻辑编程。

① 为 DropDownList 下拉列表框添加 SelectedIndexChanged 事件。

② 切换到代码编辑器，并为 SelectedIndexChanged 事件处理过程输入以下代码。

```
protected void DropDownList1_SelectedIndexChanged(object sender, EventArgs e)
{
    Label1.Text = DropDownList1.SelectedItem.Value;
}
```

(3) 运行程序。

按下 Ctrl + F5 快捷键，运行 Web 应用程序，在列表中选择不同的列表项，结果如图

4-10 所示。

图 4-10　例 4-10 运行结果

4.4.3　RadioButtonList 控件

可以使用 RadioButtonList 控件轻松地创建单项选择的单选按钮组。

需要在 RadioButtonList 控件的开始标记和结束标记之间放置一个 ListItem 元素来创建所要显示的项。在显示的设置上，可以使用 RepeatLayout 和 RepeatDirection 属性指定列表的显示方式，其基本语法格式为

```
<asp:RadioButtonList ID = "Check1" RepeatLayout = "flow" runat = "server"
 TextAlign = "Left">
     <asp:ListItem Selected = "True">Item 1</asp:ListItem>
     <asp:ListItem Value = "2">Item 2</asp:ListItem>
…
</asp:RadioButtonList>
```

可以通过下面的代码来获取 RadioButtonList 控件选中的值，如：

```
string value = string.Empty;
if (Check1.SelectedIndex > -1)
{
  value = Check1.SelectedItem.Text;
}
```

【例 4-11】 单选题。

(1) 页面设计。

① 启动 Visual Studio.NET，建立一个网站。

② 为页面添加一个 RadioButtonList 控件 RadioButtonList1，一个 Label 控件 Label1，两个 Button 控件 Button1 和 Button2，切换到“源”视图，可以看到以下内容。

```
<%@ Page Language = "C#" AutoEventWireup = "true" CodeFile = "Default.aspx.cs"
Inherits = "_Default" %>
```

```
<!DOCTYPE html PUBLIC "-//W3C//DTD XHTML 1.0 Transitional//EN"
            "http://www.w3.org/TR/xhtml1/DTD/xhtml1-transitional.dtd">

<html xmlns = "http://www.w3.org/1999/xhtml">
<head id = "Head1" runat = "server">
    <title>4-11 单选题</title>
</head>
<body>
    <form id = "form1" runat = "server">
    <div>

                       

        单选题<br />
        1.若使 textbox 控件显示为单行文本框，应使其 textmode 属性取值为：<br />

        <asp:RadioButtonList ID = "RadioButtonList1" runat = "server" CellSpacing = "6"
            RepeatDirection = "Horizontal">
            <asp:ListItem>single</asp:ListItem>
            <asp:ListItem>multiline</asp:ListItem>
            <asp:ListItem>password</asp:ListItem>
            <asp:ListItem>wrap</asp:ListItem>
        </asp:RadioButtonList>
        <br />
        <asp:Button ID = "Button1" runat = "server" onclick = "Button1_Click"
            Text = "答题" />
   
        <asp:Button ID = "Button2" runat = "server" Text = "下一题" />
     
        <asp:Label ID = "Label1" runat = "server"></asp:Label>


    </div>
    </form>
</body>
</html>
```

(2) 编程逻辑。

① 为 Button1 按钮添加 Click 事件。

② 切换到代码编辑器，并为 Click 事件处理过程输入以下代码。

```
protected void Button1_Click(object sender, EventArgs e)
    {
        if (RadioButtonList1.SelectedIndex = = 0)
        {
            Label1.Text = "正确";
        }
        else
        {
            Label1.Text = "错误";
        }
    }
```

(3) 运行程序。

按下 Ctrl + F5 快捷键，运行 Web 应用程序，选择相关的选项，点击“答题”按钮，结果如图 4-11 所示。

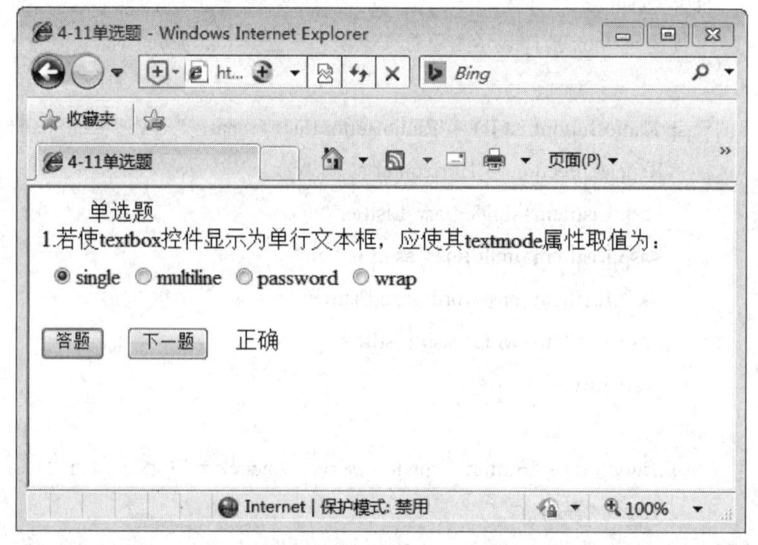

图 4-11　例 4-11 运行结果

4.4.4　CheckBoxList 控件

相比于 CheckBox 控件，CheckBoxList 控件可以在 Web 页面上创建多选复选框，即可以在 CheckBoxList 控件的开始标记和结束标记之间放置 ListItem 元素来创建用户所要显示的项。在显示的设置上，可以使用 RepeatLayout 和 RepeatDirection 属性指定列表的显示方式。其基本语法格式为

```
<asp:CheckBoxList ID = "Check1" RepeatLayout = "flow" runat = "server"
TextAlign = "Left" RepeatDirection = "Horizontal" >
   <asp:ListItem Selected = "True">Item 1</asp:ListItem>
   <asp:ListItem Value = "2">Item 2</asp:ListItem>
```

```
…
</asp:CheckBoxList>
```

若要在代码里确定 CheckBoxList 控件中的选定项，请循环访问 Items 集合并测试该集合中每一项的 Selected 属性。如下面的代码所示：

```
for (int i = 0;   i < Check1.Items.Count;   i++)
{
  if (Check1.Items[i].Selected)
  {
    //处理被选中的项
  }
}
```

【例 4-12】 多选题。

(1) 页面设计。

① 启动 Visual Studio.NET，建立一个网站。

② 为页面添加一个CheckBoxList 控件 CheckBoxList1，两个 Button 控件 Button1 和 Button2 以及一个 Label 控件 Label1，切换到“源”视图，可以看到以下内容。

```
<%@ Page Language = "C#" AutoEventWireup = "true" CodeFile = "Default.aspx.cs"
Inherits = "_Default" %>
<!DOCTYPE html PUBLIC "-//W3C//DTD XHTML 1.0 Transitional//EN"
            "http://www.w3.org/TR/xhtml1/DTD/xhtml1-transitional.dtd">

<html xmlns = "http://www.w3.org/1999/xhtml">
<head id = "Head1" runat = "server">
    <title></title>
</head>
<body>
    <form id = "form1" runat = "server">
    <div>
    多选题<br />
    1.textbox 控件可生成多种类型的文本框，这些类型包括：
        <asp:CheckBoxList ID = "CheckBoxList1" runat = "server"
            RepeatDirection = "Horizontal" CellSpacing = "6"
           onselectedindexchanged = "CheckBoxList1_SelectedIndexChanged">
            <asp:ListItem>单行文本框</asp:ListItem>
            <asp:ListItem>多行文本框</asp:ListItem>
            <asp:ListItem>密码框</asp:ListItem>
            <asp:ListItem>标签</asp:ListItem>
        </asp:CheckBoxList>
        <br />
```

```
            <asp:Button ID = "Button1" runat = "server"
    onclick = "Button1_Click" Text = "答题" />
    <asp:Button ID = "Button2" runat = "server" Text = "下一题" />
            <asp:Label ID = "Label1" runat = "server"></asp:Label>

        </div>
        </form>
    </body>
    </html>
```

(2) 编程逻辑。

① 为 Button1 添加 Click 事件。

② 切换到代码编辑器，并为 Click 事件处理过程输入以下代码。

```
protected void Button1_Click(object sender, EventArgs e)
    {
        if (CheckBoxList1.SelectedIndex = = 0 || CheckBoxList1.SelectedIndex = = 2 ||
CheckBoxList1.SelectedIndex = = 1)
        {
            Label1.Text = "正确";
        }
        else
        {
            Label1.Text = "错误";
        }
    }
```

(3) 运行程序。

按下 Ctrl + F5 快捷键，运行 Web 应用程序，选择相关的选项，点击“答题”按钮，结果如图 4-12 所示。

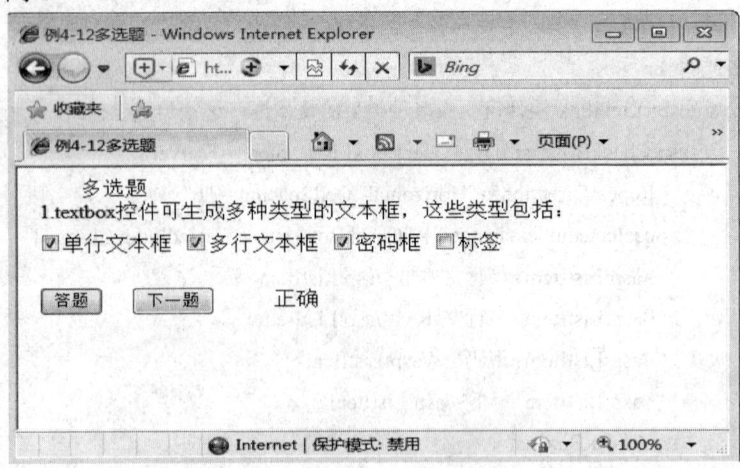

图 4-12 例 4-12 运行结果

4.4.5　BulletedList 控件

BulletedList 控件显示一个有序或无序列表，相当于 HTML 的<OL>或<UL>标记。用法和其他的列表控件用法相同，其基本语法格式为

```
<asp:BulletedList id = "BulletedList1"  BulletStyle = "NotSet" DisplayMode = "Text"
FirstBulletNumber = "3" runat = "server">
    <asp:ListItem Selected = "True">Item 1</asp:ListItem>
    <asp:ListItem Value = "2">Item 2</asp:ListItem>
…
</asp:BulletedList>
```

1. 设置项目符号样式

BulletStyle 属性：列表项前的项目符号样式，取值为

- NotSet(未设置)。
- Numbered(数字)。
- LowerAlpha(小写字母)、UpperAlpha(大写字母)。
- LowerRoman(小写罗马数字)、UpperRoman。
- Disc(实心圆)、Circle(圆圈)、Square(实心正方形)。
- CustomImage(自定义图像)。

2. 为列表指定一个起始编号

FirstBulletNumber 属性：有序列表的起始编号。如果是无序列表，即 BulletStyle 属性值为 Disc、Square、Circle 或 CustomImage，则忽略 FirstBulletNumber 属性的值。

3. 设置列表项的显示模式

DisplayMode 属性：将列表项内容显示为文本、超级链接或 LinkButton。其取值为

- Text：列表项的内容显示为文本。
- HyperLink：列表项的内容显示为超级链接，此时必须使用 Value 属性指定级链接的 URL。
- LinkButton：列表项的内容显示为 LinkButton，当用户单击 LinkButton 时，可以触发 BulletedList 控件的 Click 事件。

4.5　用户控件

在 ASP.NET 开发中，系统自带的服务器控件为应用程序开发提供了诸多便利。在应用程序开发中，许多功能都需要重复使用，而如果在应用程序开发中重复的编写类似的代码是非常没有必要的。ASP.NET 让开发人员可以自行开发用户控件以提升代码的复用性。

1. 用户控件简介

用户控件使开发人员能够根据应用程序的需求，方便的定义和编写控件。开发所使用的编程技术将与编写 Web 窗体的技术相同，只要开发人员对控件进行修改，就可以将使用

该控件的页面的所有控件都进行更改。为了确保用户控件不会被修改、下载，被当成一个独立的 Web 窗体来运行，用户控件的后缀名为 .ascx，当用户访问页面时，用户控件是不能被用户直接访问的。

2. 编写一个简单的控件

在 Visual Studio 2010 中，可以在网站中添加用户控件。在“解决方案资源管理器”中，选中网站→【右键】→【添加新项】，在弹出的对话框中选择“Web 用户控件”，如图 4-13 所示。

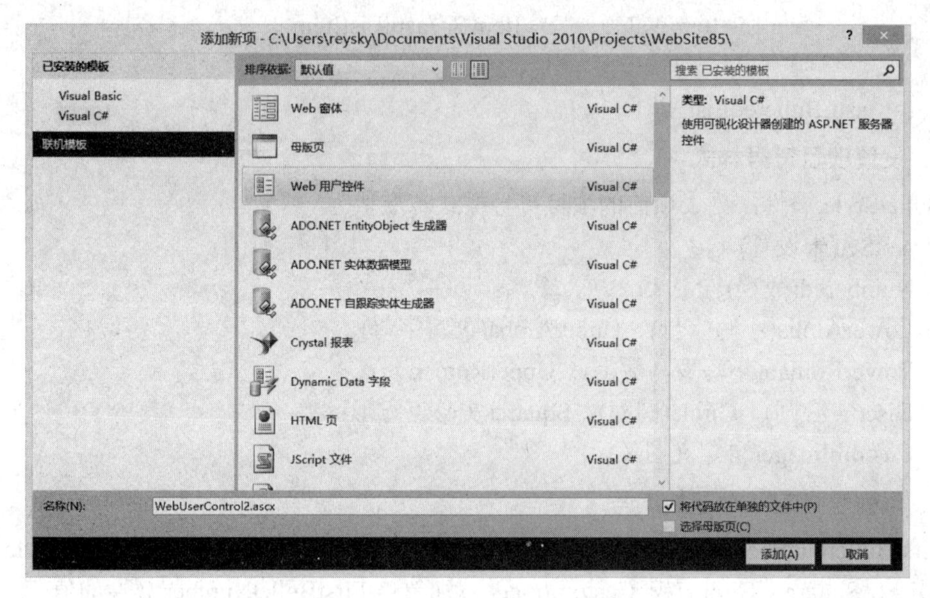

图 4-13　创建用户控件示意图

用户控件创建完毕后，会生成一个 ascx 页面。ascx 页面结构同 aspx 页面基本没有什么区别。

用户控件中并没有“<html>、<body>”等标记，因为 ascx 页面作为控件被引用到其他页面，引用的页面(如 aspx 页面)中已经包含<body>、<html>等标记。而如果控件中使用这样的标记，可能会造成页面布局混乱。用户控件创建完成后，ascx 页面代码如下所示：

```
<%@ Control Language = "C#" AutoEventWireup = "true"
CodeFile = "WebUserControl.ascx.cs" Inherits = "WebUserControl" %>
```

用户控件能够提高复用性，前面介绍的服务器控件，从很多情况下来说都可以看作是用户控件的一种。当网站需要登录框时，不可能在每个需要登录的地方都重新编写一个登录框，最好的方法是每个页面都能够引用一个登录框。当需要对登录框进行修改时，可以一次性的将所有的页面都修改完毕，而不需要对每个页面都修改登录框。

使用用户控件是一种比较有效的解决办法。ascx 页面允许开发人员拖动服务器控件，并编写相应的样式来实现用户控件，同时用户控件也能够支持事件、方法、委托等高级编程。编写一个用户登录窗口，可以通过几个 TextBox 控件和 Button 控件来实现，示例代码如下所示。

```
<%@ Control Language = "C#" AutoEventWireup = "true" CodeFile = "WebUserControl.ascx.cs"
Inherits = "WebUserControl" %>
```

```
<div style = "border:1px solid #ccc;   width:300px;   background:#f0f0f0;
padding:5px 5px 5px 5px;   font-size:12px; ">
    用户登录<br /><br />
    用户名 : <asp:TextBox ID = "TextBox1"
runat = "server"></asp:TextBox><br /><br />
    密    码: <asp:TextBox ID = "TextBox2"
runat = "server"></asp:TextBox><br /><br />
    <asp:Button ID = "Button1" runat = "server" Text = "登录" />
    <asp:HyperLink ID = "HyperLink1" runat = "server">还没有注册?</asp:HyperLink>
</div>
```

上面的代码创建了一个登录框界面，界面布局如图 4-14 所示。

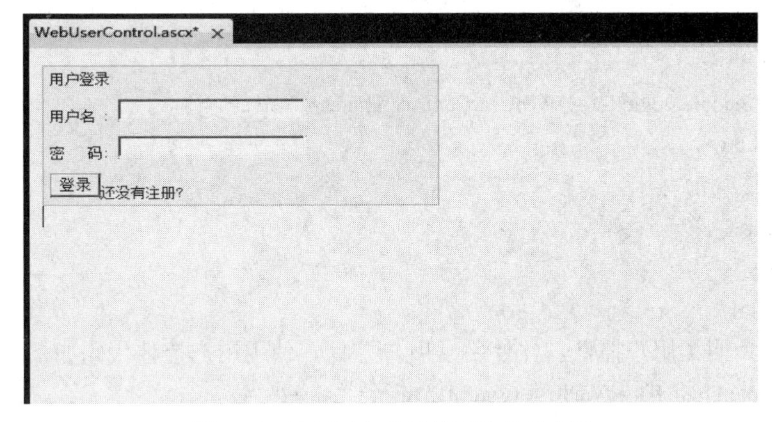

图 4-14　编写用户登录界面控件示意图

当界面布局完毕后，就需要为用户控件编写事件。当用户单击【登录】按钮时，就需要进行事件操作。同 Web 窗体一样，双击按钮同样会自动生成事件，示例代码如下所示：

```
protected void Button1_Click(object sender, EventArgs e)
{
    Label1.Text = "登录成功"; //显示登录信息
}
```

当单击【登录】按钮时，系统提示登录成功，当然这里只是一个简单的用户控件。如果要实现复杂的用户控件的登录窗口，还需要对用户登录进行验证、查询和判断等功能。当用户控件制作完毕后，就可以在其他页面引用用户控件，引用代码如下：

```
<%@ Register TagPrefix = "Sample" TagName = "Login"
Src = "WebUserControl.ascx" %>
```

在上面代码中，有几个属性是必须编写的，这些属性的功能如下所示：

(1) TagPrefix：定义控件位置的命名控件。有了命名空间的制约，就可以在同一个页面中使用不同功能的同名控件。

(2) TagName：指向所用的控件的名字。

(3) Src：用户控件的文件路径，可以为相对路径或绝对路径，但不能使用物理路径。

设置了相关属性后，就能够在其他页面中引用该控件了，示例代码如下：

```
<%@ Page Language = "C#" AutoEventWireup = "true" CodeFile = "Default.aspx.cs" Inherits =
"_Default" %>
<%@ Register TagPrefix = "Sample" TagName = "Login" Src = "WebUserControl.ascx" %>
<!DOCTYPE html PUBLIC "-//W3C//DTD XHTML 1.0 Transitional//EN"
            "http://www.w3.org/TR/xhtml1/DTD/xhtml1-transitional.dtd">
<html xmlns = "http://www.w3.org/1999/xhtml">
<head runat = "server">
    <title></title>
</head>
<body>
    <form id = "form1" runat = "server">
    <div>
    <Sample:Login ID = "WebUserControl1" runat = "server" />
    </div>
    使用用户控件
</form>
</body>
</html>
```

上述代码声明了用户控件，并使用了用户控件。使用用户控件代码如下所示：

```
<Sample:Login ID = "WebUserControl1" runat = "server" />
```

从上述代码可以看出，用户控件的格式为 TagPrefix:TagName，当声明了用户控件后，就可以使用 TagPrefix:TagName 的方式使用用户控件。

运行 Default.aspx 页面，虽然在 Default.aspx 页面中没有使用制作和编写任何控件以及代码，但是却已经运行了登录框，这说明用户控件已经被运行了，如图 4-15 所示。

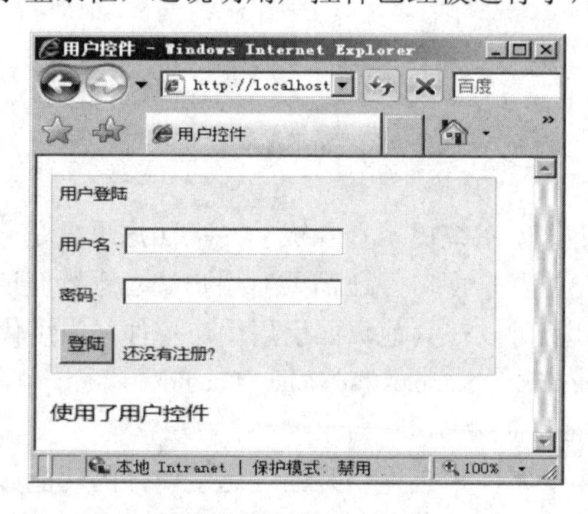

图 4-15　运行用户控件

当需要对登录框进行修改，而无需对页面进行修改时，只需要修改相应的用户控件即可。当多个页面进行同样的用户控件的使用时，若需要对多个页面的控件进行样式或逻辑的更改只需要修改相应的控件，而不需要进行繁冗的多个页面的修正。

4.6　第三方控件

第三方控件是一些公司、团队或者个人根据实际需要及应用开发出来的控件。在一些程序开发中，使用第三方控件可以在满足系统功能要求的前提下提高开发效率，达到控件重复使用的效果。

下面以使用 FreeTextBox 控件为例，讲解第三方控件在 ASP.NET 程序中的开发使用过程。

FreeTextBox 是一个基于 Internet Explorer 中 MSHTML 技术的 ASP.NET 开源服务器控件。用户可以轻松地将其嵌入到 Web 窗体中实现 HTML 内容的在线编辑，在新闻发布、博客写作、论坛社区等多种 Web 系统中都可以灵活使用。

1. 下载控件的 dll 文件

打开官方网页 http://www.freetextbox.com/，点击“Download Control”按钮，下载 FTBv3-3-1.zip 压缩包文件。解压 VS2010，使用 Framework-4-0 文件夹下的 FreeTextBox.dll 文件。

2. 添加 dll 文件的引用

解压 VS2010 所使用的 Framework-4-0 文件夹下的 FreeTextBox.dll 文件，并把 dll 文件放到网站的 bin 目录中。

3. 在工具箱中添加控件

在工具箱的任意组中，点击鼠标右键，在弹出的快捷菜单中选择【选择项】，在弹出窗口的 .NET Framework Tab 页中点击【浏览】按钮，选择 2 中解压的 FreeTextBox.dll 文件，则在工具箱中出现了 FreeTextBox 控件，如图 4-16 所示。

FreeTextBox

图 4-16　FreeTextBox 控件在工具箱中的样式

4. 在 Web 窗体中加入控件

用户可以将控件拖入任意的 Web 窗体中，如图 4-17 所示。

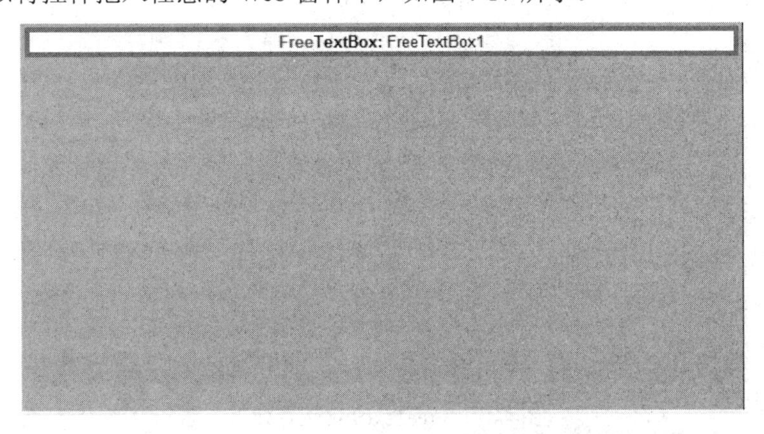

图 4-17　FreeTextBox 控件加入设计器中示意图

将 Web 窗体切换到“源”视图，修改控件的属性信息如下：

```
<FTB:FreeTextBox ID = "FreeTextBox1" runat = "server" ToolbarBackColor = "SlateGray"
        ToolbarLayout = "true, ParagraphMenu, FontFacesMenu,
FontSizesMenu, FontForeColorsMenu,
FontBackColorsMenu, FontForeColorPicker, FontBackColorPicker| Bold,
Italic, Underline,
Strikethrough, Superscript, Subscript, RemoveFormat| JustifyLeft,
JustifyRight, JustifyCenter,
JustifyFull;   BulletedList, NumberedList, Indent, Outdent;   CreateLink, Unlink,
InsertImage| Cut,
Copy, Paste, Delete, Undo, Redo, Print, Save| SymbolsMenu, StyleMenu,
InsertHtmlMenu| InsertRule,
InsertDate, InsertTime| InsertTable, EditTable;   InsertTableRowBefore,
InsertTableRowAfter,
DeleteTableRow;   InsertTableColumnBefore, InsertTableColumnAfter,
DeleteTableColumn| InsertForm,
InsertDiv, InsertTextBox, InsertTextArea, InsertRadioButton, InsertCheckBox,
InsertDropDownList,
InsertButton| InsertImageFromGallery, Preview, SelectAll, WordClean, EditStyle, ieSpellCheck">
</FTB:FreeTextBox>
```

上述代码主要修改了 FreeTextBox 的 ToolbarLayout 属性值，设置控件的工具栏显示内容和样式。

5. 运行程序

按下 Ctrl + F5 快捷键，运行 Web 应用程序，结果如图 4-18 所示。

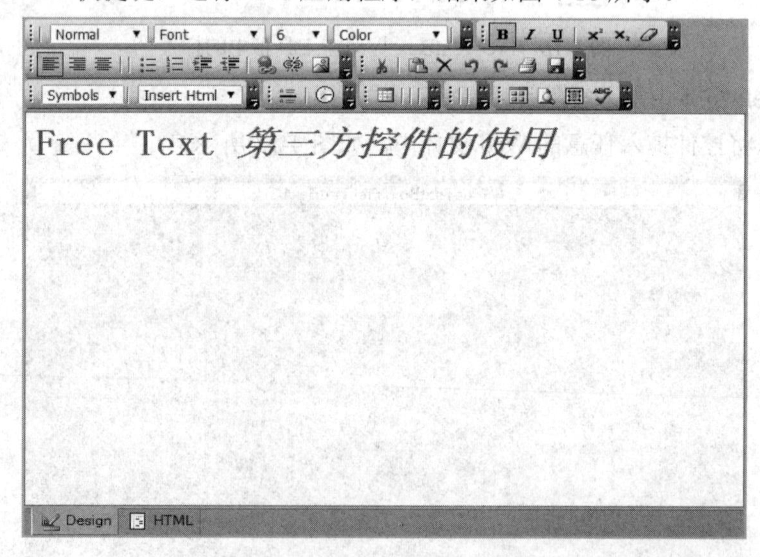

图 4-18　FreeTextBox 运行效果

FreeTextBox 控件的属性和使用方法这里不再详细说明，大家可以参考官方的说明文档和相关案例。

典型案例 4　学生信息录入界面的设计与实现

一、案例功能说明

本章典型案例主要是实现一个学生信息录入的 Web 界面。让开发者了解 ASP.NET 程序开发过程中，各种 Web 服务器控件的主要属性以及基本方法的使用。

二、案例要求

(1) 利用各种控件实现对学生信息的收集。
(2) 将收集的学生信息在网页上进行显示。

三、操作和实现步骤

(1) 建立一个工程文件夹为：学生信息录入。
(2) 启动 VS2010，选择新建网站，建立空网站。添加一个名为 Default.aspx 的页面，如图 4-19 所示。

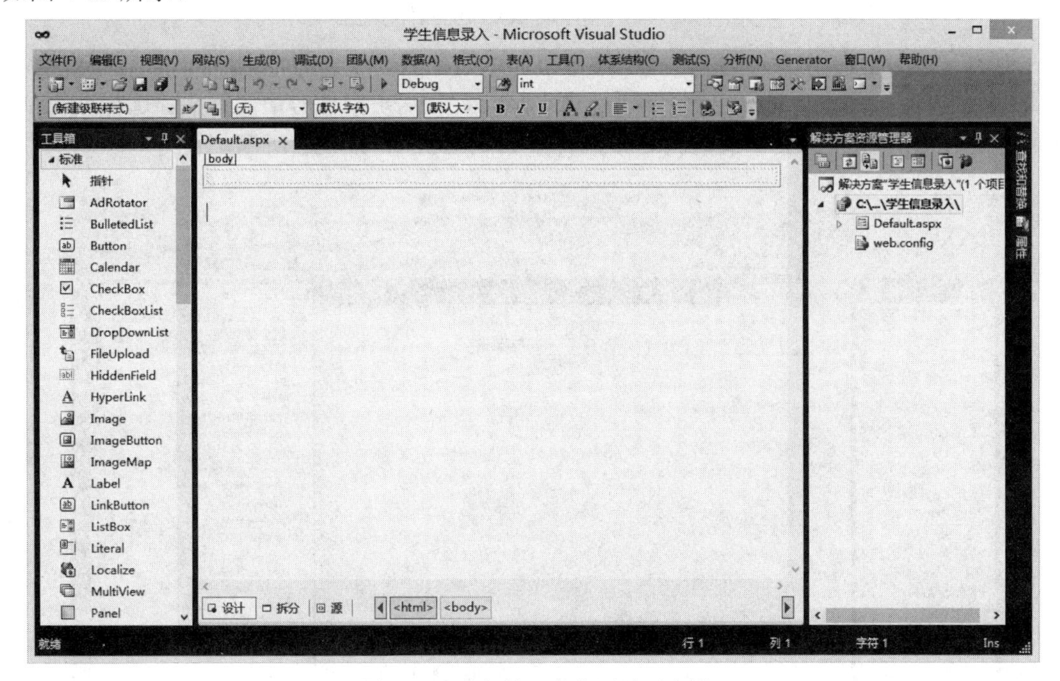

图 4-19　建立的一个空网站示意图

(3) 分别查看“设计”视图和“源”视图，可看见自动生成的 HTML 源代码。在解决方案资源管理器窗口中，显示了工程项目中的全部文件夹和全部程序文件。
(4) 单击“设计”按钮切换到“设计”视图。

(5) 在界面上输入“姓名:”，从工具箱的标准选项卡中选择 TextBox 控件，并把它拖曳到 Web 页面上，生成一个空白区域，并将控件的 ID 属性改为“tbname”，如图 4-20 所示。

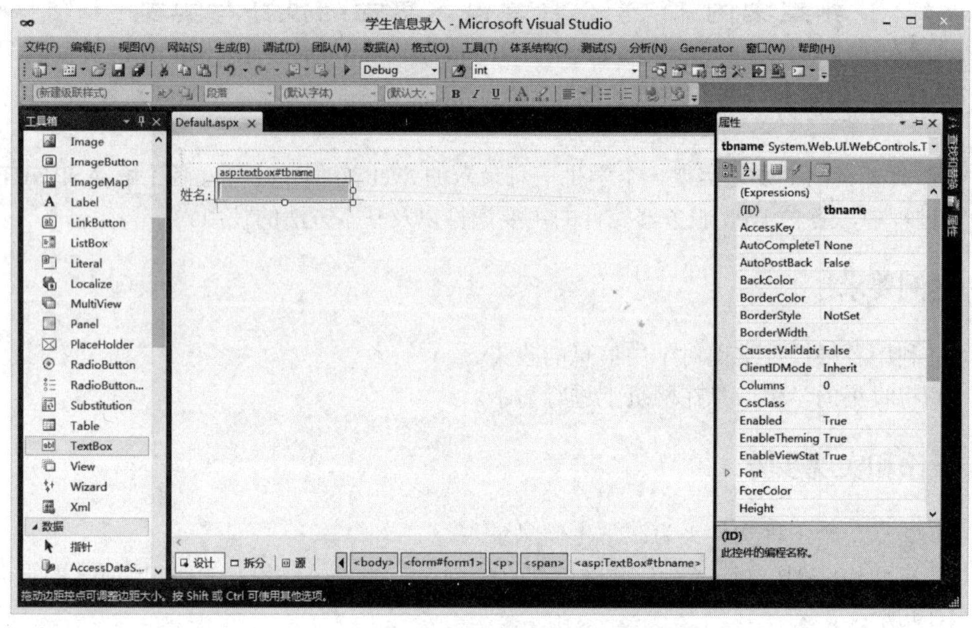

图 4-20　工具箱中的 TextBox 控件示意图

(6) 在界面上输入“年龄:”，从工具箱的标准选项卡中找出 DropDownList 控件，并把它拖曳到 Web 页面上，修改控件 ID 属性为“ddlage”，点击控件旁边的箭头，选择编辑项，在弹出的界面中输入想要添加的列表项，分别如图 4-21 和图 4-22 所示。

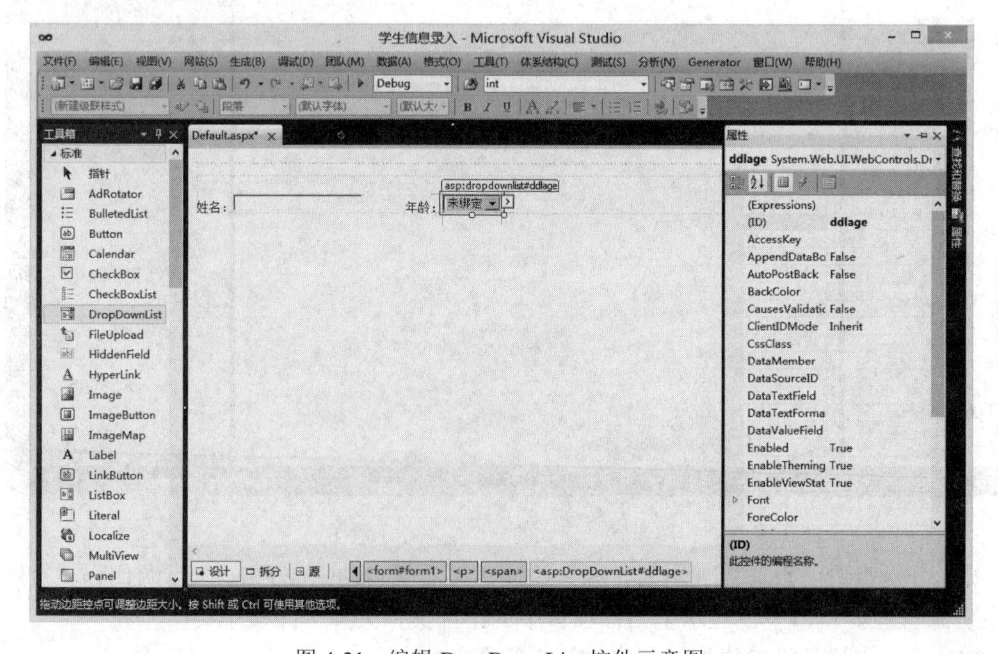

图 4-21　编辑 DropDownList 控件示意图

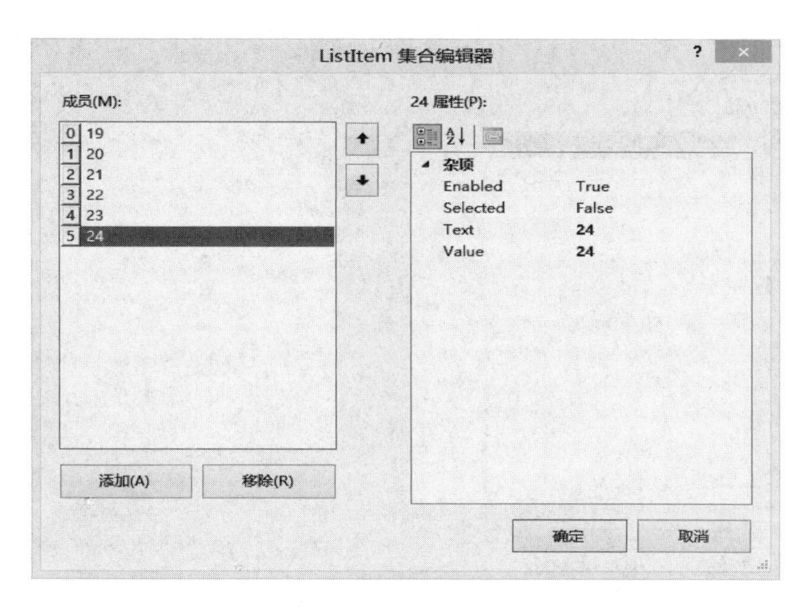

图 4-22　为 DropDownList 添加项数示意图

(7) 在界面上输入“性别:”，从工具箱的标准选项卡中找出 RadioButtonList 控件，并把它拖曳到 Web 页面上，修改控件 ID 属性为“rblsex”，点击控件旁边的箭头，选择编辑项，在弹出的界面中输入 2 个列表项：“男”和“女”，同时设置列表项“男”的 Selected 属性为 True，分别如图 4-23 和图 4-24 所示。

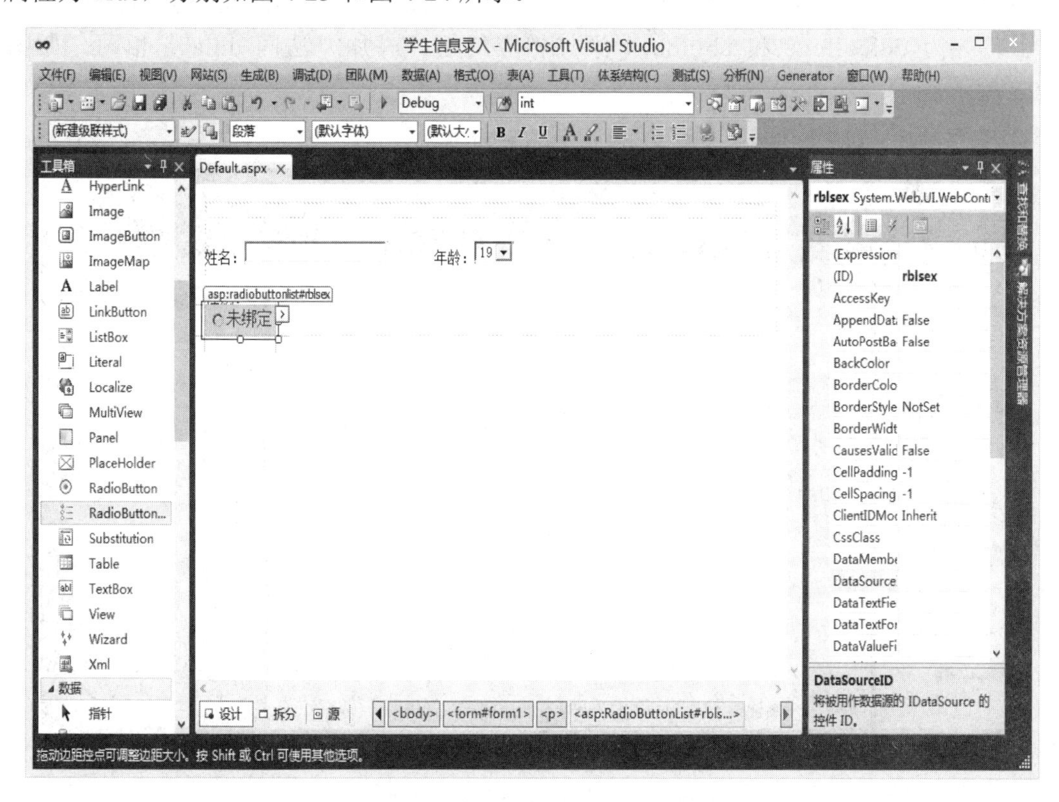

图 4-23　编辑 RadioButtonList 控件示意图

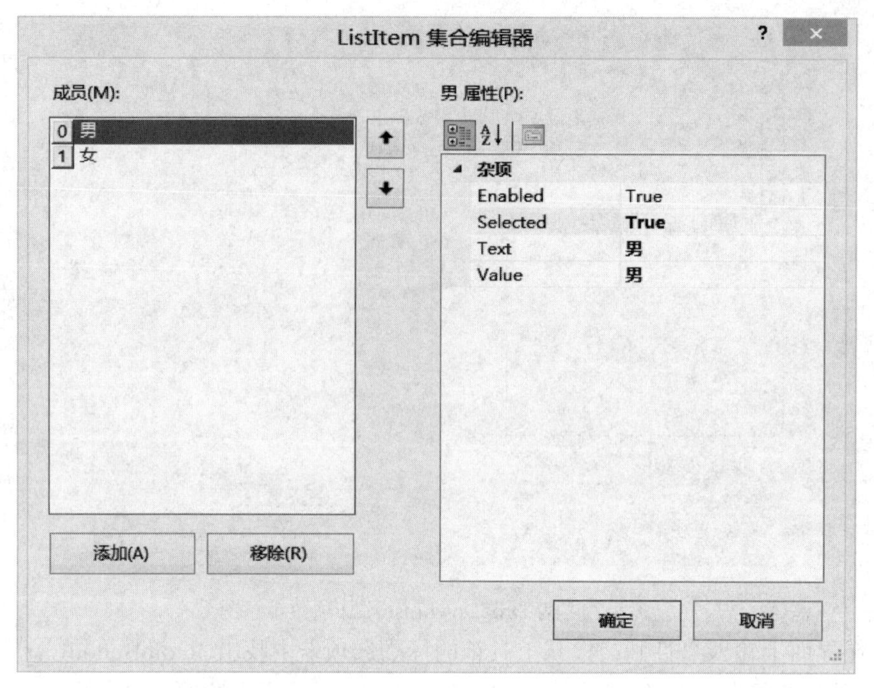

图 4-24　为 RadioButtonList 控件添加性别示意图

(8) 再依次从工具箱中拖出两个 TextBox(ID 分别为 tbnumber 和 tbclassname)、一个 DropDownList(ID 为 ddlcollege)、一个 CheckBoxList(ID 为 cblhobby)到 Web 页面上，并为 ddlcollege 和 cblhobby 添加相应的项，添加方法同 ddlage 相同，如图 4-25 所示。

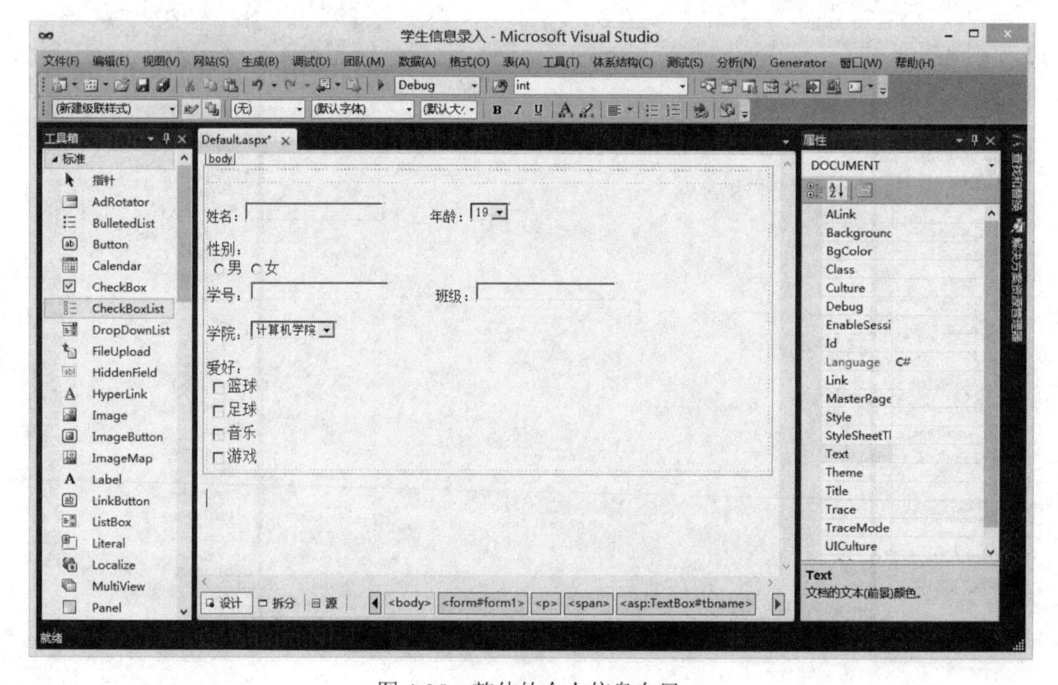

图 4-25　整体的个人信息布局

(9) 从工具箱的标准选项卡中选择 Button 控件，拖动该控件到指定位置，修改控件 ID 属性为“btnadd”，Text 属性为“录入”，如图 4-26 所示。

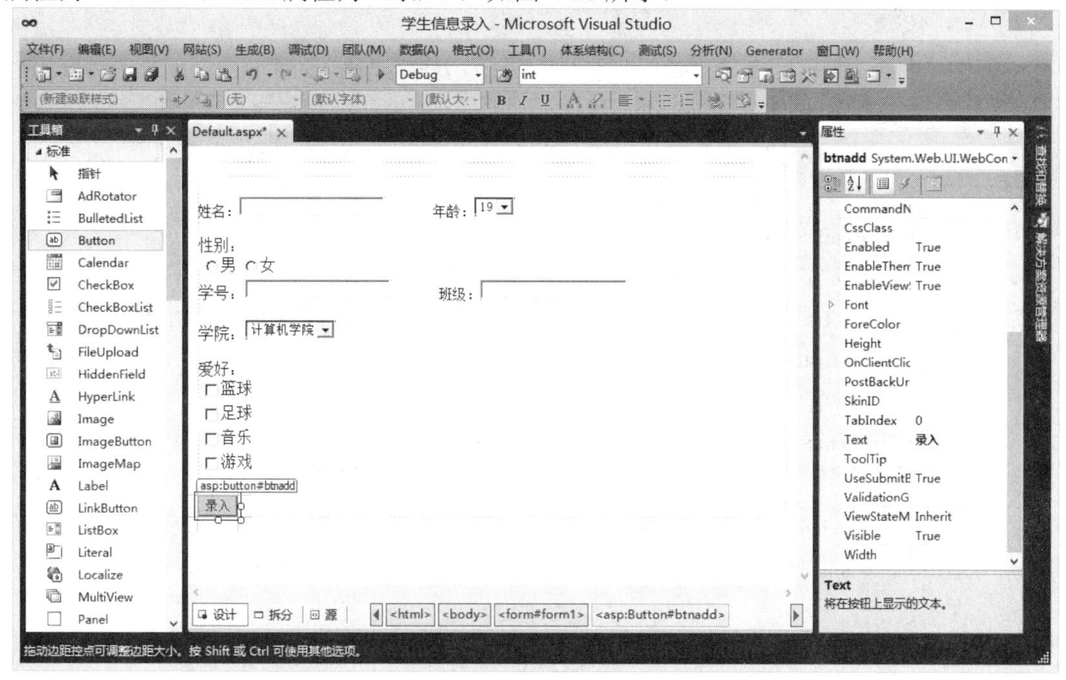

图 4-26　修改控件 Button 的 Text 属性值示意图

(10) 在按钮的下方拖入 7 个 Label 控件(ID 分别为 lblname、lblage、lblsex、lblnumber、lblclassname、lblcollege、lblhobby)，用于显示用户的录入结果，如图 4-27 所示。

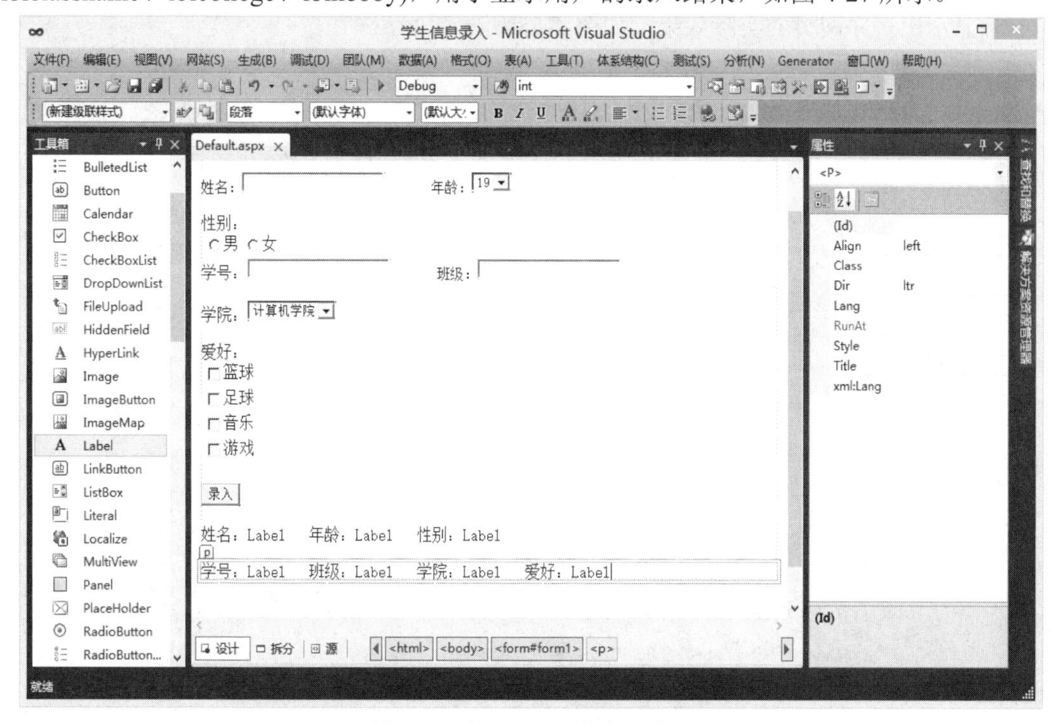

图 4-27　加入 Label 控件示意图

(11) 双击“录入”按钮，编写按钮的 Click 事件处理程序。代码如下所示：

```
protected void btnadd_Click(object sender, EventArgs e)
{
    lblname.Text = tbname.Text;                          //获取用户输入的姓名
    lblage.Text = ddlage.SelectedItem.Text;              //获取用户选择的年龄的选项值
    lblsex.Text = rblsex.SelectedItem.Text;              //获取用户选择的性别的选项值
    lblnumber.Text = tbnumber.Text;    ;                 //获取用户输入的学号
    lblclassname.Text = tbclassname.Text;    ;           //获取用户输入的班级
    lblcollege.Text = ddlcollege.SelectedItem.Text;      //获取用户选择的学院的选项值
    lblhobby.Text = "";                                  //首先清空爱好信息标签里的内容
    foreach (ListItem item in cblhobby.Items)
    {   //循环读取 checkboxlist 中用户的选中项
        if (item.Selected)
        {
            lblhobby.Text + = item.Text;          // 爱好信息标签里的内容进行拼接
            lblhobby.Text + = "  ";          //增加一个空格，用于分隔不同爱好选项
        }
    }
}
```

(12) 点击保存文件按键，保存页面文件。

(13) 点击启动调试按键，运行页面程序。启动调试后，VS2010 调用默认的浏览器，在屏幕显示出程序网页的实际效果，如图 4-28 所示。

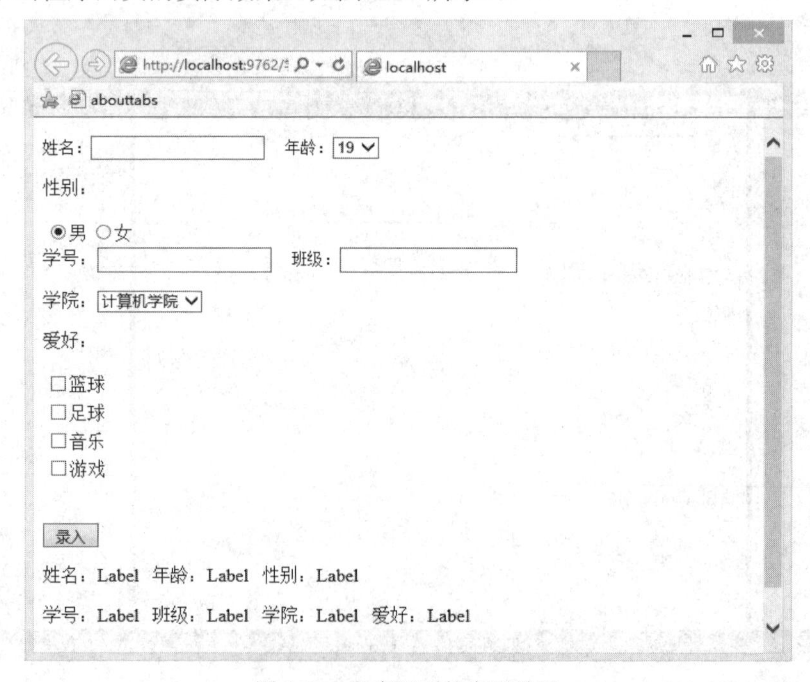

图 4-28 程序网页的实际效果

(14) 在页面控件中输入内容或选中选项，点击“录入”按钮。在界面的下方显示本次收集到的学生信息，如图 4-29 所示。

图 4-29　程序运行效果

四、作业要求

(1) 请学生按照上述操作步骤，制作一个完全相同的网页，增加对基本 Web 服务器控件的使用认识。

(2) 请学生以上述操作步骤为参照，对 ddlcollege(学院下拉控件)增加 SelectedIndexChanged 事件的处理程序，使得控件的每次选项发生变化时，都能够在 lblcollege 中及时显示控件本次的选项内容。

上机实训 4　ASP.NET 基本控件的使用

一、实验目的

(1) 熟练掌握常用 Web 服务器控件的基本属性和方法。

(2) 掌握在编程逻辑中实现对列表控件列表项的操作。

(3) 掌握控件的事件处理程序的编写方法。

二、实验仪器、设备及材料

PC 机一台，安装 Windows XP、VS2010、SQL Server 2008 软件。

三、实验内容及要求

1. 实验内容

编写一个用户注册界面，收集用户输入的姓名、身份证号码、性别、年龄、籍贯、地址、手机号、邮箱等信息。

2. 实验分析

(1) 按照实验要求，选择相关的控件到 Web 窗体上，在属性窗口中修改控件的相关属性。在表示性别时，使用两个 RadioButton 控件，并将两个控件的 GroupName 属性设置相同，界面设计如图 4-30 所示。

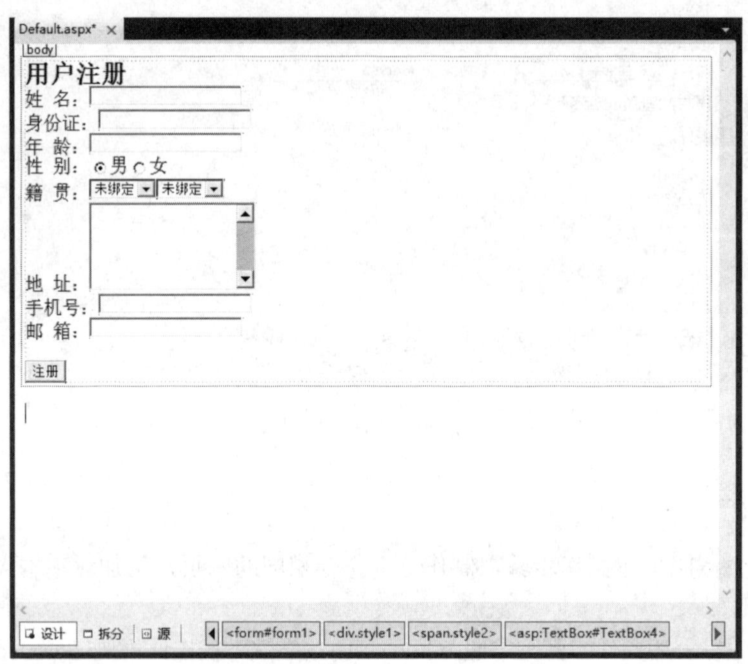

图 4-30 界面设计效果图

参考代码如下：

```
<%@ Page Language = "C#" AutoEventWireup = "true" CodeFile = "Default.aspx.cs" Inherits =
"_Default" %>

<!DOCTYPE html PUBLIC "-//W3C//DTD XHTML 1.0 Transitional//EN"
        "http://www.w3.org/TR/xhtml1/DTD/xhtml1-transitional.dtd">

<html xmlns = "http://www.w3.org/1999/xhtml">
<head runat = "server">
    <title></title>
    <style type = "text/css">
        .style1
        {
            text-align: left;
            font-size: x-large;
        }
```

```
        .style2
        {
            font-size: large;
        }
    </style>
</head>
<body>
    <form id = "form1" runat = "server">
    <div class = "style1">
        <strong style = "text-align: left">用户注册<br />
        </strong><span class = "style2" style = "text-align: left">姓  名：<asp:TextBox
            ID = "TextBox1" runat = "server"></asp:TextBox>
        <br />
        身份证：<asp:TextBox ID = "TextBox2" runat = "server"></asp:TextBox>
        <br />
        年  龄：<asp:TextBox ID = "TextBox3" runat = "server"></asp:TextBox>
        <br />
        性  别：<asp:RadioButton ID = "RadioButton1" runat = "server" Checked = "True"
            GroupName = "sex" Text = "男" />
        <asp:RadioButton ID = "RadioButton2" runat = "server" GroupName = "sex" Text = "女" />
        <br />
        籍  贯：<asp:DropDownList ID = "DropDownList1" runat = "server">
        </asp:DropDownList>
        <asp:DropDownList ID = "DropDownList2" runat = "server">
        </asp:DropDownList>
        <br />
        地  址：<asp:TextBox ID = "TextBox4" runat = "server" Height = "82px"
            TextMode = "MultiLine"></asp:TextBox>
        <br />
        手机号：<asp:TextBox ID = "TextBox5" runat = "server"></asp:TextBox>
        <br />
        邮  箱：<asp:TextBox ID = "TextBox6" runat = "server"></asp:TextBox>
        <br />
        <br />
        <asp:Button ID = "Button1" runat = "server" Text = "注册" />
        <br />

    </div>
    </form>
```

```
    </span>
</body>
</html>
```

(2) 在编程逻辑的 Page_Load 事件的处理程序中，需要对籍贯的省份信息进行初始化。参考代码如下：

```
protected void Page_Load(object sender, EventArgs e)
{
    DropDownList1.Items.Clear(); //清空省份信息下拉列表的列表项
    DropDownList1.Items.Add(new ListItem("北京市", "北京市")); //增加新的列表项
    DropDownList1.Items.Add(new ListItem("河北省", "河北省"));
    DropDownList1.Items.Add(new ListItem("山西省", "山西省"));
…
}
```

(3) 对籍贯的省份信息下拉列表增加 SelectedIndexChanged 事件处理程序，在用户选择不同的省份时，能够在城市的下拉列表中显示当前省份所包括的城市信息。参考代码如下：

```
protected void DropDownList1_SelectedIndexChanged(object sender, EventArgs e)
{
    string province = DropDownList1.SelectedValue;
    switch (province)
    {
        case "河北省":
        DropDownList2.Items.Clear();
        DropDownList2.Items.Add(new ListItem("石家庄市", "石家庄市"));
        DropDownList2.Items.Add(new ListItem("保定市", "保定市"));
        break;
    …
        default:
        break;
    }
}
```

(4) 对“注册”按钮的 Click 事件处理进行编程，显示用户的输入信息。参考代码如下：

```
protected void Button1_Click(object sender, EventArgs e)
{
    Response.Write("注册的用户名为：" + TextBox1.Text);
    Response.Write(" 注 册 的 用 户 籍 贯 信 息 为 ： " +DropDownList1.SelectedValue +
DropDownList2.SelectedValue);
    …
}
```

(5) 运行程序，在程序的界面上进行相关操作，验证实验结果是否正确。

四、实验报告要求

(1) 每个实验完成后，学生应认真填写实验报告(可以是电子版)并上交任课教师批改。

(2) 电子版实验报告的文件名为：班级 + 学号 + 姓名 + 实验 N + 实验名称。

(3) 电子版实验报告要求用 Office 2003 编辑。

(4) 实验报告基本形式：

① 实验题目。

② 实验目的。

③ 实验内容。

④ 实验要求。

⑤ 实验结论、心得体会。

⑥ 程序主要算法或源代码。

习　题　4

1. 练习使用 TextBox 和 Button 按钮制作登录界面。
2. 练习使用 Image 控件显示网上的图片。
3. 练习使用 HyperLink 控件、LinkButton 控件跳转至其他页面。
4. 在页面上显示一幅交通地图，单击地图的不同地点时显示该地点的交通信息。

第 5 章　ASP.NET 内置对象

本章要点：

◆ 内置对象的基本概念
◆ 内置对象的相关属性和方法
◆ 内置对象的使用

ASP.NET 提供的内置对象有 Request、Response、Application、Session 和 Server 等。这些对象使用户更容易收集通过浏览器请求发送的信息、响应浏览器以及存储用户信息，以实现其他特定的状态管理和页面信息的传递。

5.1　Request 对象

Request 对象主要是让服务器取得客户端浏览器的一些数据，包括从 HTML 表单用 Post 或者 Get 方法传递的参数、Cookie 和用户认证。因为 Request 对象是 Page 对象的成员之一，所以在程序中不需要做任何的声明即可直接使用，其类名为 HttpRequest。

Request 对象主要的属性有：

1. Form 属性

通过该属性，获取以 Post 方式提交的表单数据。

2. QueryString 属性

通过该属性可以获取 HTTP 查询字符串变量集合或以 Get 方式提交的表单数据。例如，下面是带有查询字符串变量的链接地址：

```
http://localhost/index.aspx?uname = tom&pwd = abc
```

在 index.aspx.cs 文件中编写 Page_Load 事件的处理程序，获取查询字符串变量的内容：

```
void Page_Load(object sender, System.EventArgs e)
{
  Response.Write("变量 uname 的值：" + Request.QueryString["uname"] +"<br>");
  Response.Write("变量 pwd 的值：" + Request.QueryString["pwd"]);
}
```

程序的输出为

```
变量 uname 的值：tom
变量 pwd 的值：abc
```

3. UserHostAddress 属性

通过该属性可以获取远程客户端的 IP 主机地址。

4. Browser 属性

通过该属性可以获取有关正在请求的客户端的浏览器功能的信息。

Request 对象主要的方法为 BinaryRead()方法，通过该方法执行对当前输入流进行指定字节数的二进制读取。

5.2　Response 对象

Response 对象可以输出信息到客户端，包括直接发送信息给浏览器、重定向浏览器到另一个 URL 或设置 cookie 的值，Response 对象同样可以直接使用，其类名为 HttpResponse。

Response 对象主要的方法有：

1. Write()方法

通过该方法将指定的字符串或表达式的结果写到当前的 HTTP 输出。例如下面的代码在网页中输出了 100 个数字。

```
for(int i = 1;   i< = 100;   i++)
{
    Response.Write("i = "+i+"<BR>");
}
```

2. End()方法

通过该方法停止页面的执行并得到相应结果。例如：

```
int N = 100;
Response.Write("N = " + N + "<br>");
Response.End();
Response.Write("该值的平方值是：" + N*N);
```

程序的输出为

```
N = 100
```

3. Clear()方法

该方法用来在不将缓存中的内容输出的前提下，清空当前页的缓存。仅当使用了缓存输出时，才可以利用 Clear ()方法。

4. Flush()方法

通过该方法将缓存中的内容立即显示出来。该方法有一点和 Clear ()方法一样，它在脚本前面没有将 Buffer 属性设置为 True 时会出错。和 End ()方法不同的是，该方法调用后，该页面可继续执行。

5. Redirect()方法

通过该方法使浏览器立即重定向到程序指定的 URL。例如执行下面的代码，浏览器会跳转到网易的主页：

```
Response.Redirect("http://www.163.com");
```

5.3 Application 对象

Application 对象是 HttpApplicationState 类的单个实例，将在客户端第一次从某个特定的 ASP.NET 应用程序虚拟目录中请求任何 URL 资源时创建。对于 Web 服务器上的每个 ASP.NET 应用程序，都要创建一个单独的实例。然后通过内部 Application 对象公开对每个实例的引用。

一个网站可以有不止一个 Application 对象。典型情况下，可以针对个别任务的一些文件创建个别的 Application 对象。例如，可以建立一个 Application 对象来适用于全部公用用户，而再创建另外一个只适用于网络管理员的 Application 对象。

Application 对象使给定应用程序的所有用户之间共享信息，并且在服务器运行期间持久地保存数据。因为多个用户可以共享一个 Application 对象，所以必须要有 Lock 和 Unlock 方法，以确保多个用户无法同时改变某一属性。Application 对象成员的生命周期止于关闭 IIS 或使用 Clear ()方法清除。

Application 对象主要的属性有：

(1) AllKeys 属性。通过该属性获取 HttpApplicationState 集合中的访问键。

(2) Count 属性。通过该属性获取 HttpApplicationState 集合中的对象数。

Application 对象主要的方法有：

(1) Add()方法。通过该方法新增一个 Application 对象变量。

(2) Clear()方法。通过该方法清除全部的 Application 对象变量。

(3) Get()方法。通过该方法使用索引关键字或变量名称得到变量值。

(4) GetKey()方法。通过该方法使用索引关键字获取变量名称。

(5) Lock()方法。通过该方法锁定全部的 Application 变量。

(6) Remove()方法。通过该方法使用变量名称删除一个 Application 对象。

(7) RemoveAll()方法。通过该方法删除全部的 Application 对象变量。

(8) Set()方法。通过该方法使用变量名更新一个 Application 对象变量的内容。

(9) UnLock()方法。通过该方法解除锁定的 Application 变量。

Application 对象的使用代码如下：

```
Application.Add("App1", "Value1"); //或 Application[“App1”] = Value1;
Application.Add("App2", "Value2");
Application.Add("App3", "Value3");
int N;
for(N = 0; N<Application.Count; N++)
{
```

```
        Response.Write("变量名："+ Application.GetKey(N)); //获取变量名称
        Response.Write("变量值："+ Application.Get(N) +"<br>"); //获取变量值，也可以写成
                                         //Application[N], Appllication[Application.GetKey(N)]
    }
    Application.Clear(); //清除 Application 中的变量
```

代码的输出为

```
    变量名：App1 变量值：Value1
    变量名：App2 变量值：Value2
    变量名：App3 变量值：Value3
```

Lock 方法可以阻止其他客户修改存储在 Application 对象中的变量，以确保在同一时刻仅有一个客户可修改和存取 Application 变量。如果用户没有明确调用 UnLock 方法，则服务器将在页面文件结束或超时时即解除对 Application 对象的锁定。

UnLock 方法可以使其他客户端在使用 Lock 方法锁住 Application 对象后，修改存储在该对象中的变量。如果未显式地调用该方法，Web 服务器将在页面文件结束或超时后解锁 Application 对象。代码编写如下所示：

```
    Application.Lock();
    Application["变量名"] = "变量值";
    Application.UnLock();
```

5.4 Session 对象

Session 对象是 HttpSessionState 的一个实例。该类为当前用户会话提供信息，还提供对可用于存储信息的会话范围的缓存的访问，以及控制如何管理会话的方法。

Session 的发明是为了填补 HTTP 协议的局限，HTTP 协议工作的过程是，用户发出请求，服务器端做出响应，这种用户端和服务器端之间的联系都是离散的，非连续的。在 HTTP 协议中没有什么能够允许服务器端来跟踪用户请求的。在服务器端完成响应用户的请求后，服务器端不能持续与该浏览器保持连接。从网站的观点上看，每一个新的请求都是单独存在的，因此，当用户在多个主页间转换时，就根本无法知道他的身份。

可以使用 Session 对象存储特定用户会话所需的信息。这样，当用户在应用程序的 Web 页之间跳转时，存储在 Session 对象中的变量将不会丢失，而是在整个用户会话中一直存在下去。

当用户请求来自应用程序的 Web 页时，如果该用户还没有会话，则 Web 服务器将自动创建一个 Session 对象。当会话过期或被放弃后，服务器将中止该会话。

Session 对象主要的属性有：

(1) Count 属性。通过该属性获取会话状态集合中 Session 对象的个数。

(2) TimeOut 属性。通过该属性获取并设置在会话状态提供程序终止会话之前各请求之间所允许的超时期限(以分钟为单位)。

(3) SessionID 属性。通过该属性获取用于标识会话的唯一会话 ID。

例如：

```
Session["Session1"] = "Value1"; //设置 Session 中的变量值
Session["Session2"] = "Value2";
Session.Timeout = 1;
string s1 = Session["Session1"].ToString(); //获取 Session 中的变量值
string s2 = Session["Session2"].ToString();
```

Session 对象主要的方法有：

(1) Add()方法。通过该方法新增一个 Session 对象。

(2) Clear()方法。通过该方法清除会话状态中的所有值。

(3) Remove()方法。通过该方法删除会话状态集合中的项。

(4) RemoveAll()方法。通过该方法清除所有会话状态值。

例如：

```
int userId = 1;
string userName = "test";
string userPwd = "123456";
Session.Add("userId", userId); //增加一个对象
Session.Add("userName", userName);
Session.Add("userPwd", userPwd);
Session.RemoveAll(); //清除所有对象
```

5.5　Server 对象

Server 对象是 HttpServerUtility 的一个实例。该对象提供对服务器上的方法和属性的访问。

Server 对象主要的属性有：

(1) MachineName 属性。通过该属性获取服务器的计算机名称。

(2) ScriptTimeout 属性。通过该属性获取和设置请求超时(以秒计)。

Server 对象主要的方法有：

(1) Execute()方法。通过该方法使用另一页面执行当前请求。

(2) Transfer()方法。通过该方法终止当前页面的执行，并为当前请求开始执行新页面。

Execute 和 Transfer 方法的区别是：

① Transfer 的执行方式：当第一个页面跳转到第二个页面时，页面处理的控制权也进行移交，但浏览器的 URL 仍保存第一个页面的 URL 信息。这种重定向请求在服务器端执行，客户端并不知道服务器执行页面跳转操作。

② Execute 的执行方式：允许当前页面执行同一 Web 服务器的另一页面，当另一页面执行完毕后，控制流程重新返回到原页面。

(3) HtmlDecode()方法。通过该方法对已被编码以消除无效 HTML 字符的字符串进行解码。

(4) HtmlEncode()方法。通过该方法对要在浏览器中显示的字符串进行编码。例如：

```
String   str = "<font color = 'red'><i>Server 对象的使用</i></font>";
```

```
Response.Write("字符串不经 Html 编码直接输出：<br>");
Response.Write(str);
Response.Write("<p>字符串经过 Html 编码后输出：<br>");
String strHtmlContent = Server.HtmlEncode(str);
Response.Write(strHtmlContent);
Response.Write("<p>对编码后的字符串进行解码：<br>");
strHtmlContent = Server.HtmlDecode(strHtmlContent);
Response.Write(strHtmlContent);
```

程序的输出为

```
字符串不经 Html 编码直接输出：
Server 对象的使用
字符串经过 Html 编码后输出：
<font color = 'red'> <i>Server 对象的使用</i></font>
对编码后的字符串进行解码：
Server 对象的使用
```

(5) MapPath()方法。通过该方法返回与 Web 服务器上的指定虚拟路径相对应的物理文件路径。例如，创建的网站目录为 D:\mysite，在网站内存在 Default.aspx 网页，通过 MapPath()方法返回其物理文件路径。

```
string   FilePath = Server.MapPath("Default.aspx");
    Response.Write(FilePath);
```

程序的输出为

```
D:\mysite \Default.aspx
```

(6) UrlDecode()方法。通过该方法对字符串进行解码，该字符串为了进行 HTTP 传输而进行编码并在 URL 中发送到服务器。

(7) UrlEncode()方法。通过该方法编码字符串，以便通过 URL 从 Web 服务器到客户端进行可靠的 HTTP 传输。

典型案例 5　车辆基本信息查询系统

一、案例功能说明

本章典型案例，主要是实现一个车辆基本信息查询系统。将车辆的信息以对象的形式保存在 Session 对象中，通过用户输入的车牌号关键字，找到指定的车辆对象，并将车辆信息进行输出。

二、案例要求

(1) 使用 Session 对象和对象数组保存车辆信息。

(2) 使用 Response 的 Redirect 方法实现页面跳转。

(3) 使用 Request 的 QueryString 属性获取用户输入的车牌号。

三、操作和实现步骤

(1) 建立一个工程文件夹，名为：车辆基本信息查询系统。

(2) 启动 VS2010，选择新建网站，建立空网站。添加名为 Default.aspx 和 Main.aspx 的页面，并设计 Default.aspx 为用户输入车牌号，进行查询的界面，如图 5-1 所示。

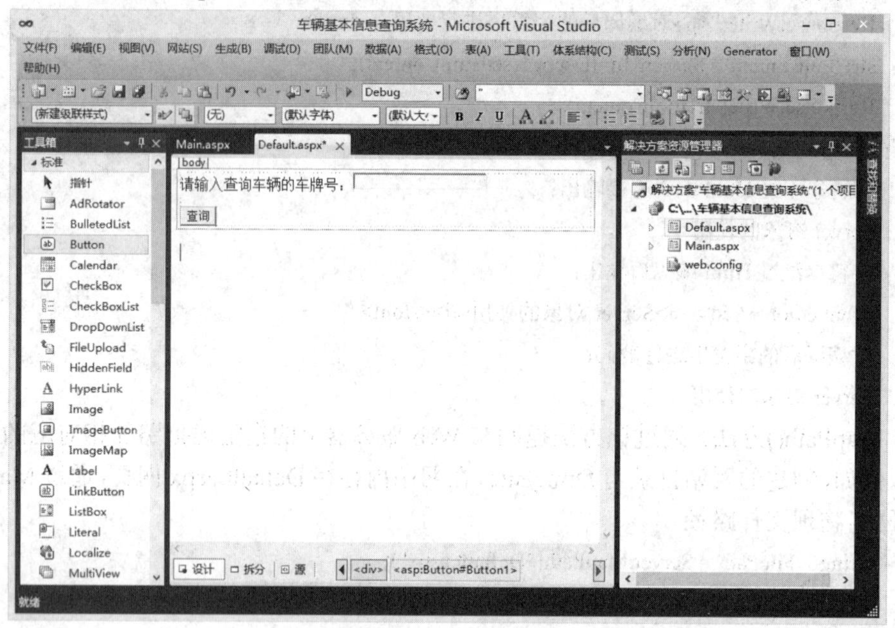

图 5-1 设计查询界面

(3) 在“解决方案资源管理器”中选择项目，依次操作【右键】→【添加】→【新建项】。

(4) 在弹出的界面中，选择“类”，并把名称改为“Car.cs”，如图 5-2 所示。

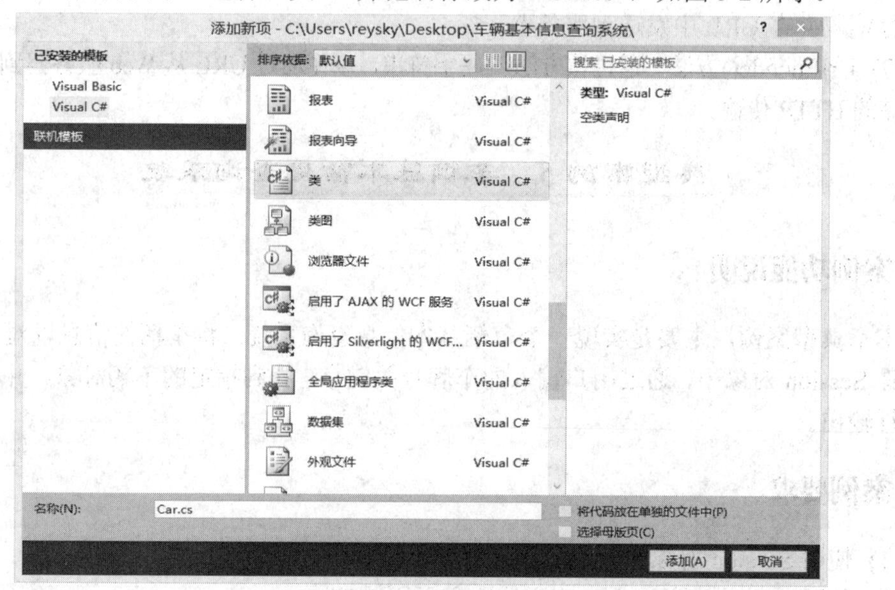

图 5-2 添加类示意图

(5) 编写 Car 类的代码，设计类的构造函数、属性、方法等。代码如下：

```
public class Car
{
    private string carnumber;

    public string Carnumber//车牌号
    {
        get { return carnumber;   }
        set { carnumber = value;   }
    }
    private string cartype;

    public string Cartype//车型
    {
        get { return cartype;   }
        set { cartype = value;   }
    }
    private string carcolor;

    public string Carcolor//车身颜色
    {
        get { return carcolor;   }
        set { carcolor = value;   }
    }
    private string carfactory;

    public string Carfactory//生产厂家
    {
        get { return carfactory;   }
        set { carfactory = value;   }
    }
    private DateTime carproducedate;

    public DateTime Carproducedate//出厂日期
    {
        get { return carproducedate;   }
        set { carproducedate = value;   }
    }
public Car()
{
```

```
    }
        public new string ToString()//覆盖 ToString 方法
        {
            string carinfo = "车辆的基本信息：" + "<br/>" +
                             "车牌号:" + carnumber + "<br/>" +
                             "车型:" + cartype + "<br/>" +
                             "车身颜色:" + carcolor + "<br/>" +
                             "生产厂家:" + carfactory + "<br/>" +
                             "出厂日期:" + carproducedate.ToShortDateString();
              return carinfo;
        }
    }
```

(6) 在 Default.aspx 界面的 Page_Load 事件添加事件处理程序，只需要在界面的空白处双击即可，编写车辆信息初始化代码，如下所示：

```
protected void Page_Load(object sender, EventArgs e)
{
    Car car1 = new Car();              //创建一个 Car 对象
    car1.Carnumber = "Z001";           //对 Car 对象的属性赋值
    car1.Cartype = "丰田 200";
    car1.Carcolor = "白色";
    car1.Carfactory = "日本丰田";
    car1.Carproducedate = new DateTime(2001, 10, 8);
    Car car2 = new Car();
    car2.Carnumber = "Z002";
    car2.Cartype = "大众 450";
    car2.Carcolor = "红色";
    car2.Carfactory = "德国大众";
    car2.Carproducedate = new DateTime(1998, 2, 10);
    Car[] cars = new Car[] { car1, car2 };         //将生产的两个 Car 对象放入数组
    Session["carinfo"] = cars;                     //将 Car 数组对象放入 Session 对象
}
```

(7) 在 Default.aspx 界面上为“查询”按钮的 Click 事件添加事件处理程序，双击按钮即可以进入按钮的 Click 事件处理程序的编写界面。代码如下：

```
protected void Button1_Click(object sender, EventArgs e)
{
    string s = TextBox1.Text; //获得用户输入的查询车牌号
    Response.Redirect("Main.aspx?key = " + s); //跳转到车辆信息显示界面，同时通过地址传入参
                                          //数，参数名为 key，参数值为用户输入的查询车牌号
}
```

(8) 在 Main.aspx 界面的 Page_Load 事件添加事件处理程序，主要为接收请求中传递的参数(key)，从 Session 中获取 Car 对象数组，进行查询显示。代码如下：

```
protected void Page_Load(object sender, EventArgs e)
{
    string number = Request.QueryString["key"]; //获得请求中的 key 参数值
    if (number ! = null)//防止没有传入 key 参数
    {
        Car[] cars = (Car[])Session["carinfo"]; //从 Session 中获得 Car 数组对象(名称和之前保存的
                                                //要相同)，并进行显示转换
        bool flag = false; //标志变量，表示是否找到指定的 Car 对象
        for (int i = 0;   i < cars.Length;   i++)
        {
            if (cars[i].Carnumber = = number)          //找到了指定的 Car 对象
            {
                flag = true;
                Response.Write(cars[i].ToString());    //输出 Car 对象信息
            }
        }
        if (!flag)//没有找到指定的 Car 对象
        {
          Response.Write("没有找到指定车牌的车辆信息!");
        }
    }
}
```

(9) 点击启动调试按键，运行页面程序。启动调试后，VS2010 调用默认的浏览器，在屏幕显示出程序网页的实际效果，如图 5-3 所示。

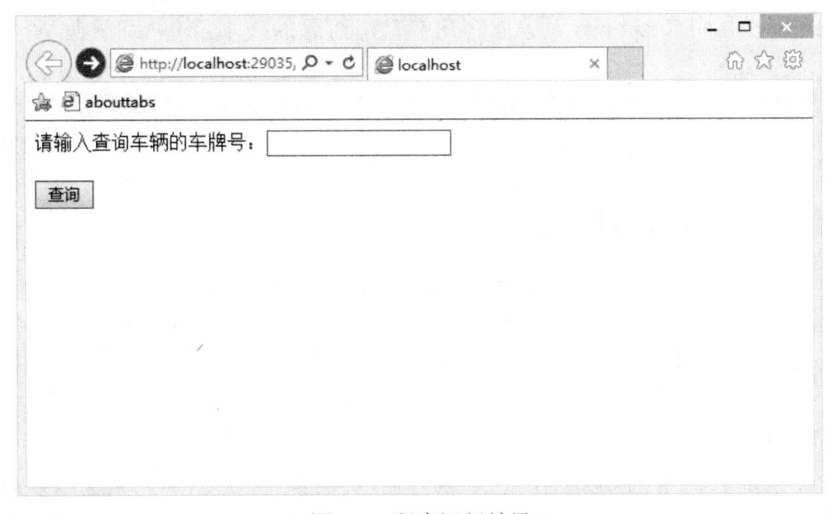

图 5-3　程序运行效果

(10) 在页面输入框中输入车牌号，点击“查询”按钮。程序跳转到 Main.aspx 界面，并显示查询结果，如图 5-4 所示。

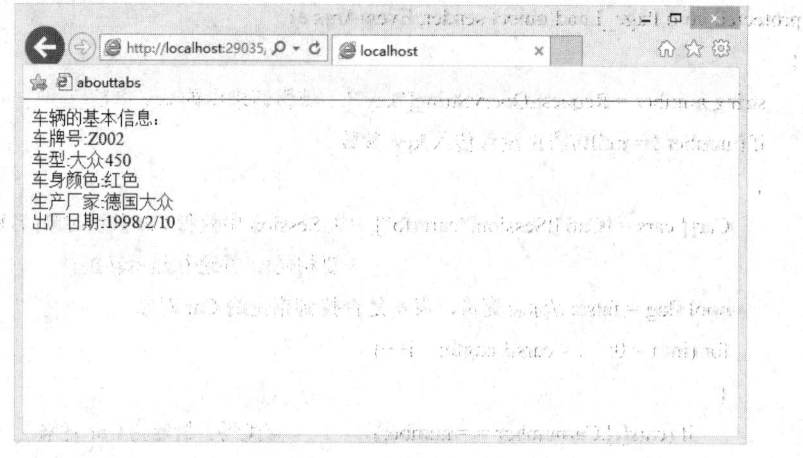

图 5-4 查询结果

四、作业要求

(1) 请学生按照上述操作步骤，制作一个完全相同的网页，掌握 Request 对象、Response 对象和 Sesson 对象的使用方法。

(2) 请学生修改程序，为 Car 对象数组中再增加 3～5 个对象，并增加按照出厂日期范围进行查询的条件，在 Main.aspx 中显示符合查询条件的车辆信息。

上机实训 5 ASP.NET 内置对象的使用

一、实验目的

(1) 熟练掌握利用 Request 对象从客户端获得信息的技术；

(2) 熟练掌握利用 Response 对象向客户端输出信息的技术，并熟练掌握 Write、Redirect 等方法。

(3) 熟练掌握利用 Session 对象记载特定客户信息的技术；

(4) 熟练掌握利用 Application 对象记载所有客户信息的技术。

二、实验仪器、设备及材料

PC 机一台，安装 Windows XP、VS2010、SQL Server 2008 软件。

三、实验内容及要求

1. 实验内容

编写一个功能较简单的聊天室，在进入时输入昵称，然后在聊天室输入信息并显示所有人的输入信息。另外，还需要判断是否进行了登录，现有登录的人数，总访问次数等。

2. 实验分析

该聊天室功能较简单，仅在进入时输入昵称，然后在聊天室输入并显示输入信息。

1) 聊天室总体结构

聊天室总体结构框架如图 5-5 所示。

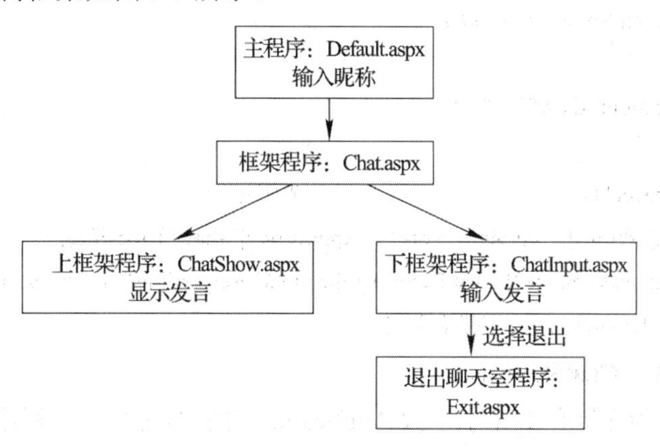

5-5　聊天室总体结构框架

2) 主程序：Default.aspx

主程序主要输入用户昵称，并检查昵称是否为空，为空则重新输入；不为空则调Chat.aspx 程序，进入聊天室。聊天室登录界面如图 5-6 所示。

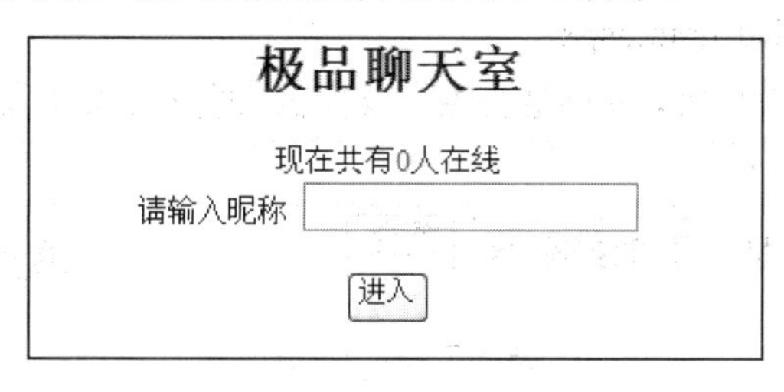

图 5-6　聊天室登录界面

3) 框架程序：Chat.aspx

这个是一个上下划分的框架程序：

```
<frameset rows = "*, 14%" >
  <frame name = "cshow" src = "ChatShow.aspx" >
  <frame name = "cinput" src = "ChatInput.aspx">
</frameset>
```

该程序首先保存用户的昵称到个人 Session 对象，然后把用户的一些基本信息，如 IP 地址、昵称、来访时间等保存到公共 Application 对象中，并把在线人数增加 1 个。最后把网页分为上、下两个框架，上框架显示发言，下框架输入发言。

Page_Load 函数程序代码如下：

```
//下面几句返回来访者信息
string sayStr = "";
sayStr = "来自" + Request.ServerVariables["Remote_Addr"] + "的";    //来访者 IP 地址
```

```
sayStr = sayStr + "<b>" + Session["user_name"].ToString() + "</b>";     //来访者昵称
sayStr = sayStr + "于" + DateTime.Now.ToLocalTime().ToString() + "大驾光临";  //来访时间
sayStr = "<font color = 'red'>" + sayStr + "</font>";       //红色显示
//下面几句将来访信息保存到 Application 中
if (Application["show"] = = null)
{
    Application["show"] = "";
}
Application.Lock();                                   //先锁定
Application["show"] = sayStr + "<br>" + Application["show"].ToString();        //返回聊天信息
Application["user_online"] = int.Parse(Application["user_online"].ToString()) + 1; //在线人数加 1
Application.UnLock();      //解除锁定
```

4) 上框架程序：ChatShow.aspx

该程序每隔 5 秒在屏幕上显示一次 Application 对象的内容。其程序代码如下：

在 head 中增加：

```
<meta http-equiv = "refresh" content = "5">     //5 秒钟刷新一下
```

Page_Load 函数程序代码如下：

```
Response.Write(Application["show"]);                //这样可以显示聊天内容
```

5) 下框架程序：ChatInput.aspx

该程序主要输入发言内容，并能选择发言文字的颜色和表情。发言区界面如图 5-7 所示。

发言: 你好啊！！！！

颜色: 红色 表情: 幸灾乐祸 提交 离开聊天室

图 5-7 发言区界面

程序实现如下：

```
发言:<asp:TextBox ID = "TxtChat" runat = "server"
 Width = "436px"></asp:TextBox><br>
   颜色:
 <asp:DropDownList ID = "DDLColor" runat = "server">
<asp:ListItem Value = "#000000" style = "color:#000000" >黑色</asp:ListItem>
…
<asp:ListItem Value = "#0000ff" style = "color:#0000ff" >蓝色</asp:ListItem>
</asp:DropDownList>
   表情:
<asp:DropDownList ID = "DDLFace" runat = "server">
</asp:DropDownList>
<asp:Button ID = "Button1" runat = "server" Text = "提交" OnClick = "Button1_Click" />
    &n;                
```

```
<a href = "exit.aspx" target = "_top">离开聊天室</a>
```

Page_Load 函数程序代码如下：

```
string say, mycolor, myface, user_name;                  //声明变量待用
    user_name = Session["user_name"].ToString();         //返回用户昵称
    say = Server.HtmlEncode(TxtChat.Text);               //返回发言，并用 HtmlEncode 编码
    mycolor = DDLColor.SelectedValue;                    //返回本次发言的颜色
    myface = DDLFace.SelectedValue;                      //返回本次发言表情
    //下面三句将得到本次发言的字符串
    string sayStr;
    sayStr = "<small>" + user_name + DateTime.Now.ToLocalTime().ToString() + myface + "说：
</small>";
    sayStr = sayStr + "<font color = '" + mycolor + "'>" +   say + "</font>";
//将本次发言信息保存到 Application 中，与框架程序 Chat.aspx 中的一样
```

6) 退出聊天室程序：Exit.aspx

该程序首先保存退出者的相关信息，然后把在线人数减少 1 个，重定向到 default.aspx。程序代码如下：

```
//功能、代码都与框架程序 Chat.aspx 相同，只不过刚才要写“欢迎某人到来”，在线人数增加 1，
退出聊天室就写“高兴而去”，在线人数减 1
```

四、实验报告要求

(1) 每个实验完成后，学生应认真填写实验报告(可以是电子版)并上交任课教师批改。

(2) 电子版实验报告的文件名为：班级 + 学号 + 姓名 + 实验 N + 实验名称。

(3) 电子版实验报告要求用 Office 2003 编辑。

(4) 实验报告基本形式：

① 实验题目。

② 实验目的。

③ 实验内容。

④ 实验要求。

⑤ 实验结论、心得体会。

⑥ 程序主要算法或源代码。

习　题　5

1. 请使用三种方法，实现浏览器重定向。
2. 区分 Application 和 Session 对象的相同点和不同点。
3. 编写程序，通过三种方式实现不同网页之间的参数传递。
4. 编写程序，使用 Application 对象实现当前网页访问量的统计。

第6章 数据库操作

本章要点：

- 使用控件操作数据库
- 使用 ADO.NET 对象操作数据库
- ADO.NET 的数据集

6.1 ASP.NET 数据库操作概述

我们开发的 Web 应用程序绝大多数都与数据有关，这些数据可能来自关系数据库、XML 文件、Excel 文件等数据源。这些数据源各有特点，访问技术也不尽相同，ASP.NET 使用 ADO.NET 组件访问它们。

ASP.NET 提供了访问数据的两种方式，一种是通过控件方式使用 ADO.NET 进行访问，另一种是通过编程方式使用 ADO.NET 对象进行访问。使用控件方式可以不编写代码或少量编写代码，它具有简单、易用、快速的优点，但对于复杂问题处理不灵活。通过编程使用 ADO.NET 对象进行访问的方式比较灵活，可以满足编程人员的各种需求。作为数据库应用系统的开发人员，建议将两种方法结合起来。

访问数据库的控件称为数据源控件，它是对 ADO.NET 的一个封装。通过封装以后，可以充分利用 Visual Studio.NET 集成开发环境，以可视化的方式使用 ADO.NET，从而减少编写代码的工作量。利用 ADO.NET 能够灵活地编写基于数据库的 Web 应用程序。

ADO.NET 是一种数据访问技术，使得应用程序可以连接到数据库，并以各种方式操作存储在其中的数据。该技术基于.NET Framework，与 .NET Framework 类库的其余部分高度集成。它提供了一组数据访问服务的类，可用于对 SQL Server、Oracle 等数据源以及 OLEDB 和 XML 公开的数据源进行访问。ADO.NET 统一了数据容器类编程接口，无论编写何种应用程序(Web 页面、Web 服务、Windows 窗体)都可以通过同一组类来处理数据。无论后端数据源是 SQL Server 数据库、Oracle 数据库、其他数据库、XML 文件，还是一个文本文件，都使用一样的方式来处理它们。

ADO.NET 体系结构如图 6-1 所示，其中包含两大核心控件，分别是 .NET Framework 数据提供程序和 DataSet。

ADO.NET结构

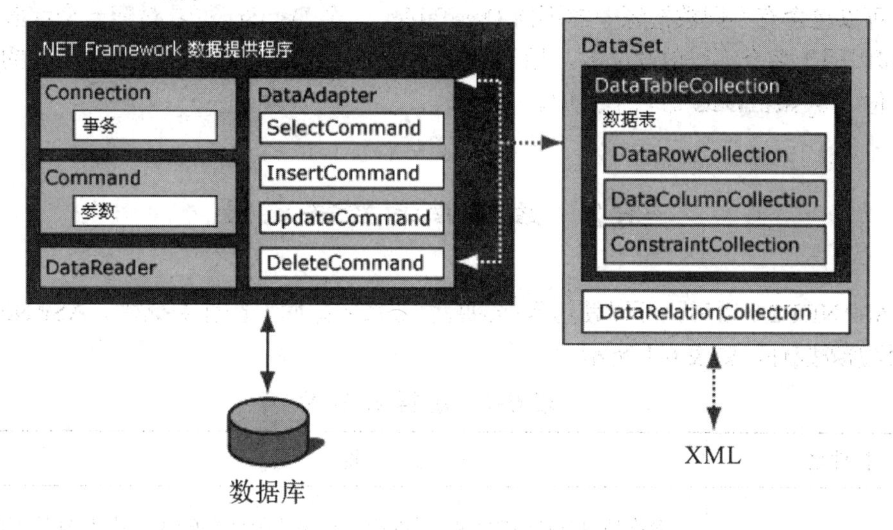

图 6-1　ADO.NET 体系结构

1. NET Framework 数据提供程序

.NET Framework Data Provider 程序用于连接到数据库、执行命令和检索结果，包括如下四个数据提供程序：

(1) SQL Server .NET Framework 数据提供程序：用于访问 Microsoft SQL Server 7.0 或更高版本，位于 System.Data.SqlClient 命名空间中。对于 Microsoft SQL Server 的较早版本，可使用 OLE DB .NET Framework 数据提供程序和 SQL Server OLE DB 提供程序(SQLOLEDB)。

(2) OLE DB .NET Framework 数据提供程序：用于访问 OLE DB 数据提供程序，该程序不支持 OLE DB 2.5 版接口，位于 System.Data.OleDb 命名空间中。

(3) ODBC .NET Framework 数据提供程序：用于访问 ODBC 数据提供程序，位于 System.Data.Odbc 命名空间中。

(4) Oracle .NET Framework 数据提供程序：支持 Oracle 客户端软件 8.1.7 版和更高版本，位于 System.Data.OracleClient 命名空间中，并包含在 System.Data.OracleClient.dll 程序集中。在使用该数据提供程序时，需要同时引用 System.Data.dll 和 System.Data. OracleClient. Dll。

.Net 数据提供程序有四个核心对象，分别如下：

(1) Connection 对象：用于与特定数据源建立连接。

(2) Command 对象：用于对数据源执行命令，包括插入数据、修改数据、删除数据、查询数据以及运行存储过程等数据库支持的 SQL 命令。

(3) DataReader 对象：用于从数据源中读取向前的、只读的数据流，它是一个快速而且高效的数据集，另一个数据集是 DataSet。

(4) DataAdapter 对象：用于从数据源产生一个 DataSet，并且更新数据库。

2. 数据集 DataSet

DataSet 对象是支持 ADO.NET 的断开式、分布式数据方案的核心对象。DataSet 是数据的内存驻留表示形式，无论数据源是什么，它都会提供一致的关系编程模型，因此一个 DataSet 可以包含有不同数据源中的不同 DataTable，一个 DataSet 可以对应一个或多个数据源。它可以用于多个不同的数据源，用于 XML 数据，或用于管理应用程序本地的数据。DataSet 位于 System.Data 命名空间中。

6.2 数据库的控件连接

在 ASP.NET 2.0 以后，可以使用数据源控件连接数据库、操作数据库，ASP.NET 中包括六种数据源控件，如表 6-1 所示。

表 6-1 数据源控件

控件名	说明
SqlDataSource 控件	允许访问支持 ADO.Net 数据提供程序的所有数据源。该控件默认可以访问 ODBC、OLEDB、SQL Server、Oracle 和 SQL ServerCE 提供程序
LinqDataSource 控件	可以使用 LINQ 查询访问不同类型的数据对象，提供语言集成查询(LINQ To SQL)数据源
ObjectDataSource 控件	可以对业务对象或其他返回数据的类执行特定的数据访问，允许连接到一个自定义的数据访问类
XMLDataSource 控件	可以对 XML 文档执行特定的数据访问，提供 XML 文件的层次结构信息
SiteMapDataSource 控件	可以对站点地图提供程序所存储的 Web 站点进行特定的站点地图数据访问
AccessDataSource 控件	可以对 Access 数据库执行特定的数据访问，读取写入 Access 数据库文件(.mdb)

6.2.1 使用 SqlDataSource 控件连接数据库

SqlDataSource 控件是 ADO.NET 的可视化对象，通过它可以访问多种数据库，其在工具箱中的图标为 SqlDataSource 。使用时可以将此控件拖放到 Visual Studio 的 Web 窗体中，如图 6-2 所示。在 Web 窗体运行时，此控件是不可见的。

图 6-2 SqlDataSource 控件示意图

下面，通过一个例子来说明如何使用 SqlDataSource 控件连接到数据库。

【例 6-1】 使用 SqlDataSource 控件连接到数据库。

在图 6-2 中，点击“配置数据源…”，弹出如图 6-3 所示的界面。

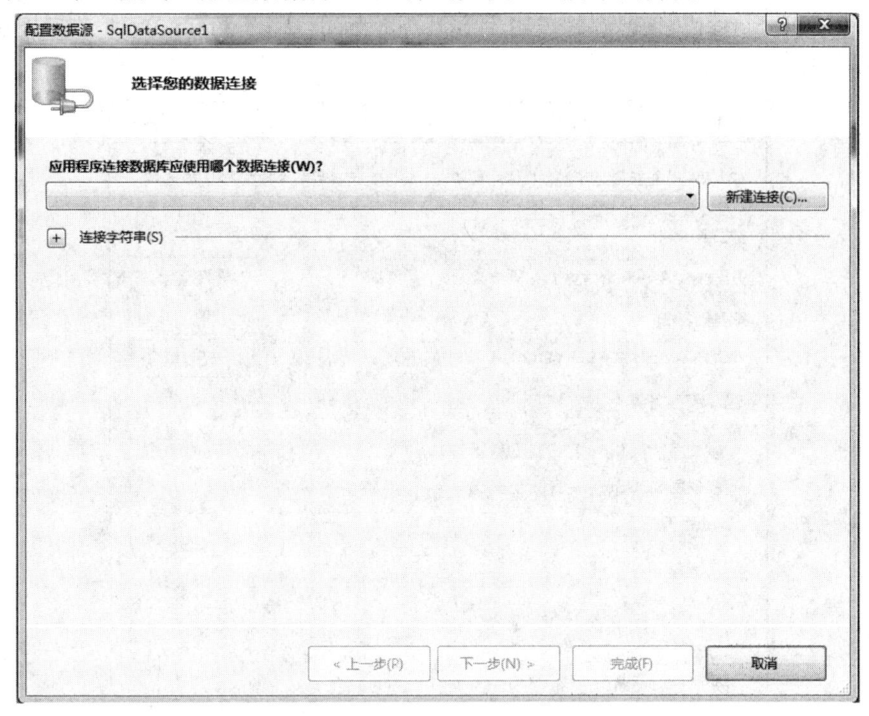

图 6-3 配置连接字符串界面

连接字符串中包含连接数据源所需的信息，包括数据库服务器的位置、数据库名称、驱动类型、用户名、密码等。访问不同类型数据库使用的连接字符串是不同的，初学者可以通过使用图形化界面产生连接字符串，后面通过编程方式使用 ADO.NET 对象时，可以直接使用连接字符串连接到数据库。在图 6-3 的界面中，点击“新建连接”，进入图 6-4 所示的界面。

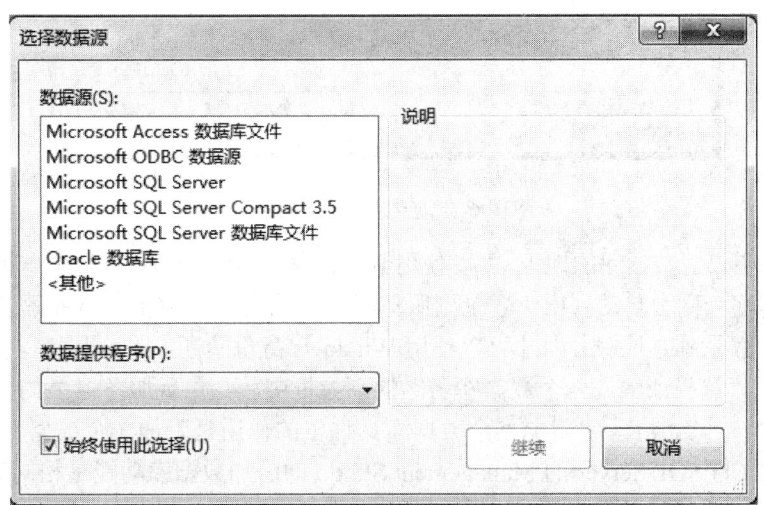

图 6-4 选择数据源界面

从图 6-4 所示界面中，可以选择要连接的数据库类型和使用的数据提供程序。选定后点“继续”会进入详细设置界面，不同的选择会出现不同的详细设置界面。图 6-5 是选择“Microsoft SQL Server”数据源和“用于 SQL Server 的 .NET FrameWork 数据提供程序”后的界面。

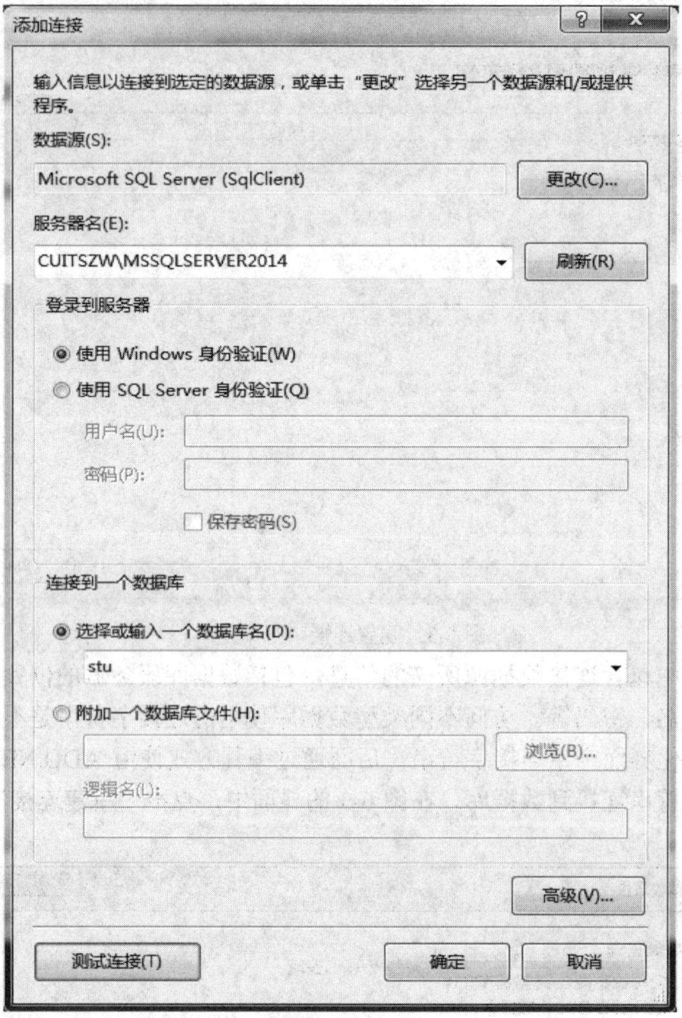

添加连接

输入信息以连接到选定的数据源，或单击“更改”选择另一个数据源和/或提供程序。

数据源(S):

Microsoft SQL Server (SqlClient)　更改(C)...

服务器名(E):

CUITSZW\MSSQLSERVER2014　刷新(R)

登录到服务器

使用 Windows 身份验证(W)

使用 SQL Server 身份验证(Q)

用户名(U):

密码(P):

保存密码(S)

连接到一个数据库

选择或输入一个数据库名(D):

stu

附加一个数据库文件(H):

浏览(B)...

逻辑名(L):

高级(V)...

测试连接(T)　确定　取消

图 6-5　连接设置示意图

在图 6-5 中设置数据库的地址，可以使用 IP 地址和计算机名形式，如果本机安装有 SQL Server 服务程序，则会自动列出。登录到服务器的方式要根据 SQL Server 服务器的登录方式进行设置，登录到本地服务器才可以使用 Windows 身份验证。服务器名和登录方式设置正确以后，在“选择或输入一个数据库名”的下拉框中就会出现服务器上的数据库列表，可以从中选择一个数据库。“附加一个数据库文件”的作用是附加一个数据库文件到 SQL Server 服务器，与 SQL Server 的 Management Stuido 的附加数据库功能是相同的，一般情况下不使用这种方式访问数据库。

单击“确定”按钮，返回至“配置数据源”对话框，如图 6-6 所示。

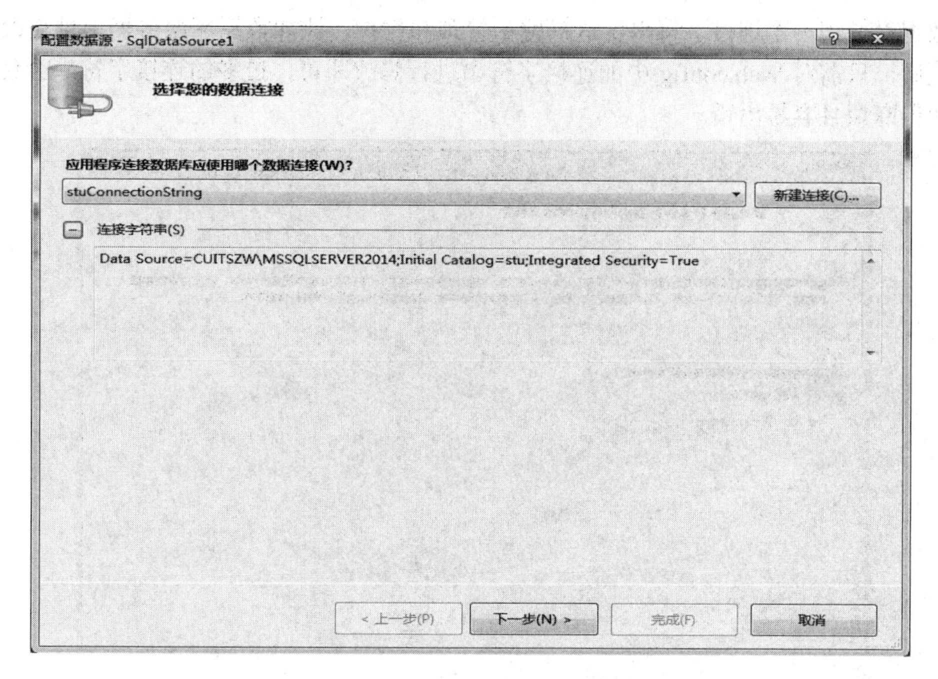

图 6-6　配置好的连接字符串界面

此时，在连接字符串中会看到生成的连接字符串，里面 Data Source 指明 SQL Server 服务器地址，Initial Catalog 指明数据库，Integrated Security = True 表示使用 Windows 验证。

不同的数据库和身份验证都有不同的连接字符串。如果使用 SQL Server 身份验证，连接字符串为"Data Source = 127.0.0.1\MSSQLSERVER2014;　Initial Catalog = stu;　User ID = sa;　Password = 123"。在这个连接字符串中，SQL Server 服务器的地址为 127.0.0.1，数据库为 stu，用户名为 sa，密码为 123。在服务器的地址后面有一个 MSSQLSERVER2014，它是数据库的命名实例，在同一台机器上如果安装有不同版本的 SQL Server 服务器，就会有不同的命名实例，在连接字符串中如果不指出具体的命名实例，就会选择一个默认的命名实例，一般是选择最先安装的 SQL Server 服务器。连接字符串中指出了用户名和密码。为了安全，数据库服务器管理员 sa 的密码不要使用简单密码，应包含字母、数字、特殊符号。

如果访问 Access 数据库，连接字符串为"Provider = Microsoft.Jet.OLEDB.4.0; Data Source = D:\test\db1.mdb"。其中，db1.mdb 是 Access 数据库文件。

其他数据库连接字符串的生成同样可以通过图形界面生成，这里不再描述。

在图 6-6 中点击"下一步"，出现如图 6-7 所示的界面，可以把连接字符串存储起来，并给其命一个名字，供以后使用。连接字符串存储在 Web.config 文件中，代码如下：

```
<connectionStrings>
  <addname = "stuConnectionString"connectionString = "Data Source =
            CUITSZW\MSSQLSERVER2014; Initial Catalog = stu; Integrated Security = True"
     providerName = "System.Data.SqlClient" />
</connectionStrings>
```

其中，name 是连接字符串的名称，connectionString 是连接字符串的内容。

进行项目开发时，如果仅仅需要访问一个数据库，不要反复生成连接字符串，原则上一个数据库使用一个连接字符串，这样便于管理和维护，比如数据库服务器地址更改、密码修改后，只需对 Web.config 中的连接字符串进行修改即可，过多的连接字符串会使修改工作变得麻烦且容易出错。

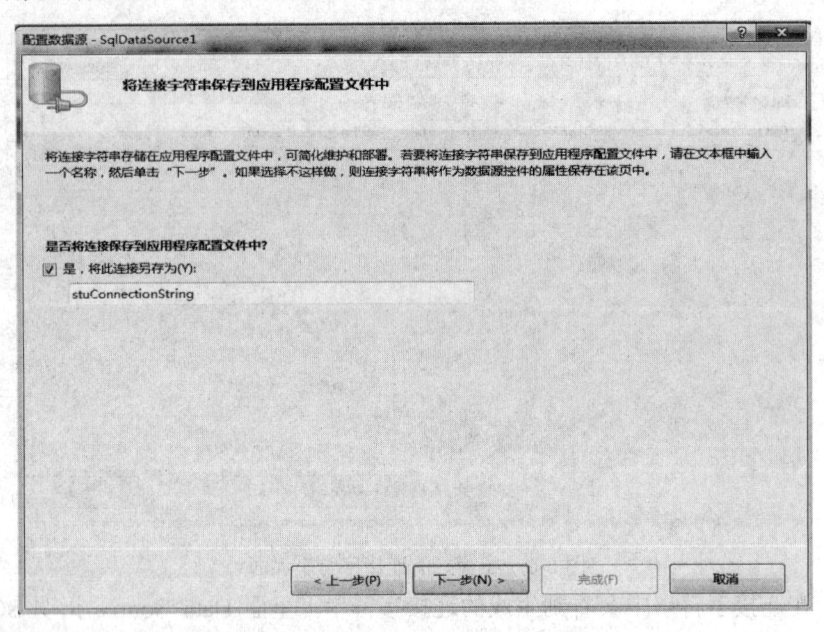

图 6-7　存储连接字符串示意图

在图 6-7 中点击“下一步”，出现如图 6-8 所示的界面，用于配置 Select 语句，即指明数据源控件的数据是通过什么方式获得。可以是 SQL 语名、存储过程、数据表、视图。如果选择“指定自定义 SQL 语句或存储过程”，则在下一界面中需要输入 SQL 语句或存储过程，如图 6-9 所示。

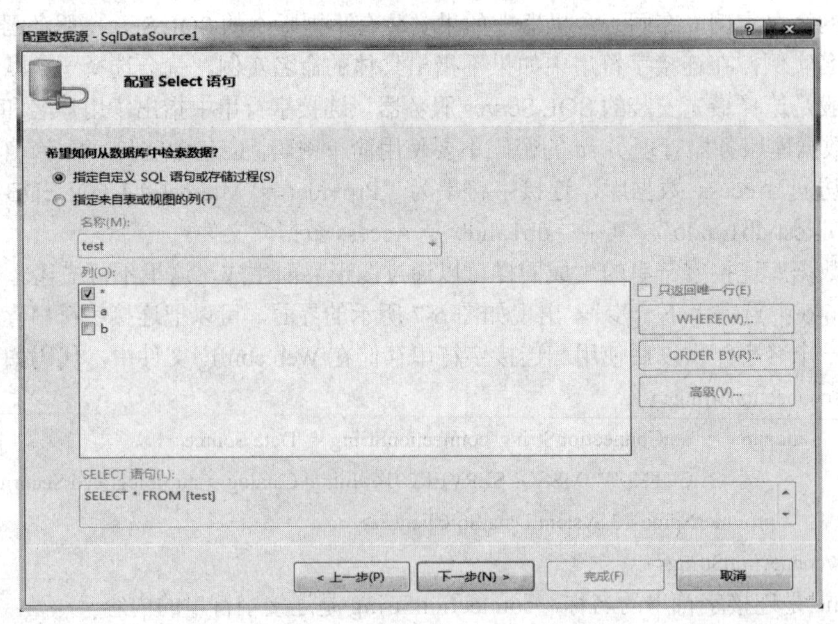

图 6-8　配置 Select 语句示意图

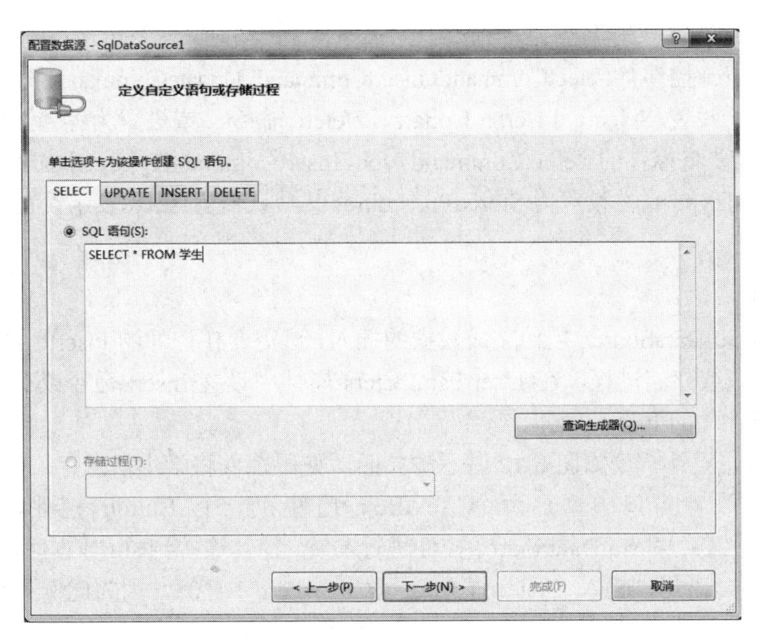

图 6-9　定义 SQL 命令示意图

在图 6-9 中点击“下一步”，按向导完成配置。配置好数据源后，在设计界面上再添加一个 GridView 控件，用于显示数据源中的数据，如图 6-10 所示。从 GridView 的智能菜单中选择已经定义好的数据源 SqlDataSource1。运行程序，运行结果如图 6-11 所示。

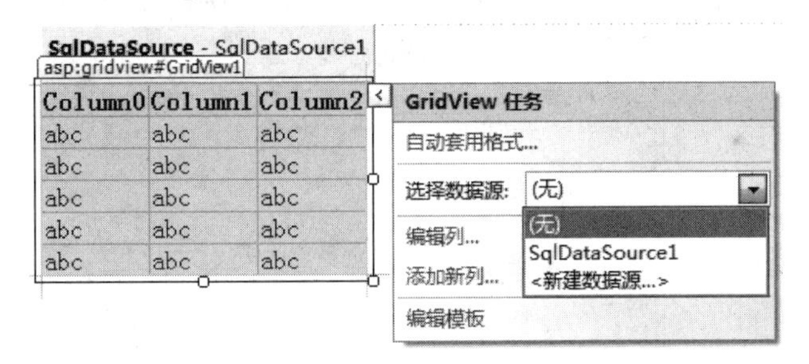

图 6-10　设置 GridView 控件的数据源示意图

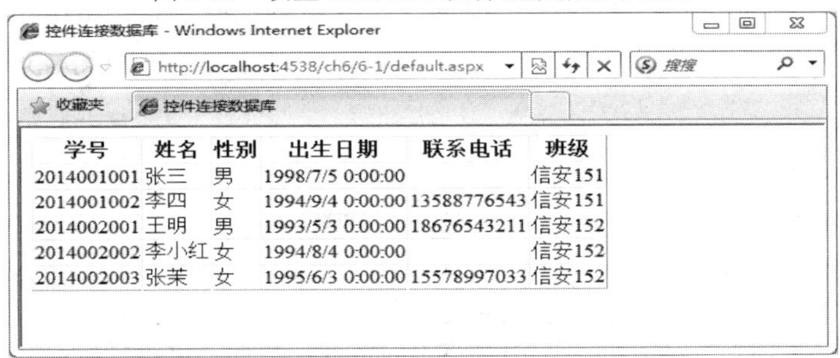

学号	姓名	性别	出生日期	联系电话	班级
2014001001	张三	男	1998/7/5 0:00:00		信安151
2014001002	李四	女	1994/9/4 0:00:00	13588776543	信安151
2014002001	王明	男	1993/5/3 0:00:00	18676543211	信安152
2014002002	李小红	女	1994/8/4 0:00:00		信安152
2014002003	张茉	女	1995/6/3 0:00:00	15578997033	信安152

图 6-11　运行结果

6.2.2　使用 SqlDataSource 控件操作数据库

连接到数据库以后，就可以使用 SQL 语句或存储过程对数据库中的数据进行操作，包括查询、插入、修改、删除。

SqlDataSource 控件有 SelectCommand、InsertCommand、UpdateCommand 和 DeleteCommand 属性，分别用于设置 Select、Insert、Update、Delete 命令，或设置为存储过程，如果设置为存储过程，需要将控件的 SelectCommandType、InsertCommandType、UpdateCommandType、DeleteCommandType 属性设置为 StoredProcedure，其默认值为 Text，表示设置的命令是 SQL 语句。

1. 数据插入

可以使用 SqlDataSource 控件完成数据的插入，这需要在控件的 InsertCommand 属性中定义 Insert 命令或存储过程，在 InsertParameters 属性中设置 Insert 命令或存储过程的参数值，然后调用控件的 Insert 方法。

【例 6-2】 设计一个如图 6-12 所示的界面，使用控件将学生信息存入数据库。

在页面的设计窗口中添加两个 TextBox 控件和一个 Button 控件，并添加一个 SqlDataSource 控件。对 SqlDataSource 控件进行配置，使其连接到 stu 数据库，在配置 Select 语句时使用 SQL 语句，输入“select * from 学生 where 1 = 0”。因为此例不需要查询任何数据，如果不带条件“where 1 = 0”，则会将表中所有的数据都查出，在数据量较多的情况下会严重影响服务器性能。也可以不定义查询语句，但由于可视化界面的向导原因，只能在定义好后在代码中将其删除。

本例是要将学生信息录入到数据库，因此需要执行 Insert 语句，这里需要设置 SqlDataSource 控件的 InsertQuery 属性，其设置界面如图 6-13 所示。

图 6-12　信息录入界面　　　　图 6-13　SqlDataSource 控件的 InsertQuery 属性示意图

通常，SQL 语句和存储过程可以包括参数，使用参数编写的 SQL 语句称作参数化 SQL 语句(或带参 SQL)。ASP.NET 数据源控件可以接受输入参数，这样就可以在运行时将值传递给这些参数。参数值可以从多种源中获取，通过 Parameter 对象，可以从 Web 服务器控件的属性、Cookie、会话状态、QueryString 字段、用户配置文件属性等给参数化 SQL 语句的参数提供值。相应的参数对象包括：

- Parameter：表示任意一个静态值。
- ControlParameter：表示控件值或页面的属性值。
- CookieParameter：表示浏览器的 Cookie 值。
- FormParameter：表示一个 HTML 表单字段的值。
- ProfileParameter：表示一个配置文件属性值。
- QueryStringParameter：表示一个查询字符串字段中的值。
- SessionParameter：表示一个存储在会话状态中的值。

首先在 INSERT 命令栏输入“insert into 学生(学号, 姓名)values(@stuno, @stuname)”，其中@stuno 和@stuname 表示两个参数，然后点击“刷新参数”，在参数列表中就会出现 INSERT 命令中出现的参数，然后给参数值指定数据值的来源。图 6-13 中显示的参数 stuno 的值来源于 T_StuNo.Text，参数 stuname 的值来源于 T_StuName.Text，T_StuNo 和 T_StuName 是图 6-12 中的两个文本框控件。

参数值的来源除了可以来自控件外，还可以来自 Cookie、Form、QueryString 等，要更改来源，可以在图 6-13 中显示的“参数源”下拉列表框中选择。

INSERT 命令设置好后，在程序运行后并不会立即执行，需要添加代码。在图 6-12 所示的“录入”按钮上添加如下代码：

```
protected void Bt_Enter_Click(object sender, EventArgs e)
{
    try
    {   SqlDataSource1.Insert(); //执行插入语句
        ClientScript.RegisterStartupScript(this.GetType(), "",
                "<script type = 'text/javascript'>alert('录入成功'); </script>");
    }
    catch(Exception er)
    {
        ClientScript.RegisterStartupScript(this.GetType(), "", "<script type =
                        'text/javascript'>alert('录入失败'); </script>");
    }
}
```

其中，SqlDataSource1.Insert()的作用是执行定义的 INSERT 语句，执行过程中由于可能出错，所以对异常进行了捕获。

集成开发环境下自动生成的页面代码如下：

```
<%@  Page Language = "C#" AutoEventWireup = "true" CodeBehind = "default.aspx.cs"
Inherits = "sqldatasource.ch6._6_2._default" %>
<!DOCTYPE html PUBLIC "-//W3C//DTD XHTML 1.0 Transitional//EN"
            "http://www.w3.org/TR/xhtml1/DTD/xhtml1-transitional.dtd">
<html xmlns = "http://www.w3.org/1999/xhtml">
<head runat = "server">
```

```
        <title></title>
    </head>
    <body>
        <form id = "form1" runat = "server">
        <div>
          学号：<asp:TextBox ID = "T_StuNo" runat = "server"></asp:TextBox>
            <br />
            姓名：<asp:TextBox ID = "T_StuName" runat = "server"></asp:TextBox>
            <br />
            <br />
            <asp:Button ID = "Bt_Enter" runat = "server" onclick = "Bt_Enter_Click" Text = "录入" />
        </div>
        <asp:SqlDataSource ID = "SqlDataSource1" runat = "server"
            ConnectionString = "Data Source = 127.0.0.1\MSSQLSERVER2014; Initial Catalog = stu;
                                Persist Security Info = True; User ID = sa; Password = 123"
            InsertCommand = "insert into 学生(学号, 姓名)values(@stuno, @stuname)"
            ProviderName = "System.Data.SqlClient"
            SelectCommand = "select * from 学生 where 1 = 0" >
            <InsertParameters>
                <asp:ControlParameter ControlID = "T_StuNo" Name = "stuno" PropertyName = "Text" />
                <asp:ControlParameter ControlID = "T_StuName" Name = "stuname"
                    PropertyName = "Text" />
            </InsertParameters>
        </asp:SqlDataSource>
        </form>
    </body>
    </html>
```

从代码中可以看出，SqlDataSource 控件的 InsertCommand 属性已通过可视化界面进行了设置，并设置了 InsertParameters 参数集。SqlDataSource 控件有五个参数集：SelectParameters、InsertParameters、DeleteParameters、UpdateParameters 和 FilterParameters，每个参数集可以包括参数，分别用于存储 SelectCommand、InsertCommand、DeleteCommand、UpdateCommand 和 FilterExpression 属性中 SQL 语句或存储过程的参数。

SqlDataSource 控件设置了 ConnectionString 属性，但这个连接字符串是固化在页面文件中的，当数据库服务器的地址、用户名、密码等发生变化时，程序将会因数据库连接不上而出错，而 Web.config 文件中的连接字符串用户可以随时修改，所以应该使用 Web.config 文件中的连接字符串，代码可以修改成如下形式：

```
<asp:SqlDataSource ID = "SqlDataSource1" runat = "server"
 ConnectionString = "<%$ConnectionStrings:stuConnectionString %>";
…
</asp:SqlDataSource>
```

其中，“<%$%>”用于访问 Web.config 文件中的数据，stuConnectionString 为 Web.config 文件中的连接字符串名称。

2. 数据查询

可以使用 SqlDataSource 控件完成数据的查询，这需要在控件的 SelectCommand 属性中定义 Select 命令或存储过程，在 SelectParameters 属性中设置 Select 命令或存储过程的参数值。页面加载或回传时都会自动执行 SqlDataSource 控件中定义的 Select 命令。

【例 6-3】 设计一个如图 6-14 所示的界面，使用 SqlDataSource 控件查询数据。当用户输入姓名后点击“查询”，可以从数据库中查询到数据并显示。

图 6-14　查询界面

使用 SqlDataSource 控件执行查询与执行插入的方法类似，这里要设置 SqlDataSource 控件的 SelectCommand 属性，可视化界面中对应的属性名称是“SelectQuery”。设置界面如图 6-15 所示。

图 6-15　SqlDataSource 控件的 SelectQuery 属性示意图

图 6-15 中设置的 Select 语句是“select *　from 学生　where 姓名　= @stuname”，其中带有一个参数@stuname，它的值来源于 T_stuname.Text，T_stuname 是图 6-14 所示界面中用于输入姓名的文本框，因此可以根据输入的姓名进行查询。

页面代码如下：

```
<%@ Page Language = "C#" AutoEventWireup = "true" CodeBehind = "default.aspx.cs"
Inherits = "sqldatasource.ch6._6_3._default" %>
<!DOCTYPE html PUBLIC "-//W3C//DTD XHTML 1.0 Transitional//EN"
        "http://www.w3.org/TR/xhtml1/DTD/xhtml1-transitional.dtd">
<html xmlns = "http://www.w3.org/1999/xhtml">
<head runat = "server">
<title></title>
</head>
<body>
    <form id = "form1" runat = "server">
    <div>
        <asp:SqlDataSource ID = "SqlDataSource1" runat = "server"
            ConnectionString = "Data Source = 127.0.0.1\MSSQLSERVER2014; Initial
            Catalog = stu; Persist Security Info = True; User ID = sa; Password = 123"
            ProviderName = "System.Data.SqlClient"
            SelectCommand = "select *   from 学生   where 姓名   = @stuname" >
            <SelectParameters>
                <asp:ControlParameter ControlID = "T_stuname" Name = "stuname"
                    PropertyName = "Text" />
            </SelectParameters>
            </asp:SqlDataSource>
        </div>
    <asp:Label ID = "Label1" runat = "server" Text = "姓名："></asp:Label>
    <asp:TextBox ID = "T_stuname" runat = "server"></asp:TextBox>
  <asp:Button ID = "Button1" runat = "server" onclick = "Button1_Click" Text = "查询" />
    <br />
    <asp:GridView ID = "GridView1" runat = "server" AutoGenerateColumns = "True"
        DataKeyNames = "学号" DataSourceID = "SqlDataSource1">
      </asp:GridView>
    </form>
</body>
</html>
```

在页面加载时，SqlDataSource 控件会执行由 SelectCommand 属性定义的 Select 语句，因此不需要编写后台程序。运行程序，点击“查询”按钮，页面回传并刷新 SqlDataSource 的数据源。

3. 修改数据

可以使用 SqlDataSource 控件完成数据的修改，这需要在控件的 UpdateCommand 属性中设置 Update 命令或存储过程，在 UpdateParameters 属性中设置 Update 命令或存储过程的参数值，然后调用控件的 Update 方法。

这里将使用存储过程完成对数据的修改。首先在数据库中创建一个存储过程，代码如下：

```
create procedure UpdateStu
@stuno nchar(10),
@stuname nvarchar(50)
as
begin
  update 学生 set 姓名 = @stuname where 学号 = @stuno
end
```

这个存储过程完成的功能是根据学号修改学生姓名。下面的例子将调用这个存储过程完成数据的修改。

【例 6-4】 使用存储过程修改数据。

在 Web 窗中设计如图 6-16 所示的界面，从下拉列表中选择学生学号，根据学号修改学生姓名。

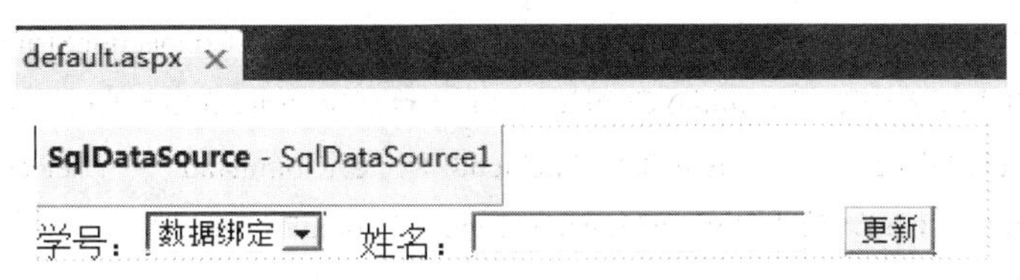

图 6-16　数据修改界面

页面中学号使用 DropDownList 控件，姓名使用 TextBox 控件。添加 SqlDataSource 控件，设置好连接字符串，SelectCommand 属性设置为“select * from 学生”。UpdateCommandType 属性设置为“StoredProcedure”。UpdateCommand 属性用于设置要执行的 Update 语句或存储过程，这里设置为存储过程“UpdateStu”，如图 6-17 所示。

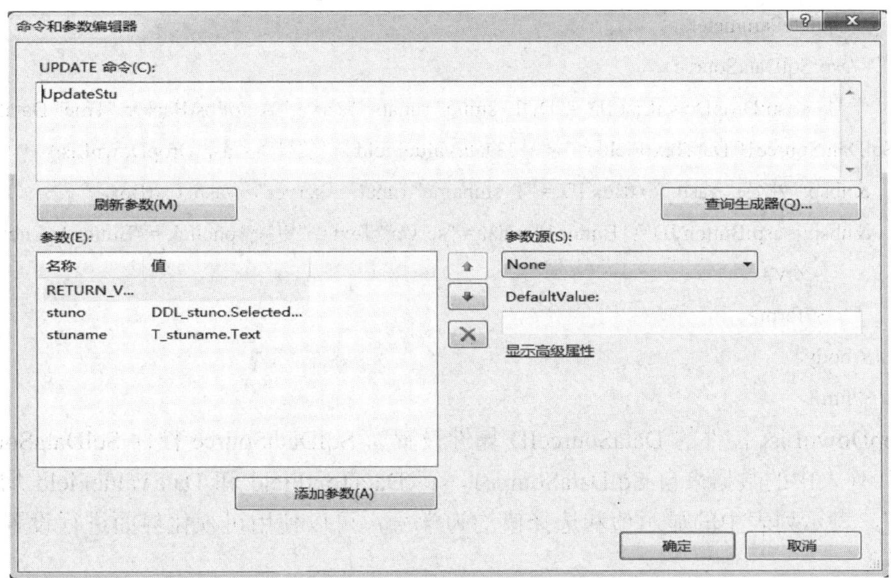

图 6-17　SqlDataSource 控件的 UpdateQuery 属性示意图

Update 命令栏输入要执行的存储过程名称，刷新参数自动列出存储过程的参数，给参数值设置来源，将 stuno 参数值设置为学号 DropDownList 控件的 SelectValue 值，将 stuname 参数设置为姓名 TextBox 的 Text 值。设置好后自动生成的页面代码如下：

```
<%@ Page Language = "C#" AutoEventWireup = "true" CodeBehind = "default.aspx.cs" Inherits =
"sqldatasource.ch6._6_4._default" %>
<!DOCTYPE html PUBLIC "-//W3C//DTD XHTML 1.0 Transitional//EN"
        "http://www.w3.org/TR/xhtml1/DTD/xhtml1-transitional.dtd">
<html xmlns = "http://www.w3.org/1999/xhtml">
<head runat = "server">
    <title></title>
</head>
<body>
<form id = "form1" runat = "server">
 <div>
<asp:SqlDataSource ID = "SqlDataSource1" runat = "server" ConnectionString = "Data Source =
127.0.0.1\MSSQLSERVER2014; Initial Catalog = stu; Persist Security Info = True; User ID = sa; Password
= 123" ProviderName = "System.Data.SqlClient" SelectCommand = "select * from 学生"
UpdateCommand = "UpdateStu" UpdateCommandType = "StoredProcedure">
<UpdateParameters>
<asp:Parameter Direction = "ReturnValue" Name = "RETURN_VALUE" Type = "Int32" />
<asp:ControlParameter ControlID = "DDL_stuno" Name = "stuno" PropertyName = "SelectedValue"
Type = "String" />
<asp:ControlParameter ControlID = "T_stuname" Name = "stuname" PropertyName =
                    "Text"   Type = "String"/>
</UpdateParameters>
</asp:SqlDataSource>
学号：<asp:DropDownList ID = "DDL_stuno" runat = "server" AutoPostBack = "True" DataSourceID
= "SqlDataSource1" DataTextField = "学号" DataValueField = "学号"></asp:DropDownList>
  姓名：<asp:TextBox ID = "T_stuname" runat = "server"></asp:TextBox>
  <asp:Button ID = "Button1" runat = "server" Text = "更新" onclick = "Button1_Click" />
    </div>
    </form>
</body>
</html>
```

DropDownList 控件的 DataSourceID 属性设置为 SqlDataSource 控件 SqlDataSource1，表示控件列表中的数据来自 SqlDataSource1，其 DataTextField 和 DataValueField 均设置为“学号”，表示列表中的显示值和选择值均为学号，可以使用可视化界面进行设置，如图 6-18 所示。

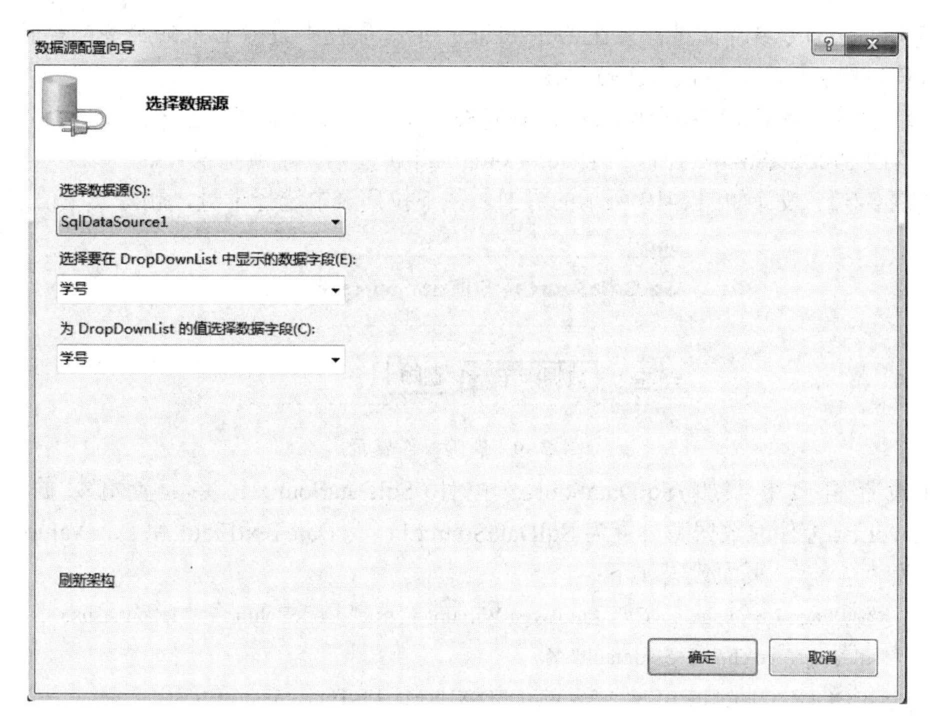

图 6-18　DropDownList 控件的数据源设置示意图

图 6-16 中“更新”按钮的事件代码如下：

```
protected void Button1_Click(object sender, EventArgs e)
{
    try
    {
        SqlDataSource1.Update();    //执行更新语句
        ClientScript.RegisterStartupScript(this.GetType(), "",
                "<script type = 'text/javascript'>alert('更新成功'); </script>");
    }
    catch (Exception er)
    {
        ClientScript.RegisterStartupScript(this.GetType(), "",
                        "<script type = 'text/javascript'>alert('更新失败'); </script>");
    }
}
```

其中，SqlDataSource1.Update()执行 SqlDataSource 控件由 UpdateCommand 属性指定的存储过程，存储过程的参数由控件的 UpdateParameters 属性提供，在 UpdateParameters 中使用了 ControlParameter 参数，表示存储过程的参数值来源于控件。

4. 删除数据

可以使用 SqlDataSource 控件完成数据的删除，这需要在控件的 DeleteCommand 属性中设置 Delete 命令或存储过程，在 DeleteParameters 属性中设置 Delete 命令或存储过程中的参数值，然后调用控件的 Delete 方法。

控件的属性除了可以在页面设计时设置外，还可以通过程序动态修改，下面的例子通过程序修改 SqlDataSource 控件的 DeleteCommand 属性来实现删除操作。

【例 6-5】 设计如图 6-19 所示的界面，从下拉列表中选择学号，删除学生信息。

图 6-19　删除操作界面

在设计窗口中添加 SqlDataSource 控件 SqlDataSource1 并配置好数据源，将 DropDownList 控件的数据源设置为 SqlDataSource1，其 DataTextField 和 DataValueField 属性设置为“学号”。页面代码如下：

```
<%@Page Language = "C#" AutoEventWireup = "true" CodeBehind = "default.aspx.cs" Inherits =
"sqldatasource.ch6._6_5._default" %>
<!DOCTYPE html PUBLIC "-//W3C//DTD XHTML 1.0 Transitional//EN"
        "http://www.w3.org/TR/xhtml1/DTD/xhtml1-transitional.dtd">
<html xmlns = "http://www.w3.org/1999/xhtml">
<head runat = "server">
    <title></title>
</head>
<body>
    <form id = "form1" runat = "server">
    <div>
        <asp:SqlDataSource ID = "SqlDataSource1" runat = "server"
        ConnectionString = "Data Source = 127.0.0.1\MSSQLSERVER2014; Initial Catalog = stu;
                Persist Security Info = True; User ID = sa; Password = 123"
          ProviderName = "System.Data.SqlClient" SelectCommand = "select * from 学生">
        </asp:SqlDataSource>
        <br />
        学号：<asp:DropDownList ID = "DropDownList1" runat = "server"
          DataSourceID = "SqlDataSource1" DataTextField = "学号" DataValueField = "学号">
        </asp:DropDownList>
        <asp:Button ID = "Button1" runat = "server" onclick = "Button1_Click" Text = "删除" />
    </div>
    </form>
</body>
</html>
```

删除按钮的单击事件代码如下：

```
protected void Button1_Click(object sender, EventArgs e)
{
    SqlDataSource1.DeleteCommand = "delete from 学生 where 学号 ='" + DropDownList1.
            SelectedValue.Trim() + "'"; //通过设置控件的DeleteCommand属性定义delete命令
    try
    {
        SqlDataSource1.Delete();   //执行由DeleteCommand属性定义的命令。
        ClientScript.RegisterStartupScript(this.GetType(), "",
            "<script type = 'text/javascript'>alert('删除成功'); </script>");
    }
    catch (Exception er)
    {
        ClientScript.RegisterStartupScript(this.GetType(), "",
            "<script type = 'text/javascript'>alert('删除失败'); </script>");
    }
}
```

这种方法由程序修改 SqlDataSource 控件的属性，用户可以根据需要进行修改，使用比较灵活。本例中 Delete 语句是由字符串拼接而成的，安全性较差，容易遭受 SQL 注入攻击，如果遭到这种攻击，表中的数据将全部被删除，十分危险。可以使用带参数的 SQL 或存储过程加强安全性，如果使用带参数的 SQL，上述代码可以作如下修改：

```
protected void Button1_Click(object sender, EventArgs e)
{
    SqlDataSource1.DeleteCommand = "delete from 学生 where 学号 =@stuno";
    SqlDataSource1.DeleteParameters.Add("stuno",
                DropDownList1.SelectedValue.Trim());
    try
    {
        SqlDataSource1.Delete();
        ClientScript.RegisterStartupScript(this.GetType(), "",
            "<script type = 'text/javascript'>alert('删除成功'); </script>");
    }
    catch (Exception er)
    {
        ClientScript.RegisterStartupScript(this.GetType(), "",
            "<script type = 'text/javascript'>alert('删除失败'); </script>");
    }
}
```

6.3　数据库的对象连接

作为专业的开发人员，大部分对数据库的操作都是通过使用 ADO.NET 对象完成。在 ADO.NET 中，可以使用 Connection 对象建立与数据库的连接，用 Command 对象执行 SQL 命令，用 DataReader 和 DataAdapter 读取数据。

6.3.1　Connection 对象

Connection 对象用于连接到数据源。通常情况下，任何对数据源的操作都需要首先建立一个连接对象，但有时可能看不到这个连接对象，这是由于在创建其他对象时，会隐含建立一个连接对象。Connection 对象分为四种：SqlConnection、OleDbConnection、OdbcConnection 和 OracleConnection。每种 Connection 对象使用的步骤和方法基本相同，不同的是连接的数据库或数据源不同。SqlConnection 用于连接 SQL Server 7.0 或更高版本；OleDbConnection 则用于连接 OLE 数据源，例如 Access 数据库；OdbcConnection 用于连接 ODBC 数据源；OracleConnection 用于连接 Oracle 数据库。其中 OdbcConnection 和 OracleConnection 较少使用，使用前面两种连接对象已经可以连接到大多数关系型数据库。

SqlConnection 位于 System.Data.SqlClient 命名空间中，OleDbConnection 位于 System.Data.OleDb 命名空间中，OdbcConnection 位于 System.Data.Odbc 命名空间中，OracleConnection 位于 System.Data.OracleClient(在 System.Data.OracleClient.dll 中，需要添加引用，高版本将删除它)命名空间中。

1. Connection 对象的常用属性和方法

Connection 对象的常用属性有：

● Database：在连接打开之后获取当前数据库的名称，或者在连接打开之前获取连接字符串中指定的数据库名。

● DataSource：获取要连接的数据库服务器的名称。

● ConnectionTimeOut：获取在建立连接时终止尝试并生成错误之前所等待的时间。

● ConnectionString：获取或设置用于打开连接的连接字符串。

● State：获取连接状态。

Connection 对象的常用方法有：

● Open：使用 ConnectionString 所指定的设置打开数据库连接。

● Dispose：释放此对象占用的所有资源。

● Close：关闭与数据库的连接。

2. 连接到数据库

可以使用以下方法连接到 SQL Server 的 Stu 数据库：

```
SqlConnection conn = new SqlConnection();
conn.ConnectionString = "Data Source = CUITSZW\\MSSQLSERVER2014; Initial
```

```
Catalog = stu; Integrated Security = True";
conn.Open();
```

也可以使用如下形式：

```
SqlConnection conn = new SqlConnection("Data Source =
                    CUITSZW\\MSSQLSERVER2014;  Initial
                     Catalog = stu; Integrated Security = True");
conn.Open();
```

连接字符串中指定了数据库服务器地址、数据库名、身份认证方式，调用 Open 方法时将根据连接字符串中的信息打开与数据库的连接。

这里在代码中直接写出了连接字符串，在实际应用开发中，连接字符串应该写入配置文件或动态生成。配置文件一般使用 Web.config 文件，并把它放入<ConnectionStrings>节中，代码如下：

```
<configuration>
  <connectionStrings>
    <add name = "stuConnectionString" connectionString = "Data Source =
        CUITSZW\MSSQLSERVER2014;  Initial Catalog = stu; Integrated Security = True"
     providerName = "System.Data.SqlClient" />
  </connectionStrings>
```

在前面的小节中已经提到，可以通过可视化界面生成连接字符串，并自动存入 Web.config 中。可以使用 WebConfigurationManager 类的 ConnectionStrings 属性访问配置文件中的连接字符串。例如：

```
SqlConnection conn = new SqlConnection();
conn.ConnectionString = WebConfigurationManager.ConnectionStrings["stuConnectionString"].
                        ToString();
conn.Open();
```

注意：WebConfigurationManager 类位于 System.Web.Configuration 命名空间中，应该使用 using 语句导入该命名空间。

如果访问的数据库服务器地址、用户名、密码等经常变化或为了安全性考虑，可以动态构建连接字符串。通过字符拼接方法或使用 ConnectionStringBuilder 类可以动态构建连接字符串。例如：

```
SqlConnectionStringBuilder connStr = new SqlConnectionStringBuilder();
connStr.DataSource = "CUITSZW\\MSSQLSERVER2014";
connStr.InitialCatalog = "stu";
connStr.IntegratedSecurity = true;
SqlConnection conn = new SqlConnection();      //创建连接对象
conn.ConnectionString = connStr.ConnectionString;   //设置连接字符串
try
{
   conn.Open();                                  //打开连接
```

```
    if (conn.State = = System.Data.ConnectionState.Open)
    {
        ClientScript.RegisterStartupScript(this.GetType(), "",
            "<script type = 'text/javascript'>alert('打开成功'); </script>");
    }
}
catch
{
    ClientScript.RegisterStartupScript(this.GetType(), "",
        "<script type = 'text/javascript'>alert('打开失败'); </script>");
}
```

在访问数据库任务完成以后，应使用 Close 方法关闭连接。因为大多数数据源只支持打开有限数目的连接，并且打开的连接占用宝贵的系统资源，所以在使用连接时，应该尽可能晚的打开连接，尽可能早的关闭连接。方法如下：

```
conn.Close();
```

如果使用 DataAdapter 对象，则不必显示打开和关闭连接。当调用这个对象的某个方法时，该方法将检查连接是否已打开。如果没有，对象将打开连接，执行命令，然后关闭连接。

6.3.2 Command 对象

在创建 Connection 对象后，需要创建 Command 对象实现对数据库的操作。Command 对象要与对应的连接对象匹配：对 SqlConnection 采用 SqlCommand；对 OleDbConnection 则采用 OleDbCommand。

1. Command 对象的常用属性和方法

Command 对象的常用属性有：

- Connection：对 Connection 对象的引用，Command 对象将使用该对象与数据库通信。
- CommandType：CommandText 属性的命令类型，可以为 Text、StoreProduce、TableDirect，分别表示 SQL 语句、存储过程、数据表。
- CommandText：对数据源执行的 SQL 语句或存储过程。
- Parameters：命令对象包含的参数。
- CommandTimeout：超时时间，即终止尝试并生成错误之前的等待时间。

Command 对象的常用方法有：

- ExecuteNonQuery()：对连接执行 SQL 命令并返回受命令影响的行数，通常用于执行 Insert、Update、Delete 语句和存储过程。
- ExecuteScalar()：执行查询，返回查询结果的第 1 行第 1 列，通常用于执行只返回一行的 Select 语句，如“select count(*) from 学生”。
- ExecuteReader()：执行查询，返回一个 DataReader 对象，如果 SQL 不是查询 Select，则返回一个没有任何数据的 System.Data.SqlClient.SqlDataReader 类型的集合。

● ExecuteXmlReader()：返回一个 XmlReader 对象。

2. 使用 Command 对象执行命令

Command 对象执行 Insert、Update 和 Delete 语句的示例如下：

```
SqlCommand cmd = new SqlCommand();   //创建 SqlCommand 对象
cmd.Connection = conn;   //设置 Command 对象关联的连接对象
cmd.CommandText = "insert into 学生(学号, 姓名) values('6', '李小明')";//设置要执行的 SQL 命令
cmd.ExecuteNonQuery();          //执行由 CommandText 定义的命令
```

或者

```
SqlCommand cmd = new SqlCommand("insert into 学生(学号, 姓名) values('6', '李小明')", conn);
cmd.ExecuteNonQuery();       //执行由 CommandText 定义的命令
```

上述语句创建了一个 SqlCommand 对象，然后设置其关联的连接对象，执行命令时这个连接对象需要打开，最后调用 ExecuteNonQuery 方法执行 Insert 命令。对数据库有影响的命令应使用 ExecuteNonQuery 方法执行。

Command 对象执行 Select 语句的示例如下：

```
SqlCommand cmd = new SqlCommand();             //创建 SqlCommand 对象
cmd.Connection = conn;                         //设置 Command 对象关联的连接对象
cmd.CommandText = "select * from 学生";        //设置要执行的 SQL 命令
SqlDataReader reader = cmd.ExecuteReader();    //执行查询
```

如果执行聚合函数返回单一值，可使用如下方法：

```
SqlCommand cmd = new SqlCommand();
cmd.Connection = conn;
cmd.CommandText = "select count(*) from 学生";
int result = (int)cmd.ExecuteScalar();             //执行查询，返回单一结果
```

Command 对象执行存储过程的示例如下：

```
SqlCommand cmd = new SqlCommand();             //创建 SqlCommand 对象
cmd.Connection = conn;                         //设置 Command 对象关联的连接对象
cmd.CommandText = "updatestu";                 //设置执行的命令为存储过程
cmd.CommandType = System.Data.CommandType.StoredProcedure;  //设置命令类型为存储过程:
cmd.Parameters.Add(new SqlParameter("@stuno", "2014001001"));    //给存储过程添加参数
                                                                 //@stuno
cmd.Parameters.Add(new SqlParameter("@stuname", "李同"));  //给存储过程添加参数@stuname
cmd.ExecuteNonQuery();  //执行设置
```

给存储过程或带参 SQL 添加参数的方法还可以采用如下形式：

```
cmd.Parameters.AddWithValue("@stuno", "2014001001");
```

Parameter 类的常用属性有以下几种：

● ParameterName：参数的名字。
● Value：参数的值。
● DbType：参数的数据类型。

- Size：参数的大小。
- Direciton：参数的类型，可以是 Input(输入参数)、Output(输出参数)、InputOutput(输入输出参数)或 ReturnValue(返回值)。

例如要获取存储过程的 return 值，可用以下方法添加参数：

```
SqlParameter returnvalue = new SqlParameter();  //创建一个参数
returnvalue.Direction = ParameterDirection.ReturnValue;  //参数类型是返回值
returnvalue.DbType = DbType.Int32;  //参数的数据类型是 Int32
cmd.Parameters.Add(returnvalue);                    //将参数加入命令对象的参数集合中
```

当需要执行多条命令且这些命令要么都执行成功要么都失败时，可以使用事务，事务的原子性可以保证多条命令是一个整体，不会出现部分执行部分不执行的情况。方法如下：

```
conn.Open(); //打开连接
SqlCommand cmd = new SqlCommand();
SqlTransaction tran = conn.BeginTransaction();     //开始数据库事务
cmd.Transaction = tran;                            //设置命令对象使用的事务对象
cmd.Connection = conn;                              //设置 Command 对象关联的连接对象
try
{
    cmd.CommandText = "update 账户 set 余额 = 余额+100 where 账户名 = 'A'";//A 账户增加 100 元
    cmd.ExecuteNonQuery();
    cmd.CommandText = "update 账户 set 余额 = 余额-100 where 账户名 = 'B'"; //B 账户减少 100 元
    cmd.ExecuteNonQuery();
    tran.Commit();  //提交数据库事务
}
catch
{
    tran.Rollback();  //回滚数据库事务
}
```

【例 6-6】 设计如图 6-20 所示的界面，使用 SQL 语句录入学生信息。

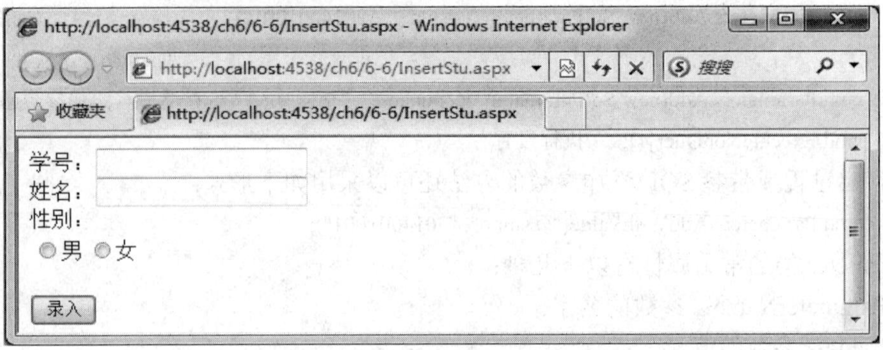

图 6-20 数据录入界面

前台页面代码如下：

```
<%@ Page Language = "C#" AutoEventWireup = "true" CodeBehind = "InsertStu.aspx.cs"
                        Inherits = "sqldatasource.ch6._6_6.InsertStu" %>
<!DOCTYPE html PUBLIC "-//W3C//DTD XHTML 1.0 Transitional//EN"
            "http://www.w3.org/TR/xhtml1/DTD/xhtml1-transitional.dtd">
<html xmlns = "http://www.w3.org/1999/xhtml">
<head runat = "server">
    <title></title>
</head>
<body>
    <form id = "form1" runat = "server">
    <div>
        学号：<asp:TextBox ID = "T_StuNo" runat = "server"></asp:TextBox>
        <br />
        姓名：<asp:TextBox ID = "T_StuName" runat = "server"></asp:TextBox>
        <br />
        性别：<asp:RadioButtonList ID = "RBL_Sex" runat = "server"
            RepeatDirection = "Horizontal">
            <asp:ListItem>男</asp:ListItem>
            <asp:ListItem>女</asp:ListItem>
        </asp:RadioButtonList>
        <br />
        <asp:Button ID = "Bt_Enter" runat = "server" onclick =
                        "Bt_Enter_Click" Text = "录入" />
     </div>
    </form>
</body>
</html>
```

其后台文件代码如下：

```
using System;
using System.Collections.Generic;
using System.Linq;
using System.Web;
using System.Web.UI;
using System.Web.UI.WebControls;
using System.Data.SqlClient;
using System.Web.Configuration;
namespace sqldatasource.ch6._6_6
```

```
{
    public partial class InsertStu : System.Web.UI.Page
    {
        protected void Page_Load(object sender, EventArgs e)
        {
        }
        protected void Bt_Enter_Click(object sender, EventArgs e)
        {
          SqlConnection conn = new SqlConnection();   //创建连接对象
          conn.ConnectionString = WebConfigurationManager.ConnectionStrings["stuConnectionString"].
                                  ToString();     //从 web.config 文件中读取连接字符串
         try
         {
            conn.Open(); //打开连接
            SqlCommand cmd = new SqlCommand();   //创建命令对象
            cmd.Connection = conn;   //设置 Command 对象关联的连接对象
            cmd.CommandText = "insert into 学生(学号, 姓名, 性别)
                    values(@stuno, @stuname, @sex)";   //定义插入数据的 SQL 命令
            cmd.Parameters.AddWithValue("@stuno", T_StuNo.Text.Trim());   //给 sql 中的参数赋
                                                  //值，即界面上学号文本框的值给@stuno 参数
            cmd.Parameters.AddWithValue("@stuname", T_StuName.Text.Trim());
            cmd.Parameters.AddWithValue("@sex", RBL_Sex.SelectedValue.Trim());
            if (cmd.ExecuteNonQuery() > 0)          //如果命令影响的行数大于 0
            {
              ClientScript.RegisterStartupScript(this.GetType(), "",
              "<script type = 'text/javascript'>alert('插入成功');
                 </script>");
            }
          }
          catch(Exception er)
          {
           ClientScript.RegisterStartupScript(this.GetType(), "",
                 "<script type =
                   'text/javascript'>alert('数据库操作失败："+Message+"');
                 </script>");
          }
          finally
          {
             if(conn.State = = System.Data.ConnectionState.Open) //如果连接已打开
```

```
                {
                    conn.Close();   //关闭连接
                }
            }
        }
    }
}
```

代码从 Web.Config 文件中读取连接字符串，使用带参数的 Insert 语句将用户输入的数据插入到数据库。也可以使用字符串连接形式把用户输入的数据拼接成 SQL 语句，如：

```
cmd.CommandText = "insert into 学生(学号, 姓名, 性别)
    values('"+T_StuNo.Text.Trim()+"', '"+T_StuName.Text.Trim()+"',
                    '"+RBL_Sex.SelectedValue.Trim()+"')";
```

但这种形式非常不安全，不仅容易遭 SQL 注入攻击，而且当用户输入特殊字时容易出错。例如，用户输入的数据中包含单引号、双引号、逗号时拼接的 SQL 可能不符合语法要求致使程序出错，因此，正确的方法是使用带参数的 SQL 或存储过程。

6.3.3　DataReader 对象

DataReader 对象提供一个只读的、单向前移的记录集。使用该对象可以有效的节约内存，因为内存中一次只保存一条记录，而不是将所有记录都装入内存，在检索大量数据时，建议使用 DataReader。DataReader 对象只能与 Command 对象结合使用，并且要与 Command 对象的类型相匹配：对于 SqlCommand 应使用 SqlDataReader；对于 OleDbCommand 则采用 OleDbDataReader。

DataReader 对象的常用属性有：

- FileCount：取得字段的个数。
- HasRows：判断 SqlDataReade 是否包含一行或多行记录。
- IsClosed：判断 DataReader 对象是否关闭。

DataReader 对象的常用方法有：

- Read()：判断是否还有记录，如果有，则读取下一条记录。
- GetName()：取得字段的名称。
- GetDataTypeName()：取得字段的数据类型。
- GetValue()：取得以本机格式表示的指定列的值。
- Close()：关闭 DataReader 对象。
- GetOrdinal()：在给定列名称的情况下获取列序号。
- GetValues()：使用当前行的列值来填充对象数组。
- IsNull()：判断字段是否为 null 值。

要想获得 DataReader 对象中的数据，必须结合使用 DataReader 对象的 Read 方法和相应用 Get 方法。Read 方法用于移动记录指针到下一行数据，到达数据集末尾时返回 false。GetValue、GetDateTime、GetDouble、GetGuid、GetInt32 等 Get 方法，可以获得当前行的每一列的值，列的数据类型是什么就对应调用什么，这些函数要求列的名称或序号引用，以确定获得哪一列的信息。

下面通过两个例子来说明 DataReader 对象的使用方法。

【例 6-7】 读取 DataReader 中的数据。

使用 DataReader 对象读取学生表的数据并显示在 ListBox 控件中，如图 6-21 所示。

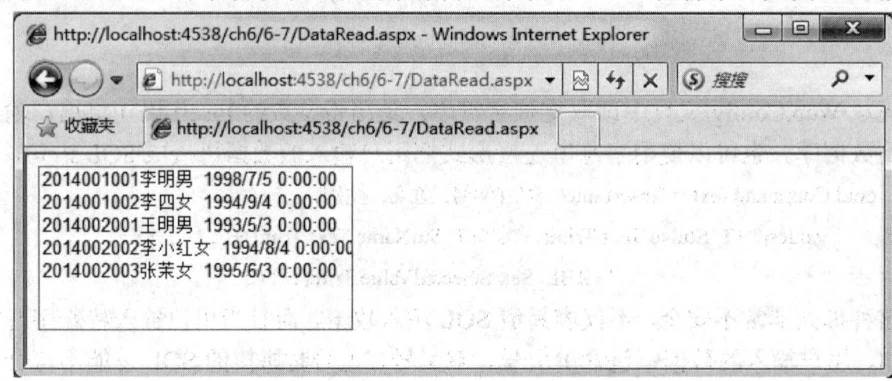

图 6-21 DataReader 读取数据示意图

前台页面代码如下：

```
<%@Page Language = "C#" AutoEventWireup = "true" CodeBehind = "DataRead.aspx.cs" Inherits =
"sqldatasource.ch6._6_7.DataRead" %>
<!DOCTYPE html PUBLIC "-//W3C//DTD XHTML 1.0 Transitional//EN"
        "http://www.w3.org/TR/xhtml1/DTD/xhtml1-transitional.dtd">
<html xmlns = "http://www.w3.org/1999/xhtml">
<head runat = "server">
    <title></title>
</head>
<body>
    <form id = "form1" runat = "server">
    <div>
    <asp:ListBox ID = "ListBox1" runat = "server" Height = "110px" Width = "219px">
    </asp:ListBox>
    </div>
    </form>
</body>
</html>
```

其后台程序代码如下：

```
using System;
using System.Collections.Generic;
using System.Linq;
using System.Web;
using System.Web.UI;
```

```
using System.Web.UI.WebControls;
using System.Data.SqlClient;
using System.Web.Configuration;
namespace sqldatasource.ch6._6_7
{
    public partial class DataRead : System.Web.UI.Page
    {
        protected void Page_Load(object sender, EventArgs e)
        {
            if (!IsPostBack) //如果页面不是回传
            {
                SqlConnection conn = new SqlConnection();   //创建连接对象
                conn.ConnectionString = WebConfigurationManager. ConnectionStrings
                    ["stuConnectionString"].ToString();   //从 web.config 文件中读取连接字符串
                try
                {
                    conn.Open();      //打开连接
                    SqlCommand cmd = new SqlCommand("select 学号, 姓名, 性别,
                                    出生日期 from 学生", conn);   // 创建命令对象
                    SqlDataReader reader = cmd.ExecuteReader();        //读取数据
                    while (reader.Read()) //记录指针移动到下一行，如果指向数据行则为 true
                    {
                        string stuno = reader.GetString(0);          //获取当前行的第 1 列的数据
                        string stuname = reader[1].ToString();     //获取当前行的第 2 列的数据
                        string sex = reader["性别"].ToString();      //获得当前行的性别列的数据
                        string birthday = reader.GetValue(3).ToString(); //获取当前行的第 4 列的数据
                        string stu = stuno + stuname + sex + birthday;
                        ListBox1.Items.Add(stu); //将字符串加入 ListBox 控件中
                    }
                }
                catch (Exception er)
                {
                    ClientScript.RegisterStartupScript(this.GetType(), "", "<script type =
                              'text/javascript'>alert('数据库操作失败'); </script>");
                }
                finally
                {
                    if(conn.State = = System.Data.ConnectionState.Open) //连接是否打开
                    {
```

```
                        conn.Close();    //关闭连接
                    }
                }
            }
        }
    }
}
```

【例 6-8】 设计如图 6-22 所示的登录页面和图 6-23 所示的主页面，用户输入正确的账号密码后跳转到主页面。

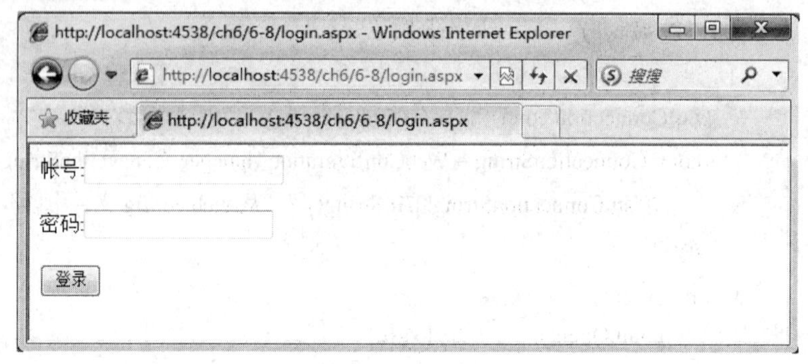

图 6-22　登录页面

学号	姓名	性别	出生日期	联系电话	班级
2014001001	李明	男	1998/7/5 0:00:00		信安151
2014001002	李四	女	1994/9/4 0:00:00	13588776543	信安151
2014002001	王明	男	1993/5/3 0:00:00	18676543211	信安152
2014002002	李小红	女	1994/8/4 0:00:00		信安152
2014002003	张茉	女	1995/6/3 0:00:00	15578997033	信安152

图 6-23　主页面

登录页面的前台页面代码如下：

```
<%@Page Language = "C#" AutoEventWireup = "true" CodeBehind = "login.aspx.cs" Inherits =
                    "sqldatasource.ch6._6_8.login" %>
<!DOCTYPE html PUBLIC "-//W3C//DTD XHTML 1.0 Transitional//EN"
        "http://www.w3.org/TR/xhtml1/DTD/xhtml1-transitional.dtd">
<html xmlns = "http://www.w3.org/1999/xhtml">
<head runat = "server">
    <title></title>
</head>
<body>
```

```
<form id = "form1" runat = "server">
<div>
帐号:<asp:TextBox ID = "T_username" runat = "server"></asp:TextBox>
<br />
密码:<asp:TextBox ID = "T_password" runat = "server" TextMode = "Password"></asp:TextBox>
<br />
<asp:Button ID = "Bt_Login" runat = "server" onclick = "Button1_Click" Text = "登录" />
</div>
</form>
</body>
</html>
```

登录页面的后台程序代码如下：

```
using System;
using System.Collections.Generic;
using System.Linq;
using System.Web;
using System.Web.UI;
using System.Web.UI.WebControls;
using System.Data.SqlClient;
using System.Web.Configuration;
namespace sqldatasource.ch6._6_8
{
    public partial class login : System.Web.UI.Page
    {
        protected void Page_Load(object sender, EventArgs e)
        {
        }
        protected void Button1_Click(object sender, EventArgs e)
        {
            SqlConnection conn = new SqlConnection();  //建立连接对象
            //从 Web.config 文件中读取连接字符串
            conn.ConnectionString = WebConfigurationManager.ConnectionStrings
                    ["stuConnectionString"].ToString();
            try
            {
                conn.Open(); //打开连接
                SqlCommand cmd = new SqlCommand("select * from users where account =
                        @username and pwd = @password", conn);
                cmd.Parameters.AddWithValue("@username", T_username.Text.Trim());
```

```
                cmd.Parameters.AddWithValue("@password", T_password.Text.Trim());
                SqlDataReader read = cmd.ExecuteReader();   //执行查询
                if (read.Read()) //如果有数据，说明用户名和密码均正确
                {
                    Session["username"] = T_username.Text.Trim(); //Session 记录用户名，供主页面判断
                    Response.Redirect("main.aspx");   //跳转到主页面
                }
                else
                {
                    ClientScript.RegisterStartupScript(this.GetType(), "", "<script type =
                                    'text/javascript'>alert('登录失败'); </script>");
                }
            }
            catch (Exception er)
            {
                ClientScript.RegisterStartupScript(this.GetType(), "", "<script type =
                                    'text/javascript'>alert('数据库操作失败'); </script>");
            }
            finally
            {
                if (conn.State = = System.Data.ConnectionState.Open) //连接是否打开
                {
                    conn.Close();   //关闭连接
                }
            }
        }
    }
}
```

主页面的前台页面代码如下：

```
<html xmlns = "http://www.w3.org/1999/xhtml">
<head runat = "server">
    <title></title>
</head>
<body>
    <form id = "form1" runat = "server">
    <div>
    欢迎进入学生管理系统<br />
        <br />
        <asp:GridView ID = "GridView1" runat = "server" AutoGenerateColumns = "true">
```

```
        </asp:GridView>
    </div>
    </form>
</body>
</html>
```

主页面的后台程序代码如下：

```
using System;
using System.Collections.Generic;
using System.Linq;
using System.Web;
using System.Web.UI;
using System.Web.UI.WebControls;
using System.Data.SqlClient;
using System.Web.Configuration;
namespace sqldatasource.ch6._6_8
{
    public partial class main : System.Web.UI.Page
    {
        protected void Page_Load(object sender, EventArgs e)
        {
            if (!IsPostBack)
            {
                if (Session["username"] = = null) //没有通过登录页面进入此页
                {
                    ClientScript.RegisterStartupScript(this.GetType(), "",
                        "<script type = 'text/javascript'>alert('非法访问');
                        window.location = 'login.aspx';   </script>");  //如果非法访问此页面，提示
                                                                        //并且跳转到登录页面
                      return;  //返回
                }
                SqlConnection conn = new SqlConnection();   //建立连接对象
                //从 Web.config 文件中读取连接字符串
                conn.ConnectionString = WebConfigurationManager.ConnectionStrings
                         ["stuConnectionString"].ToString();
                try
                {
                    conn.Open(); //打开连接
                    SqlCommand cmd = new SqlCommand("select * from  学生", conn);
                    SqlDataReader reader = cmd.ExecuteReader();   //执行查询
                    GridView1.DataSource = reader; //将查询到的结果作为 GridView 控件的数据源
```

```
                GridView1.DataBind();    //绑定数据，将数据源中的数据显示在 GridView 中
            }
            catch (Exception er)
            {
                ClientScript.RegisterStartupScript(this.GetType(), "", "<script type =
                            'text/javascript'>alert('数据库操作失败'); </script>");
            }
            finally
            {
                if (conn.State = = System.Data.ConnectionState.Open)
                {
                    conn.Close();
                }
            }
        }
    }
}
}
```

主界面程序先判断 Session["username"]是否为 null，如果用户通过登录页面进入此页，则 Session["username"] 不为 null，则否为 null。如果为 null，通过 javascript 代码“window.location = 'login.aspx'”跳转到登录页面。通过 SqlDataReader 读取 SQL Serve 数据库中的数据，并将结果通过 GridView 控件显示出来。

注意：在开发应用系统时，数据库中的用户密码应是加密的，一般使用 MD5 加密算法，在这种情况下，应该对用户输入的密码也进行 MD5 加密，将结果与数据库中的密码进行比较。

6.3.4 DataAdapter 对象

DataAdapter 用作 DataSet 和数据源之间的桥接器以便检索和保存数据，称为数据适配器。DataAdapter 通过 Fill 和 Update 方法来提供这一桥接器。

如果所连接的是 SQL Server 数据库，则可以通过将 SqlDataAdapter 与关联的 SqlCommand 和 SqlConnection 对象一起使用，从而提高总体性能。对于支持 OLE DB 的数据源，可使用 DataAdapter 及其关联的 OleDbCommand 和 OleDbConnection 对象。对于支持 ODBC 的数据源，可使用 DataAdapter 及其关联的 OdbcCommand 和 OdbcConnection 对象。下面以 SqlDataAdapter 对象为例说明 DataAdapter 对象的使用方法。

SqlDataAdapter 的常用属性有：

- DeleteCommand：获取或设置一个 Transact-SQL 语句或存储过程，用于从数据源中删除记录。
- InsertCommand：获取或设置一个 Transact-SQL 语句或存储过程用于在数据源中插入新记录。
- SelectCommand：获取或设置一个 Transact-SQL 语句或存储过程，用于在数据源中

选择记录。

- UpdateCommand：获取或设置一个 Transact-SQL 语句或存储过程，用于更新数据源中的记录。

SqlDataAdapter 的常用方法有：

- Fill：执行存储于 SelectCommand 中的查询，并将结果存储在 DataTable 中。
- GetFillParameters：为 SelectCommand 获取一个包含着参数的数组。
- Update：向数据库提交存储在 DataSet 中的更改(INSERT、UPDATE、DELETE)。该方法会返回一个整数值，其中包含着在数据存储中成功更新的行数。

下面的例代码通过 SqlDataAdapter 对象填充 DataSet 对象：

```
SqlConnection conn = new SqlConnection();     //创建连接对象
conn.ConnectionString = "Data Source = CUITSZW\\MSSQLSERVER2014; Initial
Catalog = stu; Integrated Security = True";          //设置连接字符串
SqlCommand cmd = new SqlCommand();      //创建命令对象
cmd.Connection = conn;                        //设置命令对象关联的连接对象
cmd.CommandText = "select 学号, 姓名, 性别, 出生日期 from 学生"; //设置查询命令
SqlDataAdapter sda = new SqlDataAdapter();     //创建数据适配匹器对象
sda.SelectCommand = cmd;        //设置数据适匹器对象 SelectCommand 属性关联的命令对象
DataSet ds = new DataSet();         //创建数据集
sda.Fill(ds);                       //通过数据适匹器对象填充数据集
```

上面的示例代码显式的创建了一个 SqlCommand 对象，这个对象也可以隐式创建，示例代码如下：

```
SqlConnection conn = new SqlConnection();      //创建连接对象
conn.ConnectionString = "Data Source = CUITSZW\\MSSQLSERVER2014; Initial
Catalog = stu; Integrated Security = True";         //设置连接字符串
SqlDataAdapter sda = new SqlDataAdapter("select 学号, 姓名, 性别,
                        出生日期 from 学生", conn); //
```

创建 SqlDataAdapter 对象，同时定义要执行的 Select 语句

```
DataSet ds = new DataSet();        //创建数据集
sda.Fill(ds);                      //通过数据适匹器对象填充数据集
```

注意：通过数据适匹器执行查询时不用显示打开和关闭连接，数据适匹器会自动的打开和关闭连接。

6.4 DataSet 对象

6.4.1 DataSet 对象的结构

DataSet 对象是创建在内存中的集合对象，它可以包括任意数量的数据表，以及所有表的约束、索引和关系，相当于一个小型关系数据库。一个 DataSet 对象包括一组 DataTable

对象和 DataRelation 对象，其中每个 DataTable 对象由 DataColumn、DataRow 和 DataRelation 对象组成。DataSet 对象的结构如图 6-24 所示。

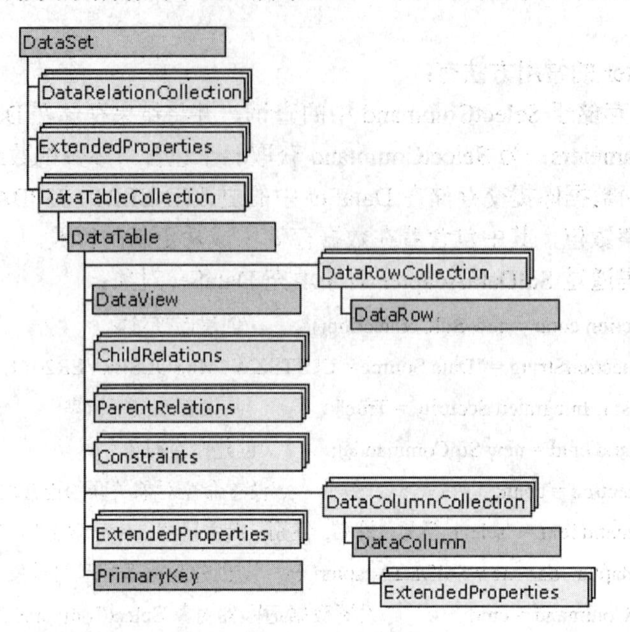

图 6-24　DataSet 对象结构

从图 6-24 中看到，一个 DataSet 对象由 DataTableCollection、DataRelationCollection、ExtendedProperties 三个集合组成。

(1) DataTableCollection：包含一个或多个 DataTable 对象。它包含 DataRowCollection 所表示的行的集合，每一行中存储的是表中的数据。它还包含 DataColumnCollection 所表示的列和 ConstraintCollection 所表示的约束的集合，这些列和约束一起定义了该表的架构(表的结构)。

(2) DataRelationCollection：DataSet 的 DataTable 之间关系的集合。通过 DataRelation 对象来表示关系，它使一个 DataTable 中的行与另一个 DataTable 中的行相关联。

(3) ExtendedProperties：用于放置自定义信息，如 DataSet 的创建时间等。

DataSet 位于 System.Data 命名空间中。

创建数据集 DataSet 的方法有三种：

(1) 使用 XML 加载和保持 DataSet 内容。

(2) 以编程方式在 DataSet 中创建 DataTable、DataRelation 和 Constraint，并使用数据填充表。

(3) 通过 DataAdapter 用现有关系数据库中的数据填充 DataSet。

注意：DataSet 是在内存中保存数据的，因此尽可能只保存小量的数据在 DataSet 中。若保存来自数据库的大量数据，会影响应用程序的性能。

6.4.2 填充数据集

使用 DataAdapter 的 Fill 方法可以把从数据库中获取的数据填充入 DataSet 或 DataTable 中。当调用 Fill 方法时，使用 DataAdapter 的 SelectCommand 的结果来填充 DataSet。

DataAdpter 的 Fill 方法有多种重载形式，下面介绍两种常用的形式。

形式一：

```
SqlDataAdapter sda = new SqlDataAdapter("select * from 学生", conn);
DataSet ds = new DataSet();
sda.Fill(ds);
```

形式二：

```
SqlDataAdapter sda = new SqlDataAdapter("select * from 学生", conn);
DataSet ds = new DataSet();
sda.Fill(ds, "stu");
```

形式一没有给出表的名称，形式二给出了表的名称，在 DataSet 中存入多张表的数据时，应该给出表的名称，方便访问。

也可以使用 DataAdpter 的 Fill 方法填充 DataTable，例如：

```
DataTable dt = new DataTable();
SqlDataAdapter sda = new SqlDataAdapter("select * from 学生", conn);
sda.Fill(dt);
```

6.4.3 访问数据集

数据集是断开式的数据容器，没有当前记录的概念，也不存在记录导航概念，数据集中所有记录都可以随机访问。数据集中包含数据表，数据表中包含数据行，因此可以通过数据表、数据行对象访问数据集中的数据。

1. 访问数据表

可以使用以下形式访问数据表：

数据集.Tables[表名|索引]

例如：

```
DataTable dt = ds.Tables["stu"];
```

或

```
DataTable dt = ds.Tables[0];
```

2. 访问数据行

可以使用以下形式访问数据行：

DataTable.Rows[行索引]

例如：

```
DataRow row = ds.Tables["stu"].Rows[0];
```

其中，ows[0]表示第 1 行，第 2 行为 Rows[1]。行索引值不能越界，可以通过 Rows.Count 属性获取 Table 中的数据行数。

3. 访问数据列

可以使用以下形式访问数据列：

DataRow[列名|索引]或 DataRow.Item[列名|索引]

例如：

```
string stuno = ds.Tables[0].Rows[0]["学号"].ToString();
```

或

```
string stuno = ds.Tables[0].Rows[0].ItemArray[0].ToString();
```

4. 访问视图

通过 DataTable 的 DefaultView 属性，可以访问与数据表相关的视图。也可以通过 DataView 类的构造函数创建 DataView。例如：

```
DataView dv1 = ds.Tables[0].DefaultView;
DataView dv2 = new DataView(ds.Tables[0]);
```

视图可以排序和筛选数据。通过 DataView 的 Sort 属性可以排序数据，例如：

```
dv1.Sort = "出生日期  ASC";
```

通过 DataView 的 RowFilter 属性可以筛选数据，例如：

```
dv.RowFilter = "姓名  like '李%'";
```

【例 6-9】 访问数据集。

设计一个如图 6-25 所示的界面，将数据库中的数据填充到数据集，再读取数据集中的数据显示在 ListBox 控件中。

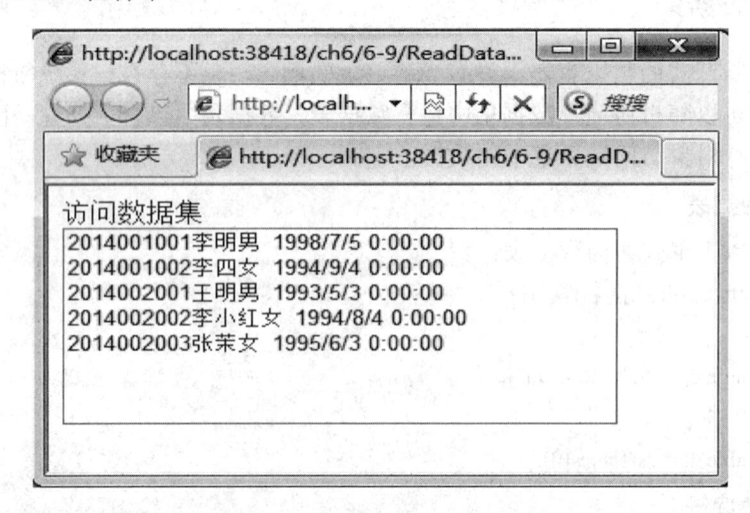

图 6-25 访问数据集运行结果

前台页面代码如下：

```
<html xmlns = "http://www.w3.org/1999/xhtml">
<head runat = "server">
    <title></title>
</head>
<body>
    <form id = "form1" runat = "server">
    <div>
        访问数据集 <br/>
        <asp:ListBox ID = "ListBox1" runat = "server" Height = "160px" Width = "300px">
```

```
        </asp:ListBox>
    </div>
    </form>
</body>
</html>
```

其台程序代码如下：

```
using System;
using System.Collections.Generic;
using System.Linq;
using System.Web;
using System.Web.UI;
using System.Web.UI.WebControls;
using System.Data;  //记录集所在的命名空间
using System.Data.SqlClient;  //访问 SQL Server 数据库的 ADO 对象所在的命名空间
using System.Web.Configuration;  //读取 web.config 中连接字符串的类所在的命名空间
namespace sqldatasource.ch6._6_9
{
    public partial class ReadDataSet : System.Web.UI.Page
    {
        protected void Page_Load(object sender, EventArgs e)
        {
            if (!IsPostBack)
            {
                try
                {
                    SqlConnection conn = new SqlConnection();  //创建连接对象
                    conn.ConnectionString = WebConfigurationManager.ConnectionStrings
                            ["stuConnectionString"].ToString();  //从 web.config 中读取连接字符串
                    SqlDataAdapter sda = new SqlDataAdapter("select 学号, 姓名, 性别,
                            出生日期 from 学生", conn);  //创建 SqlDataAdapter 对象
                    DataSet ds = new DataSet();
                    sda.Fill(ds);
                    for (int i = 0;  i < ds.Tables[0].Rows.Count;  i++)
                    {
                        string stuno = ds.Tables[0].Rows[i]["学号"].ToString();
                        string stuname = ds.Tables[0].Rows[i][1].ToString();
                        string sex = ds.Tables[0].Rows[i]["性别"].ToString();
                        stringbirthday = ds.Tables[0].Rows[i].ItemArray[3].ToString();
```

```
                ListBox1.Items.Add(stuno + stuname + sex + birthday);
            }
        }
        catch (Exception er)
        {
          string Message = er.Message.Replace("\r\n", "").Replace("\"", "'");   //将错误信息
                          //中的回车换行符去掉，双引号替换成单引用，便于 javascript 输出
          ClientScript.RegisterStartupScript(this.GetType(), "", "<script type =
              'text/javascript'>alert('数据库操作失败：" + Message + "'); </script>");
        }
      }
    }
  }
}
```

代码中没有显式打开和关闭数据库连接，因为 SqlDataAdapter 对象会自动打开和关闭连接。执行 sda.Fill(ds)这句时，会打开连接、填充数据、关闭连接，数据被放到内存中的 DataSet 中。代码中演示了读取数据的三种方式。

6.4.4 更新数据集

对数据集的更新包括：向数据集的数据表中添加一行数据、修改数据集的数据表中的数据、删除数据集的数据表中的一行数据。

1. 添加数据

首先，建立一个新的空数据行：

```
DataRow row = ds.Tables["stu"].NewRow();
```

然后，给空数据行中的相应数据列赋值：

```
row["号"] = "014001001"
row["名"] = "小明"
```

最后，把数据行加入到数据集的数据表中：

```
ds.Tables["tu"].Rows.Add(row);
```

2. 删除数据

```
ds.Tables["stu"].Rows[5].Delete();
```

删除第 6 行数据。

3. 修改数据

```
ds.Tables["tu"].Rows[0]["号"] = "2014001003"
```

4. 更新数据源

当修改 DataSet 中的数据时，只是更改了内存中的数据，而数据源中的数据并没有发

生任何变化，因为 DataSet 是断开式数据集。若想把 DataSet 中改变的数据更新回数据源，需要使用 DataAdapter 对象的 Update 方法。当调用 Update 方法时，它检查数据表中的每一行，如果有更改的行，则使用 DataAdapter 的 InsertCommand、DeleteCommand 或 UpdateCommand 命令把该行更新回数据源。例如：

```
sda.Update(ds);
```

或

```
sda.Update(ds, "stu");
```

第一条语句在数据集中只有一个数据表时使用，第二条语句在数据集中有多个表时使用，它指明了更新哪个数据表。

【例 6-10】 更新数据集。

设计如图 6-26 所示的界面，将用户输入的数据添加到数据集，并用数据集中的数据更新数据源。

图 6-26 更新数据集

前台页面文件如下：

```
<html xmlns = "http://www.w3.org/1999/xhtml">
<head runat = "server">
    <title></title>
</head>
<body>
    <form id = "form1" runat = "server">
    <div>
        学号：<asp:TextBox ID = "T_StuNo" runat = "server"></asp:TextBox>
        <br />
        姓名：<asp:TextBox ID = "T_StuName" runat = "server"></asp:TextBox>
          <asp:Button ID = "Button1" runat = "server" onclick = "Button1_Click"
            Text = "添加到数据集" />
         
        <asp:Button ID = "Button2" runat = "server" onclick =
                    "Button2_Click" Text = "更新数据源" />
```

```
            <br />
            <br />
            <asp:GridView ID = "GridView1" runat = "server">
            </asp:GridView>

        </div>
        </form>
    </body>
    </html>
```

其后台程序代码文件如下：

```
using System;
using System.Collections.Generic;
using System.Linq;
using System.Web;
using System.Web.UI;
using System.Web.UI.WebControls;
using System.Data;
using System.Data.SqlClient;
using System.Web.Configuration;
namespace sqldatasource.ch6._6_10
{
    public partial class DataSetUpdate : System.Web.UI.Page
    {
        protected void Page_Load(object sender, EventArgs e)
        {
            if (!IsPostBack)
            {
                try
                {
                    SqlConnection conn = new SqlConnection();   //创建连接对象
                    conn.ConnectionString = WebConfigurationManager.ConnectionStrings
                            ["stuConnectionString"].ToString();   //从 web.config 中读取连接字符串
                    SqlDataAdapter sda = new SqlDataAdapter("select 学号, 姓名, 性别,
                                    出生日期 from 学生", conn);   //创建 SqlDataAdapter 对象
                    DataSet ds = new DataSet();                   //创建数据集
                    sda.Fill(ds);                                 //填充数据集
                    ViewState["ds"] = ds;   //将数据集存入 ViewState，使数据集在本页面的任意函数
                                     //中可以访问
```

```
            ViewState["connstr"] = conn.ConnectionString;   //连接字符串也存入 ViewState
            GridView1.DataSource = ds.Tables[0];   //GridView 控的数据源设置为数据集
                                                   //中的第一个数据表
            GridView1.DataBind();   //绑定数据，让数据源中的数据在控件中显示
        }
        catch (Exception er)
        {
            string Message = er.Message.Replace("\r\n", "").Replace("\"", "'");   //将错误信息
                  //中的回车换行符去掉，双引号替换成单引用，便于 javascript 输出
            ClientScript.RegisterStartupScript(this.GetType(), "",
                "<script type = 'text/javascript'>alert('数据库操作失败：
                    " + Message + "'); </script>");
        }
    }
}
protected void Button1_Click(object sender, EventArgs e)
{
    if (ViewState["ds"] ! = null)
    {
        DataSet ds = (DataSet)ViewState["ds"];   //ViewState 转换成数据集
        DataRow dr = ds.Tables[0].NewRow();   //生成新的数据行
        dr["学号"] = T_StuNo.Text.Trim();   //设置数据行的字段值
        dr["姓名"] = T_StuName.Text.Trim(); //设置数据行的字段值
        ds.Tables[0].Rows.Add(dr);   //添加数据行到数据集的 0 号数据表中
        GridView1.DataSource = ds.Tables[0].DefaultView;   //设置 GridView 的数据源
        GridView1.DataBind();   //绑定数据，让数据源中的数据在控件中显示
    }
}
protected void Button2_Click(object sender, EventArgs e)
{
    if (ViewState["ds"] ! = null)
    {
        DataSet ds = (DataSet)ViewState["ds"];
        SqlDataAdapter da = new SqlDataAdapter("select 学号，姓名，性别，
            出生日期 from 学生", new SqlConnection(ViewState["connstr"].ToString()));
                        //创建数据适配器
        SqlCommandBuilder cmdb = new SqlCommandBuilder(da);   //创建
              //SqlCommandBuilder 对象，用于自动生成 Insert、update、delete 命令
```

```
                da.InsertCommand = cmdb.GetInsertCommand();
                da.UpdateCommand = cmdb.GetUpdateCommand();
                da.DeleteCommand = cmdb.GetDeleteCommand();
                da.Update(ds);
            }
        }
    }
}
```

在图 6-26 中，点击“添加到数据集”，用户输入的学号和姓名将添加到数据集中，但是并没有更新到数据库，可以查看数据库进行验证。点击“更新数据源”后，数据集中的数据将保存至数据库。

代码中使用了 SqlCommandBuilder 对象自动生成适用于 DataAdapter 的命令对象，但要求满足如下几个条件：

(1) 实例化 SqlCommandBuilder 对象的数据适配器对象 SqlDataAdapter 必须预先设置好 SelectCommand 属性，查询语句中必须包含主键。

(2) 数据库源表必须有主键。

(3) 更新的表中不能包括 Image 类型的字段(列)。

典型案例 6　学生基本信息管理

一、案例功能说明

本章典型案例，主要完成对学生基本信息的管理，包括查询学生信息、增加学生信息、修改学生信息和删除学生信息。主要是让学生了解对单张数据表的管理方法，掌握通过 ADO.NET 访问数据库的方法。

二、案例要求

(1) 以学生学号作为查询条件，将查询到的数据显示在 GridView 控件中。

(2) 增加学生信息。

(3) 修改学生信息。

(4) 删除学生信息。

三、操作和实现步骤

(1) 打开 SQL Server 的 SQL Server Management Studio，创建一个数据库 Stu，然后通过如下 SQL 语句在 Stu 数据库中创建班级表和学生表。代码如下：

```
create table class(
    classid int primary key,
    classname nvarchar(50)
```

```
)
CREATE TABLE student(
    stuno nchar(10) PRIMARY KEY,
    stuname nvarchar(50) NULL,
    sex nchar(2) NULL,
    birthday datetime NULL,
    tel nvarchar(50) NULL,
    classid int references class(classid)
)
```

在表中录入一些数据。

(2) 启动 VS，选择新建项目，选择 Web 中的 ASP.NET Web 应用程序。添加一个名为 StuList.aspx 的页面，设计界面如图 6-27 所示，对控件进行命名。

图 6-27　学生列表界面

界面中显示数据的控件为 GridView，将在后面的章节中详细讲解，这里只需要简单的添加数据列和事件，具体方法为：选中 GridView 控件，在其右上角有一个智能菜单图标按钮，点击它从弹出的菜单中选择“编辑列”，弹出如图 6-28 所示的界面。

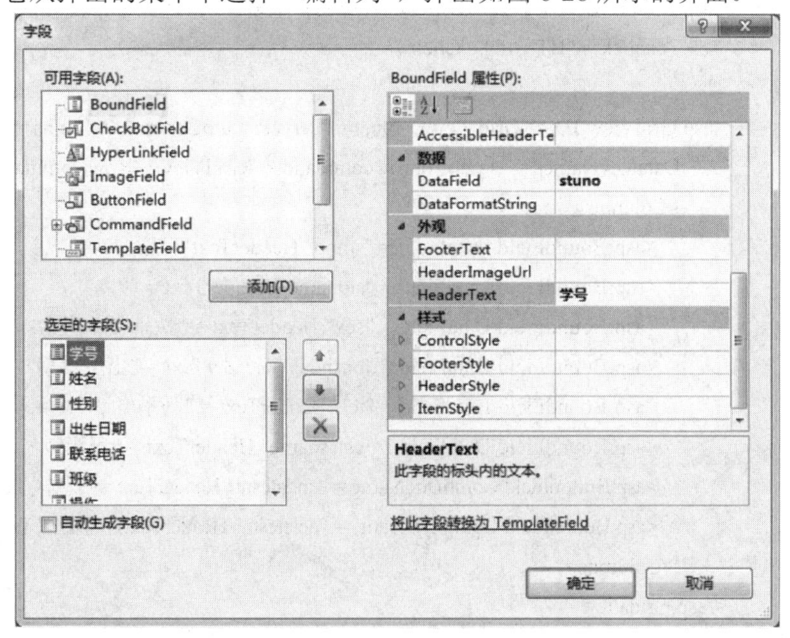

图 6-28　GridView 的字段设置示意图

在 GridView 中，BoundField 用于显示数据源的某列的数据，在图 6-28 中，已添加了学号、姓名等若干个 BoundField 字段，在图的右边可设置字段的属性，这里只需要设置 DataField 和 HeaderText，分别表示数据源的列名和显示在页面上的列名。除了添加数据字段外，还应添加两个 ButtonField，用于执行修改和删除操作，ButtonField 的属性在这里需要设置 CommandName、HeaderText、Text 属性，分别表示命令名称、列的头部名称和单元格中的名称。修改按钮的 CommandName 设置为"updatestu"，删除按钮的 CommandName 设置为"deletestu"。设置 GridView 控件的属性 DataKeyNames 为"stuno。"最后，在 GridView 控件上添加 RowCommand 事件处理函数，用于处理 ButtonField 的点击事件。

制作好的前台页面文件如下：

```
<%@Page Language = "C#" AutoEventWireup = "true" CodeBehind = "StuList.aspx.cs"
        Inherits = "sqldatasource.ch6.example.StuList" %>
<!DOCTYPE html PUBLIC "-//W3C//DTD XHTML 1.0 Transitional//EN"
            "http://www.w3.org/TR/xhtml1/DTD/xhtml1-transitional.dtd">
<html xmlns = "http://www.w3.org/1999/xhtml">
<head runat = "server">
    <title></title>
</head>
<body>
    <form id = "form1" runat = "server">
    <div>
        学号：<asp:TextBox ID = "T_StuNo" runat = "server"></asp:TextBox>
        <asp:Button ID = "BT_Query" runat = "server" Text = "查询"
          onclick = "BT_Query_Click" /> 
         <asp:Button ID = "BT_ADD" runat = "server" Text = "添加学生"
              onclick = "BT_ADD_Click"/>
         <br />
         <asp:GridView ID = "GridView1" runat = "server" AutoGenerateColumns = "False"
              DataKeyNames = "stuno" onrowcommand = "GridView1_RowCommand">
              <Columns>
                  <asp:BoundField DataField = "stuno" HeaderText = "学号" />
                  <asp:BoundField DataField = "stuname" HeaderText = "姓名" />
                  <asp:BoundField DataField = "sex" HeaderText = "性别"/>
                  <asp:BoundField DataField = "birthday" HeaderText = "出生日期" />
                  <asp:BoundField DataField = "tel" HeaderText = "联系电话"   />
                  <asp:BoundField DataField = "classname" HeaderText = "班级" />
                  <asp:ButtonField CommandName = "updatestu" HeaderText = "操作" Text = "修改" />
                  <asp:ButtonField CommandName = "deletestu" HeaderText = "操作" Text = "删除" />
              </Columns>
         </asp:GridView>
         </div>
```

```
    </form>
</body>
</html>
```

(3) 编写后台程序代码，如下：

```
using System;
using System.Collections.Generic;
using System.Linq;
using System.Web;
using System.Web.UI;
using System.Web.UI.WebControls;
using System.Data.SqlClient;
using System.Web.Configuration;
namespace sqldatasource.ch6.example
{
    public partial class StuList : System.Web.UI.Page
    {
        protected void Page_Load(object sender, EventArgs e)
        {
            if (!IsPostBack)
            {
                ViewState["sql"] = "select top 1000 student.*, classname from student inner join class
                        on class.classid = student.classid";   //定义查询语句，将班级与学生通
                                                    //过内联接查询，最多返回 1000 行数据
                binddata(); //调用自定义的数据绑定函数，将数据源的数据显示在 GridView 中
            }
        }
        protected void binddata()
        {
            if(ViewState["sql"]! = null)
            {
                SqlConnection conn = new SqlConnection();   //创建连接对象
                conn.ConnectionString = WebConfigurationManager.ConnectionStrings
                                ["stuConnectionString"].ToString(); //从 web.config 中
                                                            //读取连接字符串
                try
                {
                    conn.Open();        //打开连接
                    SqlCommand cmd = new SqlCommand(ViewState["sql"]. ToString(),
                            conn); //创建命令对象，并设置要执行的查询命令
                    if(ViewState["stuno"]! = null)
```

```
            {
                cmd.Parameters.AddWithValue("@stuno",
                            ViewState["stuno"].ToString().Trim());  //为命令添加参数
            }
            SqlDataReader reader = cmd.ExecuteReader();  //执行查询
            GridView1.DataSource = reader; //将查询结果作为 GridView1 的数据源
            GridView1.DataBind();  //绑定数据，将数据源中的数据显示在 GridView 中
        }
        catch (Exception er)
        {
            ClientScript.RegisterStartupScript(this.GetType(), "",
                        "<script type = 'text/javascript'>alert('数据库操作失败'); </script>");
        }
        finally
        {
            if (conn.State = = System.Data.ConnectionState.Open)
            {
                conn.Close();
            }
        }
    }
}
protected void BT_Query_Click(object sender, EventArgs e)
{
    ViewState["sql"] = "select top 1000 student.*, classname from student inner join class on
    class.classid = student.classid where stuno like '%'+@stuno+'%'";
    //根据输入的条件重新定义查询语句，使用带参 SQL 模糊查询
    ViewState["stuno"] = T_StuNo.Text.Trim();  //使用 ViewState 存储查询语句中的参数值
    binddata();  //调用自定义绑定数据的函数
}
protected void BT_ADD_Click(object sender, EventArgs e)
{
    Response.Redirect("addstu.aspx?op = add");  //跳转到新增页面
}
protected void GridView1_RowCommand(object sender, GridViewCommandEventArgs e)
{
    String stuno = GridView1.DataKeys[Convert.ToInt32(e.CommandArgument)].
                Value.ToString().Trim();
     //获取本行的 DataKeys 值，由 GridView 的 DataKeyNames 属性设置
    if (e.CommandName = = "updatestu") //如果是更新按钮
```

```
                {
                    Response.Redirect("addstu.aspx?op = edit&stuno = "+stuno);
                    //跳转到修改页面，与新增页面是同一个页面，通过参数 op 进行区分，
                    //同时传送本行的学号值
                }
                if (e.CommandName = = "deletestu") //如果是删除按钮
                {
                    SqlConnection conn = new SqlConnection();
                    conn.ConnectionString = WebConfigurationManager.ConnectionStrings
                                 ["stuConnectionString"].ToString();
                    try
                    {
                        conn.Open();
                        SqlCommand cmd = new SqlCommand("delete from student where stuno =
                                         @stuno", conn);  //创建命令对象并定义 delete 语句
                        cmd.Parameters.AddWithValue("@stuno", stuno);  //给 delete 语句中的参数赋值
                        cmd.ExecuteNonQuery();  //执行定义的 delete 语句
                        conn.Close();  //关闭连接
                        binddata();  //重新绑定数据
                    }
                    catch (Exception er)
                    {
                        ClientScript.RegisterStartupScript(this.GetType(), "",
                                 "<script type = 'text/javascript'>alert('数据库操作失败'); </script>");
                    }
                    finally
                    {
                        if (conn.State = = System.Data.ConnectionState.Open)
                        {
                            conn.Close();
                        }
                    }
                }
            }
        }
    }
```

程序要点：

① 使用了 ViewState 存储 SQL 语句，因为页面中具有查询功能，每次查询时获取的数据可能不一样，对查询结果进行删除或分页后，应该重新绑定数据，绑定的数据应该与上次查询的条件是相同的，所以每次查询时用 ViewState 存储 SQL 语句，绑定数据时根据

ViewState 中的 SQL 进行查询。由于使用的是带参数 SQL，所以参数值也通过 ViewState 变量 ViewState["stuno"]存储。

② 在页面加载、删除数据、分页时都需要重新绑定数据，所以绑定数据的功能写成了一个函数 binddata()。

③ 修改和添加学生信息使用同一个页面 addstu.aspx，通过不同的参数区分。“添加学生”的页面跳转代码为“Response.Redirect("addstu.aspx?op = add");”，修改学生的页面跳转代码为“Response.Redirect("addstu.aspx?op = edit&stuno = "+stuno);”。

④ GridView1_RowCommand 函数是 GridView 中“修改”和“删除”按钮的事件函数，这里应识别点击的是哪一行哪一个按钮。行的识别代码是“string stuno = GridView1.DataKeys[Convert.ToInt32(e.CommandArgument)].Value.ToString().Trim()”，用于获取这一行的 DataKeys 值，它是在 GridView 控件 DataKeyNames 属性中设置的。按钮是通过 e.CommandName 识别的，它是在 ButtonField 按钮的 CommandName 属性中设置的。

⑤ 查询语句使用内联接将学生表和班级表进行关联，并使用了带参数 SQL 的模糊查询，限定了查询结果最多为 1000 条，其语句为“ViewState["sql"] = "select top 1000 student.*, classname from student inner join class on class.classid = student.classid where stuno like '%' + @stuno + '%'";”。请注意带参数 SQL 模糊查询的格式。

运行结果如图 6-29 所示。

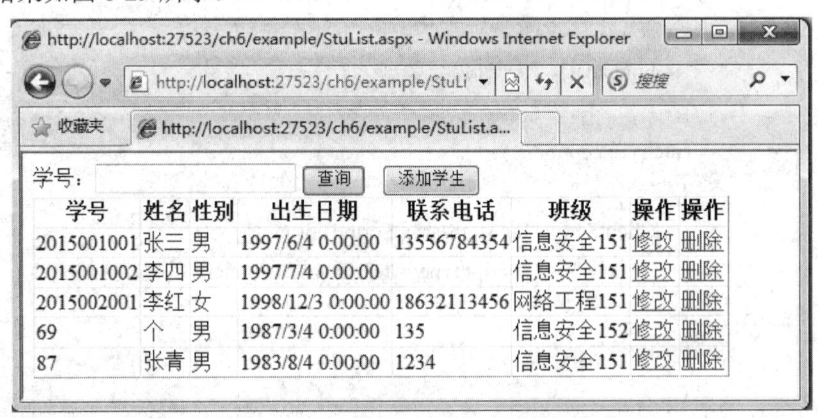

http://localhost:27523/ch6/example/StuList.aspx - Windows Internet Explorer
http://localhost:27523/ch6/example/StuLi
搜搜
收藏夹
http://localhost:27523/ch6/example/StuList.a...
学号：
查询
添加学生
学号 姓名 性别 出生日期 联系电话 班级 操作 操作
2015001001 张三 男 1997/6/4 0:00:00 13556784354 信息安全151 修改 删除
2015001002 李四 男 1997/7/4 0:00:00 信息安全151 修改 删除
2015002001 李红 女 1998/12/3 0:00:00 18632113456 网络工程151 修改 删除
69 个 男 1987/3/4 0:00:00 135 信息安全152 修改 删除
87 张青 男 1983/8/4 0:00:00 1234 信息安全151 修改 删除

图 6-29　学生列表页面运行结果

(4) 在项目中再添加一个页面 addstu.aspx，用于添加和修改学生信息。页面制作如图 6-30 所示。

addstu.aspx
ch6\example\StuList.aspx.cs
StuList.aspx
body
学号：
姓名：
性别：
男
女
电话：
班级：
数据绑定
生出日期：
确定
SqlDataSource - SqlDataSource1

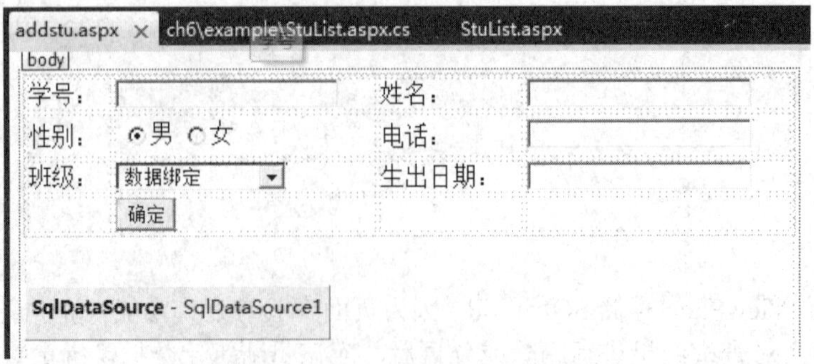

图 6-30　添加和修改学生信息界面

在页面中添加一个 SqlDataSource 控件 SqlDataSource1，用于给班级的下拉列表控件提供数据源，其 SelectCommand 属性设置为“select * from class”。在班级下拉列表控件上设置数据源，方法是单击控件右上方的[>]，从弹出的菜单中选择“选择数据源”，出现如图 6-31 所示的配置界面。

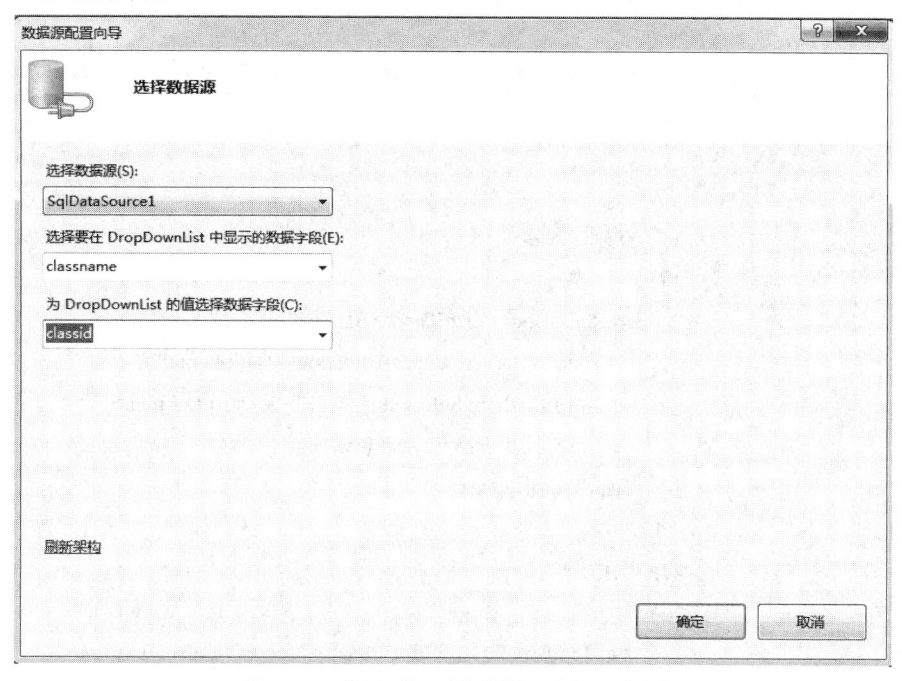

图 6-31　班级下拉列表数据源选择示意图

注意：图中下拉列表中列表项显示的字段是 classname，列表项的值是 classid。也可以在控件的属性中配置或直接在页面代码中设置。

为“确定”按钮添加事件函数。制作好的页面代码如下：

```
<%@  Page Language = "C#" AutoEventWireup = "true" CodeBehind = "addstu.aspx.cs"
                    Inherits ="sqldatasource.ch6.example.addstu" %>


<!DOCTYPE html PUBLIC "-//W3C//DTD XHTML 1.0 Transitional//EN"
          "http://www.w3.org/TR/xhtml1/DTD/xhtml1-transitional.dtd">
<html xmlns = "http://www.w3.org/1999/xhtml">
<head runat = "server">
    <title></title>
 </head>
<body>
    <form id = "form1" runat = "server">
    <div>
        <table class = "style1">
            <tr>
                <td>  学号：</td>
```

```
            <td>
                <asp:TextBox ID = "T_StuNo" runat = "server"></asp:TextBox>
            </td>
            <td> 姓名：</td>
            <td>
                <asp:TextBox ID = "T_StuName" runat = "server"></asp:TextBox>
            </td>
        </tr>
        <tr>
            <td> 性别：</td>
            <td>
                <asp:RadioButtonList ID = "RBL_sex"
                    runat ="server" RepeatDirection = "Horizontal">
                    <asp:ListItem Selected = "True">男</asp:ListItem>
                    <asp:ListItem>女</asp:ListItem>
                </asp:RadioButtonList>
            </td>
            <td> 电话：</td>
            <td>
                <asp:TextBox ID = "T_Tel" runat = "server"></asp:TextBox>
            </td>
        </tr>
        <tr>
            <td> 班级：</td>
            <td>
                <asp:DropDownList ID = "DDL_Class" runat = "server"
                        DataSourceID = "SqlDataSource1"
                    DataTextField = "classname" DataValueField = "classid"
                        Height = "16px" Width = "113px">
                </asp:DropDownList>
            </td>
            <td> 生出日期：</td>
            <td>
                <asp:TextBox ID = "T_birthday" runat = "server"></asp:TextBox>
            </td>
        </tr>
        <tr>
            <td>
                  </td>
```

```
                    <td>
                        <asp:Button ID = "BT_Enter" runat = "server"
                                onclick = "BT_Enter_Click" Text = "确定" />
                    </td>
                    <td>
                          </td>
                    <td>
                          </td>
                </tr>
            </table>
              <asp:SqlDataSource ID = "SqlDataSource1" runat = "server"
                ConnectionString = "Data Source = 127.0.0.1\MSSQLSERVER2014;
                    Initial Catalog = stu; Persist Security Info = True; User ID = sa;
                    Password = 123"
                ProviderName = "System.Data.SqlClient"
                SelectCommand = "SELECT [classid], [classname] FROM [class]">
            </asp:SqlDataSource>
            </div>
        </form>
    </body>
    </html>
```

(5) 编写后台程序代码，如下所示：

```
using System;
using System.Collections.Generic;
using System.Linq;
using System.Web;
using System.Web.UI;
using System.Web.UI.WebControls;
using System.Data.SqlClient;
using System.Web.Configuration;
using System.Data;
namespace sqldatasource.ch6.example
{
    public partial class addstu : System.Web.UI.Page
    {
        protected void Page_Load(object sender, EventArgs e)
        {
            if (!IsPostBack)
            {
```

```
            string connstr = WebConfigurationManager.ConnectionStrings
                              ["stuConnectionString"].ToString();
            //从 web.config 中读取连接字符串
            SqlDataSource1.ConnectionString = connstr;   //为 SqlDataSource 控件设置连接字符
            if (Request.QueryString["op"].ToString().Trim() = = "edit") //修改操作
            {        //读取修改前的数据
                string stuno = Request.QueryString["stuno"].ToString().Trim();
                SqlConnection conn = new SqlConnection();   //创建连接对象
                conn.ConnectionString = connstr;
                SqlDataAdapter sda = new SqlDataAdapter("select * from
                          student where stuno = "+stuno, conn);   //创建 SqlDataAdapter 对象，
                                                                  //同时定义查询命令
                DataSet ds = new DataSet();   //创建数据集
                sda.Fill(ds); //填充数据集
                if(ds.Tables[0].Rows.Count>0) //如果存在数据行
                {    //将数据显示在控件中
                    DataRow dr = ds.Tables[0].Rows[0];   //取出数据行
                    T_StuNo.Text = dr["stuno"].ToString();   //取出字段值
                    T_StuName.Text = dr["stuname"].ToString();
                    T_Tel.Text = dr["tel"].ToString();
                    T_birthday.Text = dr["birthday"].ToString();
                    DDL_Class.SelectedValue = dr["classid"].ToString().Trim();//设置默认选择值
                    RBL_sex.SelectedValue = dr["sex"].ToString().Trim();
                }
            }
        }
    }
    protected void BT_Enter_Click(object sender, EventArgs e)
    {
        SqlConnection conn = new SqlConnection();
        conn.ConnectionString = WebConfigurationManager.ConnectionStrings
                                  ["stuConnectionString"].ToString();
        //读取 Web.config 文件中的连接字符串并设置连接对象的连接字符串属性
        try
        {
            conn.Open(); //根据连接字符串中的信息打开连接
            SqlCommand cmd = new SqlCommand();
            cmd.Connection = conn;   //设置 Command 对象关联的连接对象
            if (Request.QueryString["op"] = = "add") //如果是添加信息
            {
```

```
                cmd.CommandText = "insert into student values(@stuno, @stuname, @sex,
                                    @birthday, @tel, @class)";   //定义 Insert 命令
                cmd.Parameters.AddWithValue("@stuno", T_StuNo.Text.Trim());
            }
            else //如果是修改信息
            {
                cmd.CommandText = "update student set stuname = @stuname,
                                    sex =@sex, birthday = @birthday, tel = @tel,
                                    classid =@class where stuno = @stuno"; //定义 update 命令
                cmd.Parameters.AddWithValue("@stuno", Request.QueryString["stuno"].
                                    ToString().Trim());
            }
            cmd.Parameters.AddWithValue("@stuname", T_StuName.Text.Trim());
            cmd.Parameters.AddWithValue("@sex", RBL_sex.SelectedValue.Trim());
            cmd.Parameters.AddWithValue("@birthday", T_birthday.Text);
            cmd.Parameters.AddWithValue("@tel", T_Tel.Text.Trim());
            cmd.Parameters.AddWithValue("@class", DDL_Class.SelectedValue.Trim());
            if(cmd.ExecuteNonQuery() > 0) //执行定义的命令且判断执行结果
            {
                ClientScript.RegisterStartupScript(this.GetType(), "",
                        "<script type = 'text/javascript'> alert('操作成功');
                        window.location = 'stulist.aspx'; </script>");
            }
        }
        catch(Exception   er)
        {
            ClientScript.RegisterStartupScript(this.GetType(), "",
            "<script type = 'text/javascript'>alert('数据库操作失败'); </script>");
        }
        Finally //不管有没有异常都必须执行下面的语句
        {
            if (conn.State = = System.Data.ConnectionState.Open) //连接已打开
            {
                conn.Close();   //关闭连接
            }
        }
    }
  }
}
```

程序要点：

① 修改和添加操作都由此页面实现，通过 Request.QueryString["op"]判断是修改还是添加操作。

② 修改数据时，需要将原值显示在控件中，通过参数 Request.QueryString["stuno"]获取学号值，从数据库中读取数据，显示在控件中。

③ 操作成功后，弹出提示框，并通过 javascript 函数 window.location 跳转到学生列表页面。

④ 页面加载时，给 SqlDataSource 控件的 ConnectionString 属性进行了设置。通过可视化界面对 SqlDataSource 控件进行配置时，连接字符串会写死在页面文件中，当数据库服务器地址、用户名、密码等发生变化时，程序将会出错，因此，在页面加载时通过读取 Web.config 文件中的连接字符串进行更新。也可以在前台页面文件中修改为这种形式：ConnectionString = "<%$ConnectionStrings:stuConnectionString%>"。

运行结果如图 6-32 所示。

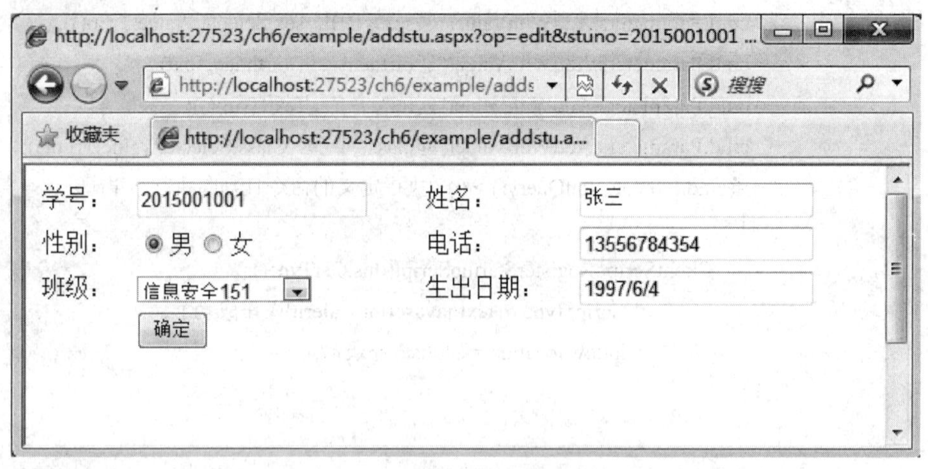

图 6-32　添加修改学生运行结果

上机实训 6　商品信息管理软件开发

一、实验目的

(1) 掌握连接数据库的方法；

(2) 掌握数据源控件的使用；

(3) 掌握使用 ADO.NET 对连接数据库、操作数据库的方法；

(4) 掌握记录集的使用；

(5) 能够设计用户界面，了解多页面之间的业务逻辑关系。

二、实验内容及要求

1) 创建数据库

创建一个数据库 Product，在数据库中创建如表 6-2、表 6-3 和表 6-4 所示的数据表。

表 6-2　商品类型表(ProductType)

字段名称	数据类型	含义	其他说明
TypeID	int	商品类型编号	主键
TypeName	Varchar(100)	商品类型名称	

表 6-3　商品表(Product)

字段名称	数据类型	含义	其他说明
ProductID	Char(15)	商品编号	主键
ProductName	Varchar(200)	商品名称	
brand	Varchar(100)	商标	
model	Varchar(100)	型号	
price	money	单价	
Quantity	int	库存数量	
TypeID	int	商品类型编号	外键

表 6-4　用户表(Users)

字段名称	数据类型	含义	其他说明
username	Varchar(50)	用户名	主键
password	Varchar(100)	密码	
departmentname	Varchar(100)	部门名称	

在表中输入一些数据。

2) 设计登录界面

使用 Visual Studio 设计一个如图 6-33 所示的登录界面。

图 6-33　登录界面

用户名和密码存储在数据库的 Users 表中，输入正确后进入商品列表页面。

3) 设计商品列表页面

使用 Visual Studio 设计一个商品列表页面。要求可以根据商品名称或商品编号查询商品，查询结果在本页面中用 GridView 显示，商品名称模糊查找，商品编号精确查找。可以删除商品，在执行查询后再执行删除时，界面上显示的商品应该是查询结果减去被删除商品，而不是表中所有商品。

4) 设计添加或修改商品页面

使用 Visual Studio 设计一个商品添加页面。可以添加或修改商品表中所有的数据项，商品类型使用下拉列表。添加或修改完商品后返回商品列表页面。添加和修改也可以分别设计页面。

三、实验仪器、设备及材料

PC 机一台，安装 Windows 7、VS2010 或 VS2012、SQL Server 软件。

四、实验步骤

参看典型案例 6-1。

习 题 6

一、选择题

1. 当在 Web.config 文件中存储连接字符串时，在前台页面文件中可以通过(　　)访问该连接字符串。

A. <%　%>　　B. <%$　%>

C. <%#　%>　　D. <% =　%>

2. 已知<asp:SqlDataSource ID = "SqlDataSource1" runat = "server"
ConnectionString = "<%$ConnectionStrings:stuConnectionString%>"
ProviderName = "System.Data.SqlClient" SelectCommand = "select * from 学生"
UpdateCommand = "UpdateStu" UpdateCommandType = "StoredProcedure"> ，则 UpdateStu 是(　　)。

A. 数据库名　　B. 数据库表名

C. 存储过程名　　D. 视图名

3. 下面哪一个对象用于与数据源建立连接：(　　)。

A. Command　　B. Connection

C. DataReader　　D. DataAdapter

4. 在 ASP.NET 应用程序中访问 SqlServer 数据库时，需要导入的命名空间为(　　)。

A. System.Data.Oracle　　B. System.Data.SqlClient

C. System.Data.ODBC　　D. System.Data.OleDB

5. 要将存储过程参数@Name 设定为输出参数，则应该设定 SqlParameter 对象的(　　)属性。

A. DirectionB. SqlDbType

C. ValueD. Size

6. 在包含多个表的 DataTable 对象的 DataSet 中，可以使用(　　)对象来使一个表和另一个表相关。

A. DataRelationB. Collections

C. DataColumn　D. DataRows

7. 下面 SqlComand 对象方法中，可以连接执行 Transact-SQL 语句并返回受影响行数的是(　　)。

A. ExecuteReaderB. ExecuteScalar

C. ConnectionD. ExecuteNonQuery

8. 使用 SqlDataSource 控件可以访问的数据库不包括以下的(　　)。

A. SQL ServerB. Oracle

C. XML　　D. ODBC 数据库

9. 在 ADO.NET 中，对于 Command 对象的 ExecuteNonQuery()方法和 ExecuteReader()方法，下面叙述错误的是(　　)。

A. insert、update、delete 等操作的 Sql 语句主要用 ExecuteNonQuery()方法来执行

B. ExecuteNonQuery()方法返回执行 Sql 语句所影响的行数

C. Select 操作的 Sql 语句只能由 ExecuteReader()方法来执行

D. ExecuteReader()方法返回一个 DataReder 对象

10. 为了执行 SQL 语句“select * from student where id = @id”，必须为 SqlCommand 对象 cmd 添加一个参数，以下不能完成此任务的语句是(　　)。

A. SqlParameter sp = new SqlParameter("@id", "1705");

B. cmd.Parameters.Add("@id", "1705");

C. cmd.Parameters.AddWithValue("@id", "1705");

D. cmd.Parameters.Add(new SqlParameter("@id", "1705"));

11. 以下语句利用 DataSet 对象访问数据，其中不正确的是(　　)。

A. string g = (string)ds.Tables["product"].Rows[5]["name"];

B. string g = (string)ds.Tables[0].Rows[5]["name"];

C. string g = (string)ds.Tables["product"].Rows[5].ItemArray[1];

D. string g = (string)ds.Tables[0].Rows[5];

12. 在使用 DataView 对象进行筛选和排序等操作之前，必须指定一个(　　)对象作为 DataView 对象的数据来源。

A. DataTableB. DataGrid

C. DataRowsD. DataSet

二、简答题

1. DataSet 对象有哪些特点？它与 DataReader 有何不同？

2. 如何在 Web.config 文件中保存连接字符串，如何在程序中访问该字符串？(假设访问 SQL Server 远程服务器 222.18.202.124 的 Student 数据库，用户名/密码为 sa/123。)

3. ADO.NET 中包含哪些对象？它们的作用分别是什么？

4. 如何执行存储过程？

5. 如何防止 SQL 注入攻击？

第 7 章　数据绑定控件

本章要点：

- 了解数据绑定控件的作用
- 掌握 GridView 控件的使用方法
- 掌握 DataList 控件的使用方法
- 掌握 Repeater 控件的使用方法
- 掌握 ListView 控件的使用方法
- 掌握 Chart 控件的使用方法

7.1　数据绑定概述

使用 ADO.NET 对象可以完成对数据库的各种操作，包括查询数据、插入数据、修改数据、更新数据等。查询的结果需要在页面中显示，ASP.NET 提供了丰富的控件用于显示数据，这类显示数据的控件称为数据绑定控件。数据绑定控件大致可分为两类：一是前面所讲的选项类数据列表控件，如 ListBox、DropDownList 控件等，另一类是用于数据展示的数据显示控件，其功能是将数据绑定到这些控件并以一定的格式显示数据，如 GridView、DataList、Repeater、ListView、Chart 等控件。

7.1.1　绑定方式

绑定数据源可以使用数据源控件方式绑定和通过编写程序进行绑定。

1. 使用数据源控件方式绑定

在第 6 章中已经学习了数据源控件 SqlDataSource 的使用，可以把数据源控件中的数据绑定到数据绑定控件中。

【例 7-1】 设计一个如图 7-1 所示的界面。使用控件方式把学生信息绑定到 DropDownList 控件中，显示学生姓名，选择值为学生学号。

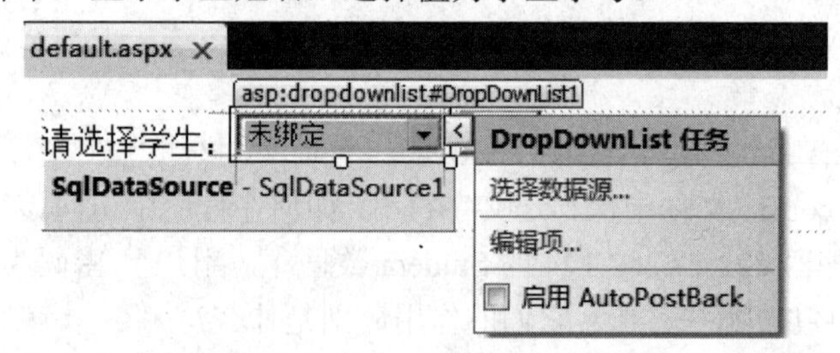

图 7-1　使用数据源控件绑定示意图

首先对 SqlDataSource 控件进行配置，连接到数据库，设置 SelectCommand 属性为“select

* from 学生”。然后对 DropDownList 控件进行绑定，在图 7-1 所示的菜单中选择“选择数据源”，弹出如图 7-2 所示的配置界面。

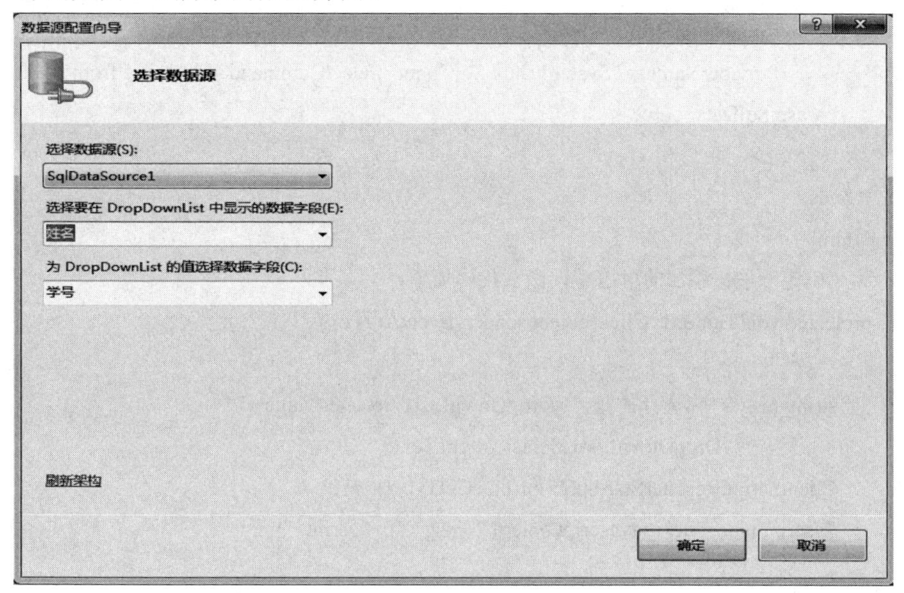

图 7-2　DropDownList 的数据源配置界面

在图 7-2 中，将“选择数据源”设置为“SqlDataSource1”，将“选择要在 DropDownList 中显示的数据字段”设置为“姓名”，将“为 DropDownList 的值选择数据字段”设置为“学号”，点击“确定”完成设置。在设计界面中，双击“确定”按钮添加单击事件函数。

设计好的前台页面代码如下：

```
<%@ Page Language = "C#" AutoEventWireup = "true" CodeBehind = "default.aspx.cs"
Inherits = "ch7._7_1._default" %>
<!DOCTYPE html PUBLIC "-//W3C//DTD XHTML 1.0 Transitional//EN"
"http://www.w3.org/TR/xhtml1/DTD/xhtml1-transitional.dtd">
<html xmlns = "http://www.w3.org/1999/xhtml">
<head runat = "server">
    <title></title>
</head>
<body>
    <form id = "form1" runat = "server">
    <div>
            请选择学生：
        <asp:DropDownList ID = "DropDownList1" runat = "server"
            DataSourceID = "SqlDataSource1" DataTextField = "姓名" DataValueField = "学号"
                        Height = "16px" Width = "102px">
        </asp:DropDownList>
              <asp:Button ID = "Button1" runat = "server" onclick = "Button1_Click"
            Text = "确定" />
```

```
    </div>
    <asp:SqlDataSource ID = "SqlDataSource1" runat = "server"
        ConnectionString = "<%$ConnectionStrings:stuConnectionString %>"
        ProviderName = "System.Data.SqlClient" SelectCommand = "select * from 学生">
    </asp:SqlDataSource>
    </form>
</body>
</html>
```

为“确定”按钮添加的单击事件函数代码如下：

```
protected void Button1_Click(object sender, EventArgs e)
{
    string msg = "你选择的是: "+DropDownList1.SelectedValue +" "+
            DropDownList1.SelectedItem.Text;
    ClientScript.RegisterStartupScript(this.GetType(), " ",
    "<script type = 'text/javascript'>alert('"+msg+"'); </script>");
}
```

运行结果如图 7-3 所示。

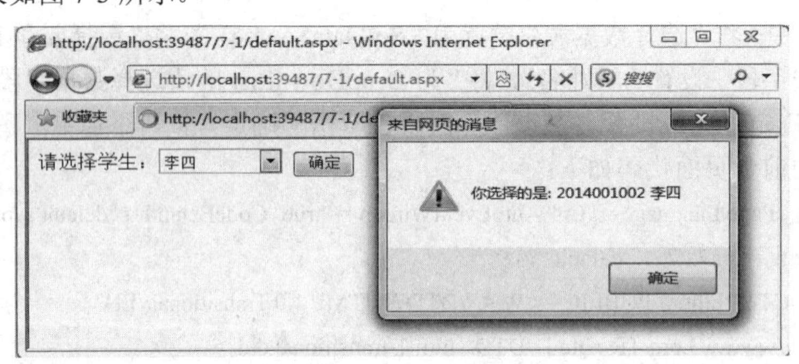

图 7-3 运行结果

2. 编写程序绑定

通过程序方式绑定数据时，应先通过 ADO.NET 对象连接到数据源并读取数据到 DataSet 或 DataReader 对象，然后将数据绑定控件的 DataSource 属性设置为 DataTable 或 DataSet，最后调用数据绑定控件的 DataBind 方法将控件绑定数据源，显示数据源中的数据。

【例 7-2】设计一个如图 7-4 所示的界面。编写程序，把学生信息绑定到 DropDownList 控件中，显示学生姓名，选择值为学生。

图 7-4 通过程序绑定 DropDownList 控件示意图

设计好的页面代码如下：

```
<html xmlns = "http://www.w3.org/1999/xhtml">
```

```
<head runat = "server">
    <title></title>
</head>
<body>
    <form id = "form1" runat = "server">
    <div>
      请选择学生：
<asp:DropDownList ID = "DropDownList1" runat = "server">
 </asp:DropDownList>
<asp:Button ID = "Button1" runat = "server" onclick = "Button1_Click" Text = "确定" />
    </div>
    </form>
</body>
</html>
```

在后台程序代码文件的 Page_Load 函数和“确定”按钮单击事件函数中添加如下代码：

```
protected void Page_Load(object sender, EventArgs e)
{
    if (!IsPostBack)
    {
        stringconnstr = WebConfigurationManager.ConnectionStrings["stuConnectionString"].
                    ToString();  //从 web.config 中读取连接字符串
        SqlConnection conn = new SqlConnection(connstr);  //创建连接对象
        SqlDataAdapter sda = new SqlDataAdapter(
                        "select * from 学生", conn);  //创建 SqlDataAdapter 对象
        DataSet ds = new DataSet();                   //创建数据集
        sda.Fill(ds);
        DropDownList1.DataSource = ds.Tables[0];      //设置数据源
        DropDownList1.DataTextField = "姓名";     //在控件中显示的列
        DropDownList1.DataValueField = "学号";    //控件的选择值列
        DropDownList1.DataBind();
    }
}
protected void Button1_Click(object sender, EventArgs e)
{
    string msg = "你选择的是: " + DropDownList1.SelectedValue + " " +
              DropDownList1.SelectedItem.Text;
    ClientScript.RegisterStartupScript(this.GetType(), "",
             "<script type = 'text/javascript'>alert('" + msg + "'); </script>");
}
```

运行结果与图 7-3 相同。

7.1.2 数据绑定控件的数据源

在数据绑定中，数据源控件、DataReader、DataSet、DataTable、DataView、数组、集合等均可充当数据源。典型案例 6 中，使用了 GridView 控件，其数据源为 DataReader，数据源的数据来自 SQL Server 数据库。

【例 7-3】 将数组中的数据绑定至 ListBox 控件中。

在页面上添加一个 ListBox 控件，取名为 ListBox1，然后在后台程序中输入以下代码：

```
protected void Page_Load(object sender, EventArgs e)
{
    string[] stulist = new string[]{"张三", "李四", "王明"};
    ListBox1.DataSource = stulist;
    DataBind();
}
```

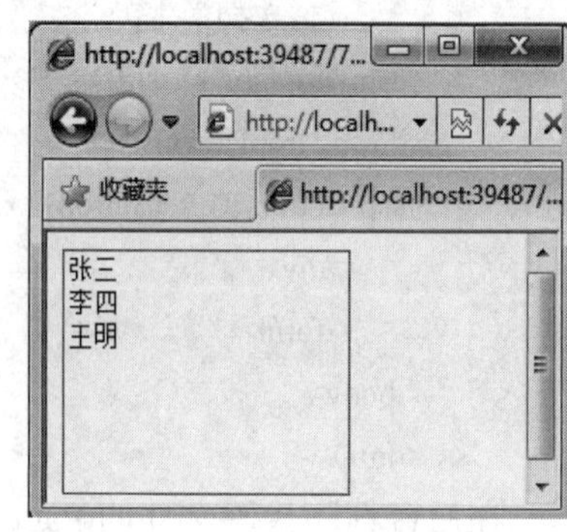

图 7-5 数组作为数据源绑定示例

运行结果如图 7-5 所示。

7.2 GridView 控件

7.2.1 GridView 简介

GridView 是 ASP.NET 功能最强大、最复杂的控件，可以格式化并显示数据库的记录，可以对记录进行排序、分页，是 ASP.NET 中使用最多的数据绑定控件。

GridView 控件的常用属性如表 7-1 所示。

表 7-1 GridView 控件的常用属性

属　性	说　明
AutoGenerateColumns	是否为数据源中的每个字段自动创建绑定字段
BackImageUrl	控件背景图像的 URL
Caption	标题行中呈现的文本
GridLines	网络线样式
Columns	列字段的集合
Rows	数据行的集合
ShowFooter	是否在控件中显示脚注行
ShowHeader	是否在控件中显示标题行

GridView 控制常用的样式属性如表 7-2 所示。

表 7-2　GridView 控制常用的样式属性

属　性	说　明
RowStyle	设置数据行的样式
AlternatingRowStyle	设置交替数据行的样式
EditRowStyle	设置正在编辑行的样式
SelectRowStyle	设置选中行的样式
PagerStyle	设置页导航行的样式
HeaderStyle	设置标题行的样式
FooterStyle	设置脚注行的样式

7.2.2　GridView 绑定数据源

对 GridView 进行数据绑定有两种方法，一种是通过编写代码设置 GridView 控件的 DataSource 属性，然后调用 DataBind()方法。另一种是通过可视化界面使用控件 DataSource 连接数据源，再把 GridView 控件的 DataSourceID 属性设置为 DataSource 控件的 ID。在 GridView 的 AutoGenerateColumns 属性设置为 true 的情况下，会自动根据数据源产生数据列，如果 AutoGenerateColumns 属性为 false，必须对每一列进行定义。

1. 通过编写代码进行绑定

【例 7-4】 通过编写代码将学生信息显示在 GridView 控制中，并设置标题和样式。

在设计页面中添加一个 GridView 控件 GridView1，设置 Caption 属性为“学生信息表”，切换到“源”视图，可以看到如下代码：

```
<html xmlns = "http://www.w3.org/1999/xhtml">
<head runat = "server">
    <title></title>
</head>
<body>
    <form id = "form1" runat = "server">
        <asp:GridView ID = "GridView1" runat = "server" DataKeyNames =
                        "学号" Caption = "学生信息表">
        </asp:GridView>
    </form>
</body>
</html>
```

然后在后台程序添加如下代码：

```
protected void Page_Load(object sender, EventArgs e)
{   if (!IsPostBack)
    {   stringconnstr = WebConfigurationManager.ConnectionStrings["stuConnectionString"].
                    ToString();   //从 Web.config 中读取连接字符串
```

```
            SqlConnection conn = new SqlConnection(connstr);    //创建连接对象
            SqlDataAdapter sda = new SqlDataAdapter("select * from 学生", conn);  //创建 SqlDataAdapter
                                        //对象，同时定义查询命令，设置关联的连接对象
            DataSet ds = new DataSet();   //创建数据集
            sda.Fill(ds);                 //填充数据集
            GridView1.DataSource = ds.Tables[0];   //将数据集的第 1 个 DataTable 作为 GridView
                                          //控件的数据源
            GridView1.DataBind();   //将数据源绑定到 GridView 控件
        }
    }
```

运行结果如图 7-6 所示。

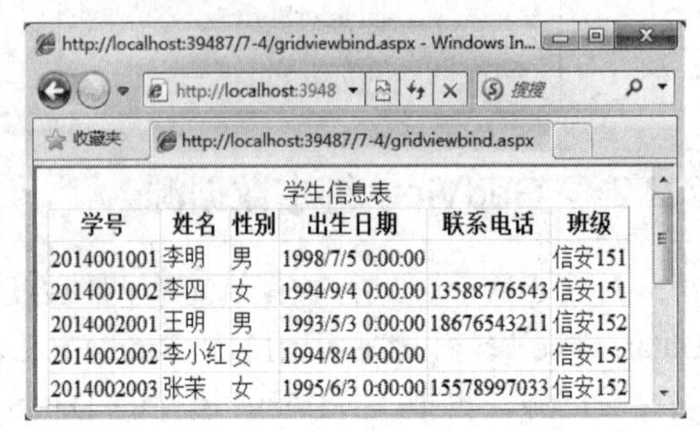

图 7-6 绑定 GridView 结果

从程序可以看出，绑定 GridView 控件的过程是先打开数据库，并从数据库中检索记录到 DataSet 中(当然也可以检索到 DataReader 中)，然后将 DataSet 中的 DataTable 赋给 GridView 控件的 DataSource 属性，并在控件上调用 DataBind() 方法。给 GridView 设置了 DataKeyNames 属性，它是给 GridView 设置行标记，一般采用数据库的主键，当在 GridView 中执行修改或删除操作数据时，可以通过它知道需要修改或删除的是哪一行。

在默认情况下，GridView 控件是以有线表格的形式显示数据，并且没有任何美观修饰。可以通过设置 GridLines 属性修改单元格的外观，可以通过 BackColor 设置 GridView 的背景色，通过 Caption 属性设置标题。但是，作为一个软件系统，应该有一个统一的风格，所以应该使用样式表对界面风格进行统一控制，GridView 中各种标签的 CssClass 属性用于设置样式表，代码如下所示：

```
<html xmlns = "http://www.w3.org/1999/xhtml">
<head id = "Head1" runat = "server">
    <title></title>
    <link href = "../css/data.css" rel = "stylesheet" type = "text/css" />
</head>
<body>
    <form id = "form1" runat = "server">
    <asp:GridView ID = "GridView1" runat = "server" AutoGenerateColumns = "true"
        CssClass = "tableList" DataKeyNames = "学号" Caption = "学生信息表" >
        <HeaderStyle CssClass = "thTitle" />
    </asp:GridView>
    </form>
</body>
</html>
```

代码中，通过<link>标记引入了样式表文件 data.css。data.css 中包含有以下内容：

```
body{margin:0; background:#F2F5F9; font-size:12px; color:#000;   font-family:"宋体", Arial,
        Helvetica, sans-serif; }
.tableList{border:1px solid #B7BEC4; margin-bottom:10px; }
.tableList td, .tableList th{border:1px solid #B7BEC4; line-height:27px; padding:0 5px; text-align:left; }
.tableList label{vertical-align:middle; margin:0 5px; cursor:pointer; }
.thTitle{height:28px; background:url(../images/title_bg.jpg) repeat-x 0 -30px; }
```

注意：GridView 控件在浏览器中显现时转换成了 Table，所以样式表中实际上是对 Table 样式的设置。

使用样式表的运行结果如图 7-7 所示。

http://localhost:39487/7-4/gridviewbind.aspx

学生信息表

学号	姓名	性别	出生日期	联系电话	班级
2014001001	李明	男	1998/7/5 0:00:00		信安151
2014001002	李四	女	1994/9/4 0:00:00	13588776543	信安151
2014002001	王明	男	1993/5/3 0:00:00	18676543211	信安152
2014002002	李小红	女	1994/8/4 0:00:00		信安152
2014002003	张茉	女	1995/6/3 0:00:00	15578997033	信安152

图 7-7　GridView 使用样式表运行结果

2. 使用控件进行绑定

使用控件进行绑定有多种方式，可以分别把 GridView 和 DataSource 控件放入页面中，然后用 DataSource 控件连接数据源，把 GridView 的 DataSourceID 设为 DataSource 的 ID。还有一种更加简易的方法进行数据绑定，在 Visual Studio 的服务器资源管理器中连接到数据库，将数据表直接拖动到页面上，会自动出现 GridView 控件和 SqlDataSource 控件，如图 7-8 所示。

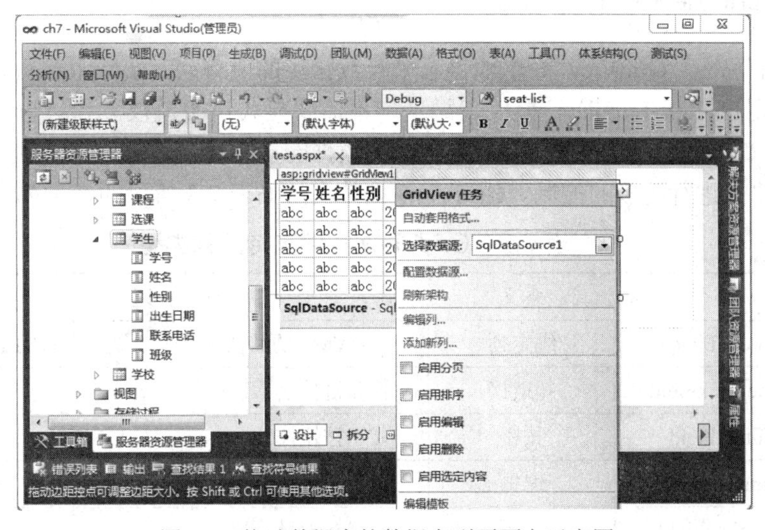

图 7-8　拖动数据库的数据表到页面上示意图

这里可以启用分页、排序、编辑、删除、选定内容功能，还可以使用自动套用格式美化 GridView 的外观。自动套用格式的界面如图 7-9 所示。

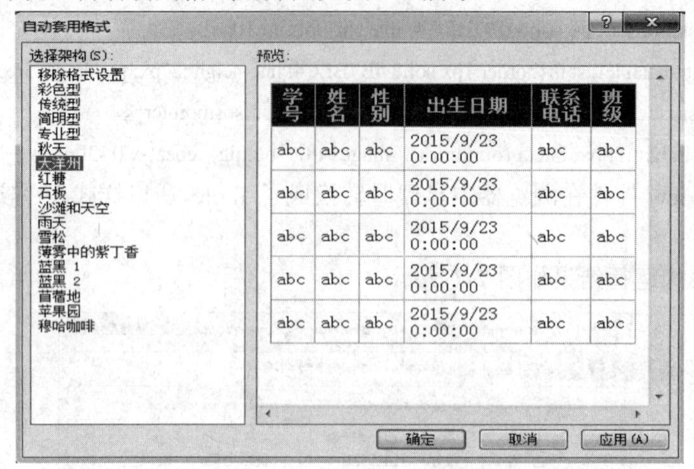

图 7-9　GridView 自动套用格式的页面

使用控件绑定的运行结果如图 7-10 所示。

http://localhost:39487/test.aspx - Windows Internet Explorer

学号	姓名	性别	出生日期	联系电话	班级
2014001001	王明	男	1998/7/5 0:00:00	13356784338	信安151
2014001002	李四	女	1994/9/4 0:00:00	13588776543	信安151
2014002001	王明	男	1993/5/3 0:00:00	18676543211	信安152
2014002002	李小红	女	1994/8/4 0:00:00	137453453455	信安152
2014002003	姓名1	男	1994/6/4 0:00:00		信安152
2014002004	姓名2	男	1994/7/4 0:00:00		信安152

图 7-10　使用控件绑定运行结果

7.2.3　在 GridView 控件中创建列

在默认情况下，GridView 简单地显示来自数据源的所有列，实际上是数据源中的所有列自动地使用户 ItemTemplate 模板来显示，不需要显式声明模板。当然也可以通过设置 AutoGenerateColumns 的属性为 False 来自定义数据的显示格式，可以单独地创建每个列和对列的显示格式进行更多的控制。GridView 控件支持如表 7-3 所示的 5 种列类型。

表 7-3　GridView 控件支持的列类型

列类型	含义	描　述
BoundField	绑定列	GridView 的默认列，用于显示记录的字段
HyperLinkField	超链接	作为链接显示记录的字段
ButtonField	按钮	显示按钮控件
CommandField	编辑	显示编辑命令(Edit Update Cancel)
TemplateField	模板	使用模板显示记录

这些列类型是作为 GridView 的子控件，其声明代码必须在 GridView 控件内部，并且在标识符号<Columns>和</Columns>之间，例如：

```
<asp:GridView ID = "GridView1" runat = "server" AutoGenerateColumns = "False"
                    DataKeyNames = "学号"  DataSourceID = "SqlDataSource1">
    <Columns>
        <asp:BoundField DataField = "学号" HeaderText = "学号"/>
        <asp:BoundField DataField = "姓名" HeaderText = "姓名"/>
    </Columns>
</asp:GridView>
```

上面的代码中，DataField 和 HeaderText 是 BoundField 的属性，属性之间用空隔分开。

1. 添加 BoundField 列

GridView 控件使用的默认列是 BoundField 列，通过数据源控件 SqlDataSource 等对 GridView 进行绑定可以自动产生 BoundField，可以在代码中调整列的顺序，设置列的属性。BoundField 的属性如表 7-4 所示。

表 7-4　BoundField 的属性

属性	描　述
DataField	由 BoundField 显示的来自数据源的字段
DataFormatString	格式化 DataField 中显示的字符串
FooterText	显示在 BoundField 列底部的文本，即列的脚注
HeaderImageUrl	在 BoundField 列顶部显示的图片
HeaderText	显示在 BoundField 列顶部的文本，即列标题

其中，DataFormatString 属性用来控制字符的显示格式。例如，DataFormatString = "{0:D}" 表示以中文格式显示日期列。DataFormatString 属性的常用选项值如表 7-5 所示。

表 7-5　DataFormatString 属性的常用选项值

字符	显示格式	字符	显示格式
C	货币格式	F	固定格式
N	数字分节	G	常规格式
D	十进制或日期	X	十六进制
E	科学计数量		

【例 7-5】 在 GridView 中显示学生表的数据，只显示学号、姓名、出生日期，其中出生日期以“xxxx 年 xx 月 xx 日”格式显示。要求在 GridView 中显示脚注行。

选中 GridView 控件，修改 ShowFooter 属性为“True”，在 GridView 控件的右上方单击 ▷ 图标，从弹出的菜单中选择“编辑列”，弹出如图 7-11 所示的界面。

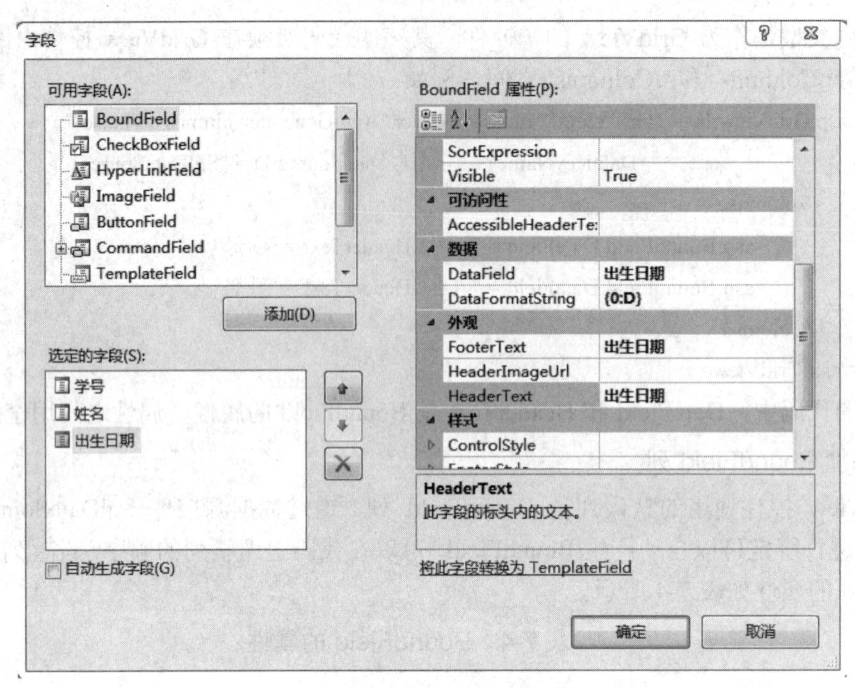

图 7-11 列编辑示意图

添加三个 BoundField 列，对 BoundField 的 DataField、HeaderText 和 FooterText 属性进行设置，其中出生日期列的 DataFormatString 属性设置为“{0:D}”。设计好的前台页面代码如下：

```
<html xmlns = "http://www.w3.org/1999/xhtml">
<head runat = "server">
    <title></title>
    <link href = "../css/data.css" rel = "stylesheet" type = "text/css" />
</head>
<body>
    <form id = "form1" runat = "server">
            <asp:GridViewID = "GridView1"runat = "server" AutoGenerateColumns = "False"
DataKeyNames = "学号" CssClass = "tableList" ShowFooter = "True">
            <HeaderStyle CssClass = "thTitle" />
            <FooterStyle CssClass = "thTitle" />
        <Columns>
            <asp:BoundField DataField = "学号" HeaderText = "学号" FooterText = "学号" />
            <asp:BoundField DataField = "姓名" HeaderText = "姓名" FooterText = "姓名" />
            <asp:BoundField DataField = "出生日期" HeaderText = "出生日期"
                        DataFormatString = "{0:D}" FooterText = "出生日期" />
        </Columns>
        </asp:GridView>
```

```
    </form>
</body>
</html>
```

然后编写代码绑定数据源，代码与例 7-4 的 Page_Load 函数完全一致。运行结果如图 7-12 所示。

图 7-12　Bound 列示例

2. 添加 HyperLinkField 列

HyperLinkField 在 GridView 控件中显示一个超链接列，用于跳转到其他页面，一般情况下带有参数。HyperLinkField 控件的常用属性如表 7-6 所示。

表 7-6　HyperLinkField 的常用属性

属性	描　述
DataNavigateUrlFields	来自 GridView 控件的数据源的字段，是 DataNavigateUrlFormatString 中的参数
DataNavigateUrlFormatString	格式化 DataNavigateUrlFields 值的字符串，是一个带有参数的 URL 地址
DataTextField	来自 GridView 控件的数据源的字段，用于超链接标签上显示的文本
DataTextFormatString	格式化 DataTextField 值的字符串
NavigateUrl	超链接 Url
Target	超链接指向的窗口或框架
FooterText	显示在 HyperLinkField 列底部的文本，即列的脚注
HeaderImageUrl	在 HyperLinkField 列顶部显示的图片
HeaderText	显示在 HyperLinkField 列顶部的文本，即列标题
Text	作为超链接标签显示的文本，这里是一个固定值

【例 7-6】 数据库中有一个订单表和订单细节表，表结构如下：

订单(订单编号、下单时间、客户姓名、联系电话、总价)

订单详情(编号，商品名称、商标、型号、价格、单位、数量，订单编号)

设计一个页面显示订单列表，按下单时间降序排列，在列表中设计一个“查看详情”的超链接列，通过它可以查看订单的详情。

在页面中添加GridView控件，然后编辑列，添加5个ButtonField(也可以使用DataSource控件自动产生，见7.2.2节)和1个HyperLinkField字段，如图7-13所示。

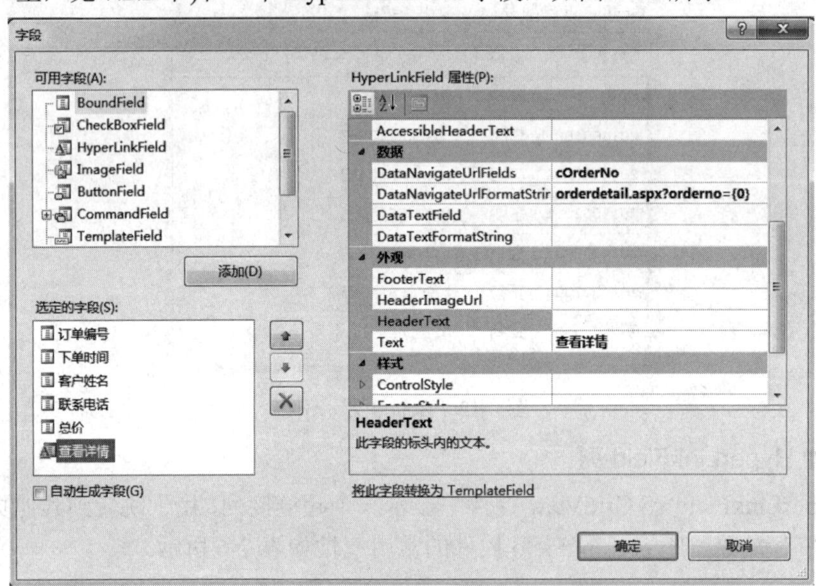

图 7-13　添加 HperLinkField 字段示意图

图7-13中对HperLinkField字段的DataNavigateUrlFields、DataNavigateUrlFormatString、Text属性进行了设置。DataNavigateUrlFormatString属性用于设置URL地址，其中，“?”后是URL参数，参数值为“{0}”，表示参数值来自DataNavigateUrlFields的第1个域，即cOrderNo字段。如果要传多个参数可使用如下形式：

```
DataNavigateUrlFormatString = "p1.aspx?参数 1 = {0}&参数 2 = {1}"
DataNavigateUrlFields = "字段 1, 字段 2"
```

Text属性设置的是超链接上显示的文本，如果显示的文本要为数据字段的值，则应把数据字段名称设置在DataTextField属性上。

前台页面代码如下:

```
<%@ Page Language = "C#" AutoEventWireup = "true" CodeBehind = "OrderList.aspx.cs"
                        Inherits = "ch7._7_6.OrderList" %>
<!DOCTYPE html PUBLIC "-//W3C//DTD XHTML 1.0 Transitional//EN"
            "http://www.w3.org/TR/xhtml1/DTD/xhtml1-transitional.dtd">
<html xmlns = "http://www.w3.org/1999/xhtml">
<head runat = "server">
    <title></title>
    <link href = "../css/data.css" rel = "stylesheet" type = "text/css" />
```

```
</head>
<body>
    <form id = "form1" runat = "server">
    <div>
        <asp:GridView ID = "GridView1" runat = "server" AutoGenerateColumns = "False"
        DataKeyNames = "cOrderno"   CssClass = "tableList"
        EmptyDataText = "没有可显示的数据记录。">
          <HeaderStyle CssClass = "thTitle" />
        <Columns>
            <asp:BoundField DataField = "cOrderno" HeaderText = "订单编号" />
            <asp:BoundField DataField = "dOrderTime" HeaderText = "下单时间" />
            <asp:BoundField DataField = "cCustomername" HeaderText = "客户姓名"/>
            <asp:BoundField DataField = "cTel" HeaderText = "联系电话"   />
            <asp:BoundField DataField = "mTotal" HeaderText = "总价"   />
            <asp:HyperLinkField DataNavigateUrlFields = "cOrderNo"
                DataNavigateUrlFormatString = "orderdetail.aspx?orderno = {0}"
                                        Text = "查看详情"/>
        </Columns>
      </asp:GridView>
    </div>
    </form>
</body>
</html>
```

编写数据绑定代码如下：

```
protected void Page_Load(object sender, EventArgs e){
    if (!IsPostBack)
    {
        string connstr = WebConfigurationManager.ConnectionStrings["stuConnectionString"].
                                ToString();  //从 web.config 中读取连接字符串
        SqlConnection conn = new SqlConnection(connstr);  //创建连接对象
        SqlDataAdapter sda = new SqlDataAdapter("select top 1000 * from orders order
                by dordertime desc", conn);  //创建 SqlDataAdapter 对象，定义按下单时间
                                        //排序的 Select 语句，最多返回 1000 行数据
        DataSet ds = new DataSet();  //创建数据集
        sda.Fill(ds);  //填充数据集
        GridView1.DataSource = ds.Tables[0];
        GridView1.DataBind();
    }
}
```

运行结果如图 7-14 所示。

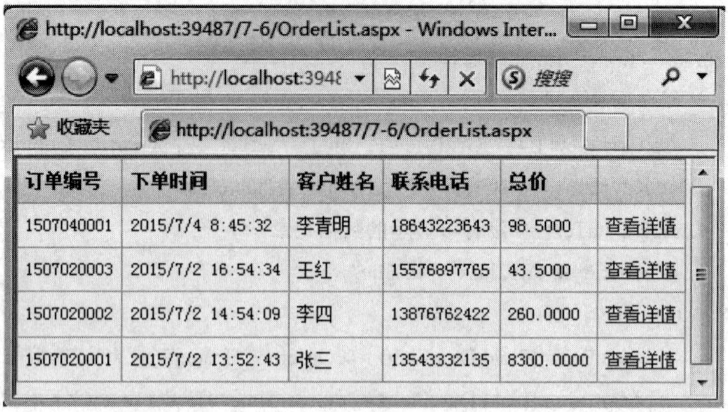
http://localhost:39487/7-6/OrderList.aspx - Windows Inter...
http://localhost:3948
搜搜
收藏夹
http://localhost:39487/7-6/OrderList.aspx
订单编号 下单时间 客户姓名 联系电话 总价
1507040001 2015/7/4 8:45:32 李青明 18643223643 98.5000 查看详情
1507020003 2015/7/2 16:54:34 王红 15576897765 43.5000 查看详情
1507020002 2015/7/2 14:54:09 李四 13876762422 260.0000 查看详情
1507020001 2015/7/2 13:52:43 张三 13543332135 8300.0000 查看详情

图 7-14　订单列表页面

在 GridView 中点击超链接“查看详情”，进入订单详情页面。订单详情页通过 URL 的参数获取订单编号，根据订单编号查询订单详情，后台程序代码如下：

```
protected void Page_Load(object sender, EventArgs e)
{
    if (!IsPostBack)
    {
        if(Request.QueryString["orderno"] = = null)
        {
            return ;
        }
        L_OrderNo.Text = Request.QueryString["orderno"].ToString();
        //获取 Url 中的参数 orderno 的值，它是订单列表页传送过来的订单编号
        string sql = "select   * from orderdetail where cOrderNo = orderno";
        //根据订单编号查询订单详情
        stringconnstr = WebConfigurationManager.ConnectionStrings["stuConnectionString"].
                    ToString();  //从 web.config 中读取连接字符串
        SqlConnection conn = new SqlConnection(connstr);  //创建连接对象
        SqlDataAdapter sda = new SqlDataAdapter(sql, conn);  //创建 SqlDataAdapter 对象
        SelectCommand.Parameters.AddWithValue("@orderno", Request.QueryString["orderno"].
                ToString().Trim());  //将订单编号值赋给 Select 语句中的参数@orderno。
        DataSet ds = new DataSet();  //创建数据集
        sda.Fill(ds);  //填充数据集
        GridView1.DataSource = ds.Tables[0];  //设置数据源
        GridView1.DataBind();  //绑定数据源
    }
}
```

运行结果如图 7-15 所示。

图 7-15　订单详情页

通过超链接传参数存在一些安全问题，用户可以直接在浏览器中更改 Url 地址中的参数值来访问其他本不允许访问的数据，因此需要页面中有安全性控制，比如用 Session 记录登录用户的编号，在每个页面中判断这个用户是否有权限访问这个数据。也可以对 URL 参数加密，或者使用 Post 方法传参。

3. 添加 ButtonField 列

ButtonField 用于显示自定义的按钮，实现某种自定义动作。当单击按钮时，会引发 RowCommand 事件，ButtonField 列的常用属性如表 7-7 所示。

表 7-7　ButtonField 列的常用属性

属　　性	描　　述
ButtonType	设置按钮类型，取值为 Button、Image 或 Link
Text	设置在按钮上显示的文本
DataTextField	设置按钮上显示的文本来源于数据源中的哪个数据项
ImageUrl	设置在按钮上显示的图像
CommandName	设置与按钮关联的命令名称

【例 7-7】 数据库中有一个订单表和订单细节表，设计一个页面显示订单列表，按时间降序排列，在列表中设计一个“查看详情”的 ButtonField 列，通过它可以查看订单的详情。

此例与例 7-6 完成的功能是相同的，可以在例 7-6 的基础上进行修改，在订单列表页上添加一个 ButtonField 列，CommandName 属性设置为“showdetail”，ButtonType 属性设置为“Image”，ImageUrl 设置图片路径。在 GridView 中添加 RowCommand 事件函数，函数代码如下：

```
protected void GridView1_RowCommand(object sender, GridViewCommandEventArgs e){
    string orderno = GridView1.DataKeys[Convert.ToInt32(e.CommandArgument)]. Value.ToString()
                    .Trim(); //获取行的 DataKeys 值，由 GridView 的 DataKeyNames 属性设置
    if (e.CommandName = = "showdetail") //如果是查看详情按钮
    {
        Response.Redirect("orderdetail.aspx?orderno = " + orderno);
         //跳转到查看详情页，同时将订单编号作为参数用 Get 方式传递
    }
}
```

运行结果如图 7-16 所示。

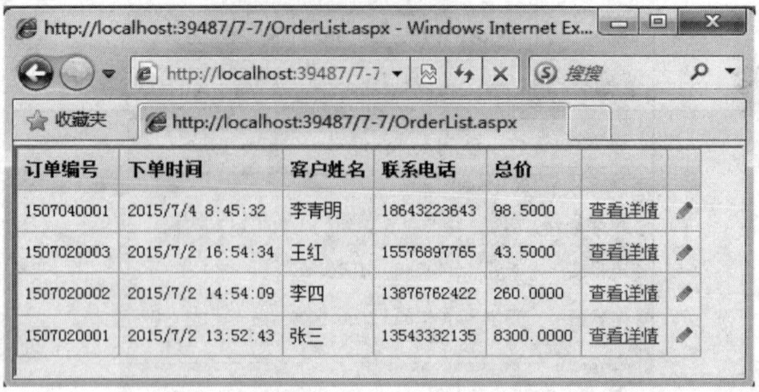

图 7-16 添加 ButtonField 的订单列表

图中最右边的图标是本例添加的 ButtonField，点击它与点击“查看详情”的效果是相同的。

4. 添加 CommandField 列

CommandField 用于显示 GridView 内置的按钮，包括编辑、更新、删除或选择操作。显示按钮后，即可通过该按钮完成相应的操作。CommandField 的常用属性如表 7-8 所示下。

表 7-8 CommandField 控件属性

属　性	描　述
ButtonType	设置按钮类型。取值为 Button、Image 或 Link
ShowEditButton	设置是否显示编辑按钮
ShowDeleteButton	设置是否显示删除按钮
ShowSelectButton	设置是否显示选择按钮

CommandField 如果与 DataSource 控件配合使用，几乎可以不编写一句代码，如果不使用 DataSource 控件，则需要添加相应的事件代码。当点击 CommandField 中的“编辑”按钮时，会触发 GridView 的 RowEditing 事件；当点击更新按钮时，会触发 RowUpdating 事件；当点击删除按钮时，会触发 RowDeleting 事件；当点击取消按钮时，会触发 RowCancelingEdit 事件。

【例 7-8】 自动添加 CommandField 列。

将服务器资源管理器中的学生数据表拖动到页面中，从弹出的窗口中将“启用编辑”和“启用删除”选中，调整列的顺序即可。运行效果如图 7-17 所示。

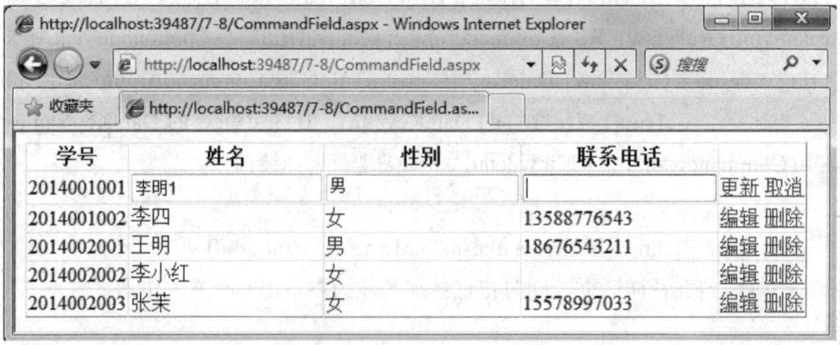

图 7-17 使用 CommandField 的运行结果

在图 7-7 中点击“编辑”后，将在 GridView 控件中出现编辑框，点“更新”后完成更新。图中所示“学号”列不能编辑是因为此列的 ReadOnly 属性设置为“True”，学号是表的主键，它是执行更新和修改操作的条件，因此不要让用户编辑这列数据，否则更新可能失败。

注意：当数据库中的数据表没有设置主键时，无法自动生成 CommandField 列。

通过这种方式大大减少了编写代码的工作量，实际上是自动对 DataSource 控件设置了 DeleteCommand、InsertCommand、UpdateCommand 属性和相关参数。但这种方法主要用于对一张数据表的修改删除操作，修改方式为文本框，适应于字段数据类型为字符型且字段数目较少的数据表。

如果要不使用自动产生的 CommandField，可以通过编辑 GridView 的列添加一个 CommandField，然后在 GridView 上添加相关事件的处理函数。

【例 7-9】 手动添加 CommandField 列。

在页面中添加一个 GridView 控件 GridView1，选中 GridView 后通过右上角的按钮进入编辑列，根据需要为 GridView 添加多个 BoundField 列和 2 个 CommandField 列，设置 BoundField 的 DataField 和 HeaderText 属性。第 1 个 CommandField 的 ShowEditButton 属性设置为 Ture，第 2 个 CommandField 的 ShowDeleteButton 属性设置为 Ture。设置 GridView 的 DataKeyNames 为数据源的主键。给 GridView 添加 RowEditing、RowUpdating、RowCancelingEdit、RowDeleting 事件处理函数。

设计好的前台页面代码如下：

```
<%@Page Language = "C#" AutoEventWireup = "true"
                CodeBehind = "CommandField2.aspx.cs"
                 Inherits = "ch7._7_9.CommandField2" %>
<!DOCTYPE html PUBLIC "-//W3C//DTD XHTML 1.0 Transitional//EN"
        "http://www.w3.org/TR/xhtml1/DTD/xhtml1-transitional.dtd">
<html xmlns = "http://www.w3.org/1999/xhtml">
<head runat = "server">
    <title></title>
</head>
<body>
    <form id = "form1" runat = "server">
    <div>
            <asp:GridView ID = "GridView1" runat = "server" AutoGenerateColumns = "False"
                    DataKeyNames = "学号" EmptyDataText = "没有可显示的数据记录。"
            onrowdeleting = "GridView1_RowDeleting"
            onrowupdating = "GridView1_RowUpdating"
            onrowcancelingedit = "GridView1_RowCancelingEdit"
            onrowediting = "GridView1_RowEditing">
            <Columns>
          <asp:BoundField DataField = "学号" HeaderText = "学号" ReadOnly = "True" />
```

```
                <asp:BoundField DataField = "姓名" HeaderText = "姓名" />
                <asp:BoundField DataField = "性别" HeaderText = "性别" />
                <asp:BoundField DataField = "联系电话" HeaderText = "联系电话"/>
                <asp:CommandField ShowEditButton = "True" />
                <asp:CommandField ShowDeleteButton = "True" />
            </Columns>
        </asp:GridView>
    </div>
    </form>
</body>
</html>
```

后台程序代码如下：

```
using System;
using System.Collections.Generic;
using System.Linq;
using System.Web;
using System.Web.UI;
using System.Web.UI.WebControls;
using System.Data.SqlClient;
using System.Web.Configuration;
using System.Data;
namespace ch7._7_9
{
    public partial class CommandField2 : System.Web.UI.Page
    {
        protected void Page_Load(object sender, EventArgs e)
        {
            if (!IsPostBack)
            {
                binddata();  //调用自定义的 GridView 数据绑定函数
            }
        }
        //自定义的一个函数，用于对 GridView 进行数据源绑定
        protected void binddata()
        {
            stringconnstr = WebConfigurationManager.ConnectionStrings["stuConnectionString"].
                            ToString();   //从 web.config 中读取连接字符串
            SqlConnection conn = new SqlConnection(connstr);  //创建连接对象
```

```
    SqlDataAdapter sda = new SqlDataAdapter("select * from 学生", conn);
                    //创建 SqlDataAdapter 对象
    DataSet ds = new DataSet();   //创建数据集
    sda.Fill(ds);
    GridView1.DataSource = ds.Tables[0];
    GridView1.DataBind();
}
//点击“删除”按钮时执行的事件函数
protectedvoidGridView1_RowDeleting(objectsender, GridViewDeleteEventArgs e)
{
    stringstrconn = Convert.ToString(WebConfigurationManager.
                    ConnectionStrings ["stuConnectionString"]);
    SqlConnection conn = new SqlConnection(strconn);
    conn.Open();
    SqlCommand cmd = new SqlCommand("delete from 学生 where 学号 = @stuno",
                    conn);   //定义删除命令
    SqlParameterparam = newSqlParameter("@stuno", GridView1.DataKeys[e.RowIndex].
                    Value);   //创建一个参数对象，用于给 delete 语句中的参数赋值，
                        //值来源于 GridView 的当前事件所在行的 DataKeys 值。
    cmd.Parameters.Add(param);   //将参数对象加入命令对象的参数集合中。
    try
    {
        cmd.ExecuteNonQuery();   //执行 SqlCommand 属性定义的命令
        binddata();   //调用自定义的 GridView 数据绑定函数
    }
    catch (SqlException ex)
    {
        ClientScript.RegisterStartupScript(this.GetType(), "",
                    "<script type = 'text/javascript'>alert('删除失败'); </script>");
    }
    finally
    {
        cmd.Connection.Close();   //关闭连接。
    }
}
//点击“更新”按钮时执行的事件函数
protected void GridView1_RowUpdating(object sender, GridViewUpdateEventArgs e)
{
```

```
string strconn = Convert.ToString(WebConfigurationManager.ConnectionStrings
                    ["stuConnectionString"]);
SqlConnection conn = new SqlConnection(strconn);
conn.Open();
SqlCommand cmd = new SqlCommand("update 学生 set 姓名 = @stuname,
            性别= @sex, 联系电话 = @tel where 学号 = @stuno", conn);
cmd.Parameters.Add(new SqlParameter("@stuname",
      ((TextBox)GridView1.Rows[e.RowIndex].Cells[1].
        Controls[0]).Text)); //给 update 语句添加参数，参数值来源于 GridView 的
                        //当前编辑行的第 2 个单元格中的第 1 个控件
cmd.Parameters.Add(new SqlParameter("@sex",
      ((TextBox)GridView1.Rows[e.RowIndex].Cells[2].
        Controls[0]).Text)); //给 update 语句添加参数，参数值来源于 GridView 的
                        //当前编辑行的第 3 个单元格中的第 1 个控件
cmd.Parameters.Add(new SqlParameter("@tel",
      ((TextBox)GridView1.Rows[e.RowIndex].Cells[3]. Controls[0]).Text));
                        //给 update 语句添加参数，参数值来源于 GridView 的
                        //当前编辑行的第 4 个单元格中的第 1 个控件
cmd.Parameters.Add(new SqlParameter("@stuno",
     GridView1.DataKeys[e.RowIndex]. Value.ToString()));
                        //给 update 语句添加参数，参数值来源于 GridView 的
                        //当前编辑行的 DataKey 值
try
{
    cmd.ExecuteNonQuery();
    GridView1.EditIndex = -1;
    binddata();
}
catch (SqlException ex)
{
    ClientScript.RegisterStartupScript(this.GetType(), "",
          "<script type = 'text/javascript'>alert('修改失败'); </script>");
}
finally
{
    conn.Close();   //关闭连接
}
}
```

```
    //点击“编辑”按钮时的事件函数
    protected void GridView1_RowEditing(object sender, GridViewEditEventArgs e)
    {
        GridView1.EditIndex = e.NewEditIndex;   //设置要编辑的行的索引
        binddata();
    }
    protected void GridView1_RowCancelingEdit(object sender,
                         GridViewCancelEditEventArgs e)
    {
        GridView1.EditIndex = -1;   //编辑的行的索引设为-1，表示没有编辑行
        binddata();
    }
  }
}
```

运行结果与例 7-8 的结果相同，如图 7-17 所示。

5. 添加 TemplateField 列

在 GridView 中，除了能使用以上所说的 BoundField、HyperLinkField、ButtonField、CommandField 列以外，还有一个重要的 TemplateField 模板列。在 TemplateField 列中，可以包括大多数 ASP.NET 的常用控件和 HTML 标记，如：DropDownList、CheckBox、RadioButton、TextBox 等，当在 GridView 中需要使用这些常用控件时，必须使用 TemplateField。TemplateField 还可以对数据显示格式进行更有效的控制。

TemplateField 有 5 个模板：ItemTemplate 用于格式化模板列所显示的每个项；AlternatingItemTemplate 用于定义交替项呈现的内容和布局; EditItemTemplate 用于格式化模板被选来编辑的项；HeaderTemplate 用于格式化模板顶部的文本；FooterTemplate 用于格式化模板底部的文本。

```
TemplateField 列声明的典型格式如下：
<asp:TemplateField 属性 ="属性值">
<ItemTemplate>
<center>
<asp:TextBox
    ID = "myname"
    Text = '<%#DataBinder.Eval(Container.DataItem, "stuname")%>'
    Runat = ”Server”>
</asp:TextBox>
</center>
</ItemTemplate>
</asp: TemplateField>
```

从上可见，TemplateField 的 ItemTemplate 是通过如下语句来绑定数据源中的列的：

Text = '<%#DataBinder.Eval(Container.DataItem, "stuname")%>'

还可以是如下的一些绑定形式：

(1) Text = '<%#Eval("stuname")%> '，这种形式是单向(只读)绑定，它是 DataBinder.Eval 的简化版，但只能在模板中使用。

(2) Text = '<%#Bind("stuname")%>'，这种形式是双向(可更新)绑定。

【例 7-10】将学生信息显示在 GridView 中，并添加一列 CheckBox 用于行选择，用 TextBox 显示姓名和联系电话，用 RadioButtonList 显示性别。在界面上添加一个删除按钮和更新按钮，使用户可以删除选中的行和更新 GridView 中的数据。

将 GridView 控件放入页面中，为 GridView 添加 4 个 TemplateField 列和 1 个 BoundField 列的，BoundField 列用于显示学号，4 个 TemplateField 用于显示 CheckBox 选择按钮、姓名、性别、联系电话。点击 GridView 右上角的按钮，从弹出的智能菜单中选择“编辑模板”，如图 7-18 所示。

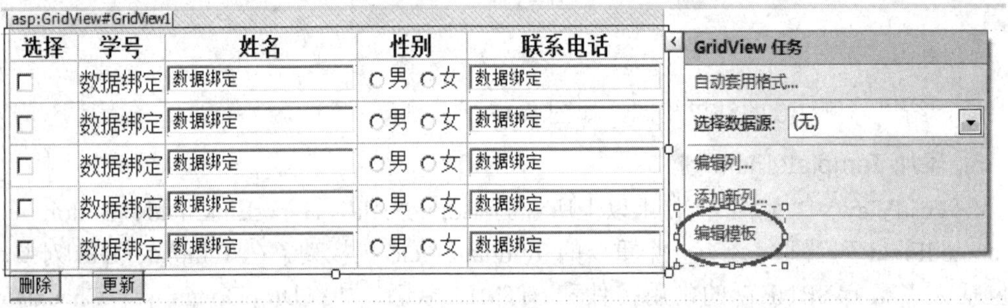

图 7-18 “编辑模板”菜单示意图

进入编辑模板界面，如图 7-19 所示。

图 7-19 编辑模板界面

这里主要对 ItemTemplate 模板进行编辑。从图 7-19 所示的下拉列表中选择要编辑的模板，左边就会出现模板中的内容，这里添加一个 RadioButtonList 控件到模板里，并在控件中添加两个数据项“男”和“女”，编辑好后从智能菜单中选择“结束编辑模板”。

在 GridView 中添加“删除”和“更新”Button 的单击事件处理函数。

设计的前台页面文件如下：

```
<%@ Page Language = "C#" AutoEventWireup = "true" CodeBehind = "templateCheckBox.aspx.cs"
Inherits = "ch7._7_10.templateCheckBox" %>
<!DOCTYPE html PUBLIC "-//W3C//DTD XHTML 1.0 Transitional//EN"
            "http://www.w3.org/TR/xhtml1/DTD/xhtml1-transitional.dtd">
<html xmlns = "http://www.w3.org/1999/xhtml">
<head runat = "server">
    <title></title>
</head>
<body>
<form id = "form1" runat = "server">
<div>
<asp:GridView ID = "GridView1" runat = "server" AutoGenerateColumns = "False"
                DataKeyNames = "学号" EmptyDataText = "没有可显示的数据记录。" >
 <Columns>
  <asp:TemplateField HeaderText = "选择">
        <ItemTemplate>
            <asp:CheckBox ID = "CheckBox1" runat = "server" AutoPostBack = "False" />
        </ItemTemplate>
        <HeaderStyle    Width = "50px" />
  </asp:TemplateField>
  <asp:BoundField DataField = "学号" HeaderText = "学号" ReadOnly = "True"/>
  <asp:TemplateField HeaderText = "姓名">
        <ItemTemplate>
             <asp:TextBox ID = "T_StuName" runat = "server"
                          Text ='<%#Eval("姓名")%>'></asp:TextBox>
        </ItemTemplate>
   </asp:TemplateField>
   <asp:TemplateField HeaderText = "性别">
        <ItemTemplate>
              <asp:RadioButtonList ID = "RBL_Sex" runat = "server"
                    RepeatDirection = "Horizontal" SelectedValue = '<%#Bind("性别")%>'>
              <asp:ListItem>男</asp:ListItem>
              <asp:ListItem>女</asp:ListItem>
               </asp:RadioButtonList>
        </ItemTemplate>
   </asp:TemplateField>
   <asp:TemplateField HeaderText = "联系电话">
        <ItemTemplate>
```

```
                <asp:TextBox ID = "T_Tel" runat = "server"
                Text = '<%#DataBinder.Eval(Container.DataItem, "联系电话")%>'></asp:TextBox>
            </ItemTemplate>
        </asp:TemplateField>
    </Columns>
    </asp:GridView>
    </div>
        <asp:Button ID = "BT_delete" runat = "server" Text = "删除"
            OnClientClick = "javascript:return confirm('确定要删除吗? ')"
            onclick = "BT_delete_Click" />
        <asp:Button ID = "Bt_Update" runat = "server" onclick = "Bt_Update_Click" Text = "更新" />
        </form>
    </body>
    </html>
```

注意：在 TemplateField 列中也要为每一个控件取一个不同的名字，便于区别。

后台程序代码如下：

```
using System;
using System.Collections.Generic;
using System.Linq;
using System.Web;
using System.Web.UI;
using System.Web.UI.WebControls;
using System.Data.SqlClient;
using System.Web.Configuration;
using System.Data;
namespace ch7._7_10
{
    public partial class templateCheckBox : System.Web.UI.Page
    {
        protected void Page_Load(object sender, EventArgs e)
        {
            if (!IsPostBack)
            {
                binddata();
            }
        }
        protected void binddata()
        {
            string connstr = WebConfigurationManager.ConnectionStrings["stuConnectionString"].
```

```
                    ToString();     //从 web.config 中读取连接字符串
    SqlConnection conn = new SqlConnection(connstr);  //创建连接对象
    SqlDataAdapter sda = new SqlDataAdapter("select 学号, 姓名,
                    ltrim(rtrim(性别)) as 性别, 联系电话 from 学生", conn);
                            //创建 SqlDataAdapter 对象
    DataSet ds = new DataSet();  //创建数据集
    sda.Fill(ds);
    GridView1.DataSource = ds.Tables[0];
    GridView1.DataBind();
}
//删除按钮单击事件处理函数
protected void BT_delete_Click(object sender, EventArgs e)
{
    foreach (GridViewRow GR in this.GridView1.Rows) //遍历 GridView 的每一行
    {
        CheckBox CB = (CheckBox)GR.FindControl("CheckBox1"); //在 GridView 的行中寻
                        //找名称为"CheckBox1"的控件，并转换为 CheckBox
        if (CB.Checked) //CheckBox 如果选中
        {
            string stuno = GridView1.DataKeys[GR.RowIndex].
                        Value.ToString(); //获取行的 DataKey 值
            string strconn = Convert.ToString(WebConfigurationManager.
                        ConnectionStrings ["stuConnectionString"]);
            SqlConnection conn = new SqlConnection(strconn);
            conn.Open();
            SqlCommand cmd = new SqlCommand("delete from 学生
                        where 学号 =@stuno", conn);
            SqlParameter param = new SqlParameter("@stuno", stuno);
            cmd.Parameters.Add(param);
            try
            {
              cmd.ExecuteNonQuery();
            }
            catch (SqlException ex)
            {
                ClientScript.RegisterStartupScript(this.GetType(), "",
                  "<script type = 'text/javascript'>alert('删除失败'); </script>");
            }
            finally
```

```
            {
                cmd.Connection.Close();
            }
        }
    }
    binddata();
}
//更新按钮单击事件处理函数
protected void Bt_Update_Click(object sender, EventArgs e)
{
    foreach (GridViewRow GR in this.GridView1.Rows)      //遍历 GridView 中的每一行
    {
        TextBox Name = (TextBox)GR.FindControl("T_StuName"); //在 GridView 的行中寻
                                          //找名称为 T_StuName 的控件，并转换为 TextBox
        RadioButtonList Sex = (RadioButtonList)GR.FindControl("RBL_Sex");//在 GridView 的
                              //行中寻找名称为 RBL_Sex 的控件，并转换为 RadioButtonList
        TextBox Tel = (TextBox)GR.FindControl("T_Tel");
        string stuno = GridView1.DataKeys[GR.RowIndex].Value.ToString(); //取出 GridView 中
                                                     //GR.RowIndex 行的 DataKey 值
        string strconn = Convert.ToString(WebConfigurationManager.ConnectionStrings
                  ["stuConnectionString"]);
        SqlConnection conn = new SqlConnection(strconn);
        conn.Open();
        SqlCommand cmd = new SqlCommand("update 学生 set 姓名 =@stuname,
              性别 =@sex, 联系电话 =@tel where 学号 =@stuno",
              conn);  //创建修改数据的命令对象，同时定义 update 语句
        cmd.Parameters.Add(new SqlParameter("@stuname", Name.Text.Trim()));//对命令对象
                                                    //中的 update 语句添加参数
        cmd.Parameters.Add(new SqlParameter("@sex", Sex.SelectedValue.Trim()));
        cmd.Parameters.Add(new SqlParameter("@tel", Tel.Text.Trim()));
        cmd.Parameters.Add(new SqlParameter("@stuno", stuno));
        try
        {
            cmd.ExecuteNonQuery();  //执行 cmd 对象中定义的 SQL 语句
        }
        catch (SqlException ex)
        {
            ClientScript.RegisterStartupScript(this.GetType(), "",
                "<script type = 'text/javascript'>alert('修改失败'); </script>");
```

```
                    return;
                }
                finally
                {
                    if (cmd.Connection.State = = ConnectionState.Open)
                    {
                        cmd.Connection.Close();
                    }
                }
            }
            binddata();
            ClientScript.RegisterStartupScript(this.GetType(), "",
                "<script type = 'text/javascript'>alert('保存成功'); </script>");
        }
    }
}
```

注意：GridView 绑定数据时使用的语句是："select 学号, 姓名, ltrim(rtrim(性别)) as 性别，联系电话 from 学生"。里面的 ltrim、rtrim 函数用于去掉左右空格, 如果存在空格，对 GridView 中性别显示控件的赋值就会出错，因为性别使用的 RadioButtonList 的选择项是"男"或"女"，如果赋一个"男"，则会报选项不存在的错误。在 GridView 中，使用数据源字段时使用的字段名是查询语句查询结果的列名，而不是数据表中的字段名。

运行结果如图 7-20 所示。

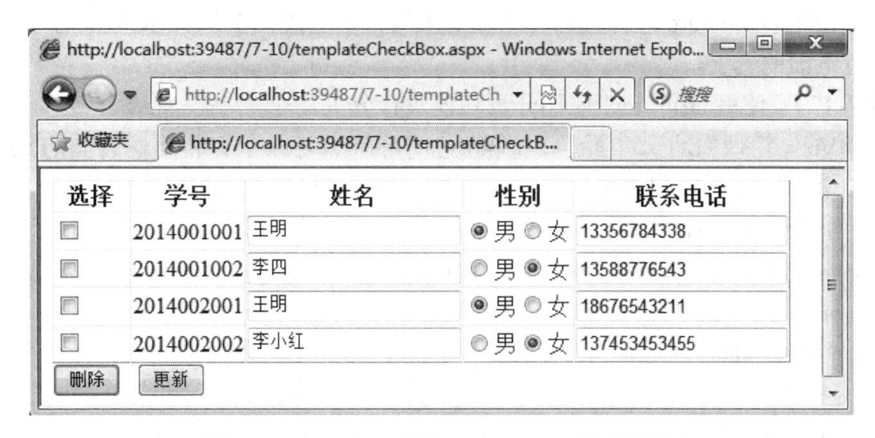

图 7-20　GridView 使用 TemplateField 列示意图

7.2.4　GridView 分页

在 GridView 控件中实现分页操作，其数据源必须使用 DataSet，而不能使用 DataReader。GridView 控件内置了对数据源记录进行分页的功能。要实现分页功能需要进行如下操作：

(1) 将 GridView 的允许分页属性 AllowPaging 设置为 True。

(2) 添加 GridView 的 PageIndexChanged 事件处理函数。

GridView 根据以下三个方面决定在控件中显示哪些数据：

(1) GridView 的 PageSize 属性：每一页的数据条数。

(2) GridView 的 PageIndex 属性：当前要显示页的序号，从 0 开始。

(3) 数据源的记录总条数。

例如：PageSize 为 10、PageIndex 为 2、记录总条数为 1000 时，将分成 100 页，显示第 3 页(序号为 2)。

使用服务器资源管理器把数据库的数据表拖动到页面，从弹出的菜单中选中“启动分页”可以自动完成分页功能，其运行效果如图 7-21 所示。

图 7-21　GridView 自动分页运行结果

默认情况下一页显示 10 条数据，可以修改 GridView 的 PageSize 属性以设置每页显示的数据条数。

如果不使用 DataSource 控件，也可以通过编写代码利用 GridView 的自动分页功能进行分页，请看下面的例子。

【例 7-11】 使用 GridView 控件分页功能进行分页。

将 GridView 控件拖动到页面上，根据要显示的信息添加列，将属性 AllowPaging 设置为“True”，添加 GridView 控件的 PageIndexChanged 事件处理函数。

设计的前台页面文件如下：

```
<html xmlns = "http://www.w3.org/1999/xhtml">
<head runat = "server">
    <title></title>
</head>
<body>
    <form id = "form1" runat = "server">
    <div>
     <asp:GridView ID = "GridView1" runat = "server" AllowPaging = "True"
        AutoGenerateColumns = "False" DataKeyNames = "学号"
        EmptyDataText = "没有可显示的数据记录。" PageSize = "5"
            onpageindexchanging = "GridView1_PageIndexChanging">
```

```
            <Columns>
                <asp:BoundField DataField = "学号" HeaderText = "学号" />
                <asp:BoundField DataField = "姓名" HeaderText = "姓名" />
                <asp:BoundField DataField = "性别" HeaderText = "性别"   />
                <asp:BoundField DataField = "出生日期" HeaderText = "出生日期" />
                <asp:BoundField DataField = "联系电话" HeaderText = "联系电话" />
                <asp:BoundField DataField = "班级" HeaderText = "班级" />
            </Columns>
        </asp:GridView>
        </div>
        </form>
    </body>
    </html>
```

后台程序代码如下:

```
    using System;
    using System.Collections.Generic;
    using System.Linq;
    using System.Web;
    using System.Web.UI;
    using System.Web.UI.WebControls;
    using System.Data.SqlClient;
    using System.Web.Configuration;
    using System.Data;
    namespace ch7._7_11
    {
        public partial class GridViewPaging : System.Web.UI.Page
        {
            protected void Page_Load(object sender, EventArgs e)
            {
                if (!IsPostBack)
                {
                    binddata();
                }
            }
            protected void binddata()
            {
                string connstr = WebConfigurationManager.ConnectionStrings["stuConnectionString"].
                            ToString();   //从 web.config 中读取连接字符串
                SqlConnection conn = new SqlConnection(connstr);   //创建连接对象
```

```
            SqlDataAdapter sda = new SqlDataAdapter("select * from 学生", conn);
                                        //创建 SqlDataAdapter 对象
            DataSet ds = new DataSet();   //创建数据集
            sda.Fill(ds);
            GridView1.DataSource = ds.Tables[0];
            GridView1.DataBind();
        }
        protected void GridView1_PageIndexChanging(object sender, GridViewPageEventArgs e)
        {
            GridView1.PageIndex = e.NewPageIndex;   //设置在 GridView 中显示的页号
            binddata();   //重新绑定数据源
        }
    }
}
```

其运行效果与图 7-21 是相同的。

采用 GridView 控件内置的方法实现分页，编程工作量小，程序简单，其缺点是分页的标签不够美观，因此在实际应用中一般使用自定义分页标签，请看下面的例子。

【例 7-12】 自定义分页标签。

在例 7-11 的基础上进行修改，将 GridView 的 PagerSettings 的 Visible 属性设置为 False，使 GridView 自带的分页标签不可用；把 PageIndexChanged 事件处理函数去掉，没有使用 GridView 自带的分页标签就不需要处理这个事件；添加自动定义的分页标签，如图 7-22 所示。

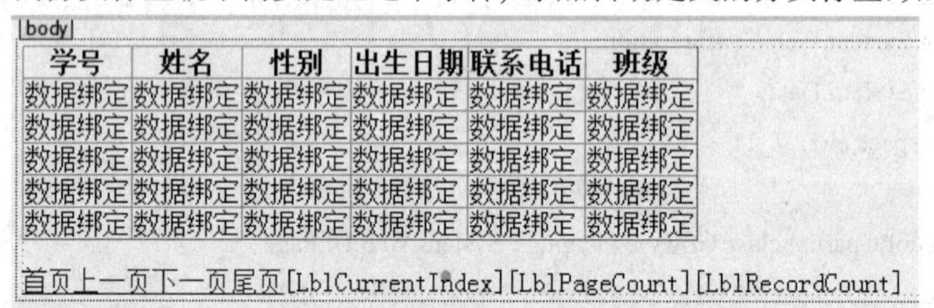

图 7-22　添加自定义分页标签

设计好的前台页面代码如下：

```
<html xmlns = "http://www.w3.org/1999/xhtml">
<head runat = "server">
    <title></title>
</head>
<body>
    <form id = "form1" runat = "server">
    <div>
     <asp:GridView ID = "GridView1" runat = "server" AllowPaging = "True"
        AutoGenerateColumns = "False" DataKeyNames = "学号"
        EmptyDataText = "没有可显示的数据记录。" PageSize = "5"
```

```
            onpageindexchanging = "GridView1_PageIndexChanging">
        <Columns>
            <asp:BoundField DataField = "学号" HeaderText = "学号" />
            <asp:BoundField DataField = "姓名" HeaderText = "姓名" />
            <asp:BoundField DataField = "性别" HeaderText = "性别"   />
            <asp:BoundField DataField = "出生日期" HeaderText = "出生日期" />
            <asp:BoundField DataField = "联系电话" HeaderText = "联系电话" />
            <asp:BoundField DataField = "班级" HeaderText = "班级"   />
        </Columns>
         <PagerSettings Visible = "False" />
    </asp:GridView>
        <br />
        <asp:LinkButton ID = "btnFirst" runat = "server" CausesValidation = "False"
            CommandArgument = "first" OnClick = "PagerButtonClick">首页</asp:LinkButton>
        <asp:LinkButton ID = "btnPrev" runat = "server" CausesValidation = "False"
            CommandArgument = "prev" OnClick = "PagerButtonClick">上一页
                                </asp:LinkButton>
        <asp:LinkButton ID = "btnNext" runat = "server" CommandArgument = "next"
            OnClick = "PagerButtonClick">下一页</asp:LinkButton>
        <asp:LinkButton ID = "btnLast" runat = "server" CausesValidation = "False"
            CommandArgument = "last" OnClick = "PagerButtonClick">尾页</asp:LinkButton>
        <asp:Label ID = "LblCurrentIndex" runat = "server"></asp:Label>
        <asp:Label ID = "LblPageCount" runat = "server"></asp:Label>
        <asp:Label ID = "LblRecordCount" runat = "server"></asp:Label>
    </div>
    </form>
</body>
</html>
```

在页面上添加了 4 个 LinkButton 按钮和 3 个 Label 标签。LinkButton 是首页、上一页、下一页、尾页的按钮，Label 用于显示当前页、总页数、记录总条数。每个 LinkButton 的 Click 事件处理函数是相同的，但 CommandArgument 属性是不同的，在后台程序代码中可以通过 CommandArgument 属性识别点击的是哪个按钮。

后台程序代码如下：

```
using System;
using System.Collections.Generic;
using System.Linq;
using System.Web;
using System.Web.UI;
using System.Web.UI.WebControls;
```

```
using System.Data.SqlClient;
using System.Web.Configuration;
using System.Data;
namespace ch7._7_11
{
    public partial class GridViewPaging : System.Web.UI.Page
    {
        protected void Page_Load(object sender, EventArgs e)
        {
            if (!IsPostBack)
            {
                binddata();
            }
        }
        protected void binddata()
        {
            string connstr = WebConfigurationManager.ConnectionStrings["stuConnectionString"].
                        ToString();  //从 web.config 中读取连接字符串
            SqlConnection conn = new SqlConnection(connstr);  //创建连接对象
            SqlDataAdapter sda = new SqlDataAdapter("select * from 学生", conn);
                        //创建 SqlDataAdapter 对象
            DataSet ds = new DataSet();  //创建数据集
            sda.Fill(ds);
            GridView1.DataSource = ds.Tables[0];
            GridView1.DataBind();
            //对自定义分页标签的属性进行更改
            LblCurrentIndex.Text = "第 " + (GridView1.PageIndex + 1).ToString() + " 页";
            LblPageCount.Text = "共 " + GridView1.PageCount.ToString() + " 页";
            LblRecordCount.Text = "总共 " + ds.Tables[0].Rows.Count.ToString() + " 条";
            btnFirst.Visible = true;  //对象设置为可见
            btnPrev.Visible = true;
            btnNext.Visible = true;
            btnLast.Visible = true;
            LblCurrentIndex.Visible = true;
            LblPageCount.Visible = true;
            LblRecordCount.Visible = true;
            btnFirst.Visible = true;
            btnPrev.Visible = true;
            btnNext.Visible = true;
```

```
            btnLast.Visible = true;
            if (ds.Tables[0].Rows.Count = = 0) //如果没有数据
            {
                btnFirst.Visible = false;   //对象设置为不可见
                btnPrev.Visible = false;
                btnNext.Visible = false;
                btnLast.Visible = false;
                LblCurrentIndex.Visible = false;
                LblPageCount.Visible = false;
                LblRecordCount.Visible = false;
            }
            else if (GridView1.PageCount = = 1) //数据只有一页
            {
                btnFirst.Visible = false;
                btnPrev.Visible = false;
                btnNext.Visible = false;
                btnLast.Visible = false;
            }
            // 计算生成分页页码，分别为“首 页” “上一页” “下一页”“尾 页”，
            //通过 CommandName 属性传递页码
            btnFirst.CommandName = "1";      //首页时显示第 1 页
            btnPrev.CommandName = (GridView1.PageIndex = = 0 ? "1" :
                          GridView1.PageIndex.ToString()); //如果当前页为第 1 页(PageIndex = 0)，
                                                    //则显示第 1 页，否则显示前一页
            btnNext.CommandName = (GridView1.PageCount = = (GridView1.PageIndex+1) ?
                        GridView1.PageCount.ToString() : (GridView1.PageIndex + 2).ToString());
                //如果当前页为最后一页，则显示最后一页，否则显示当前页的下一页
            btnLast.CommandName = GridView1.PageCount.ToString(); //显示最后一页
        }
        protected void PagerButtonClick(object sender, EventArgs e)
        {
            GridView1.PageIndex = Convert.ToInt32(((LinkButton)sender).
                              CommandName) -1; //设置要显示的页序号，第 1 页的页序号为 0
            binddata();  //绑定数据
        }
    }
}
```

运行结果如图 7-23 所示。

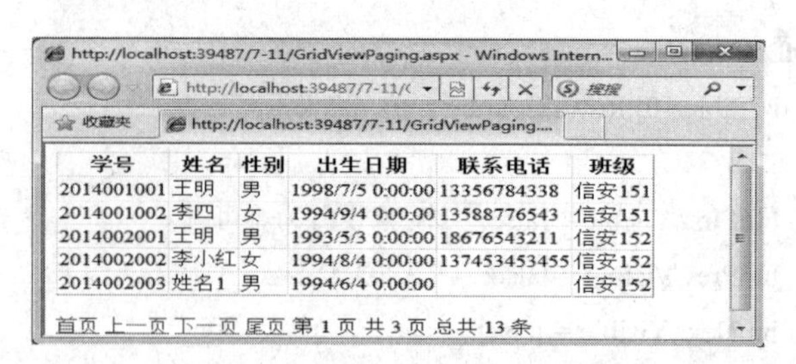

图 7-23　自定义分页标签运行结果

例 7-11 和例 7-12 都是利用 GridView 自带的分页功能进行分页，这种方式编程简单，不用考虑哪一页是哪些数据，只需要给出数据源、每页数据条数和要显示的页序号即可。但是，这种分页方式也存着一个严重的问题，数据源需要给出所有的数据记录，使得大量数据被加载到内存，严重影响服务器性能。因此，在数据源存在大量数据的情况下，不要把数据全部读入内存，不能使用 GridView 自带的分页功能，应该分页读入数据，每次从数据库读取一页数据，请看下面的例子。

【例 7-13】 分页读取数据。

要从数据库分页读取数据，必须知道每一页包含哪些数据，可以给每行数据加一个序号，通过这个序号就可以确定每一页读取的数据。序号不能加入到数据表，因为要查询哪些数据是不确定的，可以通过存储过程创建一个包含标识列的内存表，把查询到的数据行的关键字加入到这个内存表中，最后内存表与数据表连接查询读取数据，标识列即为数据行的序号。

先创建一个存储过程，分页读取学生表的数据，代码如下：

```
create procedure [dbo].[GetStuByPage]
@pagesize int,
@pageindex int
as
begin
declare @indextable table(id int identity(1, 1), stuno nchar(10)) --定义表
declare @PageLowerBound int --定义此页的底码
declare @PageUpperBound int --定义此页的顶码
declare @count int --数据条数
set @PageLowerBound = (@pageindex-1)*@pagesize   //计算底码
set @PageUpperBound = @PageLowerBound+@pagesize //计算顶码
insert into @indextable(stuno) select 学号 from 学生 order by 学号 //将数据表的主键放入内存表
select * from 学生 a, @indextable b
        where a.学号 = b.stuno and b.id>@PageLowerBound
                and b.id< = @PageUpperBound order by b.id //查询由 pageindex 参数给
                                                        //出的页的数据
select @count = count(*) from 学生 //查询记录总数
return @count //返回记录总数
end
```

此存储过程中有两个参数：每页记录条数@pagesize 和页码@pageindex。存储过程根据这两个参数在学生表中读取一页数据。虽然存储过程中将表的主键字段全部放入内存表中，但由于数据较少，所以相比把数据全部读出要快很多。

indextable 是一个内存表，通过语句“insert into @indextable(stuno) select 学号 from 学生 order by 学号”把查询记录的关键字存入其中。再通过联接查询返回需要的数据，满足查询条件的记录就是本页的数据。通过 Return 语句返回了学生表中的记录数量。

回到 Visual Studio 的设计页面，把 GridView 控件添加到页面上，按前面所述的方面设置列，添加分页标签，设计界面如图 7-24 所示。

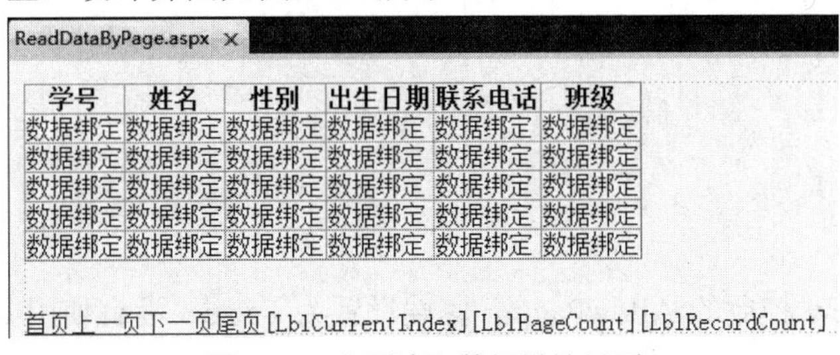

图 7-24　分页读取数据设计界面

设计好的前台页面文件如下：

```
<head runat = "server">
<title></title>
</head>
<body>
    <form id = "form1" runat = "server">
    <div>
    <asp:GridView ID = "GridView1" runat = "server" AllowPaging = "False"
        AutoGenerateColumns = "False" DataKeyNames = "学号"
        EmptyDataText = "没有可显示的数据记录。" >
        <Columns>
            <asp:BoundField DataField = "学号" HeaderText = "学号" />
            <asp:BoundField DataField = "姓名" HeaderText = "姓名" />
            <asp:BoundField DataField = "性别" HeaderText = "性别"   />
            <asp:BoundField DataField = "出生日期" HeaderText = "出生日期" />
            <asp:BoundField DataField = "联系电话" HeaderText = "联系电话" />
            <asp:BoundField DataField = "班级" HeaderText = "班级"   />
        </Columns>
    </asp:GridView>
        <br />
        <br />
        <asp:LinkButton ID = "btnFirst" runat = "server" CausesValidation = "False"
            CommandArgument = "first" OnClick = "PagerButtonClick">首页</asp:LinkButton>
        <asp:LinkButton ID = "btnPrev" runat = "server" CausesValidation = "False"
```

```
            CommandArgument = "prev" OnClick = "PagerButtonClick">上一页
                 </asp:LinkButton>
        <asp:LinkButton ID = "btnNext" runat = "server" CommandArgument = "next"
            OnClick = "PagerButtonClick">下一页</asp:LinkButton>
        <asp:LinkButton ID = "btnLast" runat = "server" CausesValidation = "False"
            CommandArgument = "last" OnClick = "PagerButtonClick">尾页</asp:LinkButton>
        <asp:Label ID = "LblCurrentIndex" runat = "server"></asp:Label>
        <asp:Label ID = "LblPageCount" runat = "server"></asp:Label>
        <asp:Label ID = "LblRecordCount" runat = "server"></asp:Label>
    </div>
    </form>
</body>
</html>
```

注意：GridView 控制的 AllowPaging 属性设置为 False，没有使用 GridView 的自带分页功能。其他与例 7-12 是相同的。

后台程序代码如下：

```
using System;
using System.Collections.Generic;
using System.Linq;
using System.Web;
using System.Web.UI;
using System.Web.UI.WebControls;
using System.Data.SqlClient;
using System.Web.Configuration;
using System.Data;
namespace ch7._7_13
{
    public partial class ReadDataByPage : System.Web.UI.Page
    {
        protected void Page_Load(object sender, EventArgs e)
        {
            if (!IsPostBack)
            {
                binddata(2, 1);   //绑定数据，每页 2 行，显示第 1 页
            }
        }
        private void binddata(int pagesize, int pageindex)
        {
            string connstr = WebConfigurationManager.ConnectionStrings["stuConnectionString"].
```

```
        ToString();  //从 web.config 中读取连接字符串
    SqlConnection conn = new SqlConnection(connstr);  //创建连接对象
    //按页读取数据
    SqlCommand cmd = new SqlCommand();  //创建命令对象
    cmd.Connection = conn;  //给命令对象设置连接对象
    cmd.CommandText = "GetStuByPage";  //存储过程名称
    cmd.CommandType = CommandType.StoredProcedure; //表示 CommandText 是存储过程
    cmd.Parameters.Add(new SqlParameter("@pagesize", pagesize));  //给存储过程添加
                                                                  //参数，每页大小
    cmd.Parameters.Add(new SqlParameter("@pageindex", pageindex));  //给存储过程添加
                                                          //参数，当前页码，从 1 开始
    SqlParameter returnvalue = new SqlParameter();          //创建一个参数
    returnvalue.Direction = ParameterDirection.ReturnValue;  //参数类型是返回值
    returnvalue.DbType = DbType.Int32;  //参数的数据类型是 Int32
    cmd.Parameters.Add(returnvalue);  //将参数加入存储过程
    SqlDataAdapter sda = new SqlDataAdapter();  //创建数据适配器
    sda.SelectCommand = cmd;  //给数据适配器关联命令对象
    DataSet ds = new DataSet();  //创建数据集
    sda.Fill(ds);  //填充数据集
    int num = Convert.ToInt32(returnvalue.Value);  //获取存储过程的 return 值
    double a = num / (pagesize * 1.0);  //计算页数
    int pages = (int)Math.Ceiling(a);  //页数取整
    GridView1.DataSource = ds.Tables[0].DefaultView;  //设置数据源
    GridView1.DataBind();                      //绑定数据
    //设置分页标签属性
    LblCurrentIndex.Text = "第 " + pageindex.ToString() + " 页";
    LblPageCount.Text = "共 " + pages.ToString() + " 页";
    LblRecordCount.Text = "总共 " + num.ToString() + " 条";
    btnFirst.Visible = true;
    btnPrev.Visible = true;
    btnNext.Visible = true;
    btnLast.Visible = true;
    LblCurrentIndex.Visible = true;
    LblPageCount.Visible = true;
    LblRecordCount.Visible = true;
    btnFirst.Visible = true;
    btnPrev.Visible = true;
    btnNext.Visible = true;
    btnLast.Visible = true;
```

```
        if (num = = 0)
        {
            btnFirst.Visible = false;
            btnPrev.Visible = false;
            btnNext.Visible = false;
            btnLast.Visible = false;
            LblCurrentIndex.Visible = false;
            LblPageCount.Visible = false;
            LblRecordCount.Visible = false;
        }
        else if (pages = = 1)
        {
            btnFirst.Visible = false;
            btnPrev.Visible = false;
            btnNext.Visible = false;
            btnLast.Visible = false;
        }
        // 计算生成分页页码, 分别为“首 页”“上一页”“下一页”“尾页”
        btnFirst.CommandName = "1";
        btnPrev.CommandName = (pageindex = = 1 ? "1" : (pageindex - 1).ToString());
        btnNext.CommandName = (pageindex = = pages ? pages.ToString() :
                                    (pageindex + 1).ToString());
        btnLast.CommandName = pages.ToString();
    }
    protected void PagerButtonClick(object sender, EventArgs e)
    {
        int index = Convert.ToInt32(((LinkButton)sender).CommandName);
        binddata(2, index);  //绑定数据，每页 2 行，显示 index 指示的页
    }
  }
}
```

代码中执行了存储过程 GetStuByPage，并通过语句“int num = Convert.ToInt32(returnvalue.Value)”获取存储过程返回的记录总行数。总行数除以每页大小得出页数。

运行结果与图 7-23 是相同的，但实现方法完全不同，通过这种方法，可以大大节约服务器资源，提高程序的服务响应时间。

本例中是对学生表的所有数据进行分页读取，如果要通过查询条件进行查询，可以给存储过程增加参数，把查询条件通过参数传入存储过程，在存储过程中再把查询条件放入 select 语句的 where 条件中，例如根据姓名模糊查找，可以把姓名作为参数传入存储过程。

涉及到多张表的查询也可以用同样的方法。

7.2.5 GridView 排序

在 GridView 控件中，可以通过点击列标题对数据进行排序，可以允许所有列的排序，或只按特定列排序。要实现排序，需要把 AllowSorting 属性设置为 True，并在要排序的列上设置 SortExpression 属性，然后添加 Sorting 事件处理函数。如果使用 DataSource 控件作为 GridView 的数据源，则只需在选择数据源时选择“启用排序”即可。下面的例子通过编写代码的方式实现排序。

【例 7-14】 使用 GridView 控件显示学生的信息，可以按学号、出生日期、班级进行排序。

把 GridView 控件放入页面，按前面所述方法添加各列，在学号、出生日期、班级三个的排序的 BoundField 列上设置 SortExpression 为数据源的三个字段名。把 GridView 的 AllowSorting 属性设置为 True，添加 GridView 的 Sorting 事件处理函数。

设计好的前台页面文件如下：

```
<html xmlns = "http://www.w3.org/1999/xhtml">
<head runat = "server">
    <title></title>
</head>
<body>
    <form id = "form1" runat = "server">
    <div>
        <asp:GridView ID = "GridView1" runat = "server" AutoGenerateColumns = "False"
                          DataKeyNames = "学号"
                            EmptyDataText ="没有可显示的数据记录。"
                            AllowSorting = "True"
                         onsorting ="GridView1_Sorting">
            <Columns>
                <asp:BoundField DataField = "学号" HeaderText = "学号" ReadOnly = "True"
                      SortExpression = "学号" />
                <asp:BoundField DataField = "姓名" HeaderText = "姓名"/>
                <asp:BoundField DataField = "性别" HeaderText = "性别"/>
                <asp:BoundField DataField = "出生日期" HeaderText = "出生日期"
                            SortExpression = "出生日期" />
                <asp:BoundField DataField = "联系电话" HeaderText = "联系电话"  />
                <asp:BoundField DataField = "班级" HeaderText = "班级"
                                         SortExpression = "班级" />
            </Columns>
        </asp:GridView>
```

```
        </div>
    </form>
</body>
</html>
```

后台程序代码如下：

```
protected void Page_Load(object sender, EventArgs e)
{
    if (!IsPostBack)
    {
        binddata();
    }
}
protected void binddata()
{
    string connstr = WebConfigurationManager.ConnectionStrings["stuConnectionString"].
                                ToString();   //从 Web.config 中读取连接字符串
        SqlConnection conn = new SqlConnection(connstr);   //创建连接对象
    SqlDataAdapter sda = new SqlDataAdapter("select * from  学生", conn);
                                    //创建 SqlDataAdapter 对象
    DataSet ds = new DataSet();   //创建数据集
    sda.Fill(ds);
    GridView1.DataSource = ds.Tables[0];
    GridView1.DataBind();
}
//GridView 的排序事件处理函数
protected void GridView1_Sorting(object sender, GridViewSortEventArgs e)
{
    if (ViewState["sortDirection"] ! = null)  //排序方向，不能用一个普通的成员变量记录，因为
                                              //普通变量的值当页面回传后将被置 0
    {
        if (ViewState["sortDirection"].ToString().Trim() = = "asc") //如果为升序
        {
            ViewState["sortDirection"] = "desc";   //降序
        }
        else
        {
            ViewState["sortDirection"] = "asc";   //升序
        }
    }
```

```
        else
        {
            ViewState["sortDirection"] = "asc";   //第 1 次排序为升序
        }
        string connstr = WebConfigurationManager.ConnectionStrings["stuConnectionString"].
                         ToString();   //从 Web.config 中读取连接字符串
        SqlConnection conn = new SqlConnection(connstr);   //创建连接对象
        SqlDataAdapter sda = new SqlDataAdapter("select * from 学生 order by "+e.SortExpression+"
                              "+ViewState["sortDirection"].ToString(), conn);   //创建 SqlDataAdapter
                                                  //对象，查询语句中对指定列指定排序方向进行排序
        DataSet ds = new DataSet();   //创建数据集
        sda.Fill(ds);
        GridView1.DataSource = ds.Tables[0];
        GridView1.DataBind();
    }
```

代码中通过 ViewState 记录排序方向，当第一次点击列标题时可能是升序，当第二次点击同一个列标题时需要降序，再次点击又需要升序。点击了哪一个列标题通过事件处理函数的参数 e.SortExpression 获取。排序是通过 SQL 语句的 order by 子句实现的。

运行结果如图 7-25 所示。

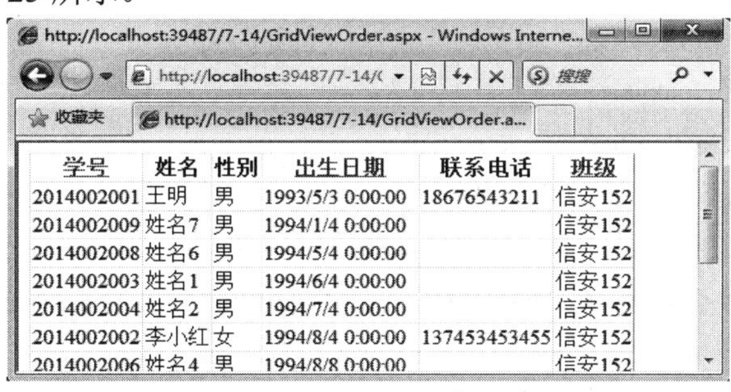

学号	姓名	性别	出生日期	联系电话	班级
2014002001	王明	男	1993/5/3 0:00:00	18676543211	信安152
2014002009	姓名7	男	1994/1/4 0:00:00		信安152
2014002008	姓名6	男	1994/5/4 0:00:00		信安152
2014002003	姓名1	男	1994/6/4 0:00:00		信安152
2014002004	姓名2	男	1994/7/4 0:00:00		信安152
2014002002	李小红	女	1994/8/4 0:00:00	137453453455	信安152
2014002006	姓名4	男	1994/8/8 0:00:00		信安152

图 7-25　GridView 排序示意图

图中学号、出生日期、班级三个列标题上带有超链接，点击它可以按该列排序。

7.3　Repeater 控件

Repeater 控件是一个数据显示控件，通常重复某些 HTML 标记来显示数据库的记录。它需要绑定数据源才能显示数据。

【例 7-15】 使用 Repeater 控件以表格形式显示学生表的学号和姓名。

在页面上放一个 Repeater 控件，切换到“源”视图，输入以下代码：

```
<html xmlns = "http://www.w3.org/1999/xhtml">
<head runat = "server">
    <title></title>
```

```
</head>
<body>
    <form id = "form1" runat = "server">
    <div>
        <asp:Repeater ID = "Repeater1" runat = "server" >
        <HeaderTemplate>
                <table border = "1"><tr>
                <th>学号</th>
                <th>姓名</th>
                <th>操作</th>
                </tr>
        </HeaderTemplate>
        <ItemTemplate>
          <tr>
          <td> <%#DataBinder.Eval(Container.DataItem, "学号") %></td>
          <td><%#DataBinder.Eval(Container.DataItem, "姓名") %></td>
          <td><asp:Button ID = "Button1" runat = "server" Text = "详情"
                    CommandName = '<%#DataBinder.Eval(Container.DataItem, "学号") %>'
                                    OnClick = "Button1_Click"   /></td>
          </tr>
        </ItemTemplate>
        <AlternatingItemTemplate>
        <tr bgcolor = "#77DDDD">
          <td> <%#DataBinder.Eval(Container.DataItem, "学号") %></td>
          <td><%#DataBinder.Eval(Container.DataItem, "姓名") %></td>
          <td><asp:Button ID = "Button1" runat = "server" Text = "详情"
                    CommandName = '<%#DataBinder.Eval(Container.DataItem, "学号") %>'
                                    OnClick = "Button1_Click"   /></td>
          </tr>
        </AlternatingItemTemplate>
        <FooterTemplate>
        </table>
        </FooterTemplate>
        </asp:Repeater>
    </div>
    </form>
</body>
</html>
```

Repeater 控件是通过模板来显示数据和控制数据的显示格式。在本页面中使用了

HeaderTemplate、ItemTemplate、AlternatingItemTemplate 和 FooterTemplate。其中，ItemTemplate 和 AlternatingItemTemplate 中的内容会根据数据行的多少显示每一项，轮流使用两个模板中定义的格式。这些模板中定义的所有标签组合起来，就是一个完整的表格。控件中的 Button 对象的 CommandName 属性绑定了数据源中的学号字段，在 Button 的单击事件处理函数中，可以根据这个 CommandName 区分点击了哪个 Button。

后台程序对 Repeater 绑定数据，代码如下：

```
protected void Page_Load(object sender, EventArgs e)
{
    if (!IsPostBack)
    {
        string connstr = WebConfigurationManager.ConnectionStrings["stuConnectionString"].
                        ToString();  //从 web.config 中读取连接字符串
        SqlConnection conn = new SqlConnection(connstr);  //创建连接对象
        SqlDataAdapter sda = new SqlDataAdapter("select * from 学生", conn);
                                    //创建 SqlDataAdapter 对象
        DataSet ds = new DataSet();  //创建数据集
        sda.Fill(ds);
        Repeater1.DataSource = ds.Tables[0];
        Repeater1.DataBind();
    }
}
//Repeat 控件中 Button 对象的单击事件处理函数
protected void Button1_Click(object sender, EventArgs e)
{
    Button bt = (Button)sender;  //将产生事件的对象转换为 Button
    ClientScript.RegisterStartupScript(this.GetType(), "", "<script type = 'text/javascript'>alert('" +
        bt.CommandName + "'); </script>");  //弹出提示窗，显示 Button 的 CommandName 值
}
```

运行结果如图 7-26 所示。

图 7-26　Repeater 控件显示数据示意图

这样的效果通过 GridView 也可以很容易的实现，所以 Repeater 控件一般不用于对数据表的管理，对数据表的管理一般使用 GridView 控件，Repeater 控件一般用于显示像新闻列表这样的内容。Repeater 相对 GridView 也有自己的优点，它的数据加载速度要比 GridView 快。

7.4 DataList 控件

DataList 控件可以在表格中或者自定义模板中显示绑定的数据，与 GridView 有些类似，但显示风格是不同的，可以在一行中重复显示多条记录的数据。

DataList 控件的常用属性如表 7-9 所示。

表 7-9 DataList 控件常用属性

属 性	描 述
RepeatColumns	在 DataList 控件中的列数
RepeatDirection	是垂直显示还是水平显示。取值为 Vertical 或 Horizontal
RepeatLayout	指定是在表格中还是在流布局中显示数据项
Controls	列表控件中的子控件的集合
DataKeyField	获取或设置由 DataSource 属性指定的数据源中的键字段
DataKeys	每条记录的键值集合
DataSource	获取或设置数据源

DataList 默认以表格形式数据，但它允许使用模板来改变布局和外观。DataList 控件支持 ItemTemplate、EditItemTemplate、HeaderTemplate 和 FooterTemplate 模板。下面通过一个例子来说明 DataList 控件的用法。

【例 7-16】 已知图书表 Book 的数据如图 7-27 所示，使用 DataList 显示每本图书的图书名称、价格、图片。

bookid	bookname	publisher	author	pubdate	price	picpath
1	数据库原理及用应	清华大学出版社	张三	2014-04-03	34.00	\bookimg\1.jpg
2	计算机组成原理	电子工业出版社	王明	2013-03-02	24.00	\bookimg\2.jpg
3	操作系统	电子工业出版社	王明	2015-03-02	24.00	\bookimg\3.jpg
4	数字电路	电子工业出版社	李小明	2015-02-02	43.00	\bookimg\4.jpg
5	通信原理	电子工业出版社	王明	2015-03-02	24.00	\bookimg\5.jpg

图 7-27 图书数据表

图中 picpath 列为图片的存储路径，使用绝对路径，图片存储在网站的 bookimg 目录下。

在 Visual Studio 中将 DataList 控件放入页面，从控件的右上角的智能菜单中选择“编辑模板”，将 img 等标签放入模板进行编辑，编辑完成后切换到“源”视图，对模板中的内容修改成如下形式：

```
<html xmlns = "http://www.w3.org/1999/xhtml">
```

```
<head runat = "server">
    <title></title>
</head>
<body>
<form id = "form1" runat = "server">
<div>
<asp:DataListID = "DataList1"runat = "server"DataKeyField = "bookid" ForeColor = "#333333"
            RepeatColumns = "4" RepeatDirection = "Horizontal" Width = "100%">
    <ItemTemplate>
      <div >
        <p>
        <a href = "/showbook.aspx?bookid = <%#Eval("bookid") %>">
        <img src = "<%# DataBinder.Eval(Container.DataItem, "picpath").ToString() %>"
                width = "80"   height = "100" /></a>
         </p>
         <p><b><%#DataBinder.Eval(Container.DataItem, "bookname")%></b></p>
         <p><span>   价格：￥<%#DataBinder.Eval(Container.DataItem, "price",
                "{0:f}").ToString()%></span></p>
        </div>
    </ItemTemplate>
</asp:DataList>
</div>
</form>
</body>
</html>
```

DataList 控件的 RepeatColumns 设置为 4，控件只显示 4 列。RepeatDirection 属性设置为 Horizontal，水平显示数据，DataKeyField 设置为数据表的主键 bookid。模板中有图片、超链接和一些文本，图片上设置了超链接，链接地址中将 bookid 作为参数传给 showbook.aspx 页面，书名和价格没有绑定在任何控件上，直接作为文本输出。页面中演示了绑定表达式的三种形式。

后台程序代码对 DataList 控件绑定数据源，代码如下：

```
public partial class DataList : System.Web.UI.Page
{
    protected void Page_Load(object sender, EventArgs e)
    {
        if (!IsPostBack)
        {
            stringconnstr = WebConfigurationManager.ConnectionStrings["stuConnectionString"].
                    ToString();  //从 Web.config 中读取连接字符串
            SqlConnection conn = new SqlConnection(connstr);  //创建连接对象
```

```
            SqlDataAdapter sda = new SqlDataAdapter("select * from book", conn);
                                          //创建 SqlDataAdapter 对象
            DataSet ds = new DataSet();   //创建数据集
            sda.Fill(ds);
            DataList1.DataSource = ds.Tables[0];  //设置 DataList 控件的数据源
            DataList1.DataBind();  //绑定数据源
        }
    }
}
```

运行结果如图 7-28 所示。

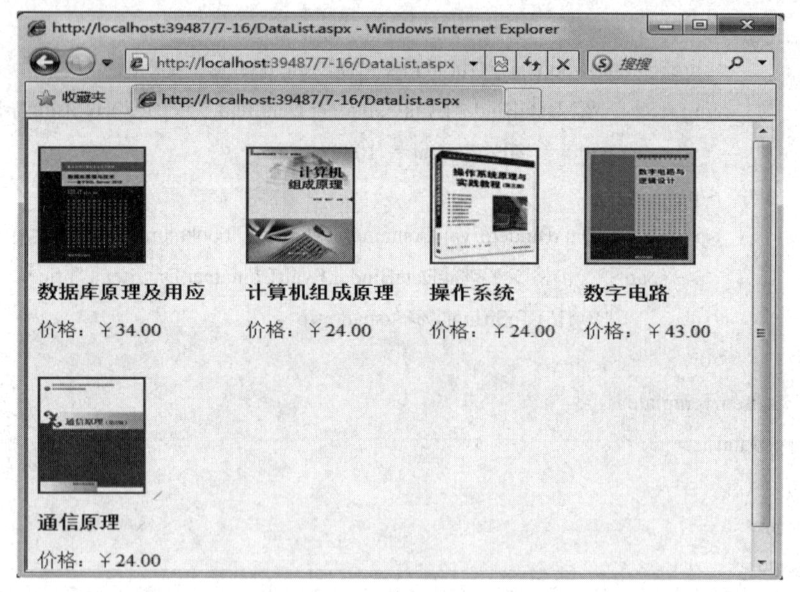

图 7-28　DataList 运行结果

7.5　ListView 控件

ListView 控件是 ASP.NET3.5 新增的控件，与 GridView 一样，ListView 控件也显示其数据源控件返回的所有记录，但不以网格方式显示数据，而根据模板显示内容。这使得与 GridView 相比，ListView 能够以更有趣的方式显示数据，且可定制性更强。同时，它的功能和 GridView 一样丰富，具有排序、分页、插入、编辑和删除功能，理论上，它可以取代 GridView、Repeater、DataList 等控件。下面通过一个例子来说明 ListView 控件的使用方法。

【例 7-17】 已知图书表 Book 的数据如图 7-27 所示，使用 ListView 控件显示每本图书的图书名称、出版社、价格、图片。

在页面上添加一个 SqlDataSource 控件，并对其配置好。再添加一个 ListView 控件，其数据源设置为 SqlDataSource 控件。切换到“源”视图，为 ListView 控件添加一个 ItemTemplate 模板，模板内容为一个 3 行 2 列的表格，把第 1 列的所有行合并成一个单元格(可先制作好表格，然后把代码拷贝到模板中)，把 image 标签、要显示的文本和绑定表达式等放入到表格中。制作好的页面代码如下：

```
<asp:ListView ID = "ListView1" runat = "server" DataSourceID = "SqlDataSource1"     >
<ItemTemplate>
<div >
<hr />
<table class = "style1">
    <tr>   <td class = "style2" rowspan = "3">
              <a href = "/showbook.aspx?bookid = <%#Eval("bookid") %>">
    <img src = "<%# DataBinder.Eval(Container.DataItem, "picpath").ToString() %>
                 " width = "80"    height = "100" /></a></td>
    <td>书名：<%#DataBinder.Eval(Container.DataItem, "bookname")%></td> </tr>
    <tr>
    <td>  出版社：<%#DataBinder.Eval(Container.DataItem, "publisher")%></td>
    </tr>
    <tr>
    <td>价格：￥<%#DataBinder.Eval(Container.DataItem, "price", "{0:f}").ToString()%></td>
    </tr>
</table>
    </div>
</ItemTemplate>
</asp:ListView>
```

然后在页面上添加一个专门为 ListView 控件设计的分页控件 DataPager，设置其属性 PagedControlID 为 ListView 控件的 ID，PageSize 设置为 2。

运行结果如图 7-29 所示。

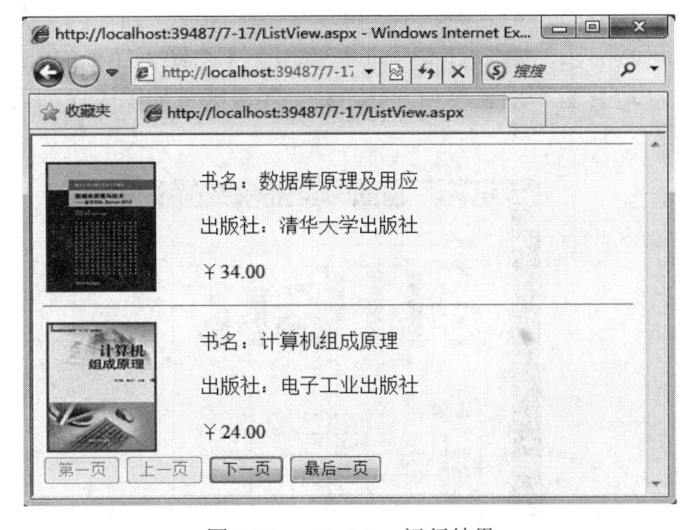

图 7-29　ListView 运行结果

7.6 Chart 控件

Chart 控件是一个图表控件，用于显示柱状图、饼图、折线图等图形，支持数据绑定，可以很方便的显示图形。

Chart 控件包含了 5 个集合：ChartAreas(图表区域集合)、Series(图表序列集合)、Lengends(图例集合)、Titles(图标题集合)、Annotations(图形注解集合)。

ChartAreas 集合是图表区域集合，在 Chart 中可以包括多个图表区，比如第一个图表区是产品的库存数量，第二个图表区是产品的销售金额，如图 7-30 所示。

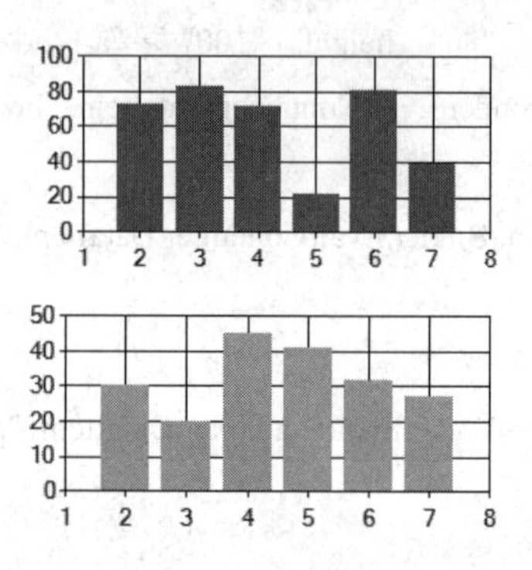

图 7-30　包含 2 个图表区的 Chart 控件

添加图表区的方法：选中 Chart 控件，在属性中找到 ChartAreas 集合，弹出 ChartAreas 集合编辑器，可添加图表区。对于每一个图表区，可设置 X 轴和 Y 轴的属性，在子集合 Axes 中设置，例如 Y 轴的单位是“万元”，可在 Axes 集合中的“Y(value)axis”成员的 Title 属性上设置。

Series 集合是图表序列集合，一个图表序列包含了许多数据点，这些数据点可以用柱状条、饼图的一块、线条的一个点等表示。可以让多个图表序列在同一个图表区中显示，也可以让其在不同区域显示。图 7-31 中所示是添加了 4 个图表序列的 Chart，包括 2 个图表区域，每个图表区域有 2 个图表序列，其中一个图表区域的图表序列以柱状条显示，另一个用线条显示。

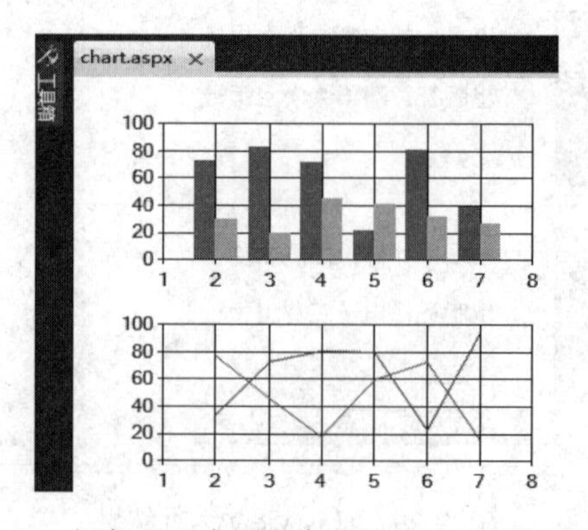

图 7-31　添加了 4 个图表序列的 Chart 控件示意图

添加 Series 的方法是：选中 Chart 控件，在属性中找到 Series 集合，弹出 Series 集合编辑器，即可添加 Series。对于每一个 Series，可通过 Series 的 ChartArea 属性设置其显示在哪一个图表区。通过 Lenged 属性可设置其含义显示在哪一个图例中。Series 表示什么含义通过 Name 属性进行设置。Series 的形状可通过 ChartType 属性进行更改，默认为柱状图。Series 的 XvalueMember 和 YValueMembers 属性表示横坐标和纵坐标的数据来源，应设置为数据源的字段名称，Chart 控件的 DataSource 属性用于设置数据源。Chart 的显示的数据也可以来自数组，这种情况下可以不设置数据源，使用 Series 的 Points 集合进行设置，在程序中使用形如"Chart1.Series[0].Points.DataBindXY(a, b)"的方法绑定数据，其中 a 和 b 是两个一维数组，一个是横坐标数据，一个是纵坐标数据。

Lengends 集合是图例的集合，即标注线条或不同颜色的柱状条是什么含义，图 7-32 中添加了 2 个图例，每个图例中显示了 2 个图表序列的含义。

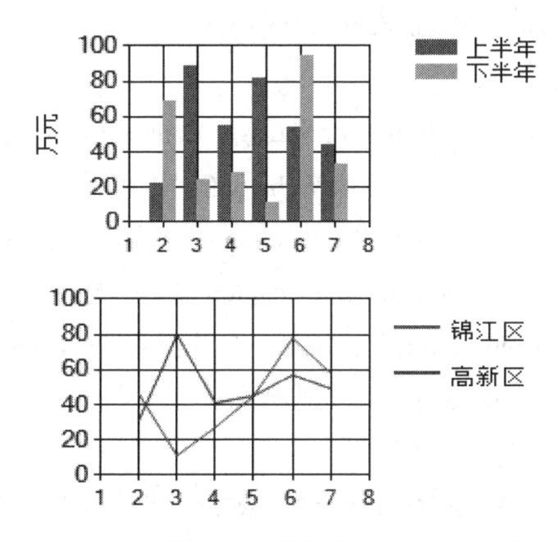

图 7-32　添加了两个图例的 Chart 控件

添加图例的方法是：选中 Chart 控件，在属性中找到 Lengends 集合，弹出 Lengend 集合编辑器，可添加。对于每一个 Lengend，可通过 Lengend 的 Position 属性设置其显示位置。默认情况下，所有 Lengend Series 的 Name 值都将显示在同一个图例中，可以通过修改 Series 的 Lengend 属性进行更改。

Titles 是标题的集合，可以在 Chart 控件中添加多个标题，图 7-33 是添加了 1 个标题的 Chart 控件。

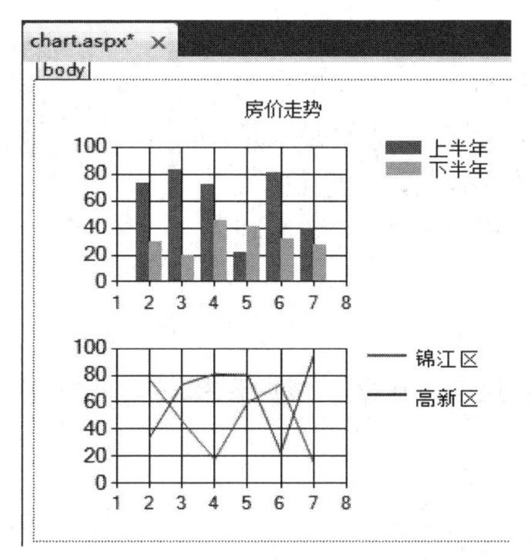

图 7-33　添加了 1 个标题的 Chart 控件示意图

添加 Titles 集合的方法是：选中 Chart 控件，在属性中找到 Titles 集合，弹出 Title 集合编辑器，即可添加 Title。通过 Title 的 Text 属性设置需要显示的文件，通过 Position 属性设置 Title 的显示位置。

Annotations 集合中存放注解对象，注解对象用于对某个点的注释，类拟于 office 中的批注。

【例 7-18】 在学生表中查询每个班级的学生人数，使用 Chart 控件显示。

把 Chart 控件放入页面，默认生成 1 个 ChartArea 和 1 个 Series，修改 ChartArea1 的 Axes 集合的 Y(value)axis 成员的 Title 属生为“人数”。设置 Series 的 Label 属性，插入一个新关键字 Y 值，用于在 Chart 中显示具体的值。添加一个 Title，设置 Text 属性为“学生人数统计”。编写后台程序代码绑定数据源，代码如下：

```
protected void Page_Load(object sender, EventArgs e)
{   if (!IsPostBack)
    {   string connstr = WebConfigurationManager.ConnectionStrings["stuConnectionString"].
                    ToString();   //从 Web.config 中读取连接字符串
        SqlConnection conn = new SqlConnection(connstr);   //创建连接对象
        SqlDataAdapter sda = new SqlDataAdapter("select 班级, count(*) as 人数 from 学生
                    group by 班级", conn);   //创建 SqlDataAdapter 对象，查询每个班级的人数
        DataSet ds = new DataSet();   //创建数据集
        sda.Fill(ds);
        Chart1.Series[0].XValueMember = "班级";   //设置 X 坐标的数据字段
        Chart1.Series[0].YValueMembers = "人数";   //设置 Y 坐标的数据字段
        Chart1.DataSource = ds.Tables[0];   //设置数据源
        Chart1.DataBind();   //绑定数据
    }
}
```

程序中通过 SQL 语句“select 班级, count(*) as 人数 from 学生 group by 班级”获取每个班级的学生人数，然后设置了图表序列的 XValueMember 和 YValueMembers 属性，指示图表中 X 轴和 Y 轴的数据来源字段，字段必须是数据源中的字段，通过设置数据源，绑定数据，Chart 控件中将自动显示结果。运行结果如图 7-34 所示。

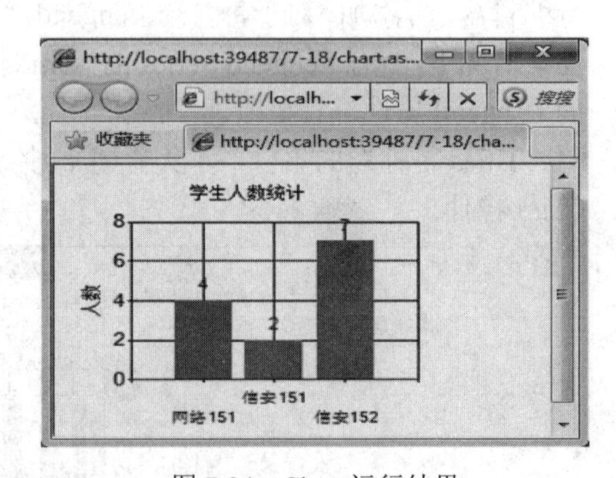

图 7-34　Chart 运行结果

典型案例 7　商品基本信息管理

一、案例功能说明

本章典型案例，主要实现商品的基本信息管理，包括商品的录入、对商品排序，对商

品的图片信息进行管理、商品统计。主要是让学生了解对多张表数据的管理方法，掌握数据绑定控件的使用方法。

二、案例要求

(1) 在 SQL Server 数据库中创建商品类型、商品、商品图片三张表，表结构分别如表 7-10、表 7-11、表 7-12 所示。

表 7-10　商品类型表(ProductType)

字段名称	数据类型	含义	其他说明
TypeID	int	商品类型编号	主键
TypeName	Varchar(100)	商品类型名称	

表 7-11　商品表(Product)

字段名称	数据类型	含义	其他说明
ProductID	Char(15)	商品编号	主键
ProductName	Varchar(200)	商品名称	
brand	Varchar(100)	商标	
model	Varchar(100)	型号	
price	money	单价	
Quantity	int	库存数量	
TypeID	int	商品类型编号	外键

表 7-12　商品图片表(ProductImage)

字段名称	数据类型	含义	其他说明
ImageID	Char(36)	图片编号	主键
imgpath	Varchar(200)	图片路径	
imgTime	datetime	添加时间	
ProductID	Char(15)	商品编号	外键

(2) 添加商品信息和商品的图片信息。

(3) 删除商品信息和商品的图片信息。

(4) 商品列表使用 GridView 控件显示，可以对商品按商标、单价、库存数量排序，可也以分页显示数据。

(5) 用 DataList 控件显示商品的图片。

(6) 用 Chart 控件显示每类商品的总价和库存数量(总价 = 单价 × 库存数量)。

三、操作和实现步骤

(1) 打开 SQL Server 的 SQL Server Management Studio，创建一个数据库 Product，然后

通过如下 SQL 语句在 Product 数据库中创建上面三张表：

```
create table productType
(
    TypeID int primary key,
    TypeName varchar(100)
)
create table product
(
    productid char(15) primary key,
    ProductNameVarchar(200),
    brand   Varchar(100),
    model Varchar(100),
    price money,
    Quantity int,
    TypeIDint
)
create table ProductImage
(
    ImageID Char(36) primary key,
    imgpath Varchar(200),
    ProductID Char(15)
)
```

通过数据库关系图为三张表建立关系，product 和 ProductImage 设置级联更新和级联删除，如图 7-35 所示。

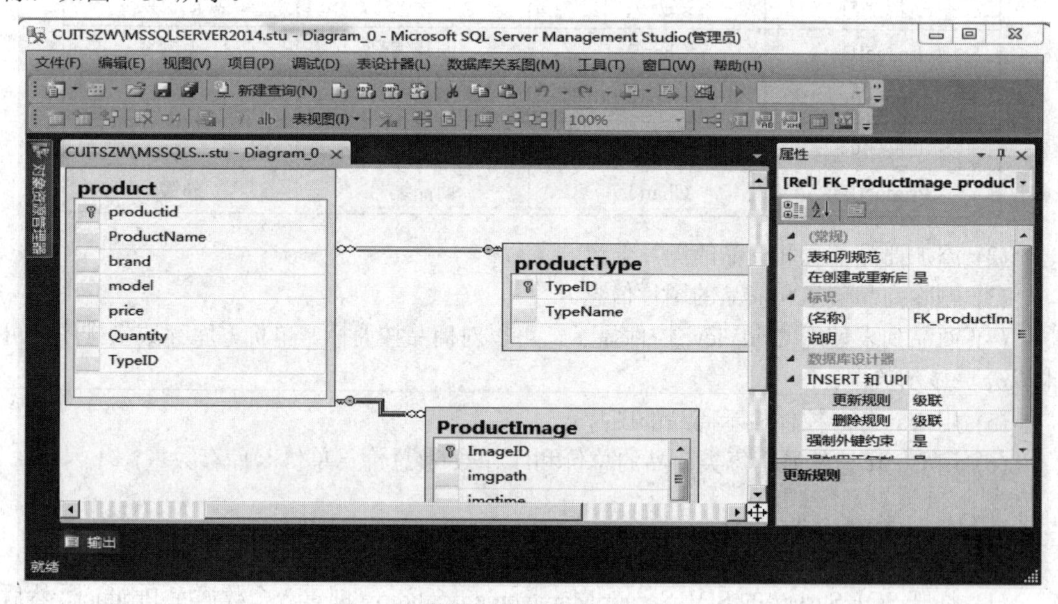

图 7-35　数据库关系图设置级联示意图

在三个数据表中录入一些数据。

(2) 启动 VS，选择新建项目，选择 Web 中的 ASP.NET Web 应用程序。添加一个类，用于访问数据库的统一接口，代码如下：

```
public class db
{
    static SqlConnection conn;
    static string strconn;
    static private void readconnectstr() //读取连接字符串
    {
        conn = new SqlConnection();
        strconn = WebConfigurationManager.ConnectionStrings["stuConnectionString"].ToString();
        conn.ConnectionString = strconn;
    }
    static public DataSet executequery(string sql) //执行查询语句
    {
        readconnectstr();
        DataSet temp = new DataSet();
        SqlDataAdapter sda = new SqlDataAdapter(sql, conn);
        sda.Fill(temp);
        return temp;
    }
    static public int executenoquery(string sql) //执行 insert、update、delete
    {   readconnectstr();
        SqlCommand cmd = new SqlCommand();
        cmd.Connection = conn;
        cmd.CommandText = sql;
        conn.Open();
        int ret = cmd.ExecuteNonQuery();
        conn.Close();
        return ret;
    }
}
```

在类中定义了三个静态函数，可以通过类名访问。当需要访问数据库时，直接调用这个类的 executequery 或 executenoquery 方法，减少代码的编写工作量。

(3) 添加一个名为 ProductList.aspx 的页面，从视图菜单中打开“服务器资源管理器”，连接到 SQL Server 服务器的 Product 数据库，将数据表 Product 拖放到页面中，从弹出的菜单中把“启动分页”、“启动排序”选中，将自动产生的 DataSource 控件删除并删除 GridView 的 DataSourceID 属性。编辑列，将列标题改为中文，将 TypeID 列改为 TypeName，去掉不需要排序列的 SortExpression 属性，并添加一个查看图片的超链接列和一个模板列，在模板中加入一个 CheckBox 用于选择行，添加一个 BoundField 列显示图片数量。在 GridView 的上部添加三个 Button，用于删除、修改、添加。添加一个超链接用于查看图表。设计好的界面如图 7-36 所示。

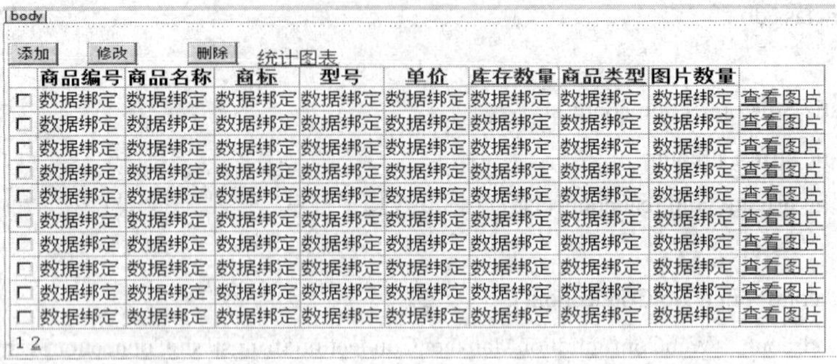

body

添加 修改 删除 统计图表

	商品编号	商品名称	商标	型号	单价	库存数量	商品类型	图片数量	
□	数据绑定	数据绑定	数据绑定	数据绑定	数据绑定	数据绑定	数据绑定	数据绑定	查看图片
□	数据绑定	数据绑定	数据绑定	数据绑定	数据绑定	数据绑定	数据绑定	数据绑定	查看图片
□	数据绑定	数据绑定	数据绑定	数据绑定	数据绑定	数据绑定	数据绑定	数据绑定	查看图片
□	数据绑定	数据绑定	数据绑定	数据绑定	数据绑定	数据绑定	数据绑定	数据绑定	查看图片
□	数据绑定	数据绑定	数据绑定	数据绑定	数据绑定	数据绑定	数据绑定	数据绑定	查看图片
□	数据绑定	数据绑定	数据绑定	数据绑定	数据绑定	数据绑定	数据绑定	数据绑定	查看图片
□	数据绑定	数据绑定	数据绑定	数据绑定	数据绑定	数据绑定	数据绑定	数据绑定	查看图片
□	数据绑定	数据绑定	数据绑定	数据绑定	数据绑定	数据绑定	数据绑定	数据绑定	查看图片
□	数据绑定	数据绑定	数据绑定	数据绑定	数据绑定	数据绑定	数据绑定	数据绑定	查看图片
□	数据绑定	数据绑定	数据绑定	数据绑定	数据绑定	数据绑定	数据绑定	数据绑定	查看图片

1 2

图 7-36 商品列表设计界面

设计好的前台页面文件如下：

```
<html xmlns = "http://www.w3.org/1999/xhtml">
<head runat = "server">
    <title></title>
</head>
<body>
    <form id = "form1" runat = "server">
    <div>
        <br />
    <asp:Button ID = "BT_add" runat = "server" Text = "添加" onclick = "BT_add_Click" />
                 
        <asp:Button ID = "BT_Update" runat = "server" Text = "修改"
            onclick = "BT_Update_Click" />
               
        <asp:Button ID = "Bt_delete" runat = "server" Text = "删除" onclick = "Bt_delete_Click"
            OnClientClick = "return confirm('确定要删除吗? ')" />
              <asp:HyperLink ID = "HyperLink1" runat = "server"
                NavigateUrl = "~/example/Chart.aspx">统计图表</asp:HyperLink>
        <asp:GridView ID = "GridView1" runat = "server" AllowPaging = "True"
          AllowSorting = "True" AutoGenerateColumns = "False" DataKeyNames = "productid"
          EmptyDataText = "没有可显示的数据记录。"
          onpageindexchanging = "GridView1_PageIndexChanging"
                    onsorting = "GridView1_Sorting">
    <Columns>
        <asp:TemplateField>
            <ItemTemplate>
                <asp:CheckBox ID = "CheckBox1" runat = "server" />
```

```
                </ItemTemplate>
            </asp:TemplateField>
                <asp:BoundField DataField = "productid" HeaderText = "商品编号"
                    ReadOnly = "True"   />
              <asp:BoundField DataField = "ProductName" HeaderText = "商品名称"   />
                <asp:BoundField DataField = "brand" HeaderText = "商标"
                            SortExpression = "brand" />
                <asp:BoundField DataField = "model" HeaderText = "型号"   />
                <asp:BoundField DataField = "price" HeaderText = "单价"
                        DataFormatString = "{0:C}" SortExpression = "price" />
                <asp:BoundField DataField = "Quantity" HeaderText = "库存数量"
                    SortExpression = "Quantity" />
                <asp:BoundField DataField = "TypeName" HeaderText = "商品类型"
                    SortExpression = "TypeName" />
                <asp:BoundField DataField = "imgcount" HeaderText = "图片数量"   >
                <ItemStyle HorizontalAlign = "Center" />
                </asp:BoundField>
                <asp:HyperLinkField DataNavigateUrlFields = "Productid"
                    DataNavigateUrlFormatString = "showpic.aspx?pid = {0}"
                        Text = "查看图片" />
            </Columns>
        </asp:GridView>
        </div>
    </form>
</body>
</html>
```

为按钮添加单击事件处理函数，为GridView控件添加Sorting事件和PageIndexChanging事件处理函数。程序代码如下：

```
public partial class ProductList : System.Web.UI.Page
{
    protected void Page_Load(object sender, EventArgs e)
    {
        if (!IsPostBack)
        {
            binddata();
        }
    }
    protected void binddata()
    {
```

```
    string sql = "select *, (select count(*) as imgcount from ProductImage where
        productid = product.productid) as imgcount from product inner join producttype on
        producttype.typeid = product.typeid";  //定义查询语句，使用内联连将 product 和
                                    //producttype 表联接起来，并使用子查询计算图片数量
    DataSet ds = db.executequery(sql);  //执行查询
    GridView1.DataSource = ds.Tables[0];  //设置数据源
    GridView1.DataBind();  //绑定数据
}
protected void BT_add_Click(object sender, EventArgs e)
{
    Response.Redirect("addproduct.aspx");  //跳转到 addproduct.aspx 页面
}
protected void BT_Update_Click(object sender, EventArgs e)
{
}
protected void Bt_delete_Click(object sender, EventArgs e)
{
    foreach (GridViewRow GR in this.GridView1.Rows)
    {
        CheckBox CB = (CheckBox)GR.FindControl("CheckBox1");  //GridView 的行中查找控
                        //件名称为“CheckBox1”的控件，并把它转换为 CheckBox 控件
        if (CB.Checked) //如果选中
        {
            string pid = GridView1.DataKeys[GR.RowIndex].Value.ToString();  //获取本行的
                                    //DataKey 值, DataKey 在页面中设置的是“productid”
            try
            {
                DataSet ds = db.executequery("select * from productimage where productid = '" +
                        pid + "'");  //查询商品编号为 pid 的图片路径
                for (int i = 0;  i < ds.Tables[0].Rows.Count;  i++) //遍历每一张图片
                {
                    string filepath = ds.Tables[0].Rows[i]["imgpath"].ToString().
                        Trim();  //获取图片路径
                    string root = Server.MapPath("/");  //获取 web 服务器根目录的物理路径
                    File.Delete(root + filepath);  //删除图片文件
                }
                db.executenoquery("delete from product where productid = '" + pid + "'");
                //删除商品信息，由于 product 表与 productiamge 表设置了级联，
                //与之关联的商品图片信息也将被删除
```

```
            }
            catch (Exception ex)
            {
                ClientScript.RegisterStartupScript(this.GetType(), "",
                    "<script type = 'text/javascript'>alert('删除失败'); </script>");
            }
        }
    }
    binddata();
}
protected void GridView1_PageIndexChanging(object sender, GridViewPageEventArgs e)
{
    GridView1.PageIndex = e.NewPageIndex;   //设置要显示的页序号
    binddata();  //调用自定义的绑定数据至 GridView 控件的函数
}
protected void GridView1_Sorting(object sender, GridViewSortEventArgs e)
{
    if (ViewState["sortDirection"] ! = null)   //排序方向，不能用一个普通的成员变量记录，
                                               //因为普通变量的值当页面回传后将被置 0
    {
        if (ViewState["sortDirection"].ToString().Trim() = = "asc") //如果排序方向为升序
        {
            ViewState["sortDirection"] = "desc";
        }
        else
        {
            ViewState["sortDirection"] = "asc";
        }
    }
    else
    {
        ViewState["sortDirection"] = "asc";
    }
    string sql = "select *, (select count(*) as imgcount from ProductImage where
                productid = product.productid) as imgcount from product inner join producttype
               on producttype.typeid = product.typeid   order by " + e.SortExpression +
               " " + ViewState["sortDirection"].ToString();   //定义排序查询语句
    DataSet ds = db.executequery(sql);   //执行查询语句
    GridView1.DataSource = ds.Tables[0];
```

```
        GridView1.DataBind();
    }
}
```

程序要点：

① 商品表中并不存在商品类型名称图片数量字段，这是通过 SQL 语句查询得出的，片数量字段给了一个别名 imgcount，在绑定数据源时使用的是这个别名。

② 在访问数据库时可调用数据库访问类“db”的接口，如“DataSet ds = db.executequery(sql);”，简化了编写代码的工作量。

③ 在删除产品时应先删除产品的图片信息，由于图片信息是以文件形式存储的，数据库中只存储了图片的路径，所以应先把图片的路径读取，删除图片后再删除数据库中的记录。代码中只删除了 product 表中的数据，由于 product 表 productimage 表设置了级联删除关系，所以删除了 product 表中的数据时，会自动删除 productimage 表中与它相关的数据。

④ 在数据库中存储的路径只能是相对 Web 服务器根目录的路径，因为图片显示时给出的路径都是相对 Web 服务器的根目录的，如“/productimg/1.jpg”，在删除图片时，必须给出图片的物理路径，所以程序中调用了 Server.MapPath("/")获取 Web 服务器根目录对应的物理路径，然后与数据库中的路径相拼接形成图片的物理路径。

(4) 添加一个添加商品的页面 addProduct.aspx，在页面上添加用于输入数据的控件，如图 7-37 所示。

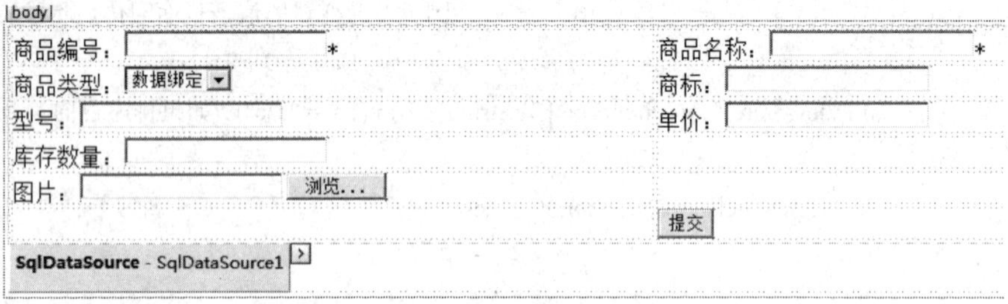

图 7-37　添加商品设计界面

上传图片使用 FileUpload 控件。商品类型使用 DropDownList 控件，用 SqlDataSource 作为数据源。提交按钮用于添加产品和图片信息，程序代码如下：

```
protected bool checkfiletype(string fileType) //用于检查图片文件类型
{
    if (!fileType.Equals("image/jpg") && !fileType.Equals("image/pjpeg")
                && !fileType.Equals("image/jpeg"))
    {
        return false;
    }
    else
    {
        return true;
    }
```

```
}
//提交按钮的单击事件函数
protected void Bt_add_Click(object sender, EventArgs e)
{
    if (string.IsNullOrEmpty(T_ProductID.Text) || string.IsNullOrEmpty(T_ProductName.Text))
    {
        ClientScript.RegisterStartupScript(this.GetType(), "",
        "<script type = 'text/javascript'>alert('商品编号和商品名称不能为空'); </script>");
        return;
    }
    if (!string.IsNullOrEmpty(FileUpload1.FileName))
    {
        string fileType = FileUpload1.PostedFile.ContentType;   //获取文件类型
        if (!checkfiletype(fileType)) //如果文件类型不是 JPG 文件
        {
            ClientScript.RegisterStartupScript(this.GetType(), "",
                    "<script type = 'text/javascript'>alert('只支持 jpg 文件'); </script>");
            return;
        }
    }
    //上传文件
    string root = Server.MapPath("/");   //获取 web 服务器根目录对应的物理路径
    root = root.Substring(0, root.Length - 1);   //将物理路径中最后目录分隔符去掉
    string guid = Guid.NewGuid().ToString().Trim();   //生成全局唯一标识符，用作图片表的
                                                      //主键值和图片的名称
    string filename = guid + ".jpg";   //定义图片的文件名
    string path = "\\productimg\\" + filename;   //定义图片在 web 服务器上的绝对路径
    if (!string.IsNullOrEmpty(FileUpload1.FileName)) //选择了文件
    {
        FileUpload1.SaveAs(root + path);     //将图片文件存储到服务器
    }
    using (SqlConnection conn = new SqlConnection()) //创建连接对象，使用完后立即释放所占资源
    {
        conn.ConnectionString = WebConfigurationManager.ConnectionStrings
                    ["stuConnectionString"].ToString();
        conn.Open(); //打开连接
        SqlCommand cmd = new SqlCommand();
        SqlTransaction tran = conn.BeginTransaction();   //开始数据库事务
        cmd.Transaction = tran;   //设置命令对象使用的事务对象
```

```
cmd.Connection = conn;   //设置 Command 对象关联的连接对象
try
{   //添加商品信息
    cmd.CommandText = "insert into product values(@ProductID, @ProductName, @brand,
                    @model, @price, @quantity, @typeid)";
    cmd.Parameters.AddWithValue("@ProductID", T_ProductID.Text.Trim());
    cmd.Parameters.AddWithValue("@ProductName", T_ProductName.Text.Trim());
    cmd.Parameters.AddWithValue("@brand", T_Brand.Text.Trim());
    cmd.Parameters.AddWithValue("@model", T_model.Text.Trim());
    cmd.Parameters.AddWithValue("@price", T_price.Text.Trim());
    cmd.Parameters.AddWithValue("@quantity", T_quantity.Text.Trim());
    cmd.Parameters.AddWithValue("@typeid", DL_producttype.SelectedValue.Trim());
    cmd.ExecuteNonQuery();   //执行添加商品命令
    cmd.Parameters.Clear();   //清除参数集合
    if (!string.IsNullOrEmpty(FileUpload1.FileName)) //选择了文件
    {
        string sql = "insert into productimage values('" + guid + "',
                  '" + path + "', getdate(), '" + T_ProductID.Text.Trim()+ "')";
                    //定义 SQL 命令，将图片文件路径添加到数据库
        cmd.CommandText = sql;   //为命令对象设置要执行的语句
        cmd.ExecuteNonQuery();   //执行添加图片路径命令
    }
    tran.Commit();   //提交数据库事务
    ClientScript.RegisterStartupScript(this.GetType(), "",
          "<script type = 'text/javascript'>alert('添加成功');
           window.location = 'ProductList.aspx'; </script>");   //弹出提示窗并跳转到列表页
}
catch (Exception er)
{
    tran.Rollback();   //回滚数据库事务，取消已经向数据库插入的数据
    File.Delete(root + path);   //删除已经上传的文件
    ClientScript.RegisterStartupScript(this.GetType(), "",
    "<script type = 'text/javascript'>alert('添加失败'); </script>");
}
finally
{
    if (conn.State = = System.Data.ConnectionState.Open)
    {
        conn.Close(); //关闭连接
```

```
                }
            }
        }
    }
```

程序要点：

① 程序中包括三种信息的添加：添加商品记录到数据库、添加商品图片文件到服务器目录、添加商品图片路径到数据库。由于商品表和商品图片表有主从关系，因此必须先添加商品，然后添加商品图片路径。

② 为了避免添加了商品图片路径而图片文件没有上传成功的情况出现，在添加商品图片路径之前上传图片。在用户选择了商品图片的情况下，商品信息和商品图片路径信息必须同时添加，所以代码中使用了事务，当操作失败时，取消对数据库的更改，同时删除已经上传了的图片文件，如果上传图片过程中失败，也会取消对数据库的更改。

③ 添加商品和添加商品图片路径使用了同一个命令对象，全部完成以后才关闭数据库。本程序之所以没有使用自定义的 db 类操作数据库，是因为 db 类中没有编写事务操作函数和执行带参数 SQL 的函数。

④ 程序中使用了 GUID 作为图片表的主键值和图片的文件名，保证每一张上传的图片文件名都不会重复。GUID(Global unique identifier)是全局唯一标识符，它是由网卡上的标识数字以及 CPU 时钟的唯一数字生成的一个 16 字节的二进制值，如："b6ad19a-47be-4a93-aab1-3bd994dfdcd6"。GUID 值没有可读性，不要出现在页面上。

⑤ 在操作数据库和上传文件之前，要做输入有效性判断。本程序判断了商品编号和商品名是否为空，上传的文件是不是 JPG 类型。当然，在前台页面上用 Javascript 判断或使用验证控件也是可以的。

(5) 添加一个显示商品图片的页面 showpic.aspx，在页面上添加一个 DataList 控件、一个 FileUpload 控件、一个命令按钮和一个用于返回的超链接。在 DataList 控件的模板中添加一个 Image 标签和一个命令按钮，并绑定数据，如图 7-38 所示。

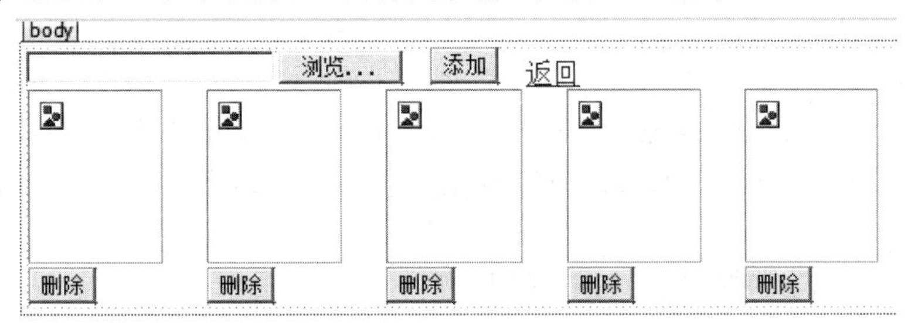

图 7-38　商品图片显示设计页面

前台页面代码如下：

```
<html xmlns = "http://www.w3.org/1999/xhtml">
<head runat = "server">
<title></title>
</head>
<body>
```

```
<form id = "form1" runat = "server">
<div>
<asp:FileUpload ID = "FileUpload1" runat = "server" />
  <asp:Button ID = "Bt_add" runat = "server" onclick = "Bt_add_Click" Text = "添加" />
 
<asp:HyperLink ID = "HyperLink1" runat = "server"
NavigateUrl = "~/example/ProductList.aspx">返回</asp:HyperLink>
<br />
<asp:DataList ID = "DataList1" runat = "server" RepeatDirection = "Horizontal"
RepeatColumns = "6">
<ItemTemplate>
    <asp:Image ID = "Image1" runat = "server"
ImageUrl = '<%# Eval("imgpath") %>' width = "80"   height = "100" />
     
    <br />
    <asp:Button ID = "Bt_delete" runat = "server"
        CommandArgument = '<%# Eval("imageid") %>' onclick = "Bt_delete_Click"
OnClientClick = "return confirm('确定要删除吗? ')" Text = "删除" />
</ItemTemplate>
</asp:DataList>
</div>
</form>
</body>
</html>
```

DataList 控件的 ItemTemplate 模板中的 Image 用于显示图片，Button 用于删除图片，通过 Button 的 CommandArgument 属性传递要删除的图片编号 imageid。在 Button 的 Click 事件函数中删除数据。点击 DataList 控件中的任何一个按钮时还可以触发 ItemCommand 事件，通过事件参数 DataListCommandEventArgs 可以取行序号等相关数据，如："string key = DataList1.DataKeys[e.Item.ItemIndex].ToString();"，与 GridView 控件的使用类似。

后台程序如下：

```
public partial class showpic : System.Web.UI.Page
{
    protected void Page_Load(object sender, EventArgs e)
    {
        if (!IsPostBack)
        {
            if (Request.QueryString["pid"] = = null)
            {
                ClientScript.RegisterStartupScript(this.GetType(), "",
```

```
            "<script type = 'text/javascript'>window.location = 'ProductList.aspx'; </script>");
            return;
        }
        binddata();
    }
}
protected void binddata()
{
    string sql = "select * from productimage where
    productid = '"+Request.QueryString["pid"].ToString().Trim()+"' order by imgtime asc";
    DataSet ds = db.executequery(sql);
    DataList1.DataSource = ds.Tables[0];
    DataList1.DataBind();
}
protected void Bt_delete_Click(object sender, EventArgs e)
{
    Button bt = (Button)sender;
    string imageid = bt.CommandArgument.Trim();
    try
    {
        DataSetds = db.executequery("select*fromproductimagewhere imageid = '"+imageid+"'");
        string filepath;
        if(ds.Tables[0].Rows.Count>0)
        {
          filepath = ds.Tables[0].Rows[0]["imgpath"].ToString().Trim();
          string root = Server.MapPath("/");
          db.executenoquery("delete from productimage where imageid = '"
                       + imageid + "'");//从数据库中删除记录
           File.Delete(root+filepath);    //删除图片文件
           binddata();
        }
    }
    catch(Exception er)
    {
        ClientScript.RegisterStartupScript(this.GetType(), "",
        "<script type = 'text/javascript'>alert('删除失败'); </script>");
    }
}
protected void Bt_add_Click(object sender, EventArgs e)
```

```
{
    if (string.IsNullOrEmpty(FileUpload1.FileName))
    {
        ClientScript.RegisterStartupScript(this.GetType(), "",
        "<script type = 'text/javascript'>alert('请选择文件'); </script>");
        return;
    }
    string fileType = FileUpload1.PostedFile.ContentType;
    if (!fileType.Equals("image/jpg")
    && !fileType.Equals("image/pjpeg")&&!fileType.Equals("image/jpeg"))
    {
        ClientScript.RegisterStartupScript(this.GetType(), "",
                "<script type = 'text/javascript'>alert('只支持 jpg 文件'); </script>");
        return;
    }
    string guid = Guid.NewGuid().ToString().Trim();
    string filename = guid+ ".jpg";
    string path = "\\productimg\\"+filename;
    try
    {
        string root = Server.MapPath("/");
        root = root.Substring(0, root.Length - 1);
        FileUpload1.SaveAs(root + path);   //上传图片文件
        string sql = "insert into productimage values('" + guid + "', '" + path + "', getdate(), '" +
                Request.QueryString["pid"].ToString().Trim() + "')";
        db.executenoquery(sql);
        binddata();
    }
    catch (Exception er)
    {
        ClientScript.RegisterStartupScript(this.GetType(), "",
        "<script type = 'text/javascript'>alert('添加失败'); </script>");
    }
}
}
```

程序要点：

① 删除图片记录的时候一定要同时删除图片文件。由于删除文件和删除记录无法实现原子性，所以应该先删除记录再删除文件。

② 添加图片时应先上传文件然后添加记录。

③ 在按钮的单击事件处理函数中，使用“(Button)sender”转换为 Button，然后通过 Button 的 CommandArgument 属性获取点击的是哪个 Button。这并非唯一方式，还可以通过 GridView 的 ItemCommand 事件函数进行处理。

(5) 添加一个显示图表的页面 chart.aspx，在页面上添加一个 Chart 控件。控件中添加 2 个 ChartArea、2 个 Series、1 个 legend 和 1 个 Title。将 1 个 Series 的 ChartArea 属性设置为“ChartArea1”，Name 属性设置为“总价”，Label 属性插入 Y 值(格式为货币)；将另一个 Series 的 ChartArea 属性设置为“ChartArea2”，Name 属性设置为“库存数量”，Label 属性插入 Y 值。将 ChartArea1 的 Axes 的 Y(Value)axis 成员的 Title 属性设置为“元”，将 ChartArea2 的 Axes 的 Y(Value)axis 成员的 Title 属性设置为“件”。将 Title 的(text)属性设置为“商品库存情况”，如图 7-39 所示。

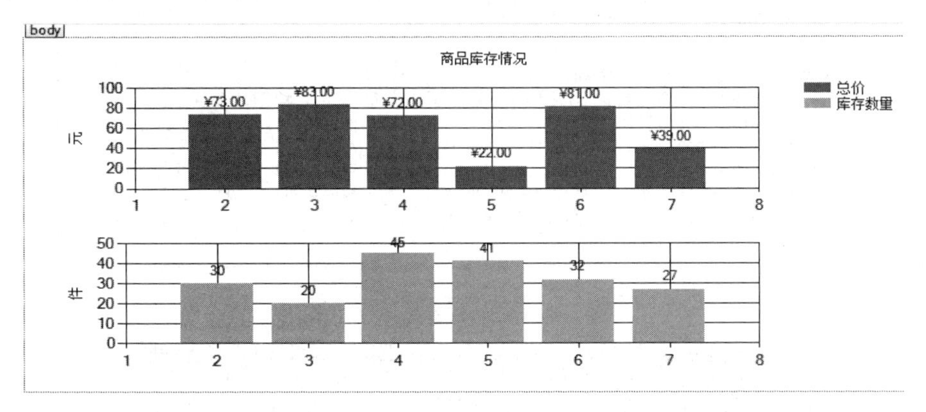

图 7-39　Chart 控件设计界面

编写后台程序给控件绑定数据，代码如下：

```
public partial class Chart : System.Web.UI.Page
{   protected void Page_Load(object sender, EventArgs e)
    {   if (!IsPostBack)
        {
            string sql = "select productType.TypeName, sum(price*Quantity) as total,
                    sum(Quantity) as Quantity from product inner join productType on
                    product.TypeID = productType.TypeID group by productType.TypeName";
                    Chart1.Series[0].XValueMember = "TypeName";
                    Chart1.Series[0].YValueMembers = "total";
                    Chart1.Series[1].XValueMember = "TypeName";
                    Chart1.Series[1].YValueMembers = "Quantity";
                    DataSet ds = db.executequery(sql);
                    Chart1.DataSource = ds.Tables[0];
                    Chart1.DataBind();
        }
    }
}
```

程序要点：

① 案例要求统计每一类商品的总价，所以需要将 Product 表和 ProductType 表联连起来，进行分组求和，其中总价的计算是 sum(price*Quantity)，数量的计算是 sum(Quantity)，计算结果的列名分别为 total 和 Quantity。

② Chart 控件中有 2 个 Series，需要分别对它们设置 XValueMember 和 YValueMembers，以确定 X 轴和 Y 轴上显示的数据，最后通过绑定数据源显示结果。

本案例中，商品列表、查看图片和统计图表的运行结果分别如图 7-40、图 7-41、图 7-42 所示。

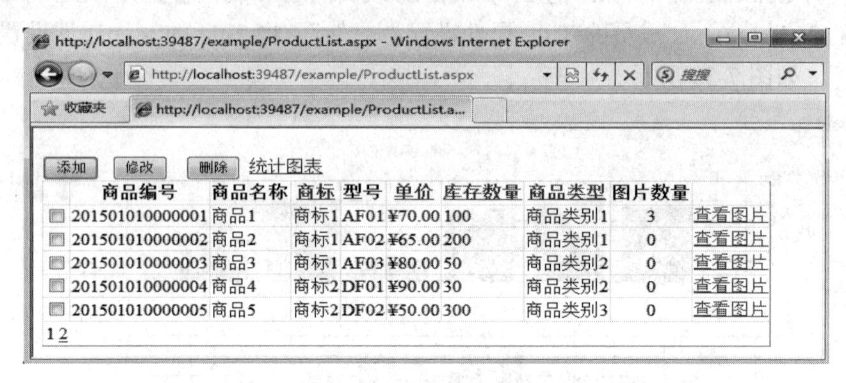

	商品编号	商品名称	商标	型号	单价	库存数量	商品类型	图片数量	
	201501010000001	商品1	商标1	AF01	¥70.00	100	商品类别1	3	查看图片
	201501010000002	商品2	商标1	AF02	¥65.00	200	商品类别1	0	查看图片
	201501010000003	商品3	商标1	AF03	¥80.00	50	商品类别2	0	查看图片
	201501010000004	商品4	商标2	DF01	¥90.00	30	商品类别2	0	查看图片
	201501010000005	商品5	商标2	DF02	¥50.00	300	商品类别3	0	查看图片

图 7-40 商品列表页运行结果

图 7-41 图片查看页运行结果

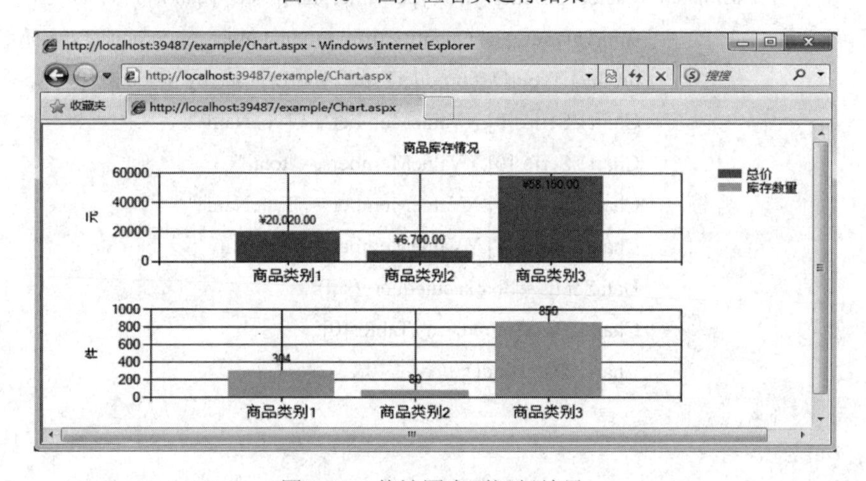

图 7-42 统计图表页运行结果

本案例中图片是存储在文件中的，这种方式简单、方便、显示速度快，但是文件容易被破坏，对存储路径要求严格，对于分布式数据库的应用不合适，无法利用数据库的备份、订阅与发布、镜像功能管理数据。因此，对于小型集中数据库的应用系统使用文件存储是可以的，但是对于分布式大型数据库应用系统，应该将图片存储在数据库中。

上机实训 7　学生照片管理

一、实验目的

(1) 掌握 GridView 控件的使用方法；
(2) 掌握 DataList 控件的使用方法；
(3) 掌握多张数据表的操作方法；
(4) 掌握图片存储方法；
(5) 了解多页面之间相互调用的方法。

二、实验内容及要求

(1) 创建数据库
创建一个数据库 Student，在数据库中创建如表 7-13 和表 7-14 所示的数据表。

表 7-13　班级表(class)

字段名称	数据类型	含义	其他说明
ClassID	int	班号	主键
ClassName	Varchar(100)	班名	
Teacher	Varchar(200)	辅导员	
grade	Varchar(20)	年级	
college	Varchar(200)	学院	

表 7-14　学生表(Product)

字段名称	数据类型	含义	其他说明
StuID	Char(10)	学号	主键
StuName	Varchar(200)	姓名	
Sex	char(2)	性别	
Birthday	Datetime	出生日期	
address	Varchar(1000)	地址	
imgpath	Varchar(1000)	照片存储路径	
ClassID	int	班号	外键

在表中输入一些数据。
(2) 建立一个学生列表页面，用 GridView 控件或 ListView 控件显示学号、姓名、性别、

年龄(不是出生日期)，添加一个查看详情列，添加一个模板列用于通过 CheckBox 选择行。可以进行排序和分页。在页面上添加“添加”、“修改”、“删除”、“查询”4 个 Button，添加“查询班级照片”和“人数信息统计”2 个超链接，添加一个下拉列表用于选择查询方式，查询方式有：按学号、按姓名、按班级，添加一个文本框用于输入查询的关键字。GridVeiw 控件可以排序、分页。学生列表页面布局如图 7-43 所示。

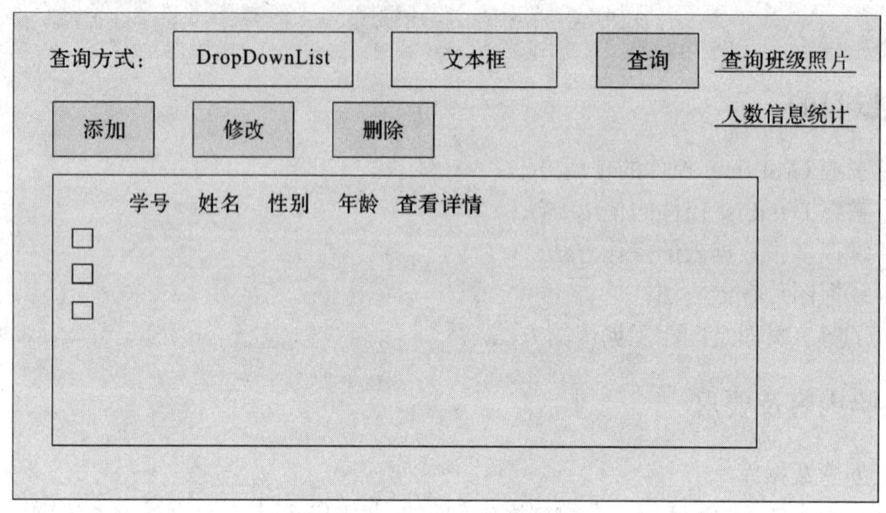

图 7-43 学生列表页面布局

请编写代码实现其功能，“添加”、“修改”、“查询班级照片”另外制作页面来实现。

(3) 建立一个查看学生详情页面，用于显示学生的详细信细，包括照片。在学生列表页中点击“查看详情”进入此页，此页的布局如图 7-44 所示。

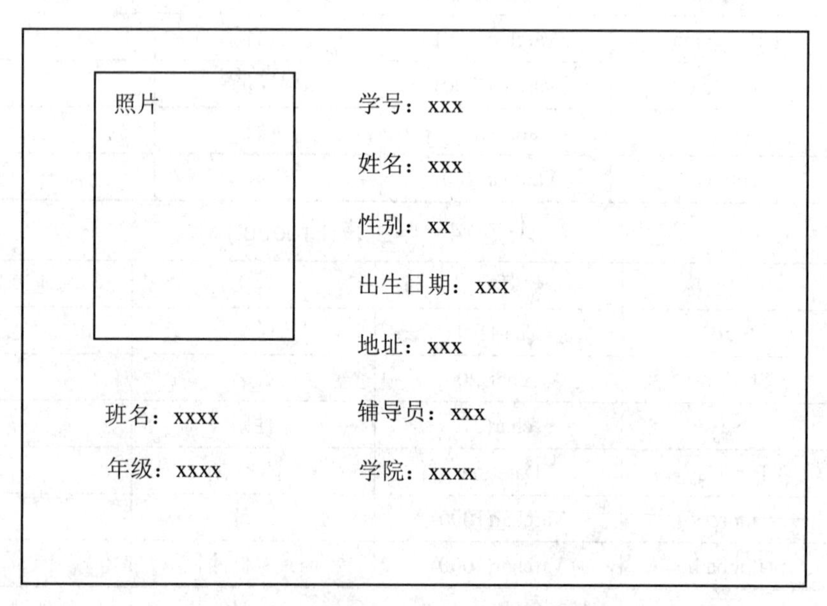

图 7-44 查看学生详情页面布局图

(4) 建立查询班级照片页面。从下拉框中选择班级后，点击查询，出现此班所有学生的信息，布局如图 7-45 所示。

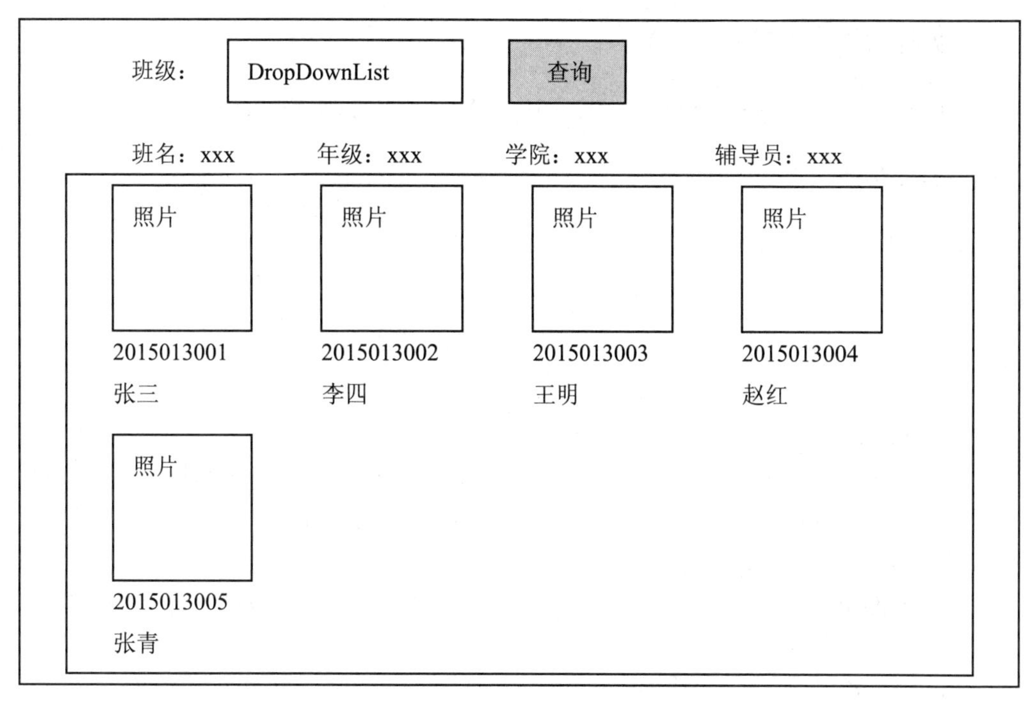

图 7-45　查询班级照片页面布局图

从图中点击某一个学生的照片，可进入查看学生详情页面。

(5) 建立一个添加学生页面，从学生列表页中点击“添加”进入此页面。此页面的布局如图 7-46 所示。

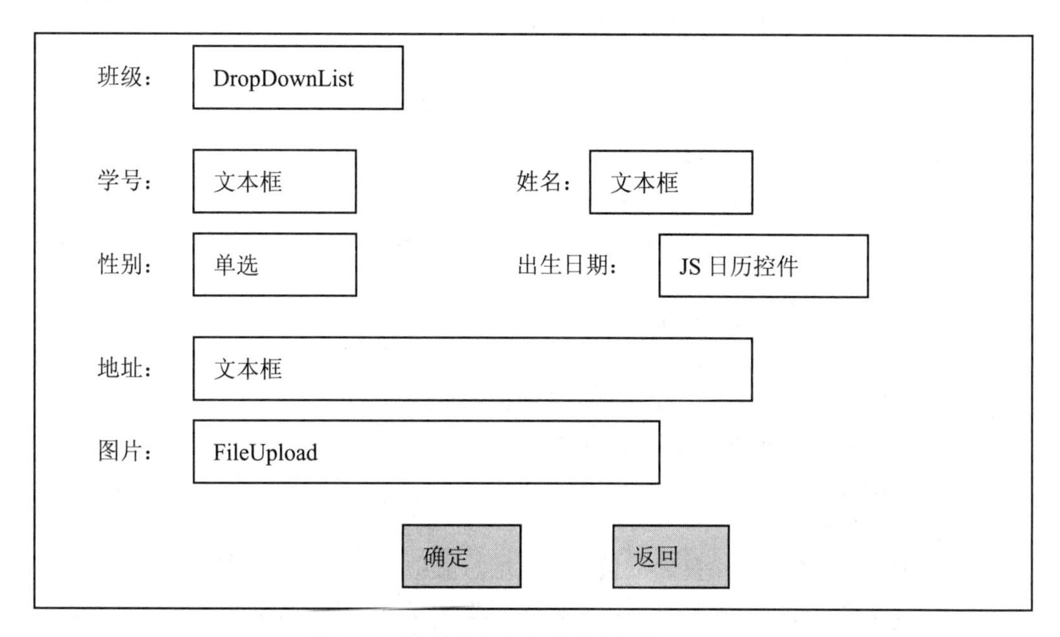

图 7-46　添加学生信息页面布局图

(6) 建立人数信息统计页面，此页面从学生列表页中点击“人数信息统计”进入。使用 Chart 控件显示每个班级的学生人数。

三、实验仪器、设备及材料

PC 机一台，安装 Windows7、VS2010 或 VS2012、SQL Server 软件。

四、实验步骤

参看典型案例 7-1。

习 题 7

一、选择题

1. 在 DataList 控件中，单击任何一个按钮时，都会触发(　　)事件。

A. EditCommand　　B. ItemCommand

C. CancelCommandD. SelectCommand

2. DataGrid 控件使用(　　)列来指定要显示数据源中的那些列、自定义每列的标头和脚注以及控件的排序等。

A. 绑定列　　B. 按钮列　　C. 超级链接列　　D. 模板列

3. 在 DataGrid 控件中设定显示学生的学号，姓名，出生日期等字段。现要将出生日期以中文格式显示，则应将数据格式表达式设定为(　　)。

A. {0:D}B. {0:c}C. {0:yy-mm-dd}D. {0:p}

4. 在绑定了数据源的 DataList 对象中，系统会自动提供(　　)对象，可以使用该对象的 Eval 方法从指定的列中检索数据。

A. Container　　B. DataBinder

C. DataReader　　D. DataTable

5. 数据绑定表达式的语法为(　　)。

A. <%　%>　　B. <%$　%>　　C. <%#　%>　　D. <% =　%>

6. 在显示学生信息的 GridView 控件中，希望添加一个导航至显示该学生的详细信息页面，应该使用(　　)。

A. BoundFieldB. ImageField

C. HyperLinkFieldD. CommandField

7. 在 DataList 控件中，希望每行显示 5 列数据，则应该设置(　　)属性。

A. RepeatColumnsB. RepeatDirection

C. RepeatLayoutD. GridLines

二、思考题

1. 如果在一个页面中需要批量修改学生的信息，可采用什么方法?

2. 如果图片存放在文件夹下，而路径存放在数据库中，需要注意哪些问题?

3. DataList 的模板添加一个 LinkButton，如何知道这个 LinkButton 操作的是哪条数据?

4. 如果用 Chart 控件显示某一年某种产品的价格走势图，应如何设计?

5. 如何将图片存储在数据库中? 如何从数据库中读取图片并显示?

第 8 章　网站安全技术

本章要点：

◆ 网站安全登录技术
◆ 登录控件及使用
◆ 页面安全访问技术
◆ SQL 注入攻击的防范

8.1　网站安全登录技术

8.1.1　成员管理和角色管理概念

成员管理和角色管理，是网站安全管理的重要组成部分。如何确保网站中的重要内容不被未授权的用户访问，是网络信息安全的重要内容。

微软在 .NET 2.0 框架中新增了用于用户管理以及角色权限管理的功能模块。基于 Membership(成员管理)和 Roles(角色管理)的功能模块，简化了以往需要投入大量人力来完成的 Web 应用程序的用户和权限管理功能，不仅可缩减项目的开发周期和开发的复杂程度，并且由于采用了成熟的权限管理设计模式，使得采用 .NET 2.0 的 Membership 和 Roles 开发的程序在执行效率和安全性方面非常优秀。

1. Membership(成员管理)

.NET 2.0 中，Membership 提供了一整套内置的用于用户管理、身份验证、用户信任以及数据库架构设计的解决方案。因此，在.NET 2.0 中，可以轻易地使用 Membership(成员管理)来构建项目的用户管理模块。在开发的同时，不但可以结合 ASP.NET 2.0 提供的相关控件来实现用户管理，也可以在自定义的控件中调用 Membership 提供的方法来进行 Web 验证。

2. Roles(角色管理)

Roles(角色管理)与 Membership 相结合，构成了 ASP.NET 2.0 框架下用户安全登录的基础。如果要让一个网站的部分内容只提供给拥有特定授权级别的用户浏览，或者只让网站管理员才能进入后台的特定管理模块和拒绝其他没有授权或授权级别不够的用户访问，采用 Roles(角色管理)与 Membership 相结合的处理办法，将得到绝佳的效果。

8.1.2　成员管理的实现

1. 身份验证

身份验证有如下 4 种方式：

(1) Windows (默认)：基于 Windows 的身份验证，适合于在企业内部 Intranet 站点中使用。

(2) None：不进行授权与身份验证；

(3) Form(常用)：基于 Cookie 的身份认证机制，可以自动将未经身份验证的用户重定向到自定义的“登录网页”，只有登录成功后，方可查看特定网页内容。

(4) Passport：通过 Microsoft 的集中身份验证服务执行。这种认证方式适合跨站应用，即用户只需一个用户名及密码就可以访问任何成员站点。

在 ASP.NET 中，通过配置 Web.config 文件来设置不同的身份验证方式。在 Web.config 文件中，有一个<authentication>配置节，用于设置身份验证方式。其格式为

```
<system.web>
   <authentication mode = " Windows  | Forms  | Passport  |  None " />
</system.web>
```

其中，通过 mode 属性，配置系统的身份验证方式。例如下列程序，配置的身份验证方式是 Windows 身份验证方式：

```
<system.web>
   <authentication mode = " Windows " />
</system.web>
```

也就是说，在本机操作系统上成功登录的某个用户，会自动具有网站的相对应用的访问权限。

例如下列程序，配置的身份验证方式为 Forms 身份验证方式：

```
<system.web>
   <authentication mode = " Forms " />
</system.web>
```

也就是说，在本机操作系统上成功登录的用户，要访问网站，还必须在网站上登录，以获取相关网站的相应访问权限。

2. Form 身份验证的工作过程

当用户要登录时，需在“登录网页”上填写一个表单(一般填写用户名和密码两项)并将表单提交到服务器。服务器在接受该请求并验证成功之后，将向用户的本地计算机写入一个记载身份验证信息的 Cookie。在后续的浏览网页中，浏览器每次向服务器发送请求时都会携带该 Cookie，这样用户就可以保持住身份验证状态，如图 8-1 所示。

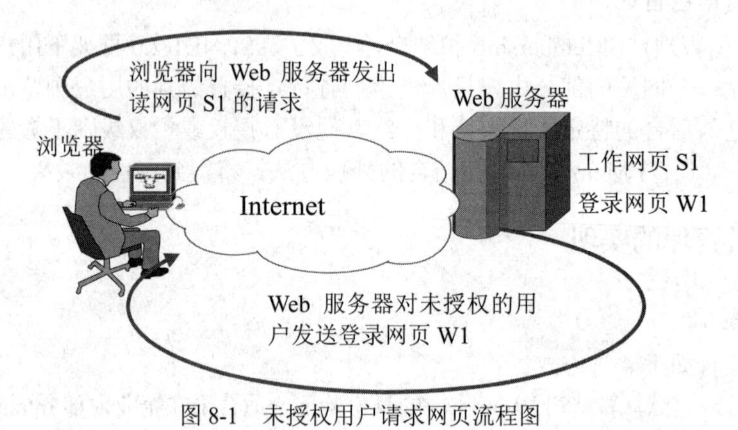

图 8-1 未授权用户请求网页流程图

Bob 希望查看网页 S1，但匿名用户不可以访问这个页面，因此当 Bob 试图访问网页 S1 时，服务器向浏览器返回一要求登录的页面 W1。

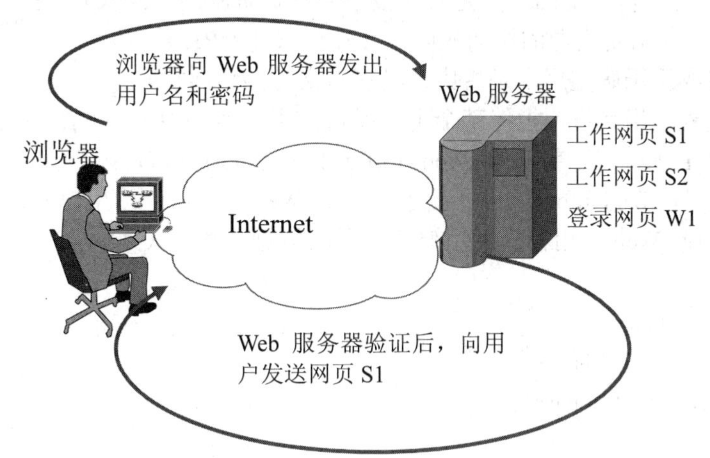

图 8-2　授权用户获得网页流程图

成功登录后 Bob 就可以正常浏览网页了。现在 Bob 通过 S1 网页上的一个链接查看 S2 网页。在发送该请求时，Bob 的浏览器同时将 Cookie 的一个副本发送到服务器，让服务器知道是 Bob 想要查看这个 S2 网页。服务器通过 Cookie 知道了 Bob 的身份，所以按照请求将 S2 网页发送给 Bob，如图 8-3 所示。

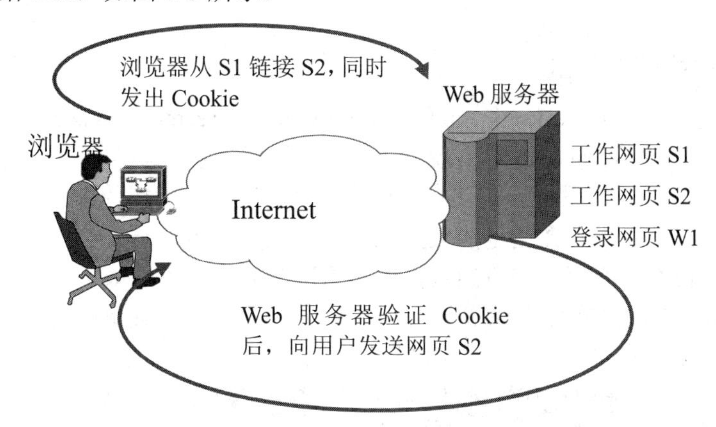

图 8-3　Cookie 授权验证过程

如果 Bob 现在请求站点的首页 D，浏览器仍会将 Cookie 和对首页 D 的请求一起发送到服务器，因此即使网页不是受限的，Cookie 仍会被传递回服务器。由于首页 D 没有受到限制，服务器不会考虑 Cookie，直接忽略它并将首页 D 发送给 Bob。

Bob 接着返回 B 网页。因为 Bob 本机上的 Cookie 仍然是有效的，所以该 Cookie 仍会被送回服务器。服务器也仍然允许 Bob 浏览这个 B 网页。

Bob 离开计算机临时接了个电话。当他重新回到计算机前时，已经超过了 20 分钟，Bob 现在希望再次浏览 B 网页，但是他本机上的 Cookie 已经过期了。服务器在接收 B 网页请求时没有得到 Cookie，认不出 Bob 了，所以拒绝这个请求，而将登录网页 W1 发回浏览器，Bob 必须重新登录。

Cookie 默认有效时间是 20 分钟，网管员可以修改这个服务器上的标准配置。

3. 用户的授权管理与角色管理

授权是指通过身份验证的用户是否应授予对特定资源的访问权限。在 ASP.NET 中，有两 种方式来授予对给定资源的访问权限：文件授权和 URL 授权。

(1) 文件授权用于确定用户是否应该具有对文件的访问权限。

(2) URL 授权是指允许或拒绝某个用户或角色(用户组)对特定目录的访问权限。

在 ASP.NET 中，配置文件 Web.config 的<authorization>配置节用于设置授权。<authorization>配置节的 allow 元素指定允许访问 Web 应用程序的用户和角色的信息。deny 元素指定禁止访问 Web 应用程序的用户和角色的信息。其格式为

```
<system.web>
<authorization>
<allow users = "Tin" />
<allow roles = "Admins" />
<deny users = "? " />
</authorization>
</system.web>
```

其中，users 表示用户，roles 表示角色。“? ”表示匿名用户，“*”表示所有用户。例 子中对 Tin 用户和 Admins 角色的成员授予访问权限，对所有匿名用户授予拒绝访问权限。

什么是角色? 角色表示某一类用户。角色不是单一用户，所以，对角色授权就是对一类用户授权。

4. .NET 提供程序的配置

ASP.NET 提供了 Login、LoginName、LoginStatus、CreateUserWizard、ChangePassword 和 PasswordRecovery 控件，用于实现网站中的用户管理。其实真正进行用户管理的是 ASP.NET 提供的成员资格系统。登录控件只不过是封装成员资格的用户界面。ASP.NET 成员资格可以将用户信息保存在指定的数据源中，默认是 SQL Server Expression。因此，第一步准备工作是检查保存用户信息的数据源是否准备妥当，方法如下：

(1) 在 Visual Studio.NET 集成开发环境中，单击“网站”菜单中的“ASP.NET 配置”菜单项，弹出“ASP.NET Web 应用程序管理”窗口，如图 8-4、图 8-5、图 8-6 所示。

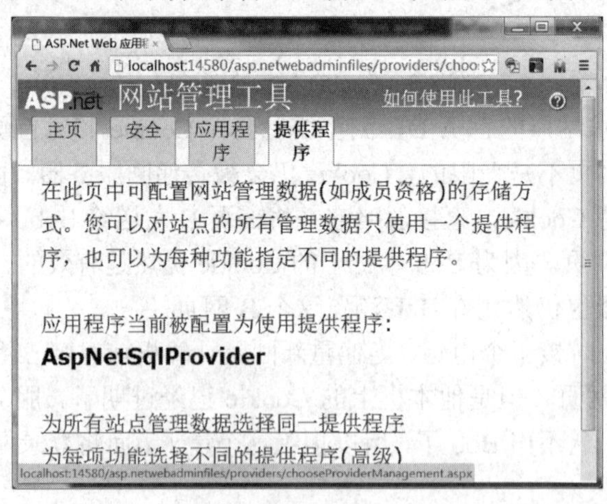

图 8-4　提供程序界面图

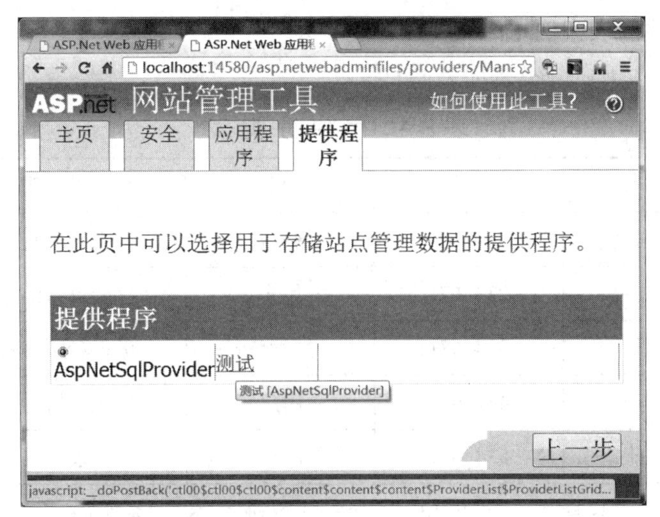

图 8-5　测试界面图

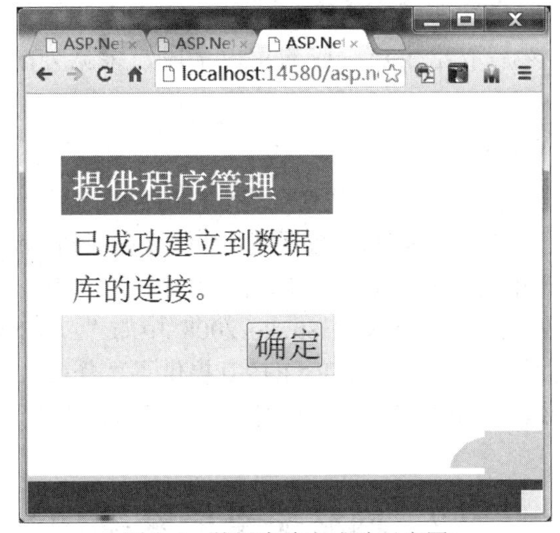

图 8-6　数据库建立成功示意图

(2) 单击“提供程序”，切换到“提供程序”向导页面。

(3) 单击“为所有站点管理数据选择同一提供程序”，切换到下一页面。

(4) 单击“测试”。

(5) 如果出现“已成功建立到数据库的连接。”，则说明已经建立到 SQLServer Expression 的连接，可以使用其中的数据库表保存用户信息。单击“确定”按钮，结束。

5. Web 用户的分类

网站的用户分为两大种：

(1) 匿名用户，即非登录用户，只能查看网站中的公共网页。

(2) 登录用户，不但可以查看公共网页，还可以访问受限的网页。

实际工作中，更多的情况是，登录用户的类别多于一个。解决的方法就是定义若干用户组，各组拥有不同权限，然后再将用户账户添加到恰当的组中，则此用户就拥有了该组定义的权限。

6. Web 用户注册表案例

一个简单的网站用户分类表如表 8-1 所示。

表 8-1　用户分类表

用户名	密码	角色	说　明
张强	134567!	网管员	可查看所有网页
李红	234_671	用户	只能查指定网页
朱军	334_671	网管员	可查看所有网页
向李	434_671	用户	只能查指定网页
李向前	534_671	用户	只能查指定网页

用户的验证实质上是一个查询过程。当用户进入登录页面时，先要求用户输入自己的姓名和密码，再到用户注册表中去查询。如果在表中找到了可以匹配的记录时，说明该用户可以登录，然后取出用户对应的角色字段，根据分配给角色的权限让用户转入相应的网页。

7. 网站安全管理的自动化

ASP.NET 2.0 中，对于基于角色的网站安全管理自动化程度很高。系统默认自动产生比表 8-1 更加完善、规范的 SQL Server 2005 数据库，且保存在网站“App_Data”专用目录下。可以借助相关工具及修改相关配置，将基于角色的网站安全管理建立在 SQL Server 2005、Access 或其他数据库上；可以利用 Visual Studio 2008 中的“ASP.NET 网站管理工具”对用户和角色进行图形界面管理。另外，ASP.NET2.0 提供了“登录”相关的 7 个控件，可以方便地构建用户认证系统，例如“登录”、“注册”、“恢复密码”等。

8.2　网站安全登录案例

此案例建立一个 Web 网站，支持基于角色的授权访问策略。应用 .NET 提供的安全登录管理程序自动生成管理系统，开发者基本不用编写代码。网站结构示意图如图 8-7 所示。

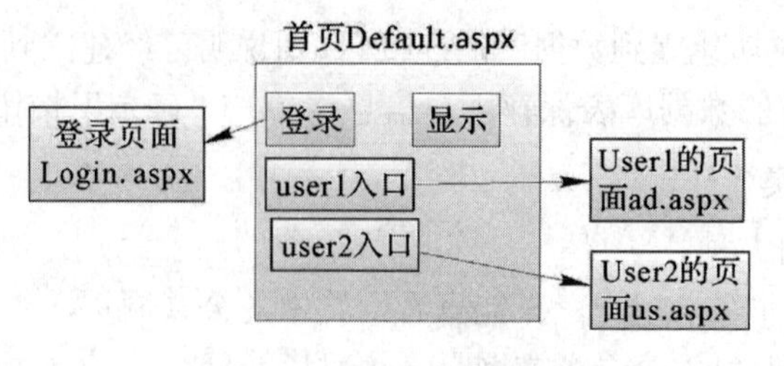

图 8-7　网站结构示意图

1. 基本配置说明

用户分类表如表 8-2 所示。

表 8-2 用户分类表

用户名	密码	角色	说 明
张刚	111111_	User1	只可查看网页 ad.aspx
李红	222222_	User1	只可查看网页 ad.aspx
王琪	333333_	User2	只可查看网页 us.aspx

2. 建立 Web 网站

(1) 建立一个工程文件夹 code8-F-1。

(2) 启动 VS，选择“新建网站”。选择“建立空网站”。添加一个名为“Default.aspx”的页面，如图 8-8 所示。

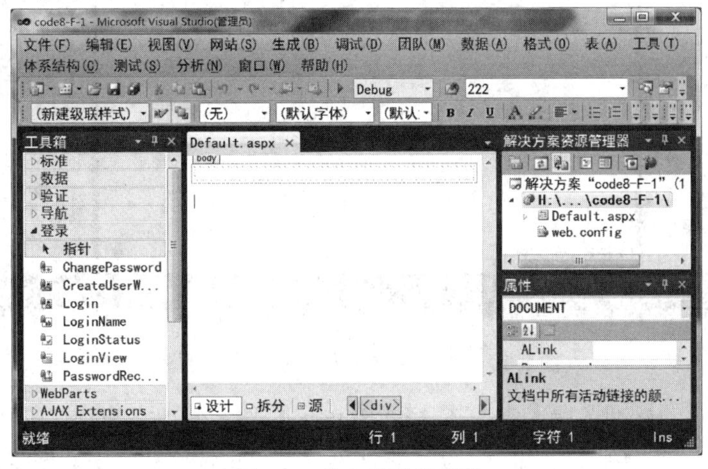

图 8-8 建立首页示意图

(3) 单击“设计”按钮切换到“设计”视图。

(4) 从工具箱的 HTML 选项卡中选择 Div 控件，并把它拖曳到 Web 页面上，生成一个层，如图 8-9 所示。

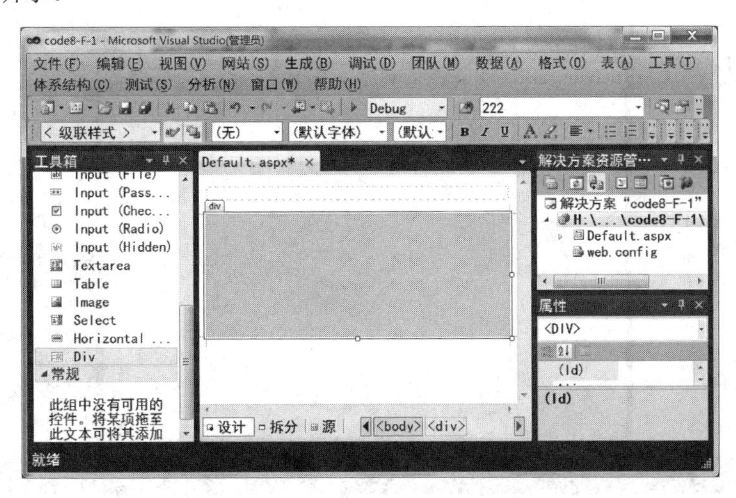

图 8-9 建立 DIV 层示意图

(5) 选中层，在“格式”菜单中选择“位置”菜单项，弹出“定位”对话框，在“定位样式”中选中“绝对”，使该层的位置变为绝对定位，拖该层到指定位置，如图 8-10 所示。

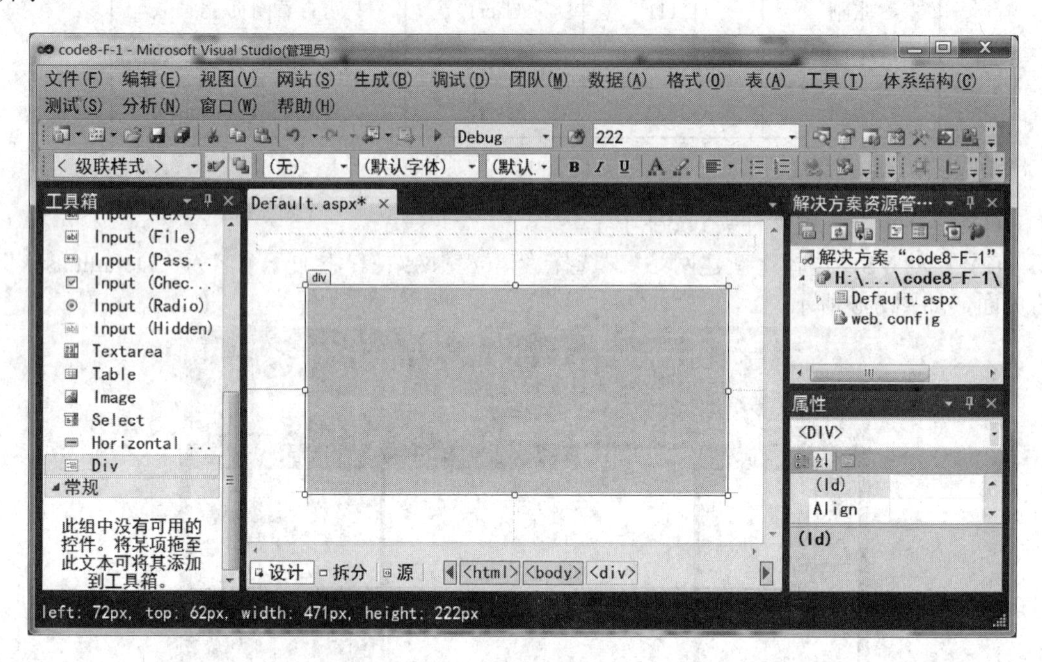

图 8-10 DIV 层位置为绝对定位示意图

(6) 从工具箱的标准选项卡中选择 LinkButton 控件，并把它拖到层中。在“格式”菜单中选择“位置”菜单项，弹出“定位”对话框，在“定位样式”中选中“相对”，拖动该控件到指定位置，如图 8-11 所示。

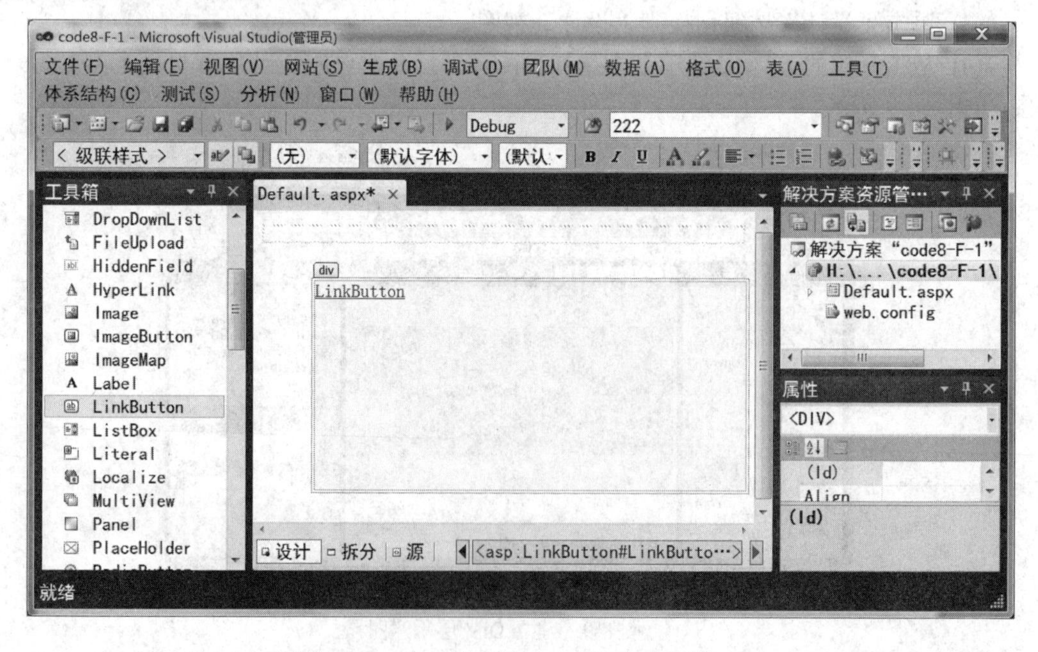

图 8-11 拖入的 Linkbutton 控件示意图

(7) 选中 LinkButton 控件，点击右键，在弹出的快捷菜单中选择“属性”菜单，将其 Text 属性改为“登录”，如 8-12 所示。

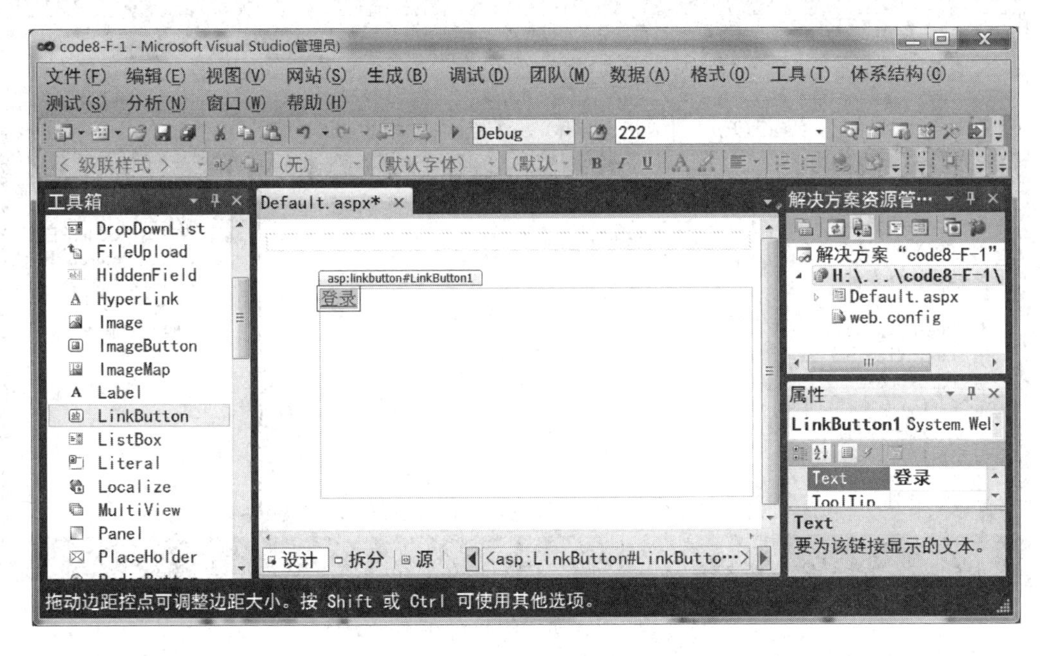

图 8-12　Linkbutton 控件改为“登录”示意图

(8) 与上述操作相同，分别在设计栏再拖入两个 LinkButton 控件，并将其改名为 user1 入口和 user2 入口，如图 8-13 所示。

图 8-13　多个 Linkbutton 控件改名示意图

(9) 添加一个名为 login.aspx 的页面。在页面上加入 Login 控件，如图 8-14 所示。

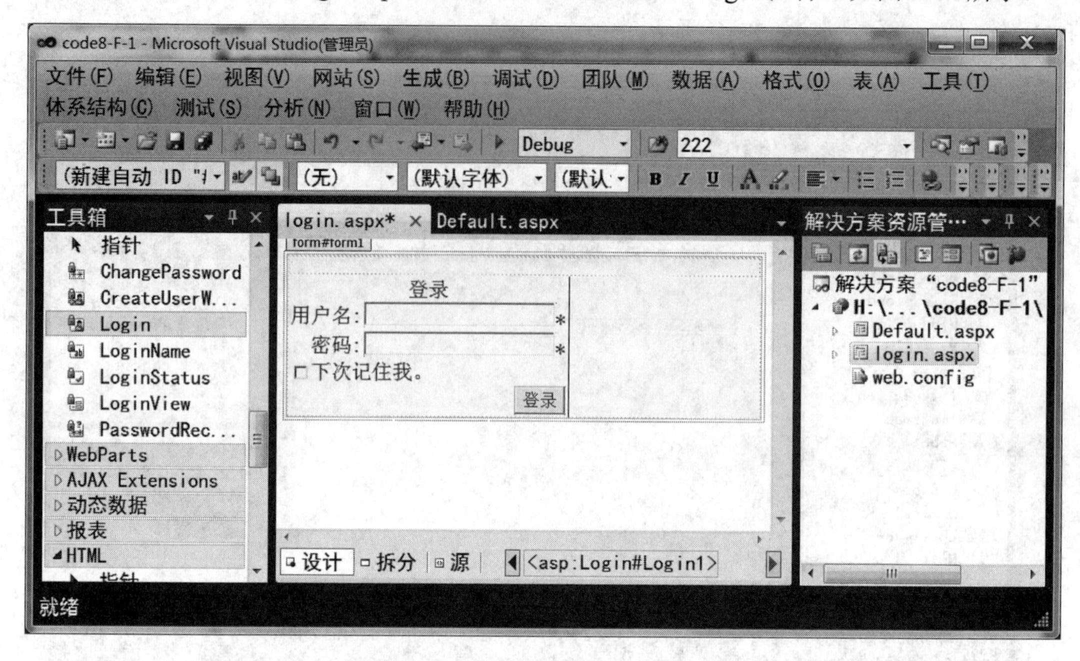

图 8-14 登录页面的 login 控件示意图

(10) 在“解决方案资源管理器”窗口中，选中“H:\code8-F-1”，添加文件夹 adm 并在其中添加网页文件 ad.aspx．选中“H:\code8-F-1”，添加文件夹 use 并在其中添加网页文件 us.aspx，如图 8-15 所示。

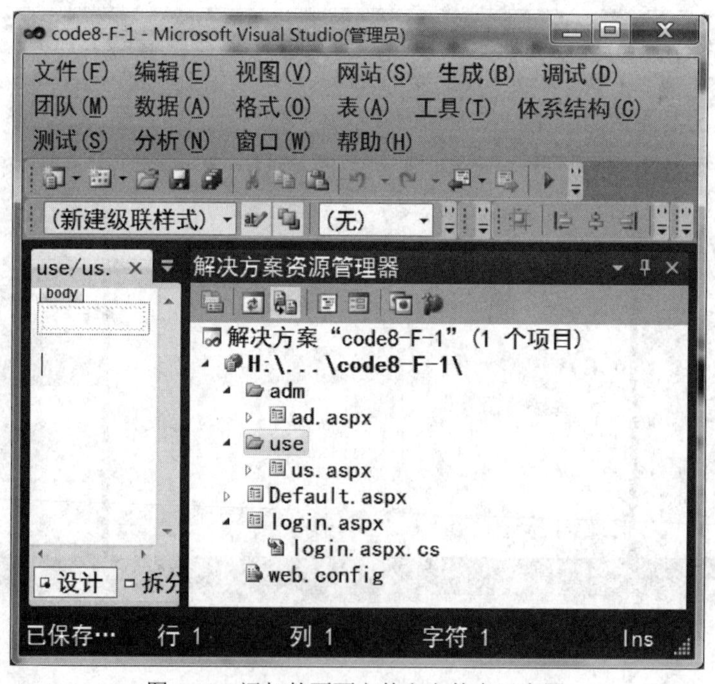

图 8-15 添加的页面文件和文件夹示意图

(11) 回到首页，双击“user1 入口”，输入一条指令；双击“user2 入口”，输入一条指令；双击“登录”，输入一条指令，如图 8-16 所示。

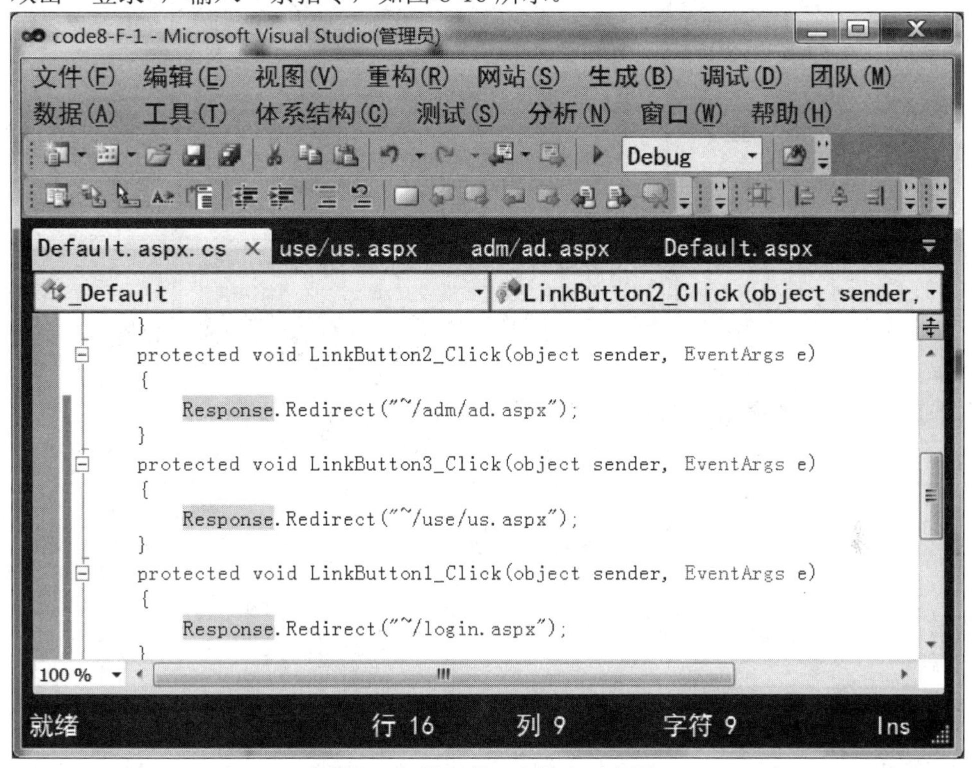

图 8-16　输入的三条指令示意图

3. 配置数据库

用户数据库和角色数据库通过配置由系统自动生成。操作过程如下：

1) 建立和测试数据库

(1) 在 Visual Studio.NET 集成开发环境中，单击“网站”菜单中的“ASP.NET 配置”菜单项，弹出“ASP.NET Web 应用程序管理”窗口。

在 Visual Studio.NET 集成开发环境中，

(2) 单击“提供程序”，切换到“提供程序”向导页面。

(3) 单击“为所有站点管理数据选择同一提供程序”，切换到下一页面。

(4) 单击“测试”。

(5) 如果出现“已成功建立到数据库的连接。”，则说明已经建立到 SQLServer Expression 的连接，可以使用其中的数据库表保存用户信息。单击“确定”按钮，结束。

2) 配置验证类型

如图 8-17 所示 4 个步骤，即可完成验证类型的配置。

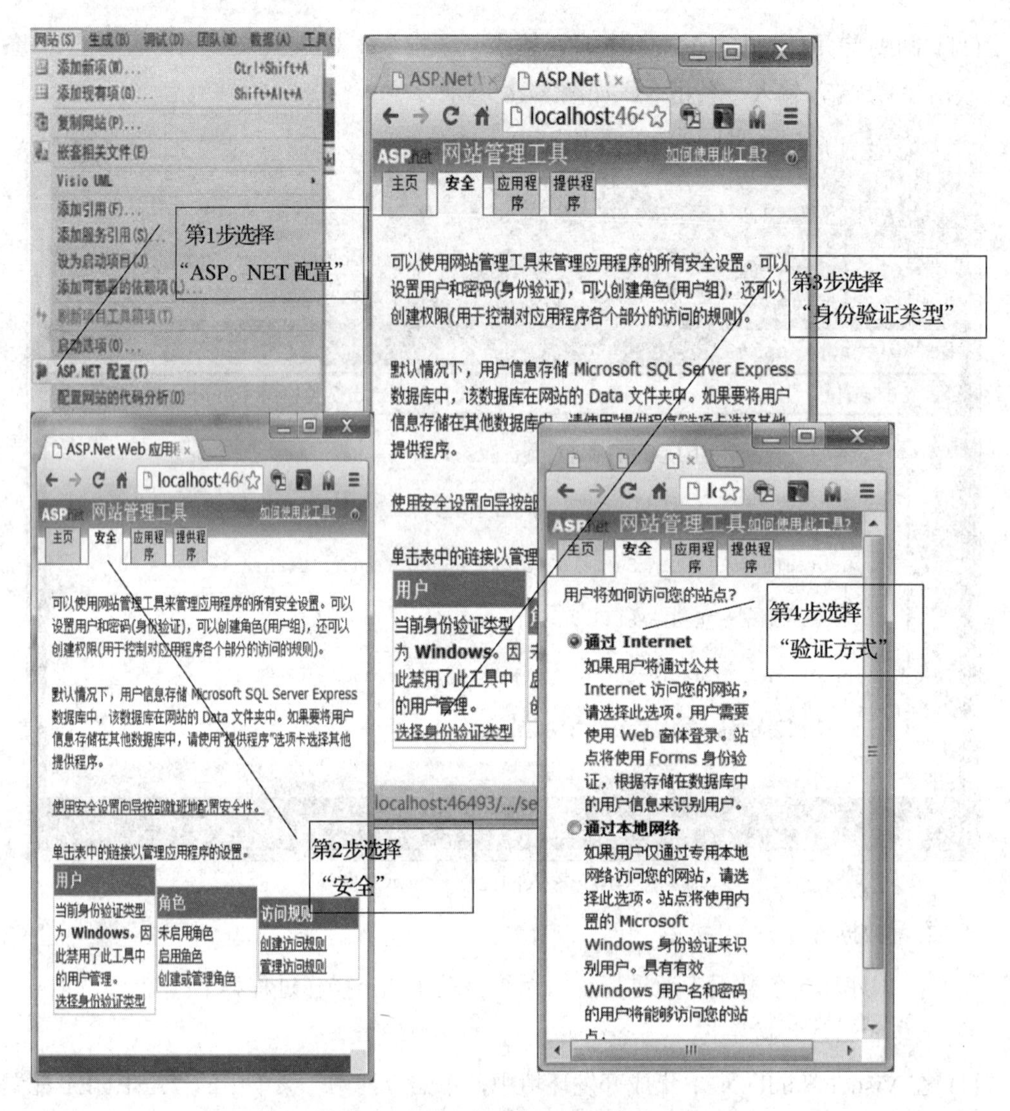

图 8-17　验证类型配置步骤示意图

配置完成后，查看主系统的 Web.config 文件，内容如下所示：

```
<?xml version = "1.0"?>
<!--
  有关如何配置 ASP.NET 应用程序的详细信息，请访问
  http://go.microsoft.com/fwlink/?LinkId = 169433
  -->
<configuration>
  <system.web>
    <authentication mode = "Forms" />
    <compilation debug = "true" targetFramework = "4.0"/>
  </system.web>
</configuration>
```

系统自动生成的命令，<authentication mode = "Forms" />，选择验证方式为“Forms”验证。系统自动生成一个数据库文件，如图 8-18 所示。

在默认情况下，ASP.NET 用户信息存储在 ASPNETDB.MDF 文件中，该文件默认为存储在网站的 App_Data 目录下。网站管理人员可以启用用户、禁用用户，可以编辑用户的信息，还可以删除用户，但要注意编辑用户功能只能编辑用户的电子邮件地址、启用、禁用用户以及改变用户的有关说明。

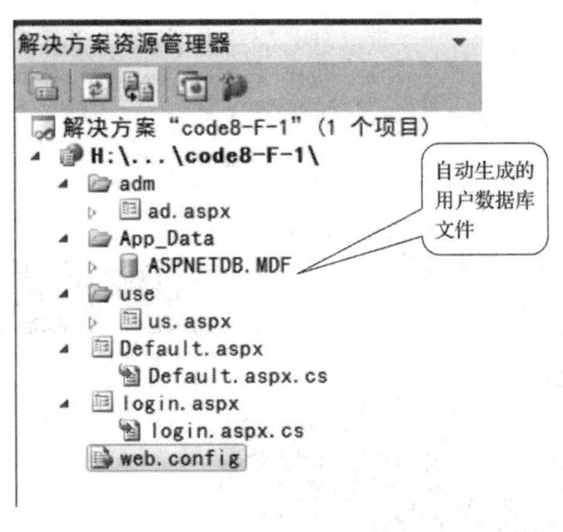

图 8-18　用户数据库文件示意图

3) *用户管理*

网站上为了安全，广泛使用的用户登录系统密码至少是七个字符，而且必须由数字、英文字母及特殊符号 3 种字符组成，密码除 A-Z 和 0-9 以外的符号，尝试包含一个以下的符号：¬_@#$%^&*()!。登录网站的用户可以用 ASP.NET 网站管理工具很方便地进行管理。新建用户的操作步骤如图 8-19 和图 8-20 所示。

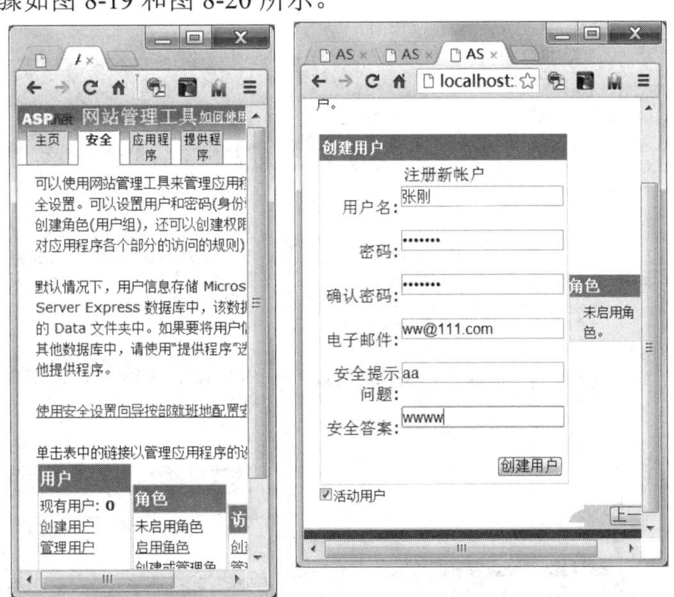

图 8-19　创建用户的操作示意图

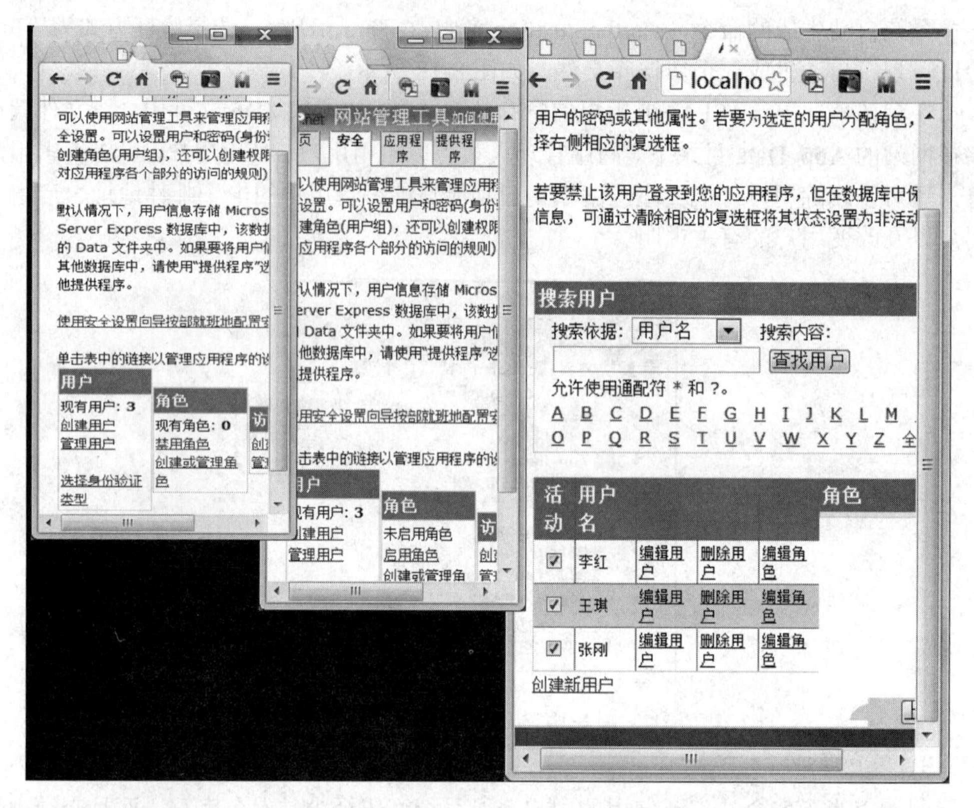

图 8-20　管理新用户的操作示意图

4) 配置用户的角色

在网站管理工具中，可以可视化地创建角色和对角色进行管理。操作方法如图 8-21 所示。

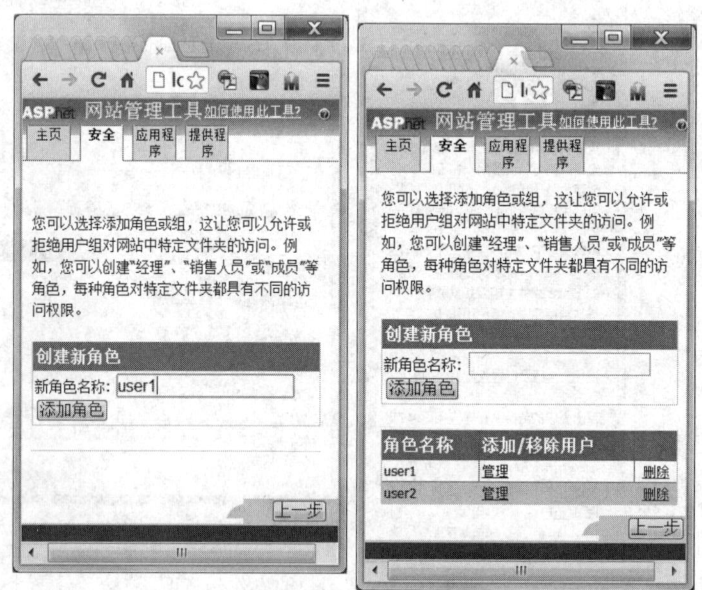

图 8-21　管理用户角色操作示意图

5) 配置用户的访问规则

在网站管理器中，用户可以配置用户的访问规则，也就是哪些用户有权限访问哪些文件夹或文件。其方法是先选中文件或目录，再配置角色或用户的权限。

如下，先选择文件夹 adm，再选择角色中的 user1，再配置权限为允许，如图 8-22 所示。

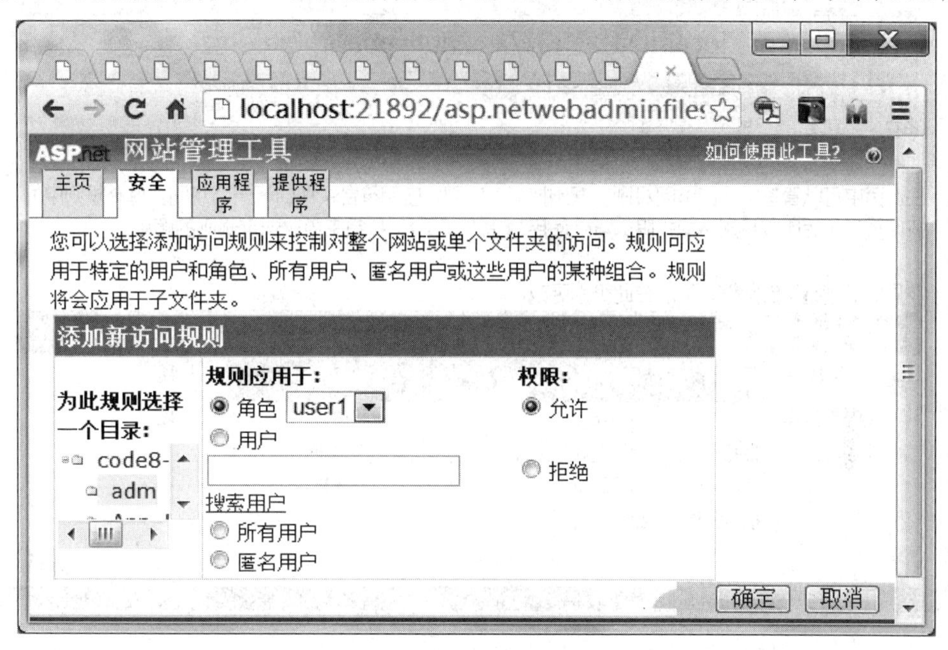

图 8-22　文件夹 adm 对角色 user1 允许示意图

选择文件夹 adm，再选择所有用户，再配置权限为拒绝，如图 8-23 所示。

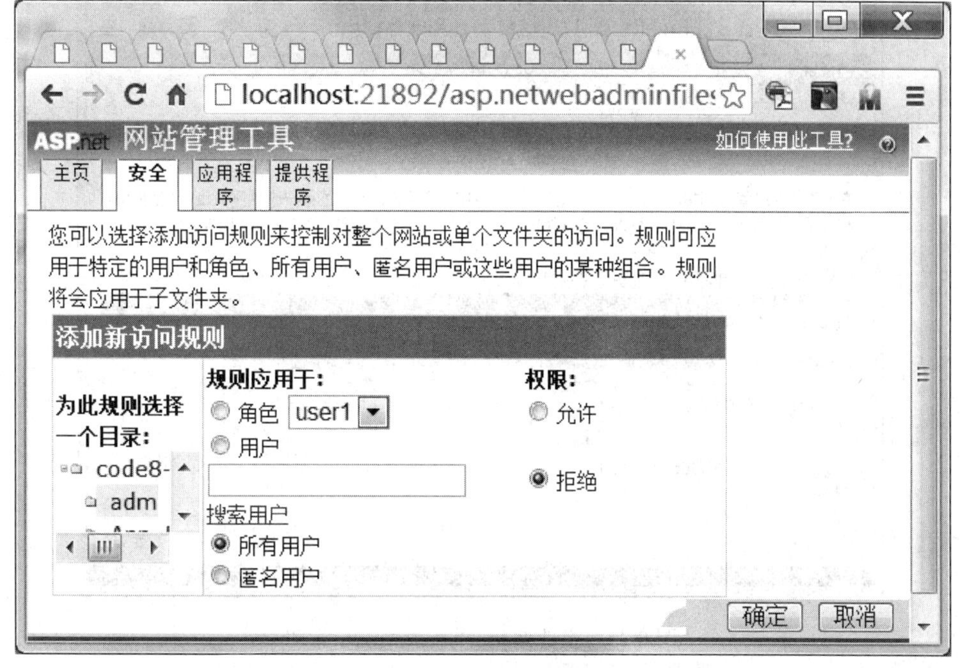

图 8-23　文件夹 adm 对所有用户拒绝示意图

选择文件夹 use，再选择角色中的 user2，配置权限为允许。选择文件夹 use，再选择所有用户，配置权限为拒绝。全部配置情况分别如图 8-24 和图 8-25 所示。

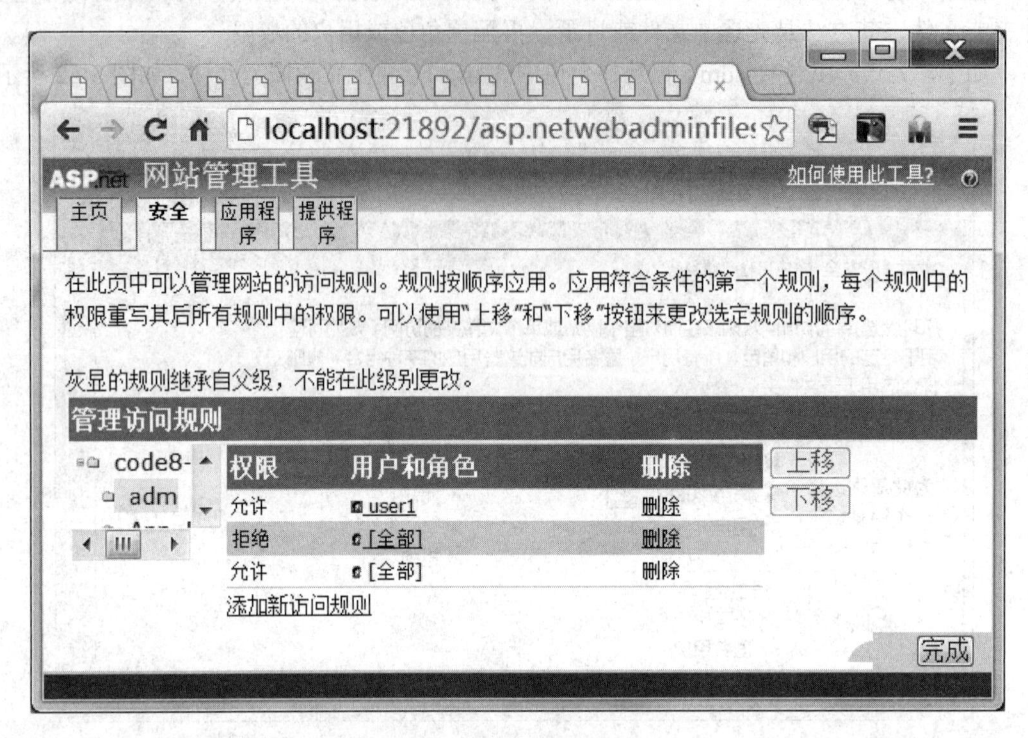

图 8-24　文件夹 adm 的配置情况示意图

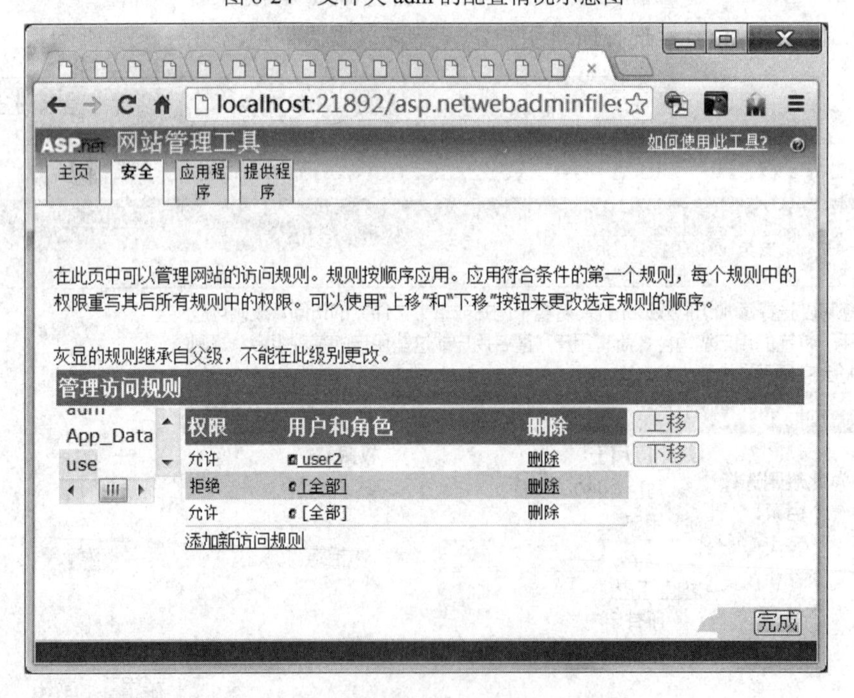

图 8-25　文件夹 use 的配置情况示意图

分别将多个用户加入到赋了权限的相应角色中，如图 8-26 所示。

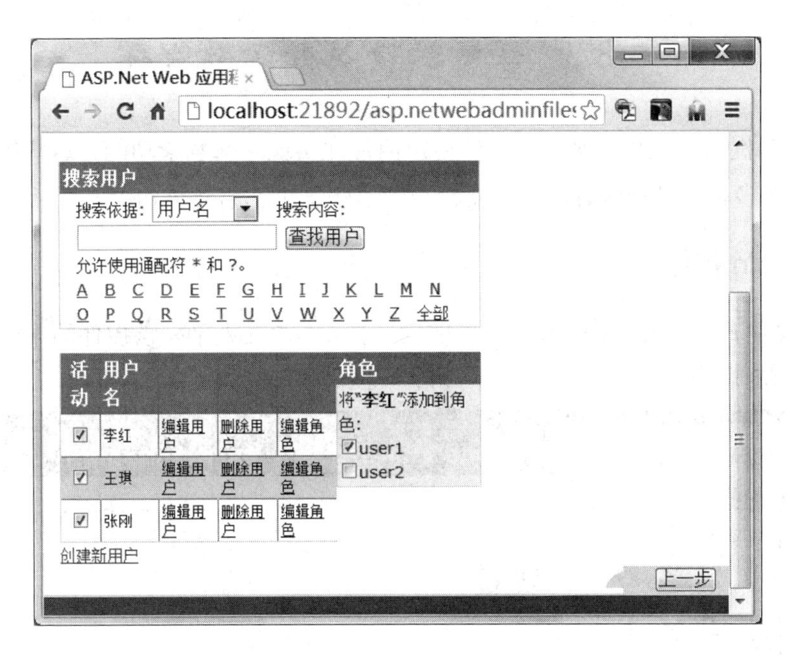

图 8-26　用户加入到赋了权限的角色中示意图

4. 程序运行

打开 Web 站点，在首页上，点击登录，会出现要求用户登录的页面。在首页上点击 user1 入口和 user2 入口，页面均不能直接进入相关页面，而是出现登录页面，用户登录后才能进入相关页面。

5. Web.config 文件内容分析

系统能够实现用户权限管理的关键是，通过配置文件，在不同的文件夹生成了属于自己的 Web.config 配置文件，整个 Web 系统的配置文件组成结构如图 8-27 所示。

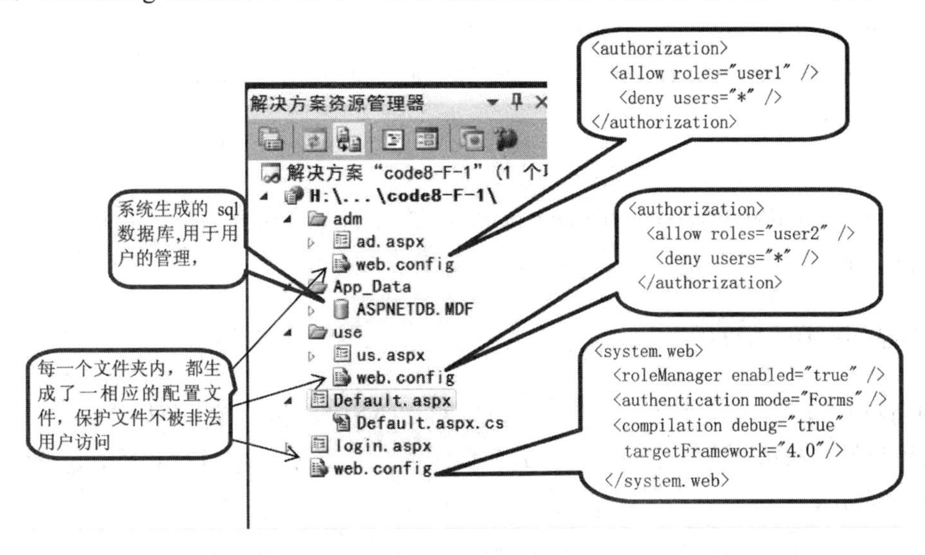

图 8-27　多个配置文件实现了分级的权限管理示意图

8.3　登录控件及登录数据库

ASP.NET 提供了七种登录控件，让用户简便地实现网络登录功能。这些控件，具有智能特点，实现多种登录功能时，只需要极少的语句甚至不需要语句。

8.3.1　Login 控件

Login 是用户登录控件，是基于角色的安全技术的核心控件。该控件的作用是进行用户认证，确定新到的用户是否已经登录，如图 8-28 所示。

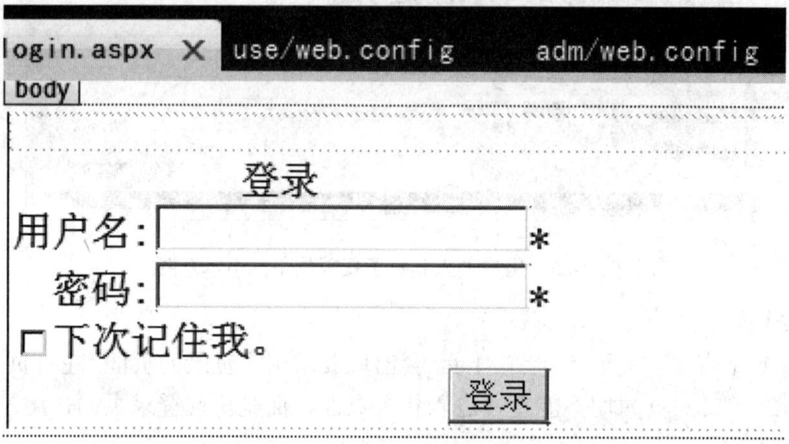

图 8-28　Login 用户登录控件界面

系统登录成功后，页面要中转的指定页面可由配置决定或 HTML 语言确定，相应代码如下：

```
<form id = "form1" runat = "server">
    <asp:Login ID = "Login1" runat = "server" DestinationPageUrl = "~/Default.aspx">
    </asp:Login>
    </form>
```

语句 DestinationPageUrl = "~/Default.aspx"，确定了当登录成功后，页面将要转向 Default.aspx 页面。

8.3.2　LoginName 控件

LoginName 用来显示注册用户的名字，通过 FormatString 属性可以增加一些格式的描述。如果用户没有被认证，这个控件就不会在页面上产生任何输出。FormatString 属性配置的案例如下所示：

```
<asp:LoginName ID = "LoginName1" runat = "server" FormatString = "欢迎{0}！ " />
```

用户登录成功后，控件显示如图 8-29 所示。

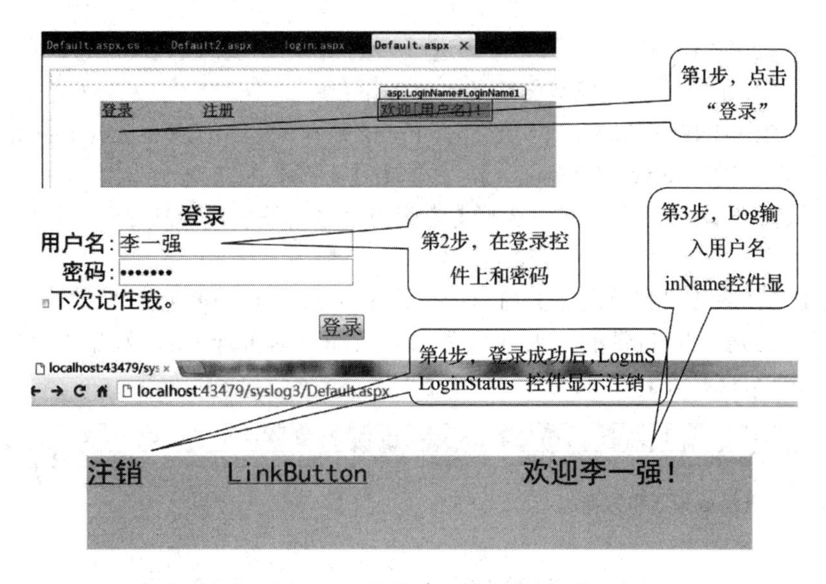

图 8-29　控件案例显示界面

8.3.3　LoginStatus 登录状态控件

“LoginStatus(登录状态)”控件提供了一个方便的超链接，它会根据当前验证的状态，在登录和退出操作之间进行切换，如果用户尚未经过身份验证，则显示指向登录页面的链接。如果登录成功，则显示“注销”字样，并提供注销功能，如图 8-30 所示。

8.3.4　CreateUserWizard 注册控件

利用 CreateUserWizard(创建新用户)控件可以在登录表中增加新用户，并为新用户登记相应的参数。注册控件界面如图 8-30 所示。

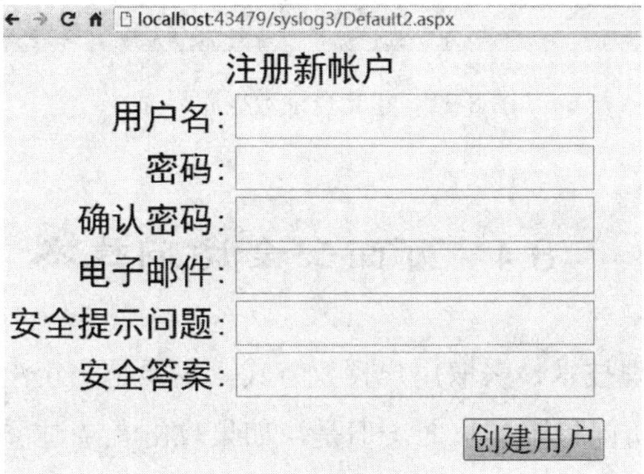

图 8-30　注册控件界面

8.3.5　登录数据库的配置和建立

ASP.NET 2.0 中基于角色的安全技术默认使用的是 SQL Server 2008 Express 特定数据库，通常命名为 ASPNETDB.MDF，以文件的形式保存在系统目录 App_Data 内。如果要使用 SQL Server 2008 作为默认数据库，需进行“生成 SQL Server 2008 数据库”和“更改 Web.config 配置”的操作。生成数据库的方法如下：

(1) 执行“C:\WINDOWS\Microsoft .NET\Framework\v2.0.50727\aspnet_regsql.exe”命令，启动【ASP .NET SQL Server 安装向导】，并单击【下一步】按钮。

(2) 在【选择安装选项】窗口中选择【为应用程序服务配置 SQL Server】命令，并单击【下一步】按钮。

(3) 在【选择服务器和数据库】窗口中填好 SQL Server 2008 服务器地址和登录用户，服务器如果用的是 VS 自带的，要在服务器名后加上 \sqlexpress，数据库名字为默认的 aspnetdb，如图 8.31 所示，单击【下一步】按钮，单击【完成】按钮。

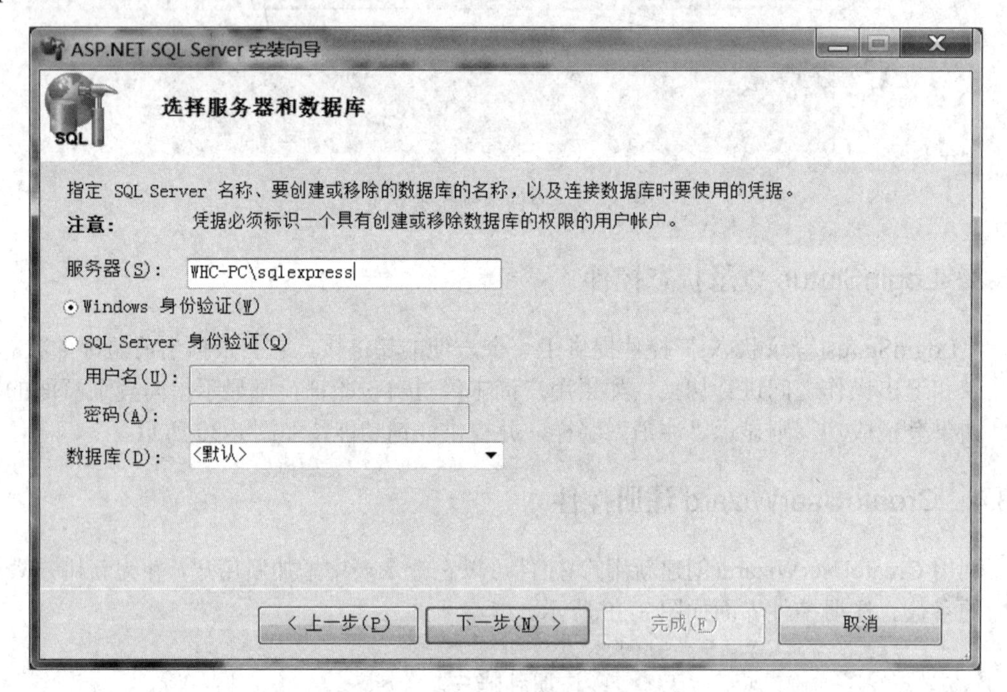

图 8-31　建立登录数据库界面

8.4　页面安全访问技术

Web 页面的角色管理技术，采取用户授权方式，主要是防止没有经过授权的用户，在登录页面链接访问没有访问权限的页面。但是，如果攻击者绕过登录页面，从已知页面地址直接访问没有授权的页面，上述安全方法就失灵了。

8.4.1　页面安全访问技术原理

如图 8-32 所示，攻击者已知要攻击的页面地址，绕过登录页面，直接访问没有授权的页面，采用角色管理技术，是无法阻止的。

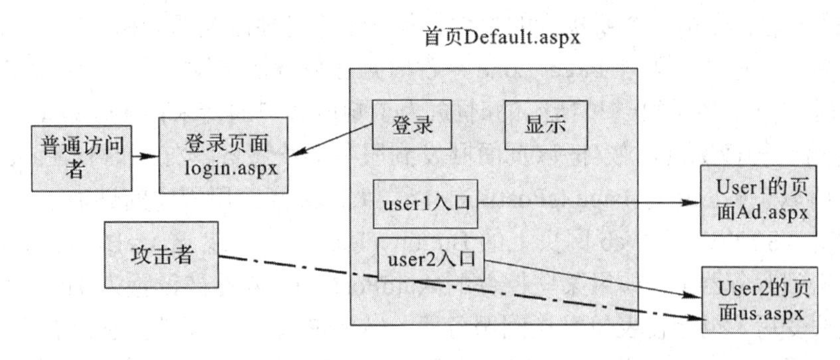

图 8-32　页面攻击技术

8.4.2　Session 服务器变量

Session 对象用于维护会话状态。用户在一段时间内对站点的一次访问就是一次会话。保存在 Session 对象中的数据就可以在该用户访问的不同页面间共享，达到在不同页面间传递数据的目的或标识用户的目的。Session 对象的使用方法类似于 Application 对象的使用方法。例如：

```
String  name = (string) Session [ " User1 " ];
Session [ " User1 " ] =  " 张三 " ;
Session.Remove [ " User1 " ] ;    //删除键值
```

Session 对象有两个事件。在会话启动时，会触发事件 Session_OnStart。在会话超时或调用 Session 对象的 Abandon 方法后，会触发事件 Session_OnEnd。事件处理过程存在于 Global.asax 文件中，该文件位于 ASP.NET 应用程序的根目录中。

Session 对象默认失效期为 20 分钟，用户也可以在 Web.config 中对其进行设置，其代码如下：

```
<system.web>
<sessionState  timeout = "120" />
</system.web>
```

使用 Session 对象可以在页面之间传值，但是需要注意的是不能在 Session 对象中存储过多的数据，否则服务器会不堪重负，另外当不再需要 Seesion 对象时，应及时释放该对象。用户可在 web.config 中对其进行设置，其代码如下：

```
Session.Remove("UserName");
Session["UserName"] = txtName.Text;
Response.Redirect("NavigatePage.aspx");
```

8.4.3　页面加载访问技术

Page_Load, 即页面载入要执行的事件。Page_Load 的执行分为两种情况：

(1) Page_Load 事件的执行是在第一次加载页面时发生(即为了响应客户的请求);

(2) Page_Load 事件的执行是在把该页面回发到服务器时发生。

ASP.NET 处理重新载入页面的时候都要重新执行 Page_Load，即重建 Page 类，而

Page_Load 是重建页面第一个要执行的事件，所以无论何种情况都会执行 Page_Load，这时就有必要判断一下服务器处理 Page_Load 事件时是在何种情况发生。而 Page.IsPostBack 正好解决了这个问题，当是第一种情况的时候(为了响应客户的请求)，Page.IsPostBack 返回 False；当是第二种情况的时候(把该页面回发到服务器给服务器处理时)，Page.IsPostBack 返回 True。所以正确应用好 Page.IsPostBack 能大大的提高应用程序的性能。

每当点击 ASP.NET 的 Web 网页上的 Button、LinkButton 或 ImageButton 等控件时，表单就会被发送到服务器上。如果某些控件的 AutoPostBack 属性被设置为 True，那么当该控件的状态被改变后，也会使表单发送回服务器。(AutoPostBack 属性，它只有两个 Bool 值，True/False。如果这个属性被设置成 False，那么点击后就不会立刻将变化传输。

8.4.4 页面加载安全访问技术原理

页面加载安全访问技术原理如下图 8-33 所示。

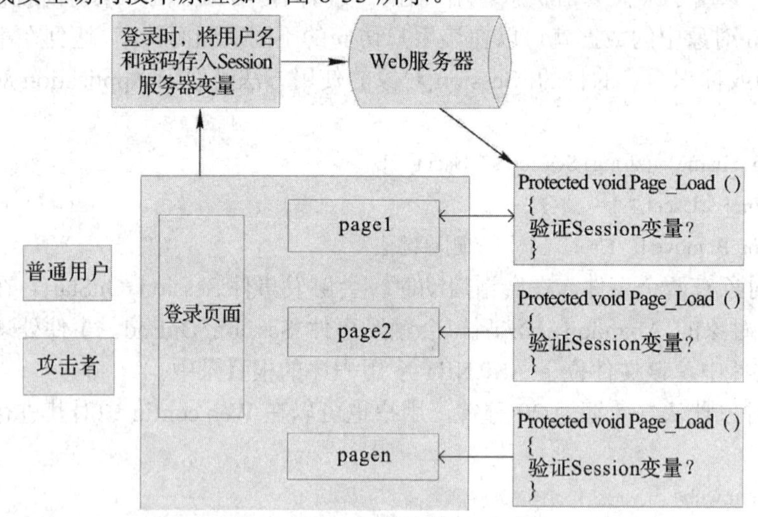

图 8-33 页面加载安全访问技术原理

在系统登录页面，设置了输入用户登录名和登录密码的文本框，当系统登录时，将合法用户的用户名和密码存入 Session 服务器变量。在系统中的每一个网页的 Page_Load 页面加载事件中，加入验证 Session 变量的程序。如果是已完成登录的用户，Session 中存有用户的用户名和密码，系统可以正常工作。如果是攻击者利用漏洞直接访问某一页面，在页面加载时，由于要验证 Session 中的用户名和密码，非法用户便访问不了这个网页。

系统登录时，将合法用户的用户名和密码存入 Session 服务器变量的程序如下：

```
{
    if (com.ExecuteScalar() ! = = null)
        Session["name"] = TextBox1.Text;
        Session["number"] = TextBox2.Text;
        Response.Redirect("testaa.aspx");
}
```

在 user 页面加载时，验证 Session 中的用户名和密码的程序如下：

```
protected void Page_Load(object sender, EventArgs e)
{
    if (Session["name"] = = null || Session["number"] = = null )
    {
        Response.Redirect("Default.aspx");
    }
}
```

页面加载，触发页面加载事件，如果 Session 为空，说明页面没有经过登录页面，程序自动转向首页 Default.aspx 让用户登录。这是一段模拟程序，实际使用时应该打开数据库进行用户的验证。

8.5　SQL 注入攻击的防范

SQL 注入，就是通过把 SQL 命令插入到 Web 表单提交或输入域名或页面请求的查询字符串，最终达到欺骗服务器执行恶意的 SQL 命令。具体来说，它是利用现有应用程序，将恶意的 SQL 命令注入到后台数据库引擎执行的能力，它可以通过在 Web 表单中输入恶意的 SQL 语句得到一个存在安全漏洞的网站上的数据库，而不是按照设计者意图去执行 SQL 语句。比如先前的很多影视网站泄露 VIP 会员密码大多就是通过 Web 表单递交查询字符暴出的，这类表单特别容易受到 SQL 注入式攻击.

8.5.1　SQL 注入攻击的原理

SQL 注入攻击主要是使用了未筛选的用户输入来形成数据库命令，例如有如下登录程序：

```
string constr = @"Data Source = .\sqlexpress; Initial Catalog = Student; Integrated Security = True";
SqlConnection con = new SqlConnection(constr);
con.Open();
SqlCommand com = new SqlCommand();
com.Connection = con;
com.CommandType = CommandType.Text;
com.CommandText = "select * from Table1 where name = '"+TextBox1.Text + "' and no = 
'"+TextBox2.Text+ "'";
if (com.ExecuteScalar() = = null)
{ Label3.Text = "错误"; }
Else
{
    Label3.Text = "正确";
}
```

数据库中的用户信息如表 8-3 所示。

表 8-3 用户登录信息表

no	name	gender	girthday
12345	张三	男	2001
12346	李四	女	2001
12347	王五	男	2002
NULL	NULL	NULL	NULL

用户工作时，正确输入用户名和密码后，登录显示如图 8-34 所示。

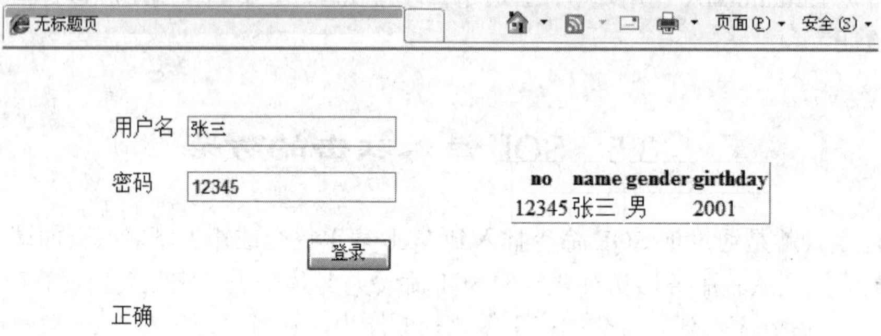

图 8-34 用户输入正确的账号后的显示

但是，如果在密码框中输入如下字符串：

a' or '1' = '1

系统显示如图 8-35 所示。

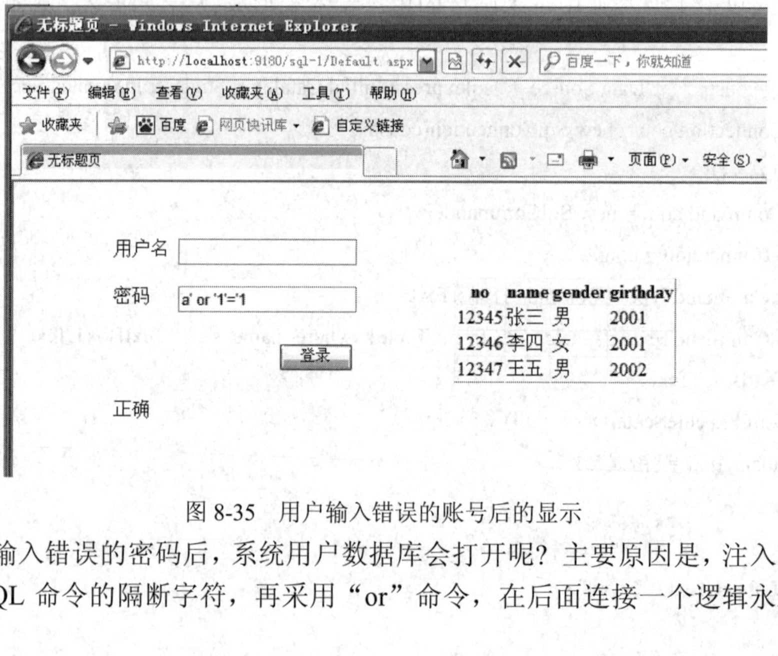

图 8-35 用户输入错误的账号后的显示

为什么输入错误的密码后，系统用户数据库会打开呢？主要原因是，注入攻击采用了分隔原来 SQL 命令的隔断字符，再采用“or”命令，在后面连接一个逻辑永远为真的表达式。

8.5.2　SQL 注入攻击的防范

目前已有多种防范 SQL 注入攻击的方法，常用的方法有：关键字过滤法、命令长度限制法、参数法等。如下是一个采用参数法防范注入攻击的实例。

```
string constr = @"Data Source = .\sqlexpress; Initial Catalog = Student; Integrated Security = True";
        SqlConnection con = new SqlConnection(constr);
        con.Open();
            SqlCommand com = new SqlCommand();
            com.Connection = con;
            com.CommandType = CommandType.Text;
            com.CommandText = "select * from Table1 where name = @na and no = @id";
            com.Parameters.AddWithValue("@na", TextBox1.Text );
            com.Parameters.AddWithValue("@id", TextBox2.Text);
            if (com.ExecuteScalar() = = null)
            { Label3.Text = "错误"; }
            else
            {
                Label3.Text = "正确";
            }
```

上机实训 8-1　成员管理和角色管理

一、实验目的

(1) 了解基于 Web 的成员管理原理；
(2) 掌握基于 Web 的角色管理知识；
(3) 掌握基于 Web 的成员创建方法；
(4) 掌握基于 Web 的角色创建方法；
(5) 掌握配置文件内容和编程方法。

二、实验知识点

成员管理和权限管理，是网站安全管理的重要组成部分。如何确保网站中的重要内容不被未授权的用户访问，是网络信息安全的重要内容。

微软在.NET 2.0 框架中新增了用于用户管理以及角色权限管理的功能模块。基于 Membership(成员管理)和 Roles(角色管理)的功能模块，简化了以往需要投入大量人力来完成的 Web 应用程序的用户和权限管理功能，不仅可缩减项目的开发周期和开发的复杂程度，并且由于采用了成熟的权限管理设计模式，使得采用.NET 2.0 的 Membership 和 Roles 开发的程序在执行效率和安全性方面非常优秀。

1. Membership(成员管理)

.NET 2.0 中，Membership 提供了一整套内置的用于用户管理、身份验证、用户信任以及数据库架构设计的解决方案。因此，在.NET 2.0 中可以轻易地使用 Membership(成员管理)构建项目的用户管理模块。在开发的同时，不但可以结合 ASP.NET 2.0 提供的相关控件来实现用户管理，也可以在自定义的控件中调用 Membership 提供的方法来进行 Web 验证。

2. Roles(角色管理)

Roles(角色管理)与 Membership 相结合，构成了 ASP.NET 2.0 框架下用户安全登录的基础。如果要让一个网站的部分内容只提供给拥有特定授权级别的用户浏览，或者只让网站管理员才能进入后台的特定管理模块和拒绝其他没有授权或授权级别不够的用户访问，采用 Roles(角色管理)与 Membership 相结合的处理办法，将得到绝佳的效果。

身份验证的 4 种方式：

(1) Windows (默认)：基于 Windows 的身份验证，适合于在企业内部 Intranet 站点中使用。

(2) None：不进行授权与身份验证；

(3) Form(常用)：基于 Cookie 的身份认证机制，可以自动将未经身份验证的用户重定向到自定义的“登录网页”，只有登录成功后，方可查看特定网页内容。

(4) Passport：通过 Microsoft 的集中身份验证服务执行。这种认证方式适合跨站应用，即用户只需一个用户名及密码就可以访问任何成员站点。

三、实验仪器、设备及材料

PC 机一台，安装 Windows7、VS2010 或 VS2005、SQL Server2000 软件。

四、实验内容及要求

(1) 制作一个用户表，如图 8-36 所示。表中成员的角色分为 3 类。

编号	姓名	密码	角色	安全设置(此项一般存于 web.config 文件中)
1	张宏伟	asdf`123	教师	“网站管理员”角色可以查看所有网页； “教师”角色可以查看教师网页和学生网页； “学生”角色只可以查看学生网页
2	梁丰硕	sdfg890-	教师	
3	赵瑞来	dfgh=234	学生	
4	李晓凤	zxcv`123	学生	
5	马识途	mst666#66	网站管理员	
6	燕南归	yngl999.9	学生	

图 8-36 用户表

(2) 制作一个网站，能支持分权限的入口访问，如图 8-37 所示。

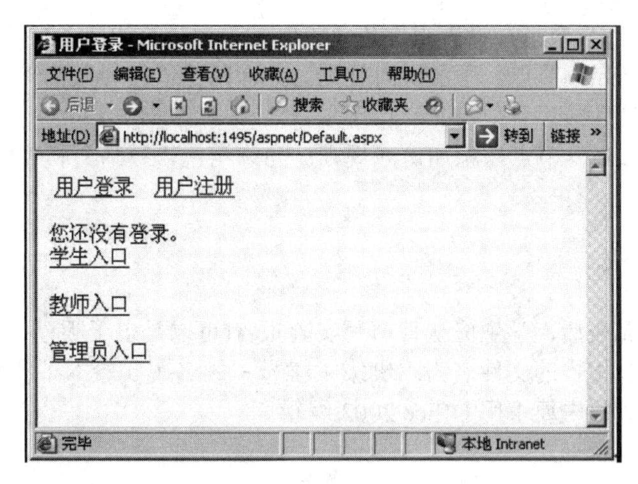

图 8-37　网站界面

(3) 制作一个登录页，能支持分账号的登录，如图 8-38 所示。

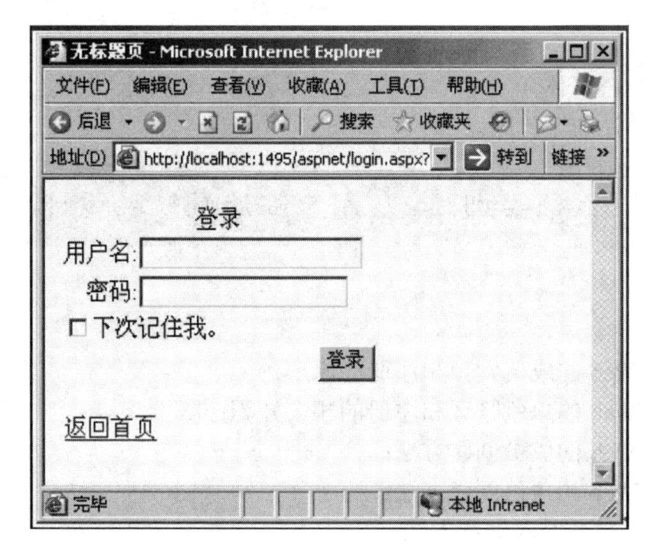

图 8-38　登录页界面

(4) 系统访问权限、配置文件和网页文件如图 8-39 所示。

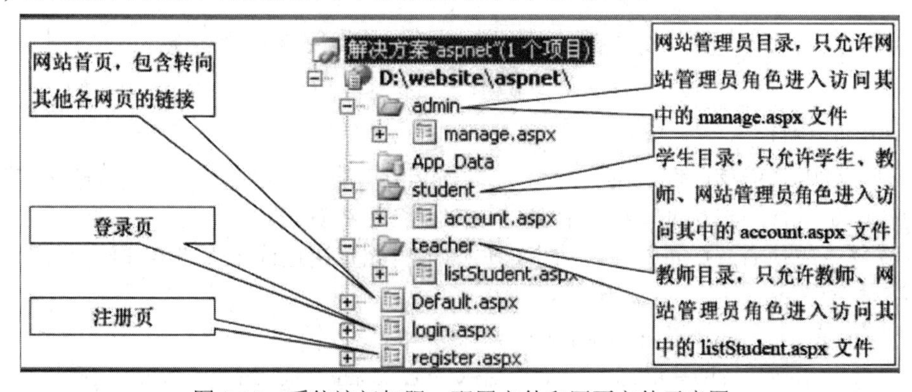

图 8-39　系统访问权限、配置文件和网页文件示意图

(5) 选择“admin”节点，设置允许角色“网站管理员”访问，拒绝所有用户访问。

(6) 选择“student”节点，添加访问规则：允许角色“教师”、“学生”、“网站管理员”访问，拒绝所有用户访问。

(7) 选择“teacher”节点，添加访问规则：允许角色“教师”和“网站管理员”访问，拒绝所有用户访问。

五、实验报告要求

(1) 每个实验完成后，学生应认真填写实验报告(可以是电子版)并上交任课教师批改。

(2) 电子版实验报告的文件名为：班级 + 学号 + 姓名 + 实验 N + 实验名称。

(3) 电子版实验报告要求用 Office 2003 编辑。

(4) 实验报告基本形式：

① 实验题目。

② 实验目的。

③ 实验内容。

④ 实验要求。

⑤ 实验结论、心得体会。

⑥ 程序主要算法或源代码。

上机实训 8-2　用户注册系统的设计

一、实验目的

(1) 了解基于 Web 的成员管理和注册的原理；

(2) 掌握基于 Web 的角色管理和注册的相关知识；

(3) 掌握基于 Web 的成员创建方法；

(4) 掌握基于 Web 的角色创建方法；

(5) 掌握配置文件内容和编程方法。

二、实验知识点

ASP.NET 提供了七种登录控件，让用户简便地实现网络登录功能。这些控件具有智能特点，实现多种登录功能时只需要极少的语句甚至不需要语句。

1. Login 控件

Login 是用户登录控件，用户登录控件(Login)是基于角色的安全技术的核心控件。该控件的作用是进行用户认证，确定新到的用户是否已经登录。

系统登录成功后，页面要中转的指定页面可由配置决定或由 HTML 语言确定，相应代码如下：

```
<form id = "form1" runat = "server">
    <asp:Login ID = "Login1" runat = "server" DestinationPageUrl = "~/Default.aspx">
    </asp:Login>
```

```
</form>
```

语句 DestinationPageUrl = "~/Default.aspx"确定了当登录成功后，页面将要转向Default.aspx 页面。

2. LoginName 控件

LoginName 用来显示注册用户的名字，通过 FormatString 属性可以增加一些格式的描述。如果用户没有被认证，这个控件就不会在页面上产生任何输出。FormatString 属性配置的案例如下所示：

```
<asp:LoginName ID = "LoginName1" runat = "server" FormatString = "欢迎{0}!" />
```

用户登录成功后，控件显示如图 8-29 所示。

三、实验仪器、设备及材料

PC 机一台，安装 Windows7、VS2010、SQL Server2000 软件。

四、实验内容及要求

(1) 建立如图 8-29 所示的页面，登录采用系统登录控件。
(2) 在页面添加 LinkButton 控件。
(3) 在页面添加 LoginName 控件。
(4) 在页面添加 LoginStatus 登录状态控件。
(5) 在页面添加 CreateUserWizard 注册控件。
最终显示界面如图 8-30 所示。

五、实验报告要求

(1) 每个实验完成后，学生应认真填写实验报告(可以是电子版)并上交任课教师批改。
(2) 电子版实验报告的文件名为：班级 + 学号 + 姓名 + 实验 N + 实验名称。
(3) 电子版实验报告要求用 Office 2003 编辑。
(4) 实验报告基本形式：
① 实验题目。
② 实验目的。
③ 实验内容。
④ 实验要求。
⑤ 实验结论、心得体会。
⑥ 程序主要算法或源代码。

上机实训 8-3　页面安全访问技术

一、实验目的

(1) 了解基于 Web 的页面安全访问原理；

(2) 掌握基于 Web 的页面安全访问一般方法；

(3) 掌握 Web 攻击防御的基本方法；

(4) 掌握 Web 攻击防御的程序设计。

二、实验知识点

如图 8-32 所示，攻击者已知要攻击的页面地址，绕过登录页面直接访问没有授权的页面，采用角色管理技术是无法阻止的。Session 对象用于维护会话状态。用户在一段时间内对站点的一次访问就是一次会话。 保存在 Session 对象中的数据就可以在该用户访问的不同页面间共享，达到在不同页面间传递数据的目的或标识用户的目的。Session 对象的使用方法类似于 Application 对象的使用方法。例如：

```
String   name = (string) Session [ “User1” ];
Session [ “User1” ] = “张三”;
Session.Remove [ “User1” ] ;     //删除键值
```

Session 对象有两个事件。在会话启动时，会触发事件 Session_OnStart。在会话超时或调用 Session 对象的 Abandon 方法后，会触发事件 Session_OnEnd。事件处理过程存在于 Global.asax 文件中，该文件位于 ASP.NET 应用程序的根目录中。

Session 对象默认失效期为 20 分钟，用户也可以在 Web.Config 中对其进行设置，其代码如下：

```
<system.web>
<sessionState   timeout = "120" />
</system.web>
```

使用 Session 对象可以在页面之间传值，但是需要注意的是不能在 Session 对象中存储过多的数据，否则服务器会不堪重负。另外当不再需要 Seesion 对象时，应及时释放该对象，其代码如下：

```
Session.Remove("UserName");
Session["UserName"] = txtName.Text;
Response.Redirect("NavigatePage.aspx");
```

三、实验仪器、设备及材料

PC 机一台，安装 Windows7、VS2010、SQL Server2000 软件。

四、实验内容及要求

(1) 制作一个网站，首页的界面如图 8-33 所示。

(2) 在系统登录页面，设置了输入用户登录名和登录密码的文本框，当系统登录时将合法用户的用户名和密码存入 Session 服务器变量。

(3) 在系统中的每一个网页的 Page_Load 页面加载事件中，加入验证 Session 变量的程序。如果是已完成登录的用户，Session 中存有用户的用户名和密码，系统可以正常工作。如果是攻击者利用漏洞直接访问某一页面，在页面加载时，由于要验证 Session 中的用户名和密码，非法用户将访问不了这个网页。

系统登录时，将合法用户的用户名和密码存入 Session 服务器变量的程序如下：

```
{
    if (com.ExecuteScalar() ! = = null)
            Session["name"] = TextBox1.Text;
            Session["number"] = TextBox2.Text;
            Response.Redirect("testaa.aspx");
}
```

在 user 页面加载时，验证 Session 中的用户名和密码的程序如下：

```
protected void Page_Load(object sender, EventArgs e)
{
    if (Session["name"] = = null || Session["number"] = = null )
    {
        Response.Redirect("Default.aspx");
    }
}
```

页面加载，触发页面加载事件，如果 Session 为空，说明页面没有经过登录页面，程序自动转向首页 Default.aspx 让用户登录。这是一段模拟程序，实际使用时应该打开数据库进行用户的验证。

五、实验报告要求

(1) 每个实验完成后，学生应认真填写实验报告(可以是电子版)并上交任课教师批改。

(2) 电子版实验报告的文件名为：班级+学号+姓名+实验 N+实验名称。

(3) 电子版实验报告要求用 Office 2003 编辑。

(4) 实验报告基本形式：

① 实验题目。

② 实验目的。

③ 实验内容。

④ 实验要求。

⑤ 实验结论、心得体会。

⑥ 程序主要算法或源代码。

上机实训 8-4　Web 攻击分析和防御

一、实验目的

(1) 了解基于 Web 的 SQL 注入攻击原理；

(2) 掌握基于 Web 的 SQL 注入一般方法；

(3) 掌握 Web 攻击防御的基本方法;
(4) 掌握 Web 攻击防御的程序设计。

二、实验知识点

SQL 注入攻击:

SQL 注入式攻击，就是攻击者把 SQL 命令插入到 Web 表单的输入域或页面请求的查询字符串，欺骗服务器执行恶意的 SQL 命令。在某些表单中，用户输入的内容直接用来构造(或者影响)动态 SQL 命令，或作为存储过程的输入参数，这类表单特别容易受到 SQL 注入式攻击。常见的 SQL 注入式攻击过程类如:

(1) 某个 ASP.NET Web 应用有一个登录页面，这个登录页面控制着用户是否有权访问应用，它要求用户输入一个名称和密码。

(2) 登录页面中输入的内容将直接用来构造动态的 SQL 命令，或者直接用作存储过程的参数。下面是 ASP.NET 应用构造查询的一个例子:

```
System.Text.StringBuilder query = new System.Text.StringBuilder(
    "SELECT * from Users WHERE login = '")
    .Append(txtLogin.Text).Append("' AND password = '")
    .Append(txtPassword.Text).Append("'");
```

(3) 攻击者在用户名字和密码输入框中输入"'或'1' = '1"之类的内容。

(4) 用户输入的内容提交给服务器之后，服务器运行上面的 ASP.NET 代码构造出查询用户的 SQL 命令，但由于攻击者输入的内容非常特殊，所以最后得到的 SQL 命令变成:SELECT * from Users WHERE login = '' or '1' = '1' AND password = '' or '1' = '1'。

三、实验仪器、设备及材料

PC 机一台，安装 WindowsXP、VS2003 或 VS2005、SQL Server2000 软件。

四、实验内容及要求

(1) 制作一个网站，首页的界面如图 8-34 所示。要求点击登录按钮之后，用一个 Label 控件在表单的下方显示输入的内容。数据库中的用户信息如图 8-36 所示。

设计的原代码如下:

```
using System;
using System.Data;
using System.Configuration;
using System.Web;
using System.Web.Security;
using System.Web.UI;
using System.Web.UI.WebControls;
using System.Web.UI.WebControls.WebParts;
using System.Web.UI.HtmlControls;
```

```
using System.Data.SqlClient;
public partial class _Default : System.Web.UI.Page
{
    protected void Page_Load(object sender, EventArgs e)
    {
    }
    protected void Button1_Click(object sender, EventArgs e)
    {
        string constr = @"Data Source = .\sqlexpress; Initial Catalog = Student; Integrated Security = True";
        SqlConnection con = new SqlConnection(constr);
        con.Open();
        SqlCommand com = new SqlCommand();
        com.Connection = con;
        com.CommandType = CommandType.Text;
        com.CommandText = "select * from Table1 where name = '"+TextBox1.Text +
                    "' and no = '"+TextBox2.Text+ "'";
        if (com.ExecuteScalar() = = null)
        { Label3.Text = "错误"; }
        else
        {
            Label3.Text = "正确";
            SqlDataReader reader = com.ExecuteReader();
            GridView1.DataSource = reader;
            GridView1.DataBind();
            con.Close();
        }
    }
}
```

(2) 进行 SQL 注入攻击。

在密码框中输入如下字符串：

```
a′ or′ 1′  = ′ 1
```

屏幕显示结果如图 8-35 所示。

(3) 改进措施。

为了防止 SQL 注入攻击，修改代码如下：

```
using System;
using System.Data;
using System.Configuration;
using System.Web;
using System.Web.Security;
```

```
using System.Web.UI;
using System.Web.UI.WebControls;
using System.Web.UI.WebControls.WebParts;
using System.Web.UI.HtmlControls;
using System.Data.SqlClient;

public partial class _Default : System.Web.UI.Page
{
    protected void Page_Load(object sender, EventArgs e)
    {
    }
    protected void Button1_Click(object sender, EventArgs e)
    {
        string constr = @"Data Source = .\sqlexpress; Initial Catalog = Student;
                    Integrated Security = True";
        SqlConnection con = new SqlConnection(constr);
        con.Open();
        SqlCommand com = new SqlCommand();
        com.Connection = con;
        com.CommandType = CommandType.Text;
        com.CommandText = "select * from Table1 where name = @na and no = @id";
        com.Parameters.AddWithValue("@na", TextBox1.Text );
        com.Parameters.AddWithValue("@id", TextBox2.Text);
        if (com.ExecuteScalar() = = null)
        { Label3.Text = "错误"; }
        else
        {
            Label3.Text = "正确";
            SqlDataReader reader = com.ExecuteReader();
            GridView1.DataSource = reader;
            GridView1.DataBind();
            con.Close();
        }
    }
}
```

五、实验报告要求

(1) 每个实验完成后，学生应认真填写实验报告(可以是电子版)并上交任课教师批改。

(2) 电子版实验报告的文件名为：班级 + 学号 + 姓名 + 实验 N + 实验名称。
(3) 电子版实验报告要求用 Office 2003 编辑。
(4) 实验报告基本形式：
① 实验题目。
② 实验目的。
③ 实验内容。
④ 实验要求。
⑤ 实验结论、心得体会。
⑥ 程序主要算法或源代码。

习　题　8

一、判断题(判断如下的叙述是否正确，正确的打 √，错误的打×)
1. 角色管理能提高用户授权的效率。(　　)
2. Visual Studio 2010 的用户管理数据库可以自动生成。(　　)
3. 一个 Web 网站可以有多个配置文件。(　　)
4. 每一个文件夹中的配置文件，只管理本文件夹内的文件权限。(　　)
5. 配置命令<allow users = "Tin"/>，功能是允许角色 Tin 访问本地页面。(　　)
6. 配置命令<allow roles = "Admins"/>，功能是允许角色 Admins 访问本地页面。(　　)
7. 配置命令<deny users = "?"/>，功能是拒绝角色? 访问本地页面。(　　)
8. 配置命令<deny users = "?"/>，功能是拒绝匿名用户访问本地页面。(　　)
二、简述题(请简要回答下列问题)
1. 什么是 Web 用户管理?
2. 什么是角色?
3. .NET 的用户和角色管理有什么区别?
4. .NET 有哪些用户登录控件?
5. 什么是 SQL 注入攻击?
6. SQL 注入攻击的防范有哪些方法?

第9章　母版页技术

本章要点：

- Web 母版页基础
- Web 母版页的结构
- 母版页和内容页的工作
- 设计案例

9.1　Web 母版页基础

VS 提供了功能强大的母版页制作功能。

采用 ASP.NET 母版页技术，一是可以为 Web 站点程序中的页面，创建一致性的页面布局结构；二是可以提高页面构建效率。单个母版页可以为应用程序中的所有页(或一组页)定义所需的外观和标准行为。

母版页的使用与普通页面类似，可以在其中放置文件或者图形、任何的 HTML 控件和 Web 控件、后置代码等。母版页的扩展名以 .master 结尾，不能被浏览器直接查看。母版页必须在被其他页面使用后才能进行显示。它的使用跟普通的页面一样，可以可视化的设计，也可以编写后置代码。与普通页面不一样的是，它可以包含 ContentPlaceHolder 控件，ContentPlaceHolder 控件就是可以显示内容页面的区域。母版页仅仅是一个页面模板，单独的母版页是不能被用户所访问的。单独的内容页也不能够使用。母版页和内容页有着严格的对应关系。母版页中包含多少个 ContentPlaceHolder 控件，那么内容页中也必须设置与其相对应的 Content 控件。当客户端浏览器向服务器发出请求，要求浏览某个内容页面时，引擎将同时执行内容页和母版页的代码，并将最终结果发送给客户端浏览器。

9.1.1　Web 母版页的结构

母版页是具有扩展名 .master 的 ASP.NET 文件，母版页可以包括静态元素、动态元素，还可以包括 ASP.NET 的各种控件。母版页由特殊的@master 指令标识，该指令替换了普通.aspx 文件的@page 指令。如下是一个母版页的代码：

```
<%@ Master Language = "C#" AutoEventWireup = "true" CodeFile = "MasterPage.master.cs"
Inherits = "MasterPage" %>
<form id = "form1" runat = "server">
<div>
<asp:contentplaceholder id = "ContentPlaceHolder1" runat = "server">
</asp:contentplaceholder>
```

```
</div>
</form>
```

母版页的声明指示符是“<%@ Master...%>”，其内部包含<asp:contentplaceholder...>控件，这个是内容页的控件。内容页控件其实是一个占位符，主要在母版页中，为内容页占据一定的空间。

9.1.2 内容页的结构

内容页是普通的.aspx 文件，它与特定的母版页相关联，通过创建各个内容页填充母版页的 ContentPlaceHolder 控件的内容。代码结构为

```
<%@Page Language = "C#" MasterPageFile = "~/Master.master" Title = "Content Page1"%>
<asp:Content ID = "Content1" ContentPlaceHolderID = "Main" Runat = "Server">
<asp:Label id = "lblMain" Text = "Main content" runat = "server"/>
</asp:Content>
</asp:content>
```

建立内容页的要求：

(1) 一定要设定 MasterPageFile 属性以指定所使用的母版页。

(2) 不能有<html>、<head>、<body>和执行在服务器端的<form>标签，因为这些标签早已定义在母版中，内容页只能定义网页内容。当浏览内容页时，就会将母版页加上内容页一起输出到浏览器。

(3) 为了对应到母版页的 ContentPlaceHolder 控件，在内容页中一定要添加 Content 控件。放在 Content 控件中的正文或服务器控件等会对应到适当的位置。

(4) Content 控件的 ContentPlaceHolderID 一定要与母版页中 ContentPlaceHolder 控件的 ID 属性值对应，否则程序会出错。

9.1.3 Content 控件

(1) Content 控件是内容页的内容和控件的容器，与母版页上的 ContentPlaceHolder 控件相对应。

(2) 运行时 Content 控件中的内容直接合并到母版页对应 的 ContentPlaceHolder 控件中。

(3) Content 控件使用它的 ContentPlaceHolderID 属性与一个 ContentPlaceHolder 关联。将 ContentPlaceHolderID 属性设置为母版页中 ContentPlaceHolder 控件的 ID 属性的值。

9.1.4 母版页和内容页的工作

采用母版页方式设计的页面，其运行原理如下：

(1) 用户通过客户端浏览器请求某页。

(2) ASP.NET 引擎获取该请求后，找到相应页面，读取 Page 指令。如果该指令引用一

个母版页，则也读取该母版页。如果这是第一次请求这两个页，则两个页都要进行编译。

(3) 将母版页合并到内容页的控件树中。

(4) 将内容页的各个 Content 控件的内容合并到母版页中相应的 ContentPlaceHolder 控件中。

(5) 发送合并页至客户端浏览器。

(6) 客户端浏览器呈现得到的合并页。

9.2 设 计 案 例

本案例采用母版页技术实现了一个具有菜单功能的图片浏览系统，系统总体结构如图 9-1 所示。网页中的按钮、标题、版权说明和占位符均在母版页中设计，占位符是母版页中用来为内容页中的图片控件提供一个占位符。系统提供了三幅图片，分别是红砖墙壁、时钟、小木头人。要求系统工作时，分别按下 LinkBotton1、LinkBotton2、LinkBotton3 按钮时，页面除在中间部分分别显示红砖墙壁、时钟、小木头人三图片外，页面的标题、按钮、版权标识都不能有变化。

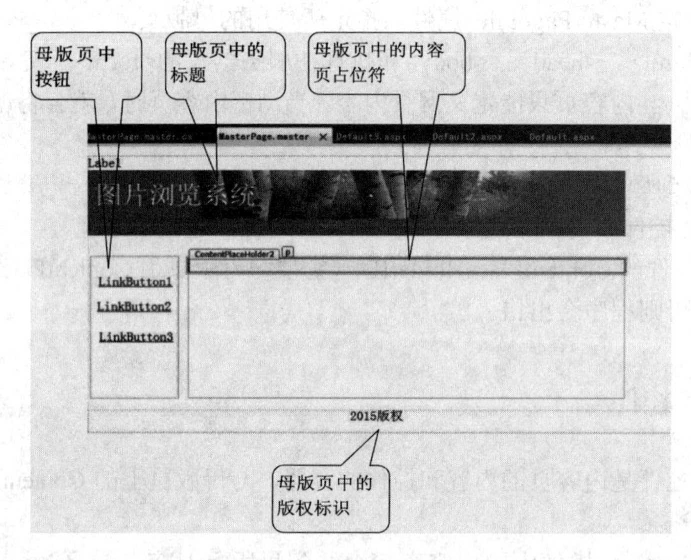

图 9-1　系统总体结构

9.2.1　母版页的设计案例

在采用母版页技术设计网页时，首先要考虑系统哪些内容应该放在母版页上，哪些内容应该放在内容页上。母版页通常用作网页的模板，因此网页的公共部分应该放在母版页中。每个网页的特定内容应该放在内容页中。本次案例中，内容页东西较少，主要是每个网页上要显示一幅图片。因此，母版页内容较多，包括了网页中的按钮、标题、版权说明和占位符，内容页中主要是一个图片控件。操作如下：

(1) 启动 Visual Studio.NET，建立一个网站，网站名称为“H:\12-2”；

(2) 在“H:\12-2”文件夹中建立一个子文件夹，将相关图片拷贝到其中。

(3) 在解决方案资源管理器中，右击网站名称，在弹出的快捷菜单中选择“添加新项”菜单项。

(4) 在弹出的“添加新项”对话框中，选择“母版页”。在“名称”文本框中，输入母版页文件名。在“语言”下拉列表框中，选择“Visual C#”。选择“将代码放在单独的文件中”复选框。单击“添加”按钮。

(5) 在设计器中，打开母版页，会看到集成开发环境自动为母版页添加的一个 ContentPlaceHolder 控件，将其删除。

(6) 在工具箱中选择 HTML 控件，选择 DIV，在母版页中通过 DIV 建立四个区域，如图 9-2 所示。

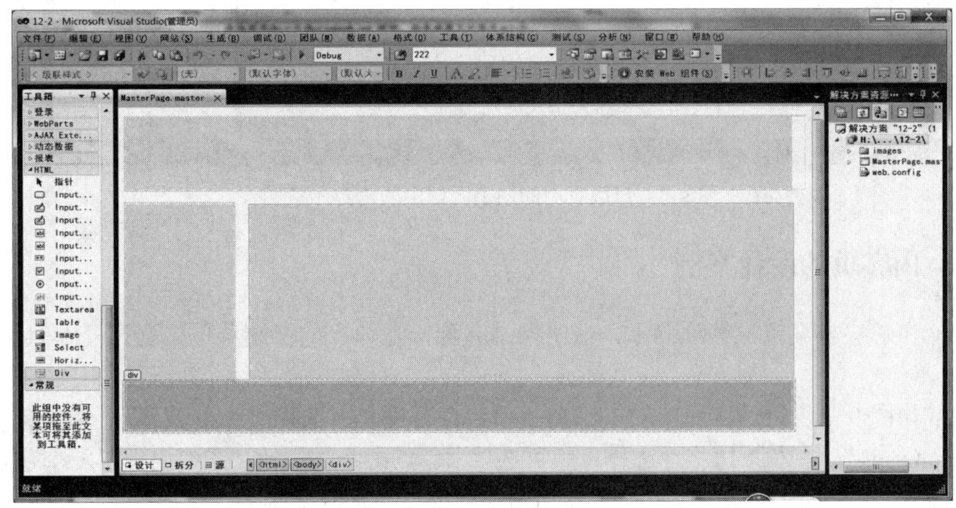

图 9-2　母版页中的四个 DIV 区域结构示意图

(7) 在最上面的 DIV 区域中加入 LOGO 图片和标题。

(8) 在最下面的 DIV 区域中加入版权说明。

(9) 在中间最左面的 DIV 区域中加入三个 LinkButton 按钮。

(10) 在中间最右面的 DIV 区域中加入一个 ContentPlaceHolder 控件。系统如图 9-3 所示。单击 LinkButton 按钮，分别输入三条页面跳转命令，如下所示：

```
protected void LinkButton1_Click(object sender, EventArgs e)
{
    Response.Redirect("Default.aspx");
}
protected void LinkButton2_Click(object sender, EventArgs e)
{
    Response.Redirect("Default2.aspx");
}
protected void LinkButton3_Click(object sender, EventArgs e)
{
    Response.Redirect("Default3.aspx");
```

}

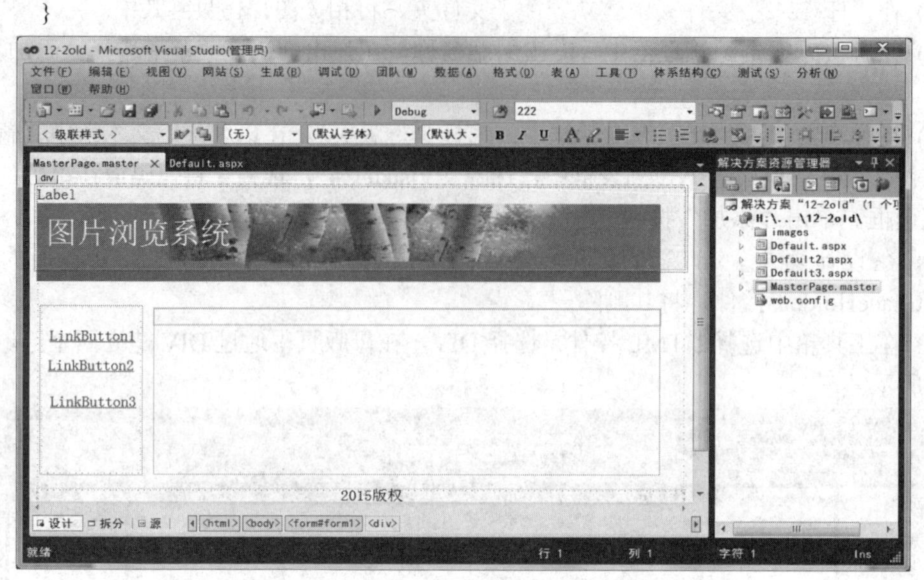

图 9-3　母版页中的四个区域中的内容示意图

9.2.2　内容页的设计案例

(1) 在解决方案资源管理器中，右击网站名称，在弹出的快捷菜单中选择“添加新项”菜单项。

(2) 如图 9-4 所示，在弹出的“添加新项”对话框中，选择“Web 窗体”，选择名称为“Default.aspx”，在右下边将“选择母版页选”上。点击添加按钮，系统出现了一个包含有母版页内容的新页面。在占位符位置添加图形框控件，加入一幅名为红砖的图片。

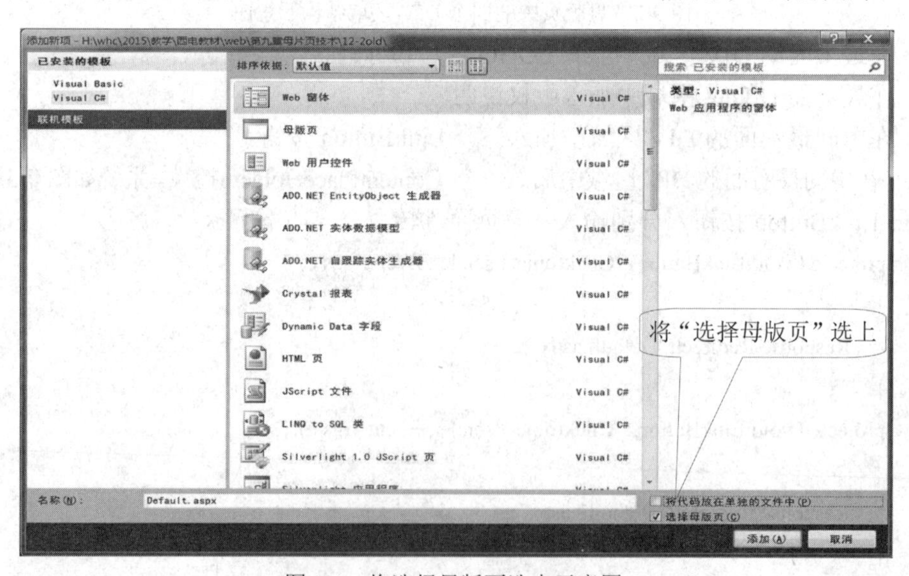

图 9-4　将选择母版页选中示意图

(3) 在弹出的“添加新项”对话框中，选择“Web 窗体”，选择名称为“Default2.aspx”，在右下边将选择母版页选上。点击添加按钮，系统出现了一个包含有母版页内容的新页面。

在占位符位置添加图形框控件，加入一幅名为时钟的图片。

(4) 在弹出的“添加新项”对话框中，选择“Web 窗体”，选择名称为“Default3.aspx”，在右下边将选择母版页选上。点击添加按钮。系统出现了一个包含有母版页内容的新页面。在占位符位置添加图形框控件，加入一幅名为木头人的图片。

9.2.3 页面工作效果

分别按动页面上的三个按键，页面分别出现三幅图片，可见页面中的主版页不变化，只有内容页在变化，如图 9-5 所示。

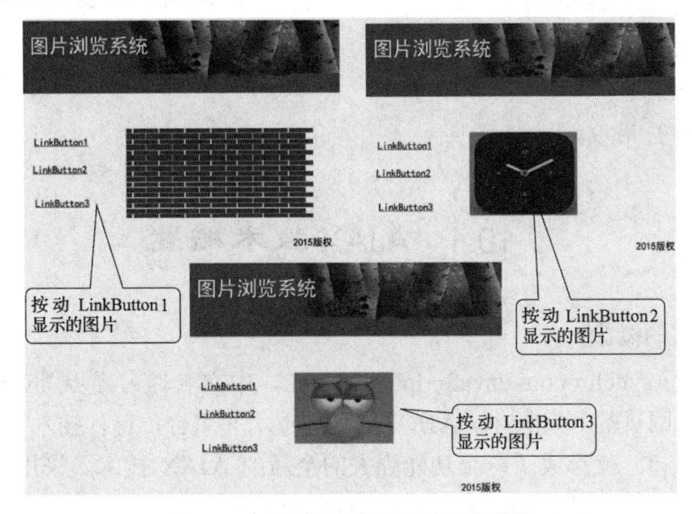

图 9-5　分别按动按钮后显示的图形

习　题　9

一、判断题(判断如下的叙述是否正确，正确的打√，错误的打×)

1．在 Visual Studio 2010 中，自带了母版页设计功能。(　　)

2．母版页文件的扩展名是 .master。(　　)

3．内容页文件的扩展名是 .master。(　　)

4．Content 控件的 ContentPlaceHolderID 属性一定要与母版页中 ContentPlaceHolder 控件的 ID 属性值对应，否则程序会出错。(　　)

5．内容页一定要设定 MasterPageFile 属性，以指名所使用的母版页。(　　)

6．内容页控件其实是一个占位符，主要在母版页中为内容页占据一定的空间。(　　)

二、简述题(请简要回答下列问题)

1．什么是母版页？

2．什么是内容页？

3．如何建立母版页？

4．采用母版页技术有什么优点？

5．内容页设计中要注意什么问题？

第 10 章　AJAX 技术

本章要点：

◆ AJAX 技术概述

◆ AJAX 服务器控件

◆ Timer 控件

◆ Timer 控件属性

◆ Timer 控件应用

10.1　AJAX 技术概述

1. AJAX 技术的概念

AJAX 全称为 Asynchronous JavaScript and XML，中文名称为异步 JavaScript 和 XML，是一种创建高性能网页的开发技术。AJAX 是几种技术的组合，每种技术都有其独特之处，多种技术组合在一起，就形成了一个功能强大的全新的 AJAX 技术。采用 AJAX，可使得 Web 应用程序更具有互动性，响应更快速，用户体验更好。

2. AJAX 的组成

AJAX 由几种技术组合而成，编程人员不必重新学习一种新的语言，就能使用 AJAX。AJAX 包括以下几方面的内容：

- XMLHttpRequest：进行异步数据接收。
- 文档对象模型(Document Object Model)：进行动态显示和交互。
- XHTML 和 CSS：实现网面结构重组。
- XML 和 XSLT：用于数据交互和相关操作。
- JavaScript：将页面内容进行绑定。

3. AAP.NET AJAX 技术

AAP.NET AJAX 技术是微软在 Visual Studio 2010 及相关版本中自带的基于 Web 互动式开发的 AJAX 技术。安装 VS 后，Visual Studio 2010 在工具箱中自带部分 AJAX 控件，提供了更多客户端组件，可扩展功能，这些客户端组件安装后与 Visual Studio 2010 其他自带控件使用方法基本相同。

4. AAP.NET AJAX 技术优点

AJAX 局部刷新功能，可大大改善用户访问网页的体验，使用 AJAX 技术，可实现页面的局部回调，不必使整个页面进行更新，只需要局部更新即可。AJAX 拥有更佳的性能，速度更快，不必等待服务器响应，避免重新加载整个网页造成的页面闪动。

10.2　AJAX 服务器控件

1. ScriptManager 管理器控件

ScriptManager 是 ASP.NET AJAX 的最重要的控件，主要负责管理网站页面中的 AJAX 组件、客户端的 Request 及服务器端的 Response。它是所有 AJAX 控件的依托，用户使用 AJAX 时，如果不导入这一控件，所有其他的 AJAX 控件都无法使用。在 Web 中的每个 Form，必须添加 ScriptManager 作为管理用。添加 ScriptManager 管理器控件后界面如图 10-1 所示。

图 10-1　添加 ScriptManager 控件示意图

在页面上添加一个 ScriptManager 控件的 HTML 代码如下所示：

```
<%@ Page Language = "C#" AutoEventWireup = "true" CodeFile = "Default.aspx.cs"
        Inherits = "_Default" %>
<!DOCTYPE html PUBLIC "-//W3C//DTD XHTML 1.0 Transitional//EN"
            "http://www.w3.org/TR/xhtml1/DTD/xhtml1-transitional.dtd">
<html xmlns = "http://www.w3.org/1999/xhtml">
<head runat = "server">
    <title></title>
</head>
<body>
    <form id = "form1" runat = "server">
        <asp:ScriptManager ID = "ScriptManager1" runat = "server">
        </asp:ScriptManager>
    </form>
```

```
</body>
</html>
```

2. UpdatePanel 控件

UpdatePanel 控件是一个容器类控件，页面中所使用的 AJAX 控件必须放在 UpdatePanel 控件的框线内，才能具有 AJAX 的功能。

UpdatePanel 控件是一个服务器控件，可开发具有复杂的客户端行为的网页，使网页与最终用户之间具有更强的交互性。可以通过声明方式向 UpdatePanel 控件添加内容，也可以在设计器中通过使用 Content Template 属性来添加内容。

当首次呈现包含一个或多个 UpdatePanel 控件的页面时，将呈现 UpdatePanel 控件的所有内容并将这些内容发送到浏览器。

3. UpdatePanel 控件的使用

UpdatePanel 控件用于指定页面上哪个区域需要局部更新。UpdatePanel 控件的部分页面更新功能是由 ScriptManager 控件、客户端的 PageRequestManager 类相互协作完成的。当启用部分页面更新时，控件可以通过异步方式发布到服务器。异步回发的行为与常规回发类似:生成的服务器页面执行完整的页面和控件生命周期。通过使用异步回发，可将页面更新限制为包含在 UpdatePanel 控件中并标记为要更新的页面区域。服务器仅将受影响元素的 HTML 标记发送到浏览器。

在页面上添加一个 UpdatePanel 控件，显示如图 10-2 所示。

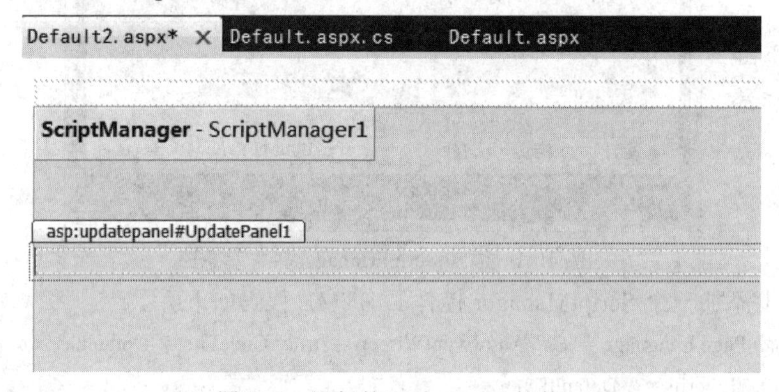

图 10-2　添加的 UpdatePanel 控件

在页面上添加一个 UpdatePanel 控件后的 HTML 代码如下所示：

```
<form id = "form1" runat = "server">
    <asp:ScriptManager ID = "ScriptManager1" runat = "server">
    </asp:ScriptManager>

    <asp:UpdatePanel ID = "UpdatePanel1" runat = "server">
    </asp:UpdatePanel>
</form>
```

在 UpdatePanel 控件的框线内添加一个标签控件后显示如图 10-3 所示。

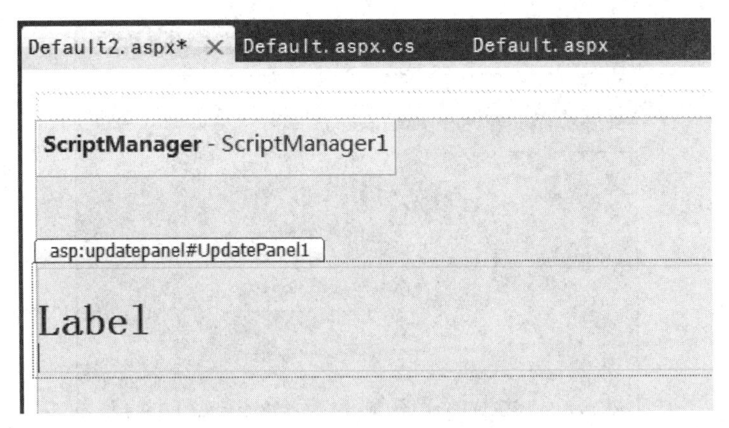

图 10-3　在 UpdatePanel 控件中添加一个标签控件

在 UpdatePanel 控件的框线内添加一个标签控件后的 HTML 代码如图 10-4 所示。

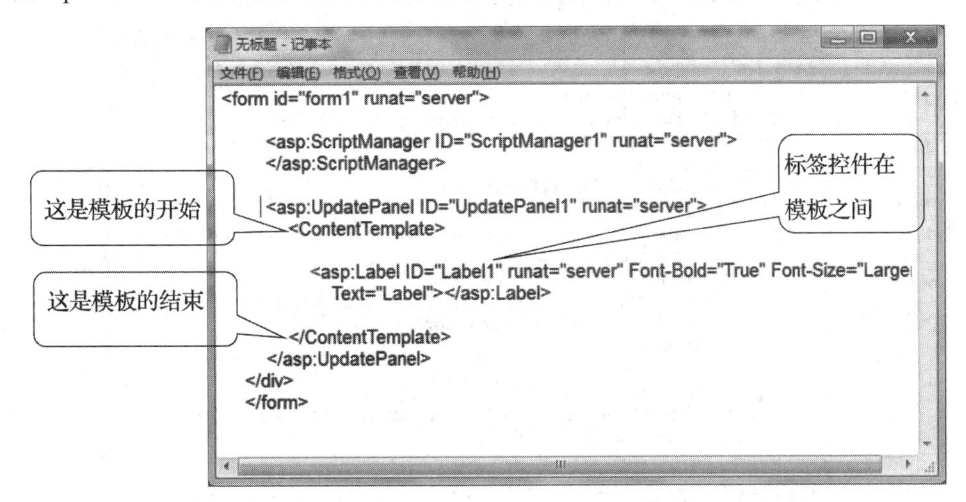

图 10-4　在 UpdatePanel 控件中添加一个标签控件的 HTML 代码

在 UpdatePanel 控件的框线内添加一个控件后，控件将加入到 UpdatePanel 控件的 ContentTemplate 模板中。凡是加入这个模板中的控件，才能具有局部刷新功能。可以通过声明方式向 UpdatePanel 控件添加内容，也可以在设计器中通过使用 ContentTemplate 属性来添加内容。

4. UpdatePanel 控件局部刷新案例

下面的案例，对比一个网页的页面刷新和局部刷新功能。操作步骤如下：

(1) 建立一个名为 Default2 的页面。

(2) 在页面中添加一个 ScriptManager 控件。

(3) 在页面中添加一个 UpdatePanel 控件。

(4) 在 UpdatePanel 控件的框线内，添加一个名为 Label1 的标签控件。

(5) 在 UpdatePanel 控件的框线内，添加一个名为 Button1 的按钮控件。

(6) 在 UpdatePanel 控件的框线外，添加一个名为 Button2 的按钮控件。

各控件添加后的示意图如图 10-5 所示。

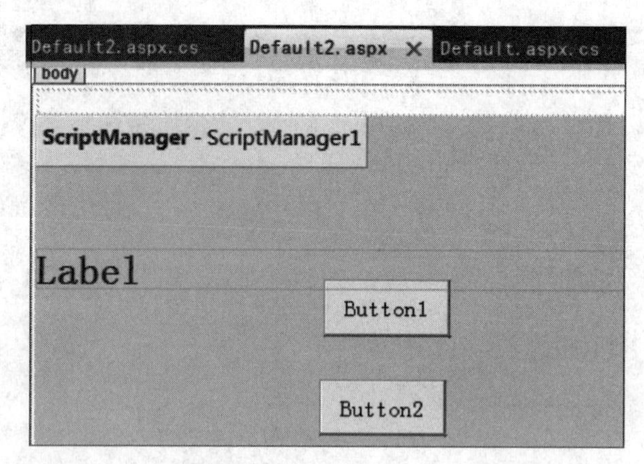

图 10-5　案例中各种控件添加后的示意图

(7) 加入各个控件后 HTML 代码如图 10-6 所示。

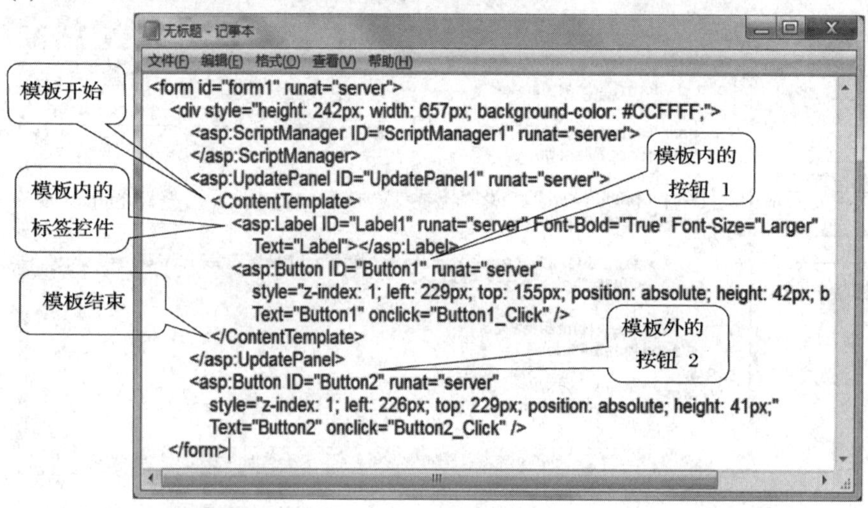

图 10-6　案例中各种控件中添加后的 HTML 代码示意图

从图 10-7 中可以看出，按钮 Button1 和标签 Label1 在控件 UpdatePanel 的模板线内，因此具有局部刷新功能，而按钮 Button2 在控件 UpdatePanel 的模板线外，因此不具有局部刷新功能，而是保持特有的页面全局刷新功能。

(8) 分别双击页面上的两个按钮控件，在程序栏内输入如下代码：

```
protected void Button1_Click(object sender, EventArgs e)
{
    Label1.Text = "局部刷新";
}
protected void Button2_Click(object sender, EventArgs e)
{
    Label1.Text = "页面刷新";
}
```

(9) 保存 Web 站点程序，点击启动调试按钮，页面显示如图 10-7 所示。

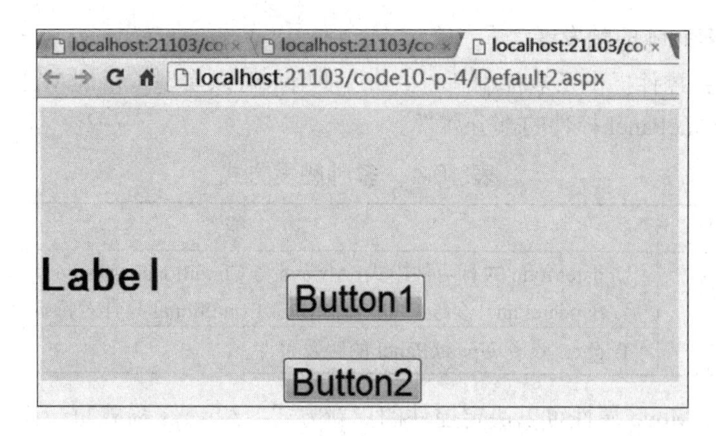

图 10-7　案例程序运行后的显示示意图

(10) 点击屏幕上的 Button1 按钮，注意观察窗体左上角的页面传输状态标识，发现其没有任何反应，主要是因为 AJAX 实现了局部刷新的缘故，如图 10-8 所示。

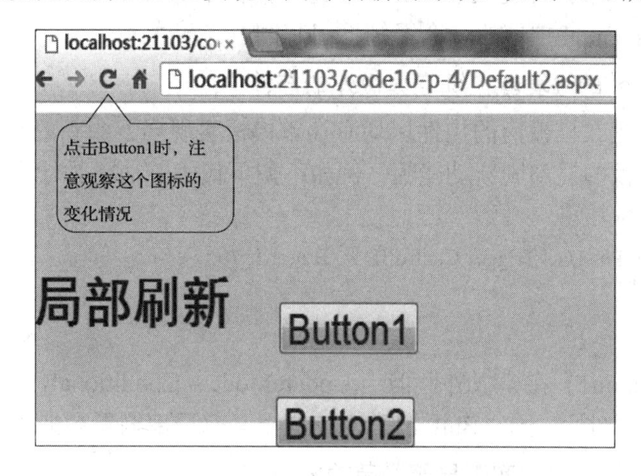

图 10-8　点击 Button1 后的显示示意图

(11) 点击屏幕上的 Button2 按钮，注意观察窗体左上角的页面传输状态标识，发现该标识随点击在变化，主要是这个按钮没有引用 AJAX 实现局部刷新，而还是按原有的页面刷新方式刷新，点击一次，全网页重传一次，如图 10-9 所示。

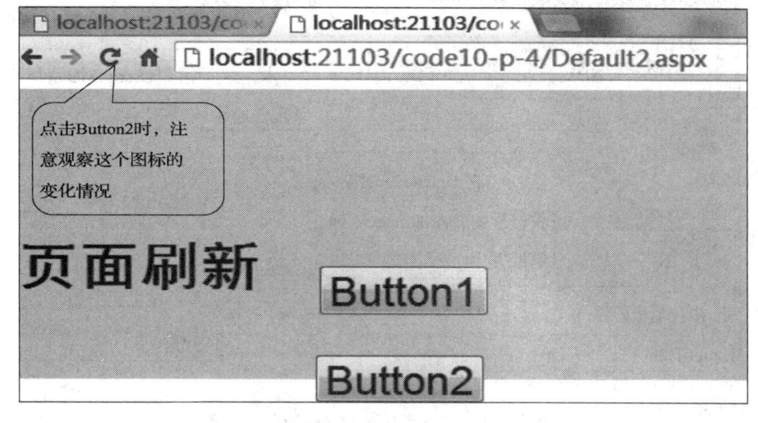

图 10-9　点击 Button2 后的显示示意图

5. UpdatePanel 的触发器

UpdatePanel 控件提供了多种刷新方式，以便用户可以实现丰富的 Web 功能。如表 10-1 所示，就是 UpdatePanel 控件的部分属性。

表 10-1 多种触发方式

属性	功能
UpdateMode	UpdateMode 共有两种模式：Always 与 Conditional。Always 是每次 Postback 后，UpdatePanel 会连带更新；相反，Conditional 只针对特定情况才会更新
Triggers	Triggers 设置 UpdatePanel 的触发事件

通过 UpdateMode 属性可以决定控件的更新方式。Always 模式每一次页面回发都会更新 UpdatePanel 控件中的内容，Conditional 模式下满足条件才更新控件中的内容。需要满足的条件：控件的一个触发器引起了异步回发。

调用 UpdatePanel 控件的 Update 方法是：控件中的 ChildrenAsTriggers 属性被设为“True”，且 UpdatePanel 控件的一个子控件引起回发。

6. UpdatePanel 的触发器在绑定模板外的控件

如前所述，凡是在模板内的控件，均有让本模板实现局部刷新的功能。如何让模板外的控件实现对本模板的局部刷新功能呢？例如：如下代码的功能是什么呢？

```
<Triggers>
    <asp:PostBackTrigger ControlID = "Button1" />
</Triggers>
```

如果按键“Button1”在模板外，但当 UpdateMode = Conditional，且 PostBackTrigger ControlID = "Button1"时 ，则“Button1”对该模板具有局部刷新功能。

7. 案例：模板外的按钮实现局部刷新功能

(1) 建立如图 10-10 所示网页。

(2) 在页面中添加多个控件。

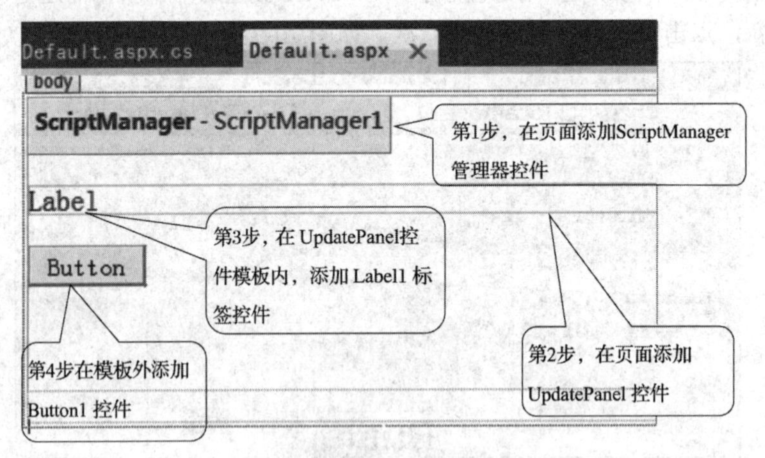

图 10-10 页面上的多个控件示意图

(3) 页面的 HTML 代码如下所示：

```
<form id = "form1" runat = "server">
    <div style = "height: 194px; width: 531px; background-color: #FFFFFF; ">
        <asp:ScriptManager ID = "ScriptManager1" runat = "server">
        </asp:ScriptManager>
        <asp:UpdatePanel ID = "UpdatePanel3" runat = "server">
            <ContentTemplate>
                <asp:Label ID = "Label1" runat = "server" Text = "Label"></asp:Label>
            </ContentTemplate>
        </asp:UpdatePanel>
        <asp:Button ID = "Button1" runat = "server" Text = "Button" onclick = "Button1_Click" />
    </div>
</form>
```

上述代码表示按钮“Button1”没有局部刷新功能。

(4) 运行结果如图 10-11 所示。从运行结果看，该页面没有局部刷新功能。

(5) 选中 UpdatePanel 控件，点击右键，在弹出的快捷菜单中选择“属性”，在下面的“属性”对话框中进行两项配置，如图 10-12 所示。

图 10-11　页面运行结果示意图

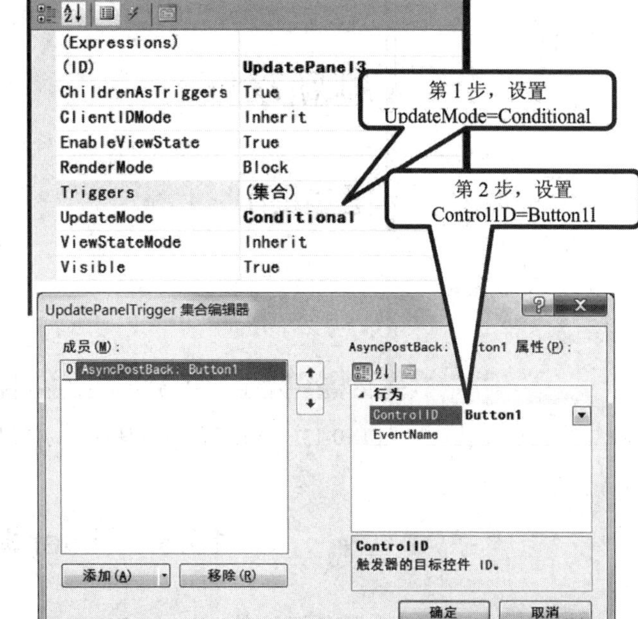

图 10-12　进行属性设置示意图

(6) 进行了相应设置后，代码如下所示：

```
<form id = "form1" runat = "server">
```

```
<div style = "height: 194px; width: 531px; background-color: #FFFFFF; ">
    <asp:ScriptManager ID = "ScriptManager1" runat = "server">
    </asp:ScriptManager>
    <asp:UpdatePanel ID = "UpdatePanel3" runat = "server" UpdateMode = "Conditional">
        <ContentTemplate>
            <asp:Label ID = "Label1" runat = "server" Text = "Label"></asp:Label>
        </ContentTemplate>
        <Triggers>
            <asp:AsyncPostBackTrigger ControlID = "Button1" />
        </Triggers>
    </asp:UpdatePanel>
    <asp:Button ID = "Button1" runat = "server" Text = "Button" onclick = "Button1_Click" />
</div>
</form>
```

(7) 页面运行后，模板运行效果如图 10-13 所示，模板外的按钮 Button1 具有了局部刷新功能。

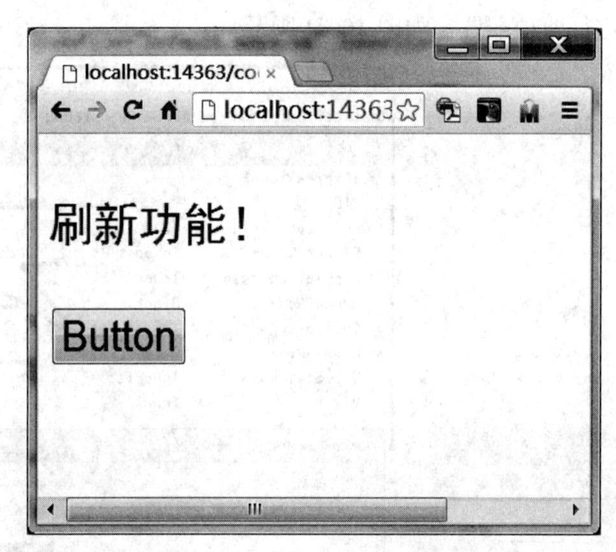

图 10-13　模板外的按钮具有了局部刷新功能的示意图

10.3　Timer 控件

Timer 控件是一个服务器控件，它会将一个 JavaScript 组件嵌入到网页中。当经过 Interval 属性中定义的时间间隔时，该 JavaScript 组件将从浏览器启动回发。

使用 Timer 控件时，必须在网页中包括 ScriptManager 类的实例。若回发是由 Timer 控件启动的，则 Timer 控件将在服务器上引发 Tick 事件。当页发送到服务器时，可以通过创建 Tick 事件的事件处理程序来执行一些操作。

10.3.1　Timer 控件属性

1. 设定定时间隔属性

使用 Interval 属性指定定时间隔，以毫秒为单位，默认值为 60000 毫秒。

2. 开始和关闭定时器属性

使用 Enabled 属性，为 true 时，开启定时器；为 false 时，关闭定时器。

3. 定时器引发的事件

定时器引发的事件为 Tick 事件。

Timer 控件的属性及说明见表 10-2。

表 10-2　Timer 控件的属性说明

属性/事件	说　明
Interval 属性	时间间隔设置，单位为 ms，其中设置为 1000 时表示 1s 的时间间隔
Tick 事件	直接在 Timer 控件上双击，可添加 Tick 事件程序
Enabled	Timer 是否使能，即 Timer 是否启动，设为 true 时 Timer 开始工作，设为 false 时 Timer 停止工作

10.3.2　Timer 控件应用

1. Timer 控件的定时异步更新

Timer 控件通过如下两种方法实现页面的异步更新：

(1) 将 Timer 控件放于 UpdatePanel 控件之内，Timer 控件将自动用做 UpdatePanel 控件的触发器，从而定时异步更新页面。

(2) 将 Timer 控件放于 UpdatePanel 控件之外，并设置 UpdatePanel 控件的触发器，须将 Timer 控件定义为 UpdatePanel 控件的触发器，由触发器定时更新页面。

2. Timer 控件用于定时异步更新页面

(1) 建立网页，添加多种控件。

(2) Timer 在模板内，如图 10-14 所示。

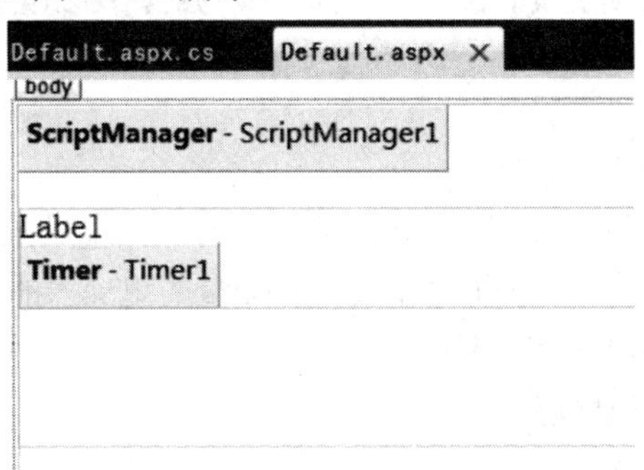

图 10-14　Timer 在模板内的示意图

(3) 配置 Timer 的属性如图 10-15 所示。

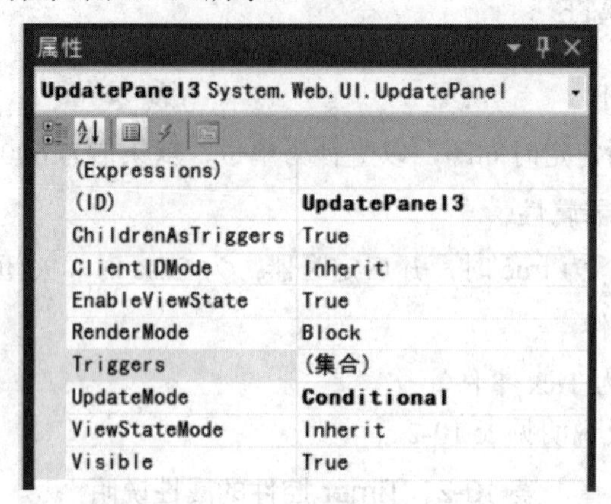

图 10-15　Timer 控件的属性示意图

(4) 在桌面双击 Timer 控件，在 Timer 的 Timer1_Tick 事件响应程序中，输入如下语句：

```
protected void Timer1_Tick(object sender, EventArgs e)
{
    Label1.Text = DateTime.Now.ToString();
}
```

(5) 运行页面，结果如图 10-16 所示。

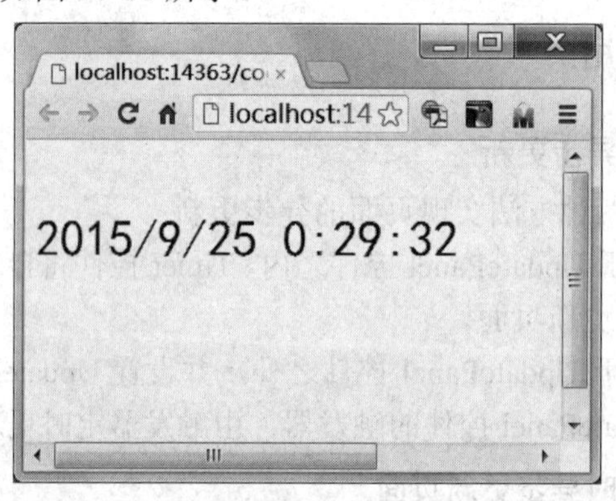

图 10-16　Timer 控件的显示时间示意图

上机实训 10-1　Timer 控件的使用

一、实验目的

在掌握 Application 内置对象的基本类型及相关的操作基础上，根据设计内容要求进行聊天室网站系统设计。通过设计，强化对相关内置变量的更深入的理解，提高程序设计能力。

(1) 掌握 AJAX 的基本原理和应用；

(2) 掌握 Timer 的设计和性能；

(3) 掌握触发器原理；

(4) 掌握基于 AJAX 的应用设计。

二、实验内容

1. 基于 AJAX 的应用设计；
2. 基于 AJAX 下 Timer 的配置设计；
3. 实时时钟系统设计与实现。

三、实验仪器、设备及材料

PC 机一台，安装 Windows 7、VS2003 或 VS2010、SQL Server 2000 软件。

四、实验内容和步骤

(1) 建立网页，添加多种控件。
(2) Timer 在模板内，标签在模板内，如图 10-14 所示。
(3) 配置 Timer 的属性，如图 10-15 所示。
(4) 在桌面双击 Timer 控件，在 Timer 的 Timer1_Tick 事件响应程序中，输入如下语句：

```
protected void Timer1_Tick(object sender, EventArgs e)
{
    Label1.Text = DateTime.Now.ToString();
}
```

(5) 运行页面，结果如图 10-16 所示。

五、实验报告要求

1. 每个实验完成后，学生应认真填写实验报告(可以是电子版)并上交任课教师批改。
2. 电子版实验报告的文件名为：班级 + 学号 + 姓名 + 实验 N + 实验名称。
3. 电子版实验报告要求用 Office 2003 编辑。
4. 实验报告基本形式：
(1) 实验题目；
(2) 实验目的；
(3) 实验内容和步骤(采集实验程序执行中的主要显示页面的图片)；
(4) 实验要求；
(5) 实验结论、思考题答案及实验心得体会；
(6) 程序主要算法或源代码。

上机实训 10-2　聊天室系统设计

一、实验目的

在掌握 Application 内置对象的基本类型及相关的操作基础上，根据设计内容要求进行聊天室网站系统设计。通过设计，强化对相关内置变量的更深入的理解，提高程序设计能力。

(1) 掌握 Application、Session 和 Cookie 对象的基本类型和使用；
(2) 掌握服务器内置变量的设计和性能；
(3) 掌握系统登录界面的设计；
(4) 掌握基于服务器的 IIS 的配置；
(5) 掌握基本内置变量的聊天室系统设计。

二、实验内容

(1) 系统登录页面 default.aspx 的设计；
(2) 系统登录页面 default.aspx 的源代码设计；
(3) 系统登录页面 default.aspx 的登录按钮事件响应代码设计；
(4) 聊天室系统页面 main.aspx 的设计；
(5) 聊天室系统页面 main.aspx 的源代码设计；
(6) 聊天室系统页面 main.aspx 的 BBS 按钮事件响应代码设计；
(7) 系统每隔 5 秒刷新一次的代码设计；
(8) 基于服务器的 IIS 的配置。

三、实验仪器、设备及材料

PC 机一台，安装 Windows XP、VS2003 或 VS2005、SQL Server 2000 软件。

四、实验内容和步骤

1. 聊天室系统的页面设计

系统由两个页面组成，一个是登录页面 default.aspx，一个是聊天室工作页面 main.aspx。

1) 系统页面设计

(1) 设计如图 10-17 所示的系统登录页面。

图 10-17 default.aspx 首页图

(2) 系统聊天室工作页面如图 10-18 所示。

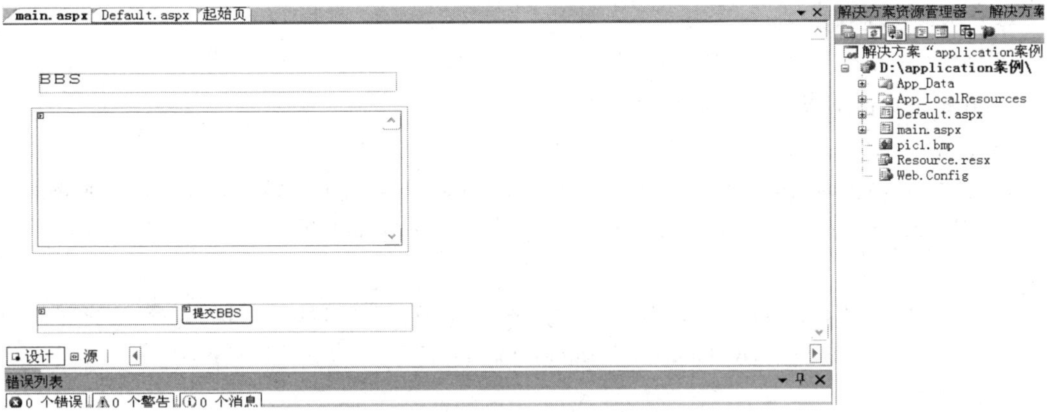

图 10-18　聊天室工作页面 main.aspx 框架图

(3) IIS 服务器配置参数如图 10-19 所示。

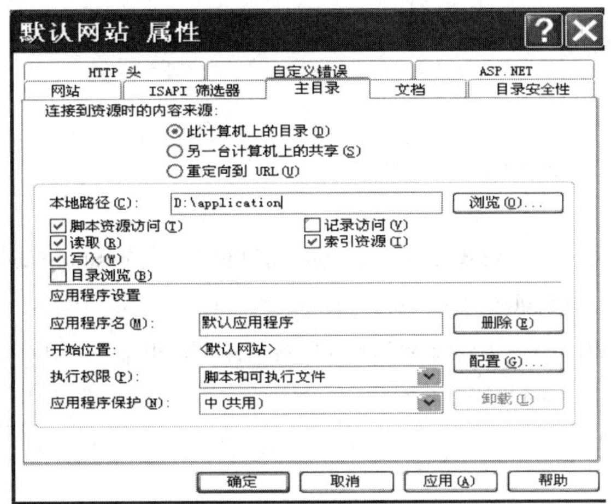

图 10-19　IIS 服务器配置参数

(4) 两个用户登录系统后，实时聊天情况如图 10-20 所示。

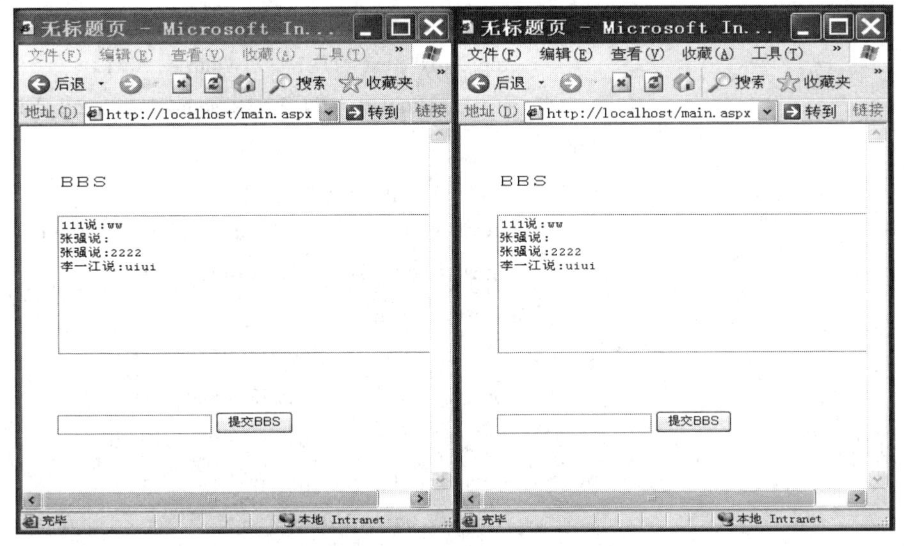

图 10-20　两个用户登录系统后，实时聊天情况图

2) 系统程序设计

根据上述页面，设计系统程序代码。

(1) 登录页面的参考程序如下所示：

系统源代码：

```
<%@ Page Language = "C#" AutoEventWireup = "true"  CodeFile = "Default.aspx.cs" Inherits =
"_Default" Culture = "auto" meta:resourcekey = "PageResource1" UICulture = "auto" %>

<!DOCTYPE html PUBLIC "-//W3C//DTD XHTML 1.0 Transitional//EN"
"http://www.w3.org/TR/xhtml1/DTD/xhtml1-transitional.dtd">

<html xmlns = "http://www.w3.org/1999/xhtml" >
<head runat = "server">
    <title>无标题页</title>
</head>
<body>
    <form id = "form1" runat = "server">
    <div>
        <div style = "z-index: 101; left: 40px; width: 511px; position: absolute; top: 18px;
            height: 100px; background-color: #ccffcc">
            <div style = "z-index: 101; left: 6px; width: 501px; position: absolute; top: 109px;
                height: 100px">
                <table style = "height: 68px">
                    <tr>
                        <td style = "width: 100px; height: 21px">
                            <asp:Label ID = "Label1" runat = "server" Style = "z-index: 100;
                                        left: 32px; position: absolute;
                                top: 24px" Text = "用户名" Width = "60px"
                                meta:resourcekey = "Label1Resource1"></asp:Label>
                        </td>
                        <td style = "width: 67px; height: 21px">
                            <asp:TextBox ID = "TextBox1" runat = "server" Width = "85px"
                                meta:resourcekey = "TextBox1Resource1">
                            </asp:TextBox></td>
                        <td style = "width: 100px; height: 21px">
                              <asp:Label ID = "Label2" runat = "server" Text = ";
                                密  码" Width = "83px"></asp:Label></td>
                        <td style = "width: 100px; height: 21px">
                            <asp:TextBox ID = "TextBox2" runat = "server" Style = "z-index:
                                100; left: 298px; position: absolute;
```

```
                                    top: 26px" Width = "76px"
                                        meta:resourcekey = "TextBox2Resource1">
                            </asp:TextBox>
                            </td>
                            <td style = "width: 100px; height: 21px">
                                <asp:Button ID = "Button1" runat = "server"
                                  OnClick = "Button1_Click" Style = "z-index: 100;
                                    left: 235px; position: absolute; top: 67px" Text = "登录"
                                    meta:resourcekey = "Button1Resource1" Width = "159px" />
                            </td>
                        </tr>
                    </table>
                </div>
                <asp:Image ID = "Image1" runat = "server" Height = "103px"
                          meta:resourcekey = "Image1Resource1"
                    Width = "512px" ImageUrl = "~/pic1.bmp" /></div>
            <asp:TextBox ID = "TextBox3" runat = "server" Style = "z-index: 102; left: 114px;
                            position: absolute;
                top: 200px" meta:resourcekey = "TextBox3Resource1" BorderColor = "White"
                            BorderStyle = "None"></asp:TextBox>
        </div>
        </form>
    </body>
    </html>
```

登录按钮的事件响应程序：

```
using System;
using System.Data;
using System.Configuration;
using System.Web;
using System.Web.Security;
using System.Web.UI;
using System.Web.UI.WebControls;
using System.Web.UI.WebControls.WebParts;
using System.Web.UI.HtmlControls;

public partial class _Default : System.Web.UI.Page
{
    protected void Page_Load(object sender, EventArgs e)
    {
```

```
        }
        protected void Button1_Click(object sender, EventArgs e)
        {
            string name = TextBox1.Text;
            string ID1 = TextBox2.Text;
            if (name = = "张强" && ID1 = = "111" || name = = "李一江" && ID1 = = "222")
            {
                Session["ID"] = TextBox1.Text;
                Session ["IW"] = TextBox2 .Text ;
                Response .Redirect ("main.aspx");
                 //Response.Redirect ["main.aspx"];
            }
            else
            {
                TextBox3 .Text = "用户名和密码不正确";
            }
        }
    }
```

(2) 聊天室页面的参考程序如下所示：

系统原代码：

```
<%@ Page Language = "C#" AutoEventWireup = "true" CodeFile = "main.aspx.cs" Inherits = "main" %>

<!DOCTYPE html PUBLIC "-//W3C//DTD XHTML 1.0 Transitional//EN"
        "http://www.w3.org/TR/xhtml1/DTD/xhtml1-transitional.dtd">

<html xmlns = "http://www.w3.org/1999/xhtml" >
<head runat = "server">

<meta http-equiv = "refresh" content = "5" />
    <title>无标题页</title>
</head>
<body>
    <form id = "form1" runat = "server">
    <div>
         
        <div style = "z-index: 101; left: 31px; width: 415px; position: absolute; top: 97px;
            height: 171px">
            <div style = "z-index: 101; left: 5px; width: 414px; position: absolute; top: 230px;
                height: 34px">
```

```
                <asp:TextBox ID = "TextBox4" runat = "server"></asp:TextBox>
                <asp:Button ID = "Button1" runat = "server" Text = "提交 BBS"
                     OnClick = "Button1_Click" /></div>
            <asp:TextBox ID = "TextBox3" runat = "server" Height = "152px"
                     Style = "z-index: 102; left: 6px;
                position: absolute; top: 5px" Width = "396px"
                     TextMode = "MultiLine"></asp:TextBox>
        </div>
        <div style = "z-index: 102; left: 40px; width: 394px; position: absolute; top: 57px;
            height: 23px">
            B B S </div>
    </div>
    </form>
</body>
</html>
```

提高 BBS 按钮的事件响应程序：

```
sing System;
using System.Data;
using System.Configuration;
using System.Collections;
using System.Web;
using System.Web.Security;
using System.Web.UI;
using System.Web.UI.WebControls;
using System.Web.UI.WebControls.WebParts;
using System.Web.UI.HtmlControls;

public partial class main : System.Web.UI.Page
{
    protected void Page_Load(object sender, EventArgs e)
    {
        TextBox3.Text = "" + Application["sun1"];
    }
    protected void Button1_Click(object sender, EventArgs e)
    {
        Application ["sun1"] = Application ["sun1"]+"\n"+Session ["ID"]+"说:"+TextBox4 .Text ;
        TextBox3.Text = ""+Application ["sun1"];
        TextBox4 .Text = "";
    }
```

```
}
```

3) 聊天室每隔 5 秒刷新一次的程序代码

```
<meta http-equiv = "refresh" content = "5" />
```

4) 系统登录页面程序的调试

根据上述设计系统程序代码，在计算机上进行调试。记录调试中的主要问题和过程，采集程序执行中的显示页面。

五、实验报告要求

(1) 每个实验完成后，学生应认真填写实验报告(可以是电子版)并上交任课教师批改

(2) 电子版实验报告的文件名为：班级+学号+姓名+实验 N+实验名称

(3) 电子版实验报告要求用 Office 2003 编辑。

(4) 实验报告基本形式：

① 实验题目。

② 实验目的。

③ 实验内容和步骤(采集实验程序执行中的主要显示页面的图片)。

④ 实验要求。

⑤ 实验结论、思考题答案及实验心得体会。

⑥ 程序主要算法或源代码。

六、思考题

1. 代码“<meta http-equiv = "refresh" content = "5" />”在系统中的主要功能是什么？不使用这段代码系统会出现什么问题?

2. 上述程序运行过程中，如果客户端关闭后再登录，上次的聊天记录会丢失吗?

3. 提出对上述程序的两点改进意见。

习　题　10

一、判断题(判断如下的叙述是否正确，正确的打 √，错误的打×)

1．微软的 AJAX，与其他语言的 AJAX 是完全一样的。(　　)

2．AJAX 局部刷新功能，可大大改善用户访问网页的体验。(　　)

3．页面的局部回调，网页不必整个页面进行更新，只需要局部更新即可。(　　)

3．ScriptManager 管理器控件，有时可以不用。(　　)

4．UpdatePanel 控件是一个容器类控件。(　　)

5．页面中所使用的 AJAX 控件必须放在 UpdatePanel 控件的框线内，才能具有 AJAX 的功能。(　　)

6．异步回发的行为与常规回发类似:生成的服务器页面执行完整的页面和控件生命周期。(　　)

二、简述题(请简要回答下列问题)

1. 什么是 AJAX?
2. 什么是页面的局部刷新?
3. 如何实现模板外控件的局部刷新?
4. Timer 控件能在模板外实现定时功能吗?
5. 什么是定时异步更新?
6. 什么是触发器?

第 11 章　Web Service 技术

本章要点：

- Web Service 技术基础
- Web Service 服务的工作原理与过程
- Web Service 服务的体系结构
- 创建 Web 服务案例

11.1　Web Service 技术基础

1. Web Service 技术的概念

从表面上看，Web Service 就是一个应用程序，它向外界暴露出一个能够通过 Web 进行调用的应用程序接口 API。这就是说，用户能够用编程的方法通过 Web 调用来实现某个功能的应用程序。例如，我们可以创建一个 Web Service，其作用是查询某公司某员工的基本信息。它接受该员工的编号作为查询字符串，返回该员工的具体信息。

Web 服务的全称是 XML Web Service，是存在于 Web 服务器上的程序逻辑组件。它利用一套标准协议来定义平台无关、编程语言无关的接口，并利用该接口为其他应用程序提供服务。

采用 Web Service 技术开发的应用，如 Google 提供的搜索服务、Amazon 提供的图书检索服务等。

2. Web Service 技术的重要性

Web Service 技术主要用于分布式系统之间的通信、电子商务的数据交换等。

Web Service 技术可称得上是软件产业的一场革命，它有可能会重组整个软件产业格局，它是未来软件存在的一种形式，有人称其为 Internet 的第三次革命，其巨大的商业机遇有可能从根本上改变企业的商业模式。

3. Web Service 技术的优势

(1) Web Service 用户访问 Web Service 应用程序时并不受站点开发人员编程技巧、编程环境和学科技术的限制。

(2) Web Service 用户访问 Web Service 应用程序时不必负担用于保持数据(如天气预报、汇率)最新状态的高昂维护费用。

(3) XML Web Service 使用 Internet，因此 Web Service 用户不必创建和维护专用链接来提供服务。

(4) XML Web Service 独立于编程语言、协议和平台，因此 Web Service 用户没有必要学习怎样创建和部署 XML Web Service。

(5) Web 站点可以向 XML Web Service 提供者收取费用，因为它为 XML Web Service 提供者创建了一个渠道，使之能够为站点的消费者提供服务。

4. Web Service 技术的组成结构

(1) asmx 文档。该文档是 ASP.NET Web 服务应用程序文档，扩展名是.asmx。在该文档内，主要是 Web 服务类的定义，它通过 Web 服务方法为其他应用程序提供服务。

(2) WSDL 文档。WSDL 的全称是 Web Services Description Language (Web 服务描述语言)，用于描述服务器提供的 Web 服务。它描述一个 Web 服务的所有方面，包括 Web 服务方法的参数、返回类型和通信协议。

(3) UDDI。UDDI 全称是 Universal Description，Discovery and Integration (通用说明、发现和集成)。它是一种功能上类似于目录(与电话簿相似)而且独立于平台的框架，可提供在 Internet 上定位和注册 Web 服务的方法。UDDI 通过服务注册，以及使用 SOAP 访问注册信息的约定来实现发现商业服务。

(4) XML。XML 的全称是 Extensible Markup Language(可扩展标记语言)，是标准通用标记语言(SGML)的子集，非常适合 Web 传输。XML 提供统一的方法来描述和交换独立于应用程序或供应商的结构化数据。

(5) SOAP 协议。SOAP 的全称是 Simple Object Access Protocol(简单对象访问协议)，是一个基于 XML 的简单协议，用于在 Web 上交换结构化的类型信息。

(6) vsdisco 文档。vsdisco 文档是 Web 服务发现文件，是一个 XML 文档。通过 Web 服务发现文件，Web 服务客户端可以找到 Web 服务，并知道该服务有哪些功能以及如何正确地与之进行交互。

5. Web Service 的典型应用

Web Service 的典型集成应用如图 11-1 所示。

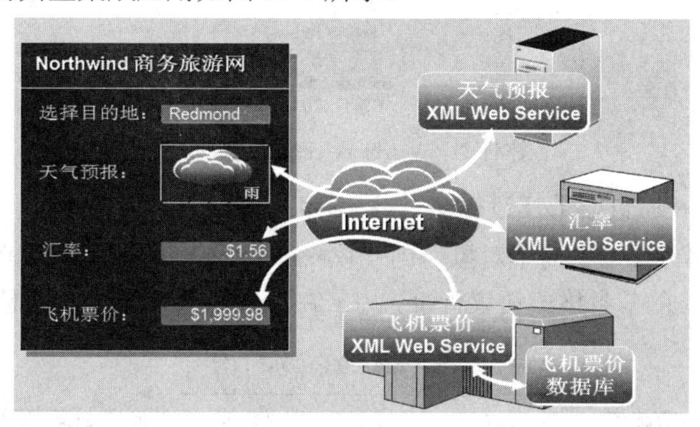

图 11-1　Web Service 技术的集成应用

旅行社访问的这个应用程序并不受站点开发人员编程技巧、编程环境和学科技术的限制。旅行社不必负担用于保持数据(如天气预报、汇率)最新状态的高昂维护费用。XML Web Service 使用 Internet，因此旅行社不必创建和维护专用链接来提供服务。XML Web Service 独立于编程语言、协议和平台，因此旅行社的开发人员没有必要学习怎样创建和部署 XML Web Service。Web 站点可以向 XML Web Service 提供者收取费用，因为它为 XML Web

Service 提供者创建了一个渠道，使之能够为旅行社站点的消费者提供服务。

6. Web Service 典型应用的技术特点分析

XML Web Service 提供者可以让 Web 站点支付使用服务的费用。

通过一个应用程序，例如外汇汇率计算器，把它作为一个 XML Web Service，银行就能访问很多旅行社客户群。

XML Web Service 提供商不用负担高昂的费用用于开发和推广一个面向旅行社群体的 Web 站点。

因为 XML Web Service 使用 Internet 通信，所以服务提供者不需要昂贵的专用链接来提供服务。

因为 XML Web Service 在语言、协议和平台上是独立的，所以其服务能够被各种各样的应用程序使用。

11.2 Web Service 服务的工作原理与过程

1. Web Service 服务的工作原理

客户端通过自己的服务器向其他网站发出请求时，从其他网站返回的是数据，而不是返回页面，这是与通常的基本服务器的 Web 访问完全不一样的地方，如图 11-2 所示。

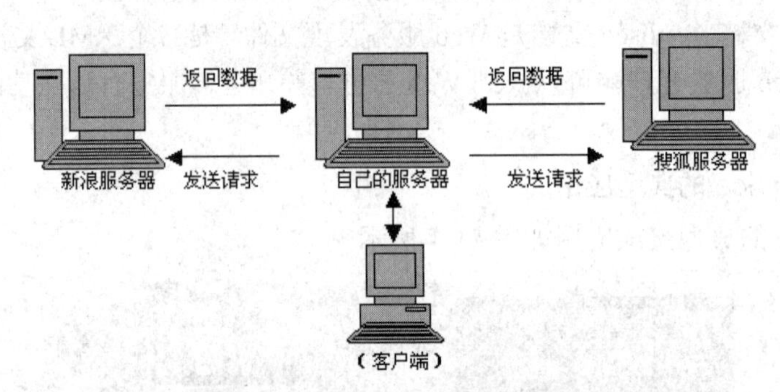

图 11-2 Web Service 数据流动图

2. Web Service 服务的工作过程

Web Service 服务基于"简单对象访问协议"(Simple Object Access Protocol，SOAP)。这是一种基于 XML 的信息格式协议标准，用来在两个终端之间传递信息，如图 11-3 所示。

图 11-3 Web Service 工程过程示意图

这些信息以 SOAP 信封(envelope，类似于数据包)的方式在发送方和接收方之间传送。最简单最常用的是返回字符串、整数、日期、布尔值、小数等基本数据类型。也可以用它来返回一个数组或数组列表，还可以用来返回一个 DataSet 对象，甚至还可以用来返回一个类。

11.3　Web Service 服务的体系结构

Web 服务(也称为 Web Services)是一种基于组件的软件平台，是面向服务的 Internet 应用，不再仅仅是由人阅读的页面，而是以功能为主的服务。Web Services 由 4 部分组成，分别是 Web 服务(Web Service)本身、服务的提供方(Service Provider)、服务的请求方(Service Requester)和服务注册机构(Service Regestry)，其中服务提供方、请求方和注册机构称为 Web Services 的三大角色。这三大角色及其行为共同构成了 Web Services 的体系结构，如图 11-4 所示。

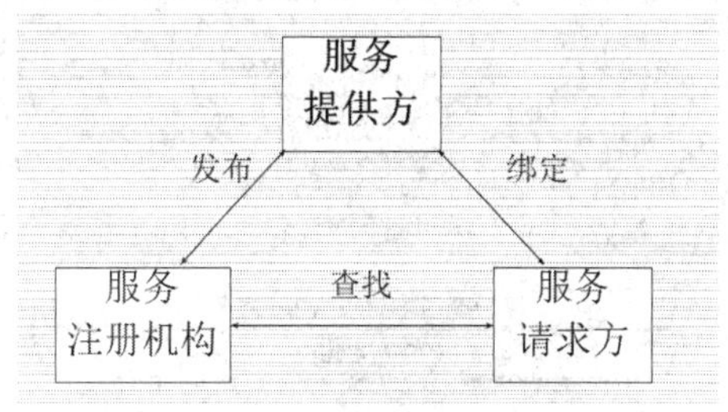

图 11-4　Web Service 服务的体系结构

1. 服务提供方

从商务观点看，服务提供方是服务的所有者；而从体系结构的角度看，它是提供服务的平台。

2. 服务请求方

与服务提供方类似，从商务观点看，服务请求方是请求某种特定功能的需求方；从体系结构的角度看，它是查询或调用某个服务的应用程序或客户端。

3. 服务注册机构

服务注册机构是服务的注册管理机构，服务提供方将其所能提供的服务在此进行注册、发布，以便服务请求方通过查询和授权获取所需要的服务。

为了实现图 11-4 这一体系结构，Web Services 使用了一系列协议，主要成员包括 SOAP、WSDL、UDDI。

SOAP 即简单对象访问协议(Simple Object Access Protocol)，它是用于交换 XML 编码信息的轻量级协议。它有三个主要方面：XML-envelope 为描述信息内容和如何处理内容定义了框架，将程序对象编码成为 XML 对象的规则，执行远程过程调用(RPC)的约定。SOAP 可以运行在任何其他传输协议上。例如，可以使用 SMTP，即因特网电子邮件协议来传递 SOAP 消息，这可是很有用的。在传输层之间的头是不同的，但 XML 有效负载保持相同。

WSDL(Web Service Define Language，Web 服务描述语言)，定义了一种基于 XML 规范的用于描述 Web 服务的语言，就是用机器能阅读的方式提供的一个正式描述文档而基于

XML 的语言，用于描述 Web Service 及其函数、参数和返回值。因为是基于 XML 的，所以 WSDL 既是机器可阅读的，又是人可阅读的。

UDDI(Universal Description Discovery and Integration，统一描述发现和集成)提供一种发布和查找服务描述的方法，目的是为电子商务建立标准；UDDI 是一套基于 Web 的、分布式的、为 Web Service 提供的、信息注册中心的实现标准规范，同时也包含一组使企业能将自身提供的 Web Service 注册，以使别的企业能够发现的访问协议的实现标准。

Web Service 服务体系的工作过程如图 11-5 所示。

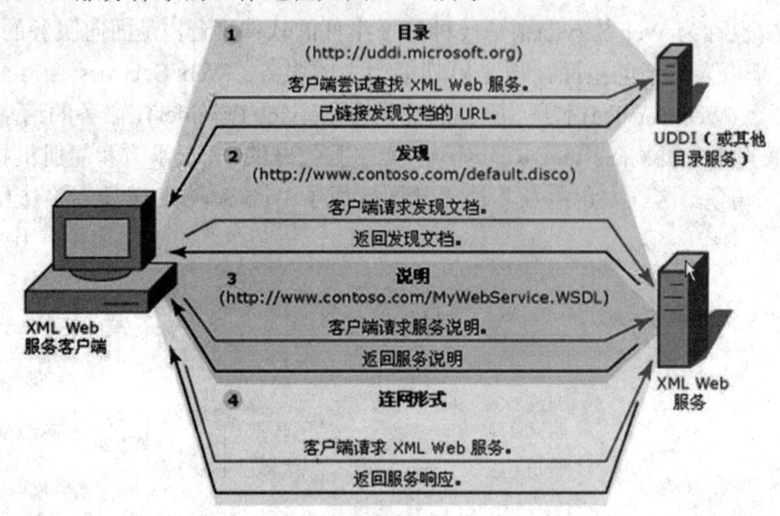

图 11-5　Web Service 服务体系工作过程

4. Web 服务的特征

(1) 通过 Web 进行访问。

(2) 使用其接口进行调用(WSDL)。

(3) 在服务注册表中注册(UDDI)。

(4) 使用标准的 Web 协议通讯(SOAP)。

(5) 松散耦合。松散耦合的重要方面是 Web 服务只在必要时适时集成。

11.4　创建 Web 服务案例

Visual Studio 2010 为创建 Web 服务提供了现成的模板，在 Visual Studio 2010 中创建 Web 服务主要使用 ASP.NET 服务框架。

11.4.1　创建 IIS 站点

创建 IIS 站点的工作过程如下：

(1) 在 G 盘建立文件夹 ABC1；

(2) 在“我的电脑”右击选中“管理”；

(3) 在“计算机管理”菜单中打开“Internet 信息服务器”；

(4) 右击网站，选择添加网站，建立一个名为“serve1”的网站，网站地址指向文件夹 ABC1，如图 11-6 和图 11-7 所示。

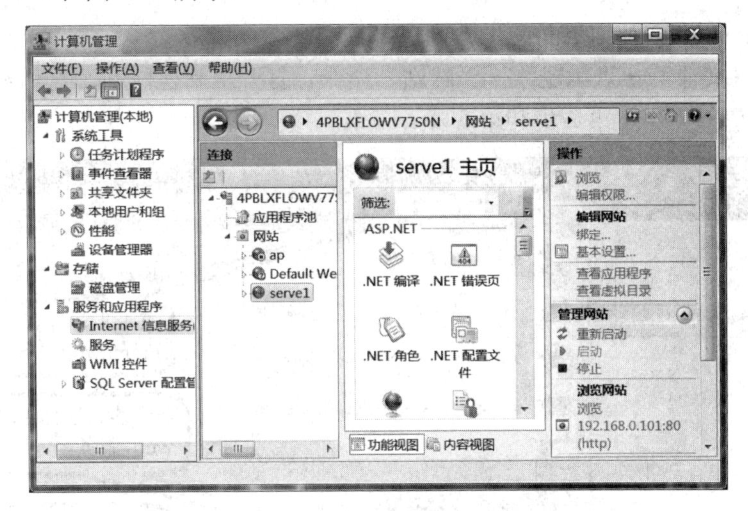

图 11-6　打开 Internet 信息服务器

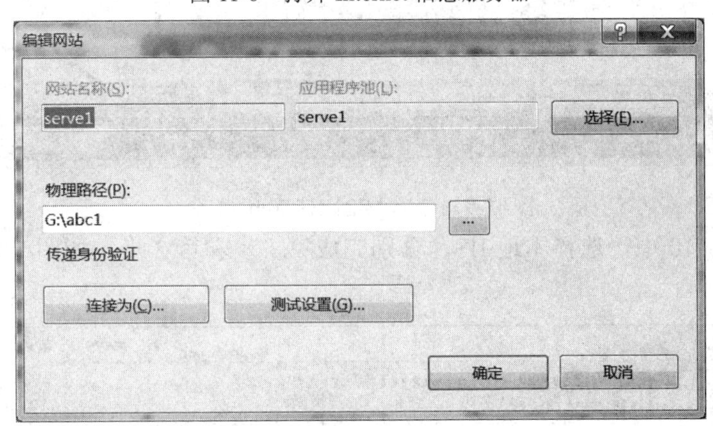

图 11-7　指向文件夹 ABC1

(5) 选择“serve1”，选择“绑定”，选中服务器 IP 地址，如图 11-8 所示。

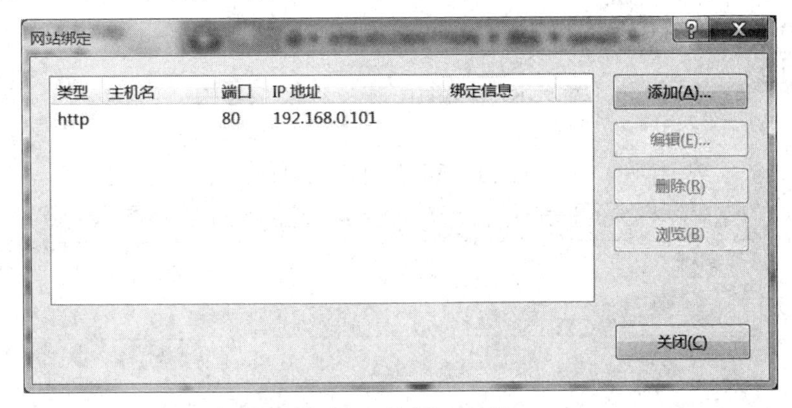

图 11-8　选择 IP 地址

(6) 选择“serve1”，选择“启动”，使网站启动工作。

11.4.2 创建 Web 服务

Visual Studio 2010 使用下面的步骤创建 Web 服务。

(1) 选择“文件”→“新建”→“网站”命令，打开“新建网站”对话框，如图 11-9 所示。依次完成第 1 步、第 2 步和第 3 步。

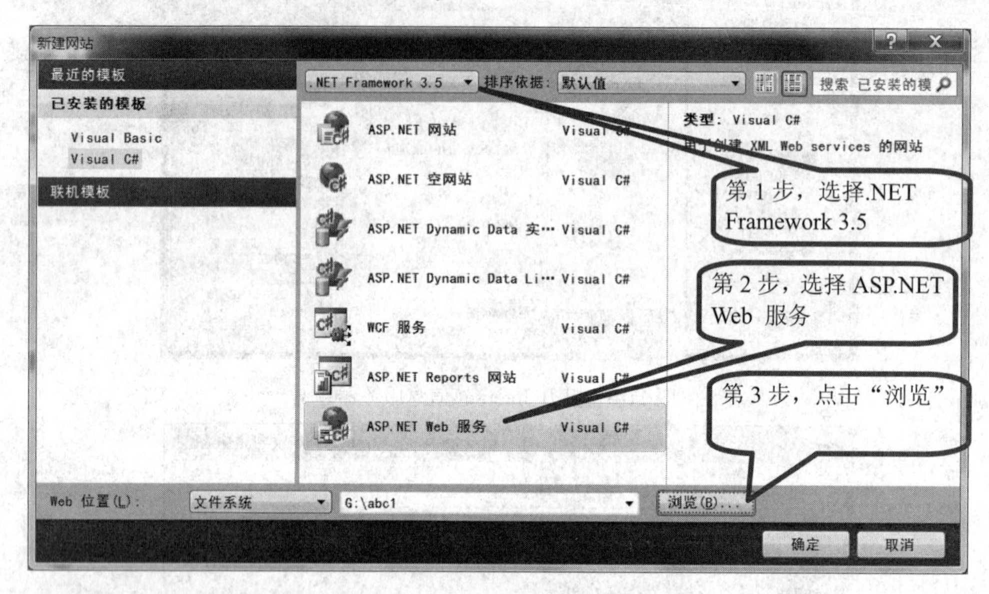

图 11-9 选择 ASP.NET Web 服务

(2) 在图 11-10 中，选择本地 IIS，分别完成第 1 步和第 2 步，如图 11-10 和图 11-11 所示。

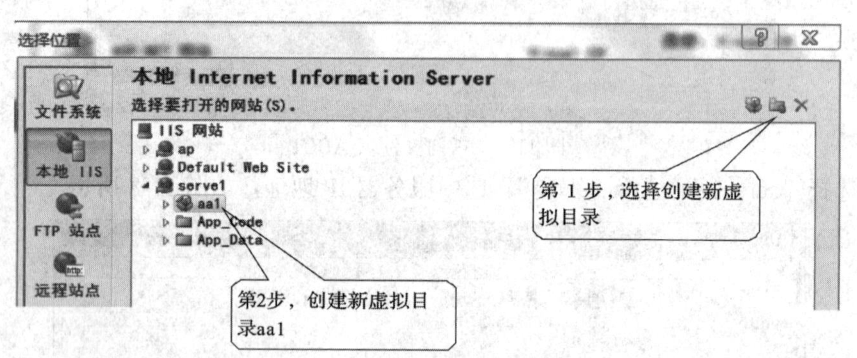

图 11-10 选择创建新虚拟目录

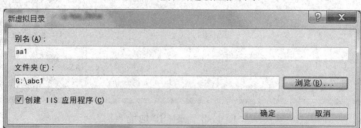

图 11-11 创建的新虚拟目录 aa1 的文件夹为 abc1

(3) 最后点击“确定”，创建的 Web Service 站点如图 11-12 所示。

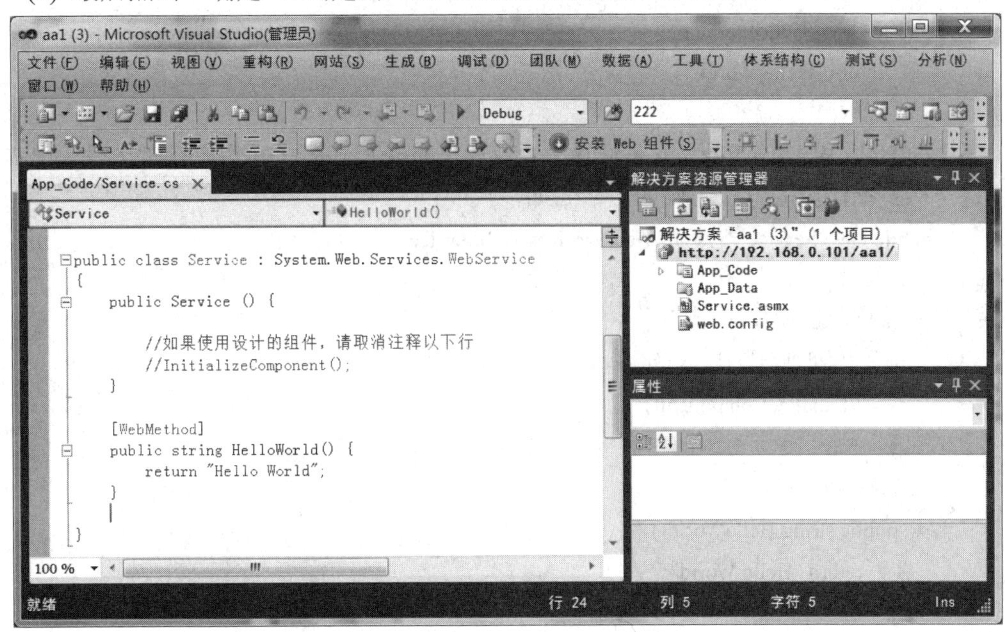

图 11-12　创建的 Web Service 站点

(4) 生成的 Web Serice 关键文件 Service.asmx 如下所示：

```
using System;
using System.Collections.Generic;
using System.Linq;
using System.Web;
using System.Web.Services;
[WebService(Namespace = "http://tempuri.org/")]
[WebServiceBinding(ConformsTo = WsiProfiles.BasicProfile1_1)]
// 若要允许使用 ASP.NET AJAX 从脚本中调用此 Web 服务，请取消对下行的注释
// [System.Web.Script.Services.ScriptService]
public class Service : System.Web.Services.WebService
{
    public Service () {
        //如果使用设计的组件，请取消注释以下行
        //InitializeComponent();
    }
    [WebMethod]
    public string HelloWorld() {
        return "Hello World";
    }
}
```

产生的公有文件 public Service () { }，是可调用的主文件。产生的方法如下：

```
[WebMethod]
public string HelloWorld() {
    return "Hello World";
}
```

其中的 HelloWorld()函数，就是通过公有文件 public Service ()可以调用的方法，用户还可按这个格式增添新的方法。例如，增添如下代码：

```
public class Service : System.Web.Services.WebService
{
    public Service () {
        //如果使用设计的组件，请取消注释以下行
        //InitializeComponent();
    }
    [WebMethod]
    public string HelloWorld() {
        return "Hello World";
    }
    [WebMethod]
    public Double Add(Double a, Double b)
    {
        return (a+b);
    }
}
```

以上代码为系统增添了一个加法的方法，可供客户调用。

11.4.3 测试 Web 服务

ASP.NET 为测试 Web 服务提供了内建的支持，它可以测试 Web 服务的方法，也可以自动生成返回 Web 服务的 WSDL 文件。为了测试刚才生成的 Web 服务，用户可以直接在 Visual Studio 2010 的工具栏中选择“启动”按钮(也可以通过其他方法，读者可以试验)，这时显示结果如图 11-13、图 11-14、图 11-15 所示。

图 11-13　测试创建的 Web Service 方法

http://192.168.0.101　Service Web 服务

测试

若要使用 HTTP POST 协议对操作进行测试，请单击“调用”按钮。

参数	值
a:	3
b:	4

调用

SOAP 1.1

图 11-14　点击方法 Add 后，要求输入 a、b 的值

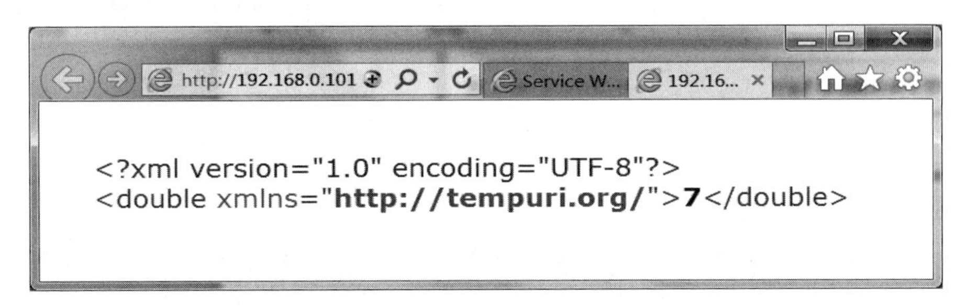

图 11-15　点击调用后，输出的结果

从图中可以看到创建的 Web 服务包含两个方法：HelloWorld 和 Add。单击方法的链接将显示它们的测试页面。

11.4.4　客户端使用 Web 服务

1. 引用 Web 服务的方法

创建 Web 服务的最终目的是为了使用。通常在如下三种应用中引用：

(1) 在 Web 应用中引用。

(2) 在 Windows 应用中引用。

(3) Web 服务自身引用。在 Visual Studio 2010 中访问 Web 服务一般需要以下步骤：

- 通过向网站中添加 Web 引用，Visual Studio 2010 自动创建 Web 服务的代理类。
- 创建代理类的实例，然后通过调用代理对象的方法来访问 Web 服务。

2. 创建 ASP.NET Web 应用程序的方法

在 ASP.NET 中，引用 Web 服务的第 1 步是在 Visual Studio.NET 中添加 Web 引用。通过添加 Web 引用，Visual Studio.NET 会创建 Web 服务的代理类。在网站中访问 Web 服务，就是访问代理类实例的过程。下面以一个实例演示引用 Web 服务的步骤。

例：建立一个 Web 应用程序，调用前面创建的 Web 服务中的方法 Add()，实现加法运算。

使用 Web 服务的步骤如下：

(1) 在 G 盘建立文件夹 abc2

(2) 启动 VS2010，依次选择“文件”菜单中“添加”菜单项下的“新建网站”子菜单

项，在文件夹 abc2 中建立一个空网站。

(3) 选择添加 Web 窗体，建立一个名为 Default.aspx 的网页文件。

(4) 在 Default.aspx 的网页上，添加三个标签、三个文本框和一个按钮控件，如图 11-16 所示。

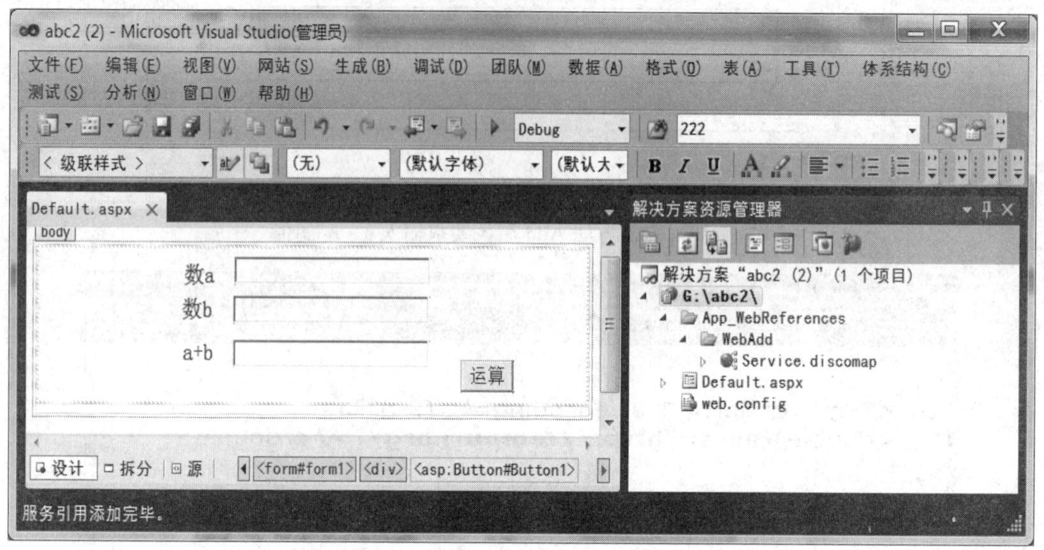

图 11-16　在页面上添加控件后的结果

(5) 选择站点，点击右键，在弹出的快捷菜单中选择“添加服务引用”，如图 11-17 所示。

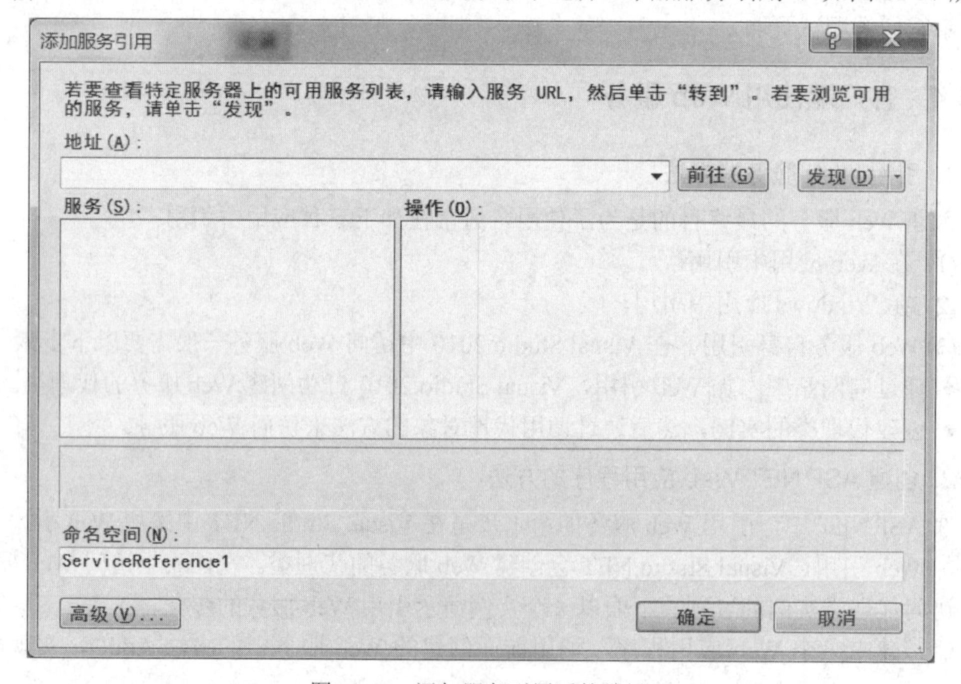

图 11-17　添加服务引用后的结果

(6)　点击“高级”按钮，在 URL 栏中选择“http://192.168.0.101/aa1/service.asmx”，在 Web 引用栏中输入“WebAdd”，再点击“添加引用”按钮，如图 11-18 所示。添加 Web 引用后的结果如图 11-19 所示。

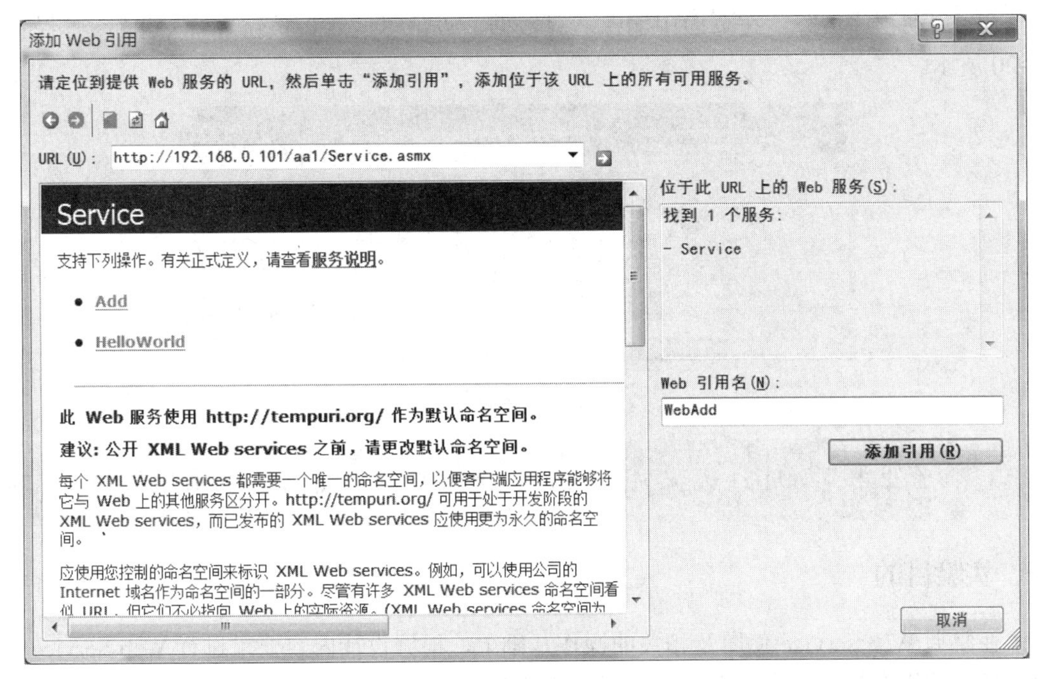

图 11-18　添加 Web 引用名

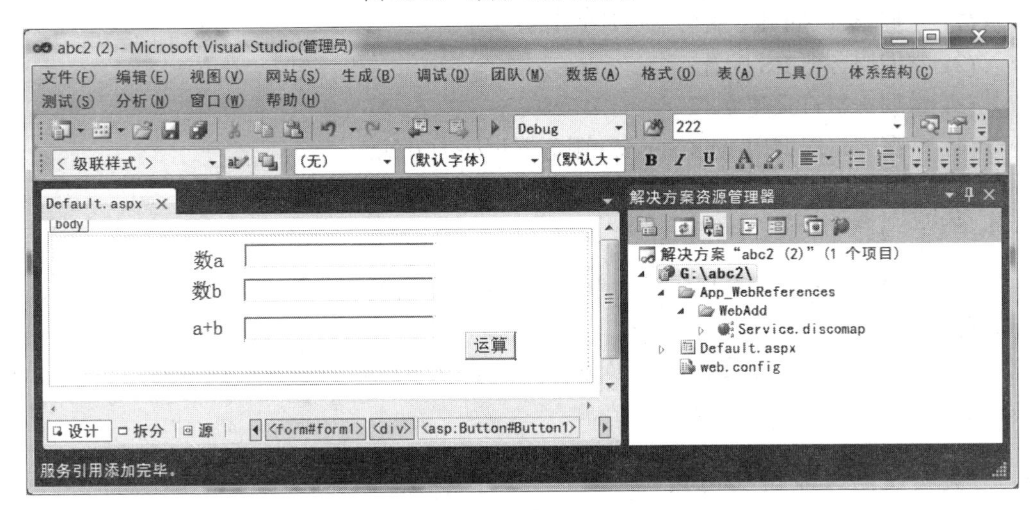

图 11-19　添加 Web 引用的结果

(7) 双击“运算”按钮，在单击响应事件程序栏中输入如下程序：

```
protected void Button1_Click(object sender, EventArgs e)
    {
        Double x1 = Convert.ToDouble(TextBox1.Text);
        Double x2 = Convert.ToDouble(TextBox2.Text);
        WebAdd.Service   rum = new WebAdd.Service();
        Double x3 = rum.Add(x1, x2);
        TextBox3.Text = x3.ToString();
    }
```

(8) 启动程序运行，在页面中输入运算数据，点击“运算”按钮，程序运行结果如图 11-20 所示。

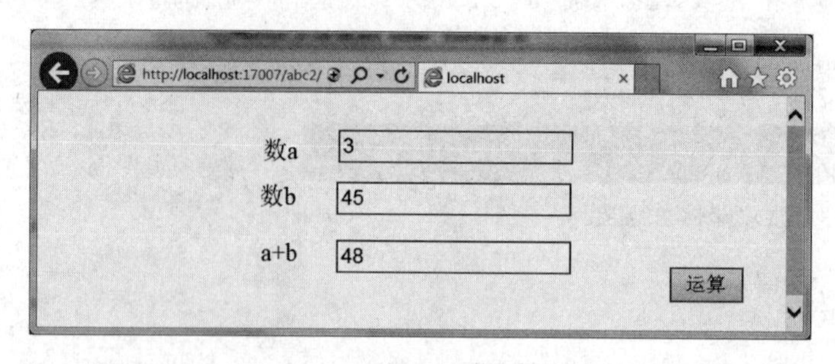

图 11-20　运行结果

上机实训 11　采用 Web Service 实现的运算调用

一、实验目的

在掌握 Web Service 使用及相关的操作基础上，根据设计内容要求进行 Web Service 实现的运算调用及相关操作。实现一个基于 Web Service 的加、减、乘、除操作。

(1) 掌握 Web Service 服务器程序设计；

(2) 掌握服务器 IIS 配置；

(3) 掌握虚拟目录建立；

(4) 掌握客户端调用 Web Service 服务器程序的方法。

二、实验内容

1. Web Service 服务器程序设计首先在服务器上实现一个基于 Web Service 的加、减、乘、除方法。

2. 建立一个客户端页面访问服务器提供的方法建立一个客户端页面，实现对 Web Service 的加、减、乘、除方法。

三、实验仪器、设备及材料

PC 机一台，安装 Windows 7、或 VS2010 软件。

四、实验内容和步骤

(1) 配置 IIS

(2) 进行 Web Service 服务器程序设计

(3) 实现一个基于 Web Service 的加、减、乘、除方法

(4) 建立一个客户端网页

(5) 在客户端调用 Web Service 服务器的加、减、乘、除方法

五、实验报告要求

(1) 每个实验完成后，学生应认真填写实验报告(可以是电子版)并上交任课教师批改。

(2) 电子版实验报告的文件名为：班级+学号+姓名+实验 N+实验名称。

(3) 电子版实验报告要求用 Office 2003 编辑。

(4) 实验报告基本形式：

① 实验题目。

② 实验目的。

③ 实验内容和步骤(采集实验程序执行中的主要显示页面的图片)。

④ 实验要求。

⑤ 实验结论、思考题答案及实验心得体会。

⑥ 程序主要算法或源代码。

六、思考题

1. 什么是引用?
2. 如何添加引用?
3. Web Service 程序和 Web 客户端程序，有什么区别?

习 题 11

一、判断题(判断如下的叙述是否正确，正确的打 √，错误的打×)

1．从表面上看，Web Service 就是一个应用程序，它向外界暴露出一个能够通过 Web 进行调用的应用程序接口 API。(　　)

2．Web 服务的全称是 XML Web Service。(　　)

3．SOAP 协议的全称是 Simple Object Access Protocol(简单对象访问协议)，是一个基于 XML 的简单协议，用于在 Web 上交换结构化的类型信息。(　　)

4．Web Service 调用返回的是页面。(　　)

5．Web Services 由 4 部分组成，分别是 Web 服务(Web Service)本身、服务的提供方(Service Provider)、服务的请求方(Service Requester)和服务注册机构(Service Regestry)，其中服务提供方、请求方和注册机构称为 Web Services 的三大角色。(　　)

二、简述题(请简要回答下列问题)

1．什么是 SOAP 协议?

2．什么是 Web Service?

3．Web Service 为何要注册?

4．什么是服务引用?

5．什么是虚拟目录?

6．什么是类的继承?

第 12 章　综合应用实例

本章要点：

- 系统概述
- 系统数据库设计
- 母版页设计
- 应用页设计

12.1　系统概述

学生信息管理系统设计，是基于 SQL Server 数据库设计的一个工作在 Web 环境的能对学生基本信息进行管理的应用系统。系统共有两个数据库表、6 个页面。系统开发完成后的总体界面如图 12-1 所示。

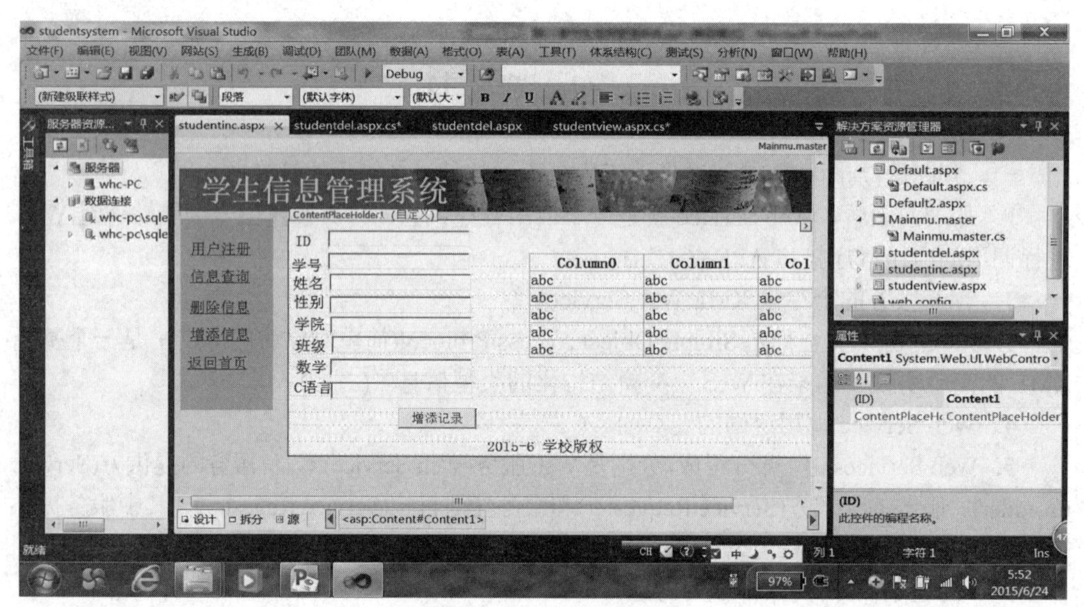

图 12-1　系统总体界面图

12.2　系统数据库设计

1. 用户登录系统表

用户登录系统表采用 SQL Server 数据库实现，主要包含登录的用户名和密码，如图 12-2

和图 12-3 所示。

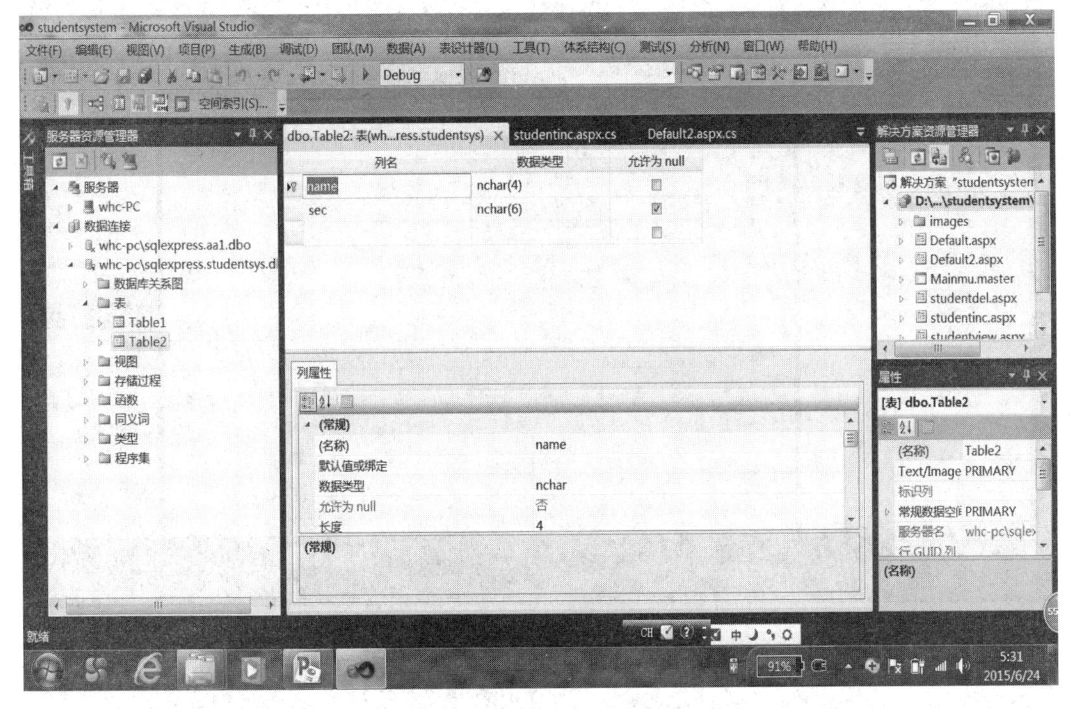

图 12-2　用户登录系统表结构

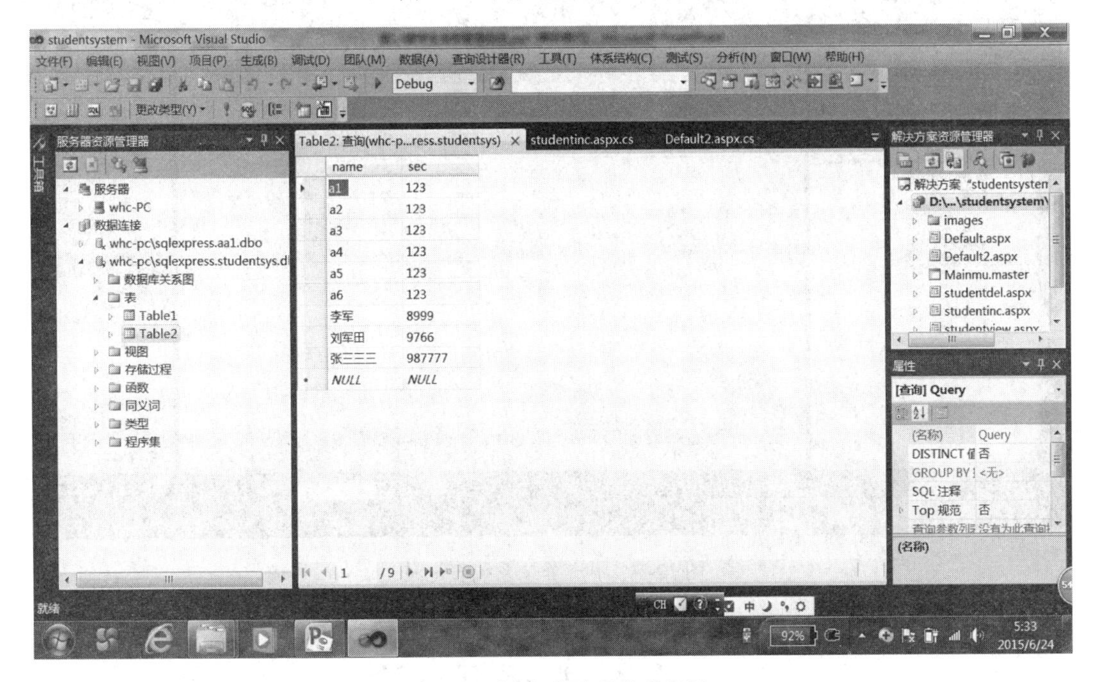

图 12-3　用户登录系统表记录

2. 学生信息系统表

学生信息系统表采用 SQL Server 数据库实现，主要包含学生的基本信息，如图 12-4 和图 12-5 所示。

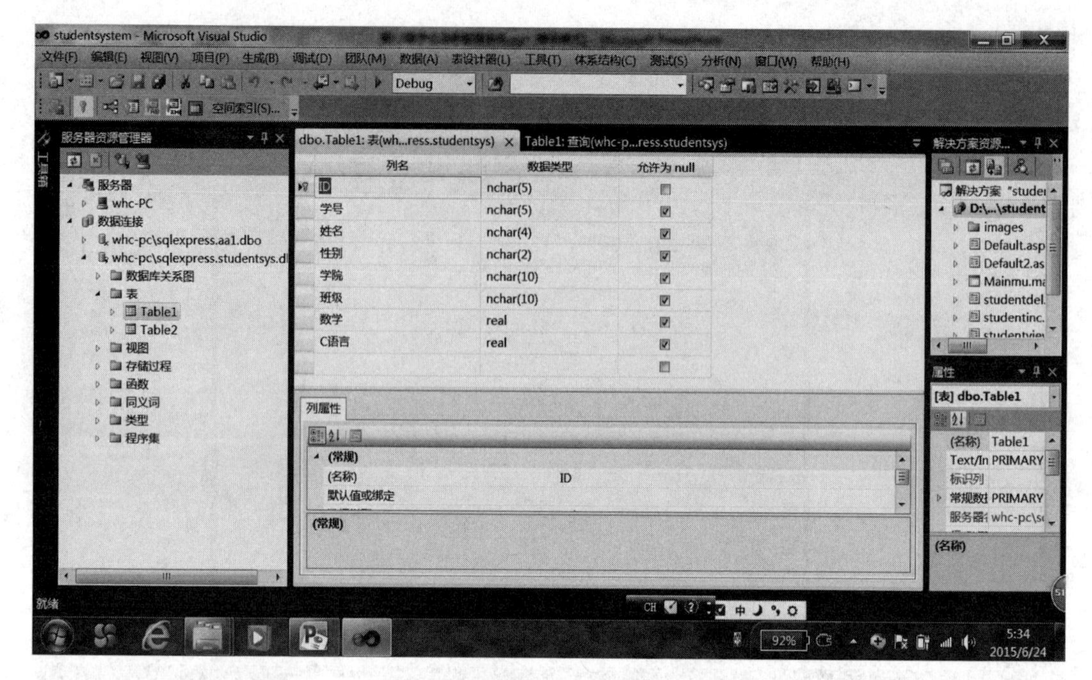

图 12-4　用户登录系统表结构

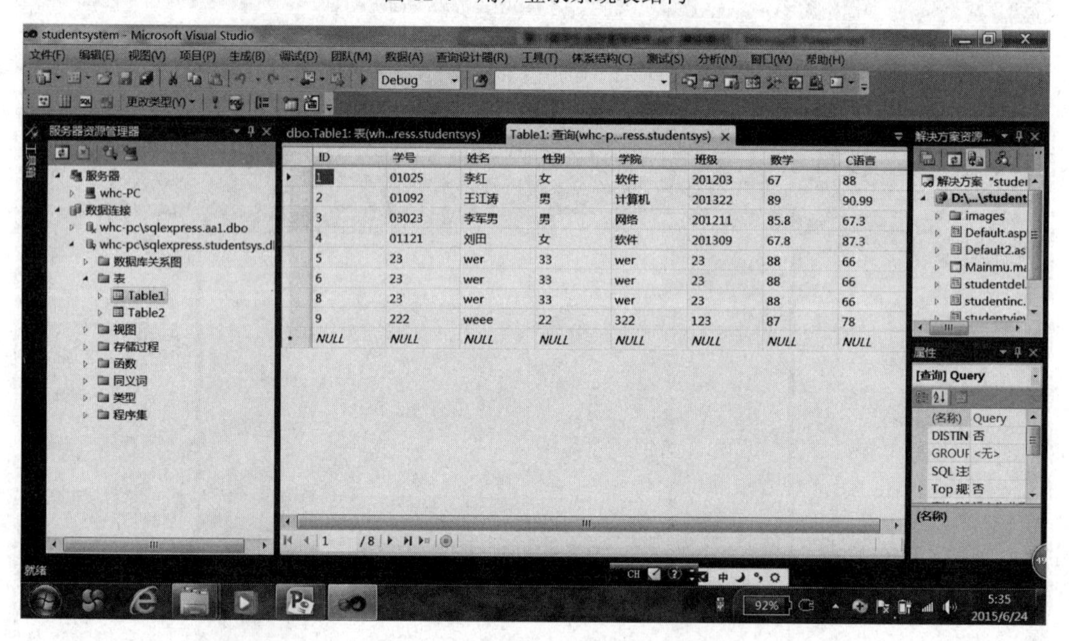

图 12-5　用户登录系统表记录

12.3　母版页设计

为了提高页面的设计效率，并使页面具有良好的一致性，采用母版页技术设计各个应用页面。

1. 母版页的结构

系统母版页的结构设计，如图 12-6 所示。

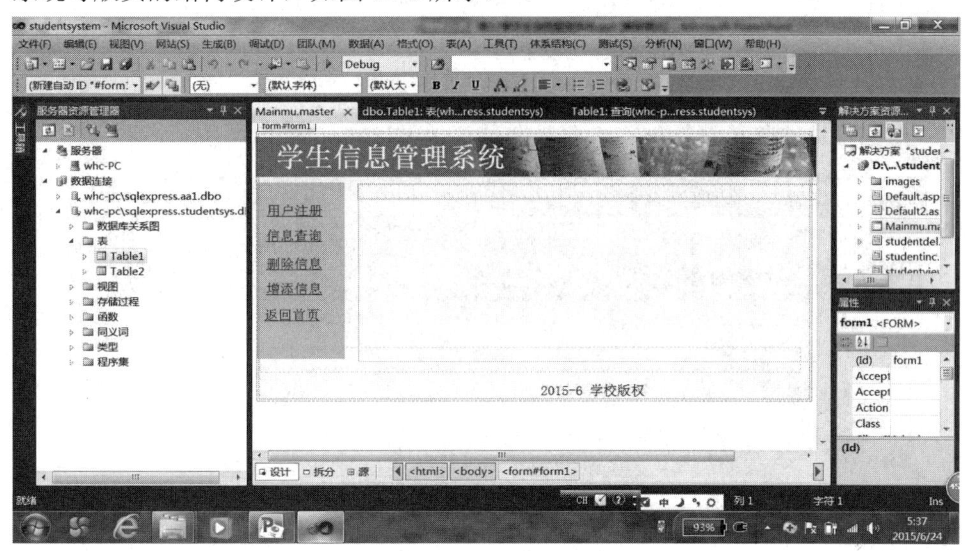

图 12-6　母版页结构图

2. 母版页的代码

母版页的代码，如下所示：

```
protected void LinkButton1_Click(object sender, EventArgs e)
{
    Response.Redirect("Default2.aspx");
}
protected void LinkButton5_Click(object sender, EventArgs e)
{
    Response.Redirect("Default.aspx");
}
protected void LinkButton2_Click(object sender, EventArgs e)
{
    Response.Redirect("studentview.aspx");
}
protected void LinkButton4_Click(object sender, EventArgs e)
{
    Response.Redirect("studentinc.aspx");
}
protected void LinkButton3_Click(object sender, EventArgs e)
{
    Response.Redirect("studentdel.aspx");
}
```

12.4　应用页设计

1. 首页结构设计

首页结构设计，除了背景外，主要是登录菜单设计，如图 12-7 所示。

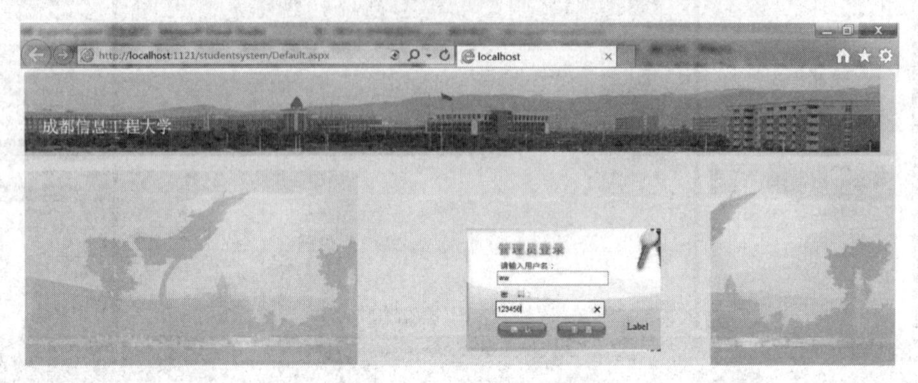

图 12-7　首页界面图

2. 首页代码设计

首页主要代码如下：

```
protected void ImageButton1_Click(object sender, ImageClickEventArgs e)
{
    string qq = "Data Source = whc-pc\\sqlexpress; Initial Catalog = studentsys;
            Integrated Security = SSPI ";
    SqlConnection Conn = new SqlConnection(qq );
    Conn.Open();
    SqlCommand cmd = new SqlCommand();
    cmd.Connection = Conn;
    cmd.CommandType = CommandType.Text;
    string Comm = "select * from Table2 where name = '"+TextBox1.Text+"'"+"
                and sec = '"+TextBox2.Text+"'" ;
    cmd.CommandText = Comm;
    if (cmd.ExecuteScalar() = = null)
    {
        Label2.Text = TextBox1.Text +"不是合法成员";
    }
    else
```

```
        {
            Label2.Text = cmd.ExecuteScalar ().ToString ()+"是合法成员";
            Response.Redirect("default2.aspx");
        }
    }
    protected void ImageButton2_Click(object sender, ImageClickEventArgs e)
    {
        TextBox1.Text = "";
        TextBox2.Text = "";
    }
    }
```

3. 用户注册页设计

用户注册页作为内容页，其主要部分调用了母版页内容，如图 12-8 所示。

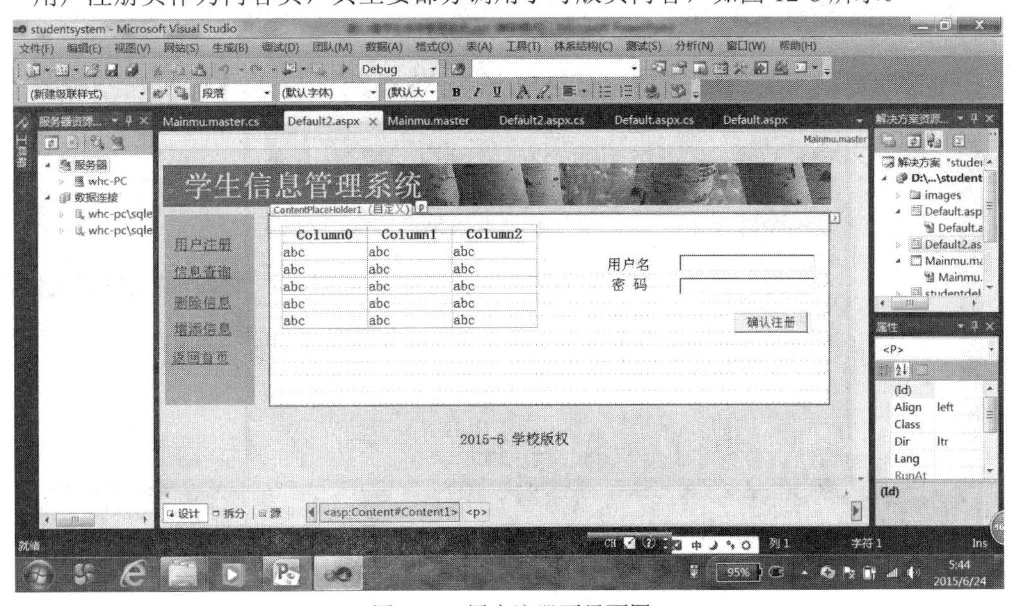

图 12-8　用户注册页界面图

4. 用户注册页代码设计

用户注册页代码如下：

```
string qq = "Data Source = whc-pc\\sqlexpress; Initial Catalog = studentsys;
                        Integrated Security = SSPI ";
    SqlConnection Conn = new SqlConnection(qq);
    SqlDataAdapter da = new SqlDataAdapter();
    string SQL = "select * from Table2";
    da.SelectCommand = new SqlCommand(SQL, Conn);
    DataSet ds = new DataSet();
    da.Fill(ds, "Table2");
```

```
DataRow dr = ds.Tables["Table2"].NewRow();
dr["name"] = TextBox1.Text.ToString();
dr["sec"] = TextBox2.Text.ToString();

ds.Tables[0].Rows.Add(dr);
GridView1.DataSource = ds;
GridView1.DataBind();
SqlCommandBuilder read = new SqlCommandBuilder(da);
da.Update(ds, "Table2");
```

5. 信息查询页设计

信息查询页界面如图 12-9 所示，主要是依据学生输入的姓名查询学生的相关信息。

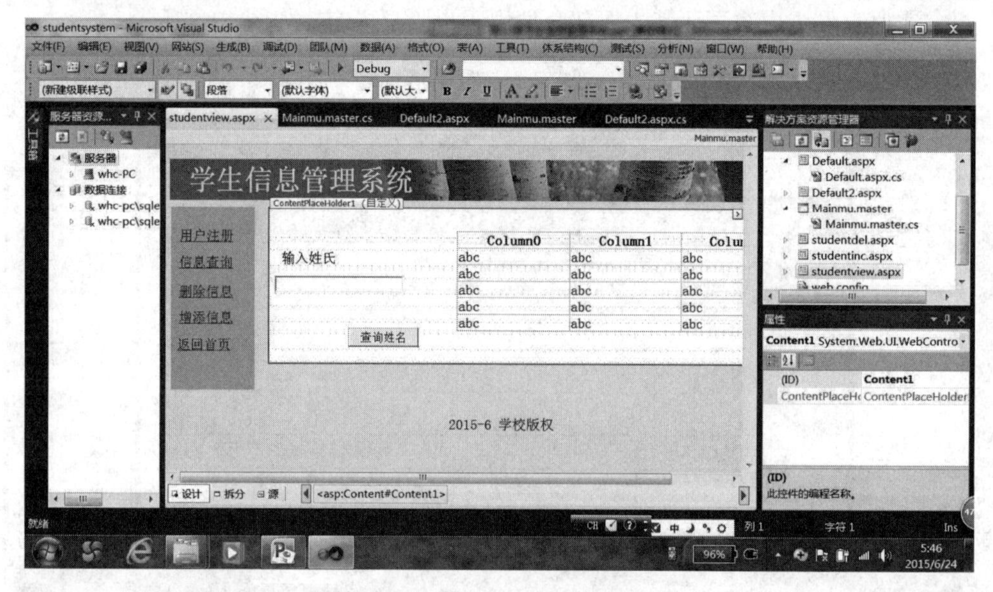

图 12-9 用户信息查询页界面图

6. 信息查询页代码设计

信息查询页的主要代码如下：

```
string qq = "Data Source = whc-pc\\sqlexpress; Initial Catalog = studentsys;
            Integrated Security = SSPI ";
SqlConnection Conn = new SqlConnection(qq);
SqlDataAdapter da = new SqlDataAdapter();
string SQL = "select * from Table1";
da.SelectCommand = new SqlCommand(SQL, Conn);
DataSet ds = new DataSet();
da.Fill(ds, "Table1");
DataView ssc = ds.Tables["Table1"].DefaultView;
```

```
string x1 = TextBox1.Text.ToString ();
string x2 = "'" + x1 + "%" + "'";
ssc.RowFilter = "姓名 like"+ x2;
GridView1.DataSource = ssc;
GridView1.DataBind();
```

7. 信息删除页设计

用户信息删除页界面如图 12-10 所示，主要是依据学生输入的学号删除学生的相关记录。

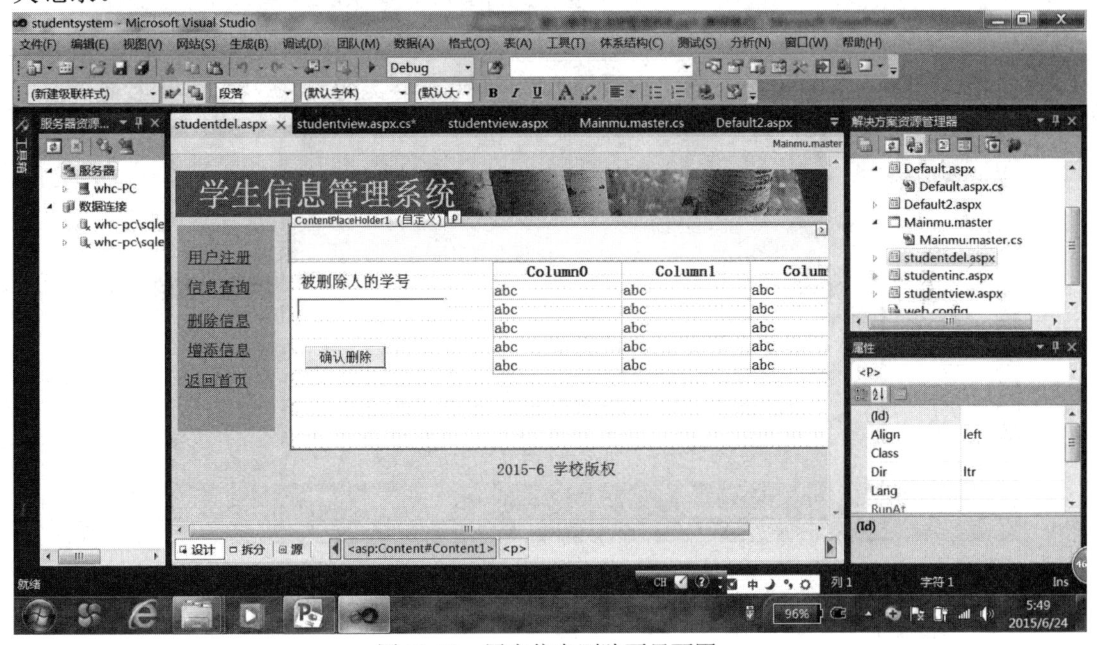

图 12-10 用户信息删除页界面图

8. 信息删除页代码设计

信息删除页的代码如下：

```
string qq = "Data Source = whc-pc\\sqlexpress; Initial Catalog = studentsys;
            Integrated Security = SSPI ";
   SqlConnection Conn = new SqlConnection(qq);
   SqlDataAdapter da = new SqlDataAdapter();
   string SQL = "select * from Table1 where 学§号? = '"+TextBox1.Text +"'";
   da.SelectCommand = new SqlCommand(SQL, Conn);
   DataSet ds = new DataSet();
   da.Fill(ds, "Table1");
   ds.Tables[0].Rows[0].Delete();
   SqlCommandBuilder read = new SqlCommandBuilder(da);
   da.Update(ds, "Table1");
   SQL = "select * from Table1";
```

```
        da.SelectCommand = new SqlCommand(SQL, Conn);
        DataSet ds2 = new DataSet();
        da.Fill(ds2, "Table1");
        GridView1.DataSource = ds2;
        GridView1.DataBind();
```

9. 信息增添页设计

用户信息增添页界面如图 12-11 所示，主要是用于增添相关学生记录和信息。

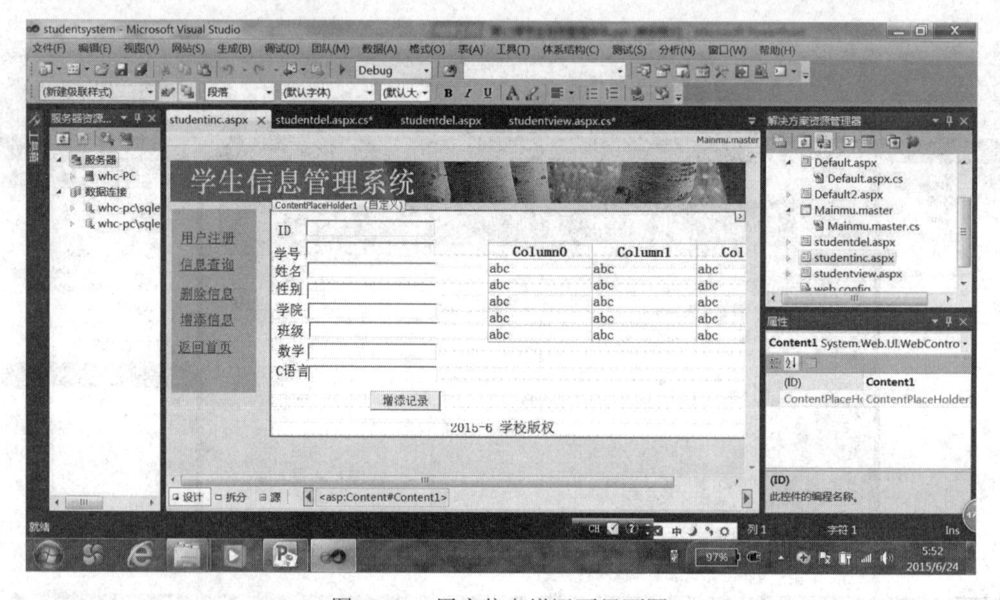

图 12-11　用户信息增添页界面图

10. 信息增添页代码设计

信息增添页的代码如下：

```
    string qq = "Data Source = whc-pc\\sqlexpress; Initial Catalog = studentsys;
              Integrated Security = SSPI ";
        SqlConnection Conn = new SqlConnection(qq);
        SqlDataAdapter da = new SqlDataAdapter();
        string SQL = "select * from Table1";
        da.SelectCommand = new SqlCommand(SQL, Conn);
        DataSet ds = new DataSet();
        da.Fill(ds, "Table1");
        DataRow dr = ds.Tables["Table1"].NewRow();
        dr["ID"] = TextBox1.Text.ToString();
        dr["学号"] = TextBox2.Text.ToString();
        dr["姓名"] = TextBox3.Text.ToString();
        dr["性别"] = TextBox4.Text.ToString();
        dr["学院"] = TextBox5.Text.ToString();
```

```
dr["班级"] = TextBox6.Text.ToString();
dr["数学"] = Convert.ToDouble(TextBox7.Text);
dr["C 语言"] = Convert.ToDouble(TextBox8.Text);
ds.Tables[0].Rows.Add(dr);
GridView1.DataSource = ds;
GridView1.DataBind();
SqlCommandBuilder read = new SqlCommandBuilder(da);
da.Update(ds, "Table1");
```

习　题　12

一、判断题(判断如下的叙述是否正确，正确的打√，错误的打×)

1. 母版页和内容页都可以分别独立工作。(　　)
2. 内容页主要是网页的公共部分。(　　)
3. 采用母版页技术主要是为了提高编程效率。(　　)
4. 为了安全，系统登录程序要用到数据库。(　　)
5. 本章设计的系统中的用户注册安全性较高。(　　)

二、简述题(请简要回答下列问题)

1. 系统中采用母版页技术后，在程序设计上有什么优点?
2. 用户注册页代码设计中，数据库访问方法有什么新的特点?
3. 信息增添页代码设计中，方法上有什么改进的地方?
4. 分析说明为什么系统中要实现用户注册功能?
5. 数据库查询时，数据库为空，会出现什么情况?

参 考 文 献

[1] 杨晓光. ASP.NET Web 应用程序设计教程. 北京：清华大学出版社, 2009.
[2] 元传伟. ASP.NET3.5 实用教程. 北京：国防工业出版社, 2010.